物理学概论

主编 刘凤英
编者 刘凤英 郭继华 陈惟蓉
主校 戴松涛

清华大学出版社
北京

内 容 简 介

作者在多年的教学试点和文科类教学的实践基础上编写了本教材。作者认为,不论授课对象是何专业的学生,教材都必须展示物理学的体系和内容,即物理学揭示的物质世界的基本规律、分析问题的基本思路、解决问题的基本方法,必须使学生体会物理学的全貌和体系。物理课必须诠释物理,只不过授课对象不同,教学要求不同而已。本书按运动形式分类安排内容,包括概述篇、力学篇、波动篇、电磁篇和统计量子篇5篇共10章。

由于本教材包括了大学物理中的基本内容,故也可作为非物理类的其他学科的物理教材或参考书,也可供教师参考。

版权所有,侵权必究。举报: 010-62782989, beiqinquan@tup.tsinghua.edu.cn。

图书在版编目(CIP)数据

物理学概论 / 刘凤英主编. —北京:清华大学出版社,2010.1(2024.1重印)
ISBN 978-7-302-21480-9

Ⅰ. ①物… Ⅱ. ①刘… Ⅲ. ①物理学—高等学校—教材 Ⅳ. ①O4

中国版本图书馆 CIP 数据核字(2009)第 214026 号

责任编辑:朱红莲
封面设计:刘玉霞
责任印制:曹婉颖

出版发行:清华大学出版社
网　　址:https://www.tup.com.cn,https://www.wqxuetang.com
地　　址:北京清华大学学研大厦 A 座　　邮　编:100084
社 总 机:010-83470000　　邮　购:010-62786544
投稿与读者服务:010-62776969,c-service@tup.tsinghua.edu.cn
质 量 反 馈:010-62772015,zhiliang@tup.tsinghua.edu.cn
印 装 者:三河市龙大印装有限公司
经　　销:全国新华书店
开　　本:185mm×260mm　　印　张:19.5　　字　数:465 千字
版　　次:2010 年 1 月第 1 版　　印　次:2024 年 1 月第 9 次印刷
定　　价:56.00 元

产品编号:032539-04

前 言
Foreword

  本教材是在作者编写的校内试用讲义的基础上,结合文科类物理教学的实践编写而成的。本书力图用优化的教学体系、精练的语言、较短的篇幅向学生展示物理学的精髓。

  本教材的概述篇为读者展示物理学的全貌及物理学研究问题的共同思路,力图激发学生的兴趣,提高学生的视点,使其感觉到物理学的脉络,纵览物理学。

  力学篇以运动和时空关系为线索展开运动学;动力学则以对称性与守恒定律的关系展开。波动篇以机械波为切入点阐明波的普遍性质;以应用说明光的波动性。电磁篇以静电场为例说明研究场的一般方法,通过相对论关系完整地展示电磁学的美。统计量子篇中以气体分子动理论为载体介绍统计物理的基本思想,从经典物理学遇到的困难引入量子概念,以量子力学的几个重要假设为基础介绍量子力学的基本原理和处理问题的基本思路,并给出量子力学的重要结果。最后,我们首次尝试在大学物理教程中探讨实现自然科学和人文科学统一的途径。本书加 * 部分为选讲内容。

  本教材具有以下特点:第一,结构紧凑,用较少的篇幅展示了物理学的核心内容。第二,针对文科类学生的基础和专业需要,在习题的选取上以基本概念题目为主,辅以少许灵活应用的题目;并推荐一些课外读物,以扩大学生的视野,同时也可检验文科学生阅读科技书籍的能力。第三,本教材在耗散结构的基础上,提出若以耗散结构为基本物理模型,可以探讨实现自然科学和人文科学统一的途径。这一章是郭继华教授近10年的研究结果,首次引入物理教材,以期逐渐发展和完善。

  第1~7章是在刘凤英、陈惟蓉编写的力学、波动和电磁学讲义的基础上由刘凤英执笔修改,第8、9章由刘凤英执笔,第10章由郭继华执笔。清华大学物理系2006级博士生潘江陵给出了部分习题解答。该教材2009年2—6月在清华大学经管7、社科8、新闻8、法律8大班(134人)运用,效果良好,并听取他们的意见做了补充和修改。全书由刘凤英统稿,由戴松涛进行了总校对。由于编者学识有限,不当之处和错误恳请读者指正。

编 者

2009年7月

于清华园

目录
Contents

概 述 篇

第0章 概述物理学 ·· 3

0.1 物理学和物质世界 ··· 3
 0.1.1 物质世界 ·· 3
 0.1.2 关于两个前沿的基本理论 ··· 3
 0.1.3 物理学使人们深刻认识物质世界 ··· 4
0.2 物理学与科学思维 ··· 5
 0.2.1 物理学的研究方法 ·· 5
 0.2.2 物理学家的科学态度 ·· 6
0.3 物理学与其他的学科发展 ·· 6
 0.3.1 物理学为其他学科创立原理和技术 ······································ 6
 0.3.2 物理学为一切学科提供了基本的实验手段和基本研究方法 ··· 6
 0.3.3 物理知识是促进各学科发展的重要基础知识 ······················· 6
0.4 物理学中的基本研究思路 ·· 7
 0.4.1 物理学的分支 ··· 7
 0.4.2 物理学研究问题的共同思路 ·· 7

力 学 篇

第1章 牛顿运动定律 ··· 11

1.1 理想模型 自由度 ··· 11
 1.1.1 质点 刚体 ··· 11
 1.1.2 机械运动的基本形式 自由度 ··· 11
1.2 质点运动的描述 ·· 12
 1.2.1 描述质点运动的物理量 ··· 12
 1.2.2 运动的坐标表述 ·· 13
1.3 质点运动学问题举例 ·· 15
 1.3.1 直线运动 ··· 15

    1.3.2 抛体运动 ·· 16
    1.3.3 圆周运动 ·· 16
  1.4 牛顿运动定律·· 17
    1.4.1 牛顿运动三定律 ··· 17
    1.4.2 牛顿运动定律与惯性参考系 ·· 18
  1.5 牛顿运动定律的应用举例·· 18
  *1.6 非惯性系中的惯性力·· 19
    1.6.1 加速平动参考系中的惯性力 ·· 20
    1.6.2 均匀转动参考系中的惯性力——惯性离心力、科里奥利力········· 20
    1.6.3 地球因公转、自转引起的力学现象 ·· 21
  习题··· 23
  教学参考 1-1 矢量的基本运算和单位矢量的变化率 ······································ 24
  教学参考 1-2 常见力 ··· 25
  教学参考 1-3 科里奥利力 ··· 27

第 2 章 运动与时空   31

  2.1 相对性原理和变换·· 31
    2.1.1 力学相对性原理和伽利略变换 ·· 31
    2.1.2 狭义相对论的基本原理 ··· 32
    2.1.3 爱因斯坦-洛伦兹变换 ··· 34
  2.2 狭义相对论的运动学效应·· 36
    2.2.1 时间膨胀（运动时钟变慢） ·· 36
    2.2.2 长度缩短（运动尺度收缩） ·· 37
    2.2.3 时空不变量 ··· 37
  2.3 相对论速度变换·· 38
  2.4 狭义相对论质量和能量·· 39
    2.4.1 相对论性质量和动量 ·· 39
    *2.4.2 狭义相对论运动方程 ·· 39
    2.4.3 相对论性动能和能量 ·· 40
    2.4.4 相对论动量能量关系 ·· 41
  2.5 广义相对论简介·· 42
    2.5.1 等效原理 ··· 42
    2.5.2 广义相对性原理 ·· 43
    *2.5.3 史瓦西场中固有时与真实距离 ·· 43
    *2.5.4 史瓦西半径和黑洞 ··· 45
    *2.5.5 广义相对论的可观测效应 ··· 45
  习题··· 46
  教学参考 2-1 洛伦兹变换的导出 ·· 47

第 3 章 对称性与守恒定律 ·· 50

3.1 动量定理和动量守恒定律·· 50
 3.1.1 质点的动量定理 ·· 50
 3.1.2 质点系的动量定理 ·· 51
 3.1.3 动量守恒定律 ·· 52

3.2 角动量定理和角动量守恒定律·· 54
 3.2.1 质点对定点的角动量 ·· 54
 3.2.2 质点的角动量定理和质点的角动量守恒 ·· 54
 3.2.3 质点系的角动量定理和角动量守恒定律 ·· 55

3.3 动能定理和机械能守恒定律·· 56
 3.3.1 功和功率 ·· 56
 3.3.2 质点的动能定理 ·· 57
 3.3.3 质点系的动能定理 ·· 58
 3.3.4 一对内力的功 ·· 58
 3.3.5 保守力 ·· 58
 3.3.6 势能 ·· 60
 3.3.7 机械能守恒定律 ·· 61

3.4 对称性与守恒定律·· 63
 3.4.1 对称性和对称操作（变换） ·· 64
 3.4.2 对称性和因果律——对称性原理 ·· 64
 3.4.3 对称性与守恒定律 ·· 65

*3.5 质心和质心运动定理 ·· 65
 3.5.1 质心 ·· 65
 3.5.2 质心的速度 ·· 66
 3.5.3 质心运动定理 ·· 67

*3.6 质心参考系 ·· 67
 3.6.1 质心参考系 ·· 67
 3.6.2 质心系中的动力学规律 ·· 68

*3.7 刚体的定轴转动 ·· 69
 3.7.1 刚体的定轴转动 ·· 69
 3.7.2 定轴转动的基本方程 ·· 69
 3.7.3 转动惯量及其计算 ·· 70
 3.7.4 转动动能和力矩的功 ·· 72
 3.7.5 刚体定轴转动的角动量守恒 ·· 73

3.8 牛顿力学的内在随机性·· 74
习题 ·· 75
教学参考 3-1 定轴转动定律和力矩的功 ·· 77
教学参考 3-2 旋进 ·· 78

波 动 篇

第 4 章 振动 ⋯⋯ 85

- 4.1 简谐振动的描述 ⋯⋯ 85
  - 4.1.1 简谐振动的特征 ⋯⋯ 85
  - 4.1.2 谐振动的旋转矢量图示 ⋯⋯ 86
  - 4.1.3 谐振动的运动微分方程 ⋯⋯ 87
  - 4.1.4 谐振动的能量 ⋯⋯ 90
- 4.2 同方向简谐振动的合成 ⋯⋯ 90
- 4.3 垂直方向谐振动的合成 ⋯⋯ 93
- 习题 ⋯⋯ 94
- 教学参考 4-1 阻尼振动 ⋯⋯ 96
- 教学参考 4-2 受迫振动 ⋯⋯ 96

第 5 章 波动 ⋯⋯ 99

- 5.1 平面简谐波的描述 ⋯⋯ 99
  - 5.1.1 波的产生 ⋯⋯ 100
  - 5.1.2 平面简谐波的传播 ⋯⋯ 100
  - 5.1.3 平面简谐波的余弦表达式（波函数） ⋯⋯ 101
  - *5.1.4 简谐波的复数表示　复振幅 ⋯⋯ 103
  - 5.1.5 波的能量 ⋯⋯ 103
- 5.2 波的衍射 ⋯⋯ 106
  - 5.2.1 惠更斯原理 ⋯⋯ 106
  - 5.2.2 惠更斯原理给出所有波都具有衍射现象 ⋯⋯ 107
  - 5.2.3 惠更斯作图法的应用举例 ⋯⋯ 107
- 5.3 波的干涉 ⋯⋯ 108
  - 5.3.1 波的叠加原理和线性方程 ⋯⋯ 108
  - 5.3.2 波的干涉现象 ⋯⋯ 109
  - 5.3.3 驻波 ⋯⋯ 110
- 5.4 多普勒效应 ⋯⋯ 113
  - 5.4.1 机械波的多普勒效应 ⋯⋯ 113
  - 5.4.2 光波的多普勒效应 ⋯⋯ 116
- 5.5 光的横波性与偏振现象 ⋯⋯ 117
  - 5.5.1 平面电磁波的波动方程和表达式 ⋯⋯ 117
  - 5.5.2 基本偏振态 ⋯⋯ 118
  - 5.5.3 光在各向同性介质表面反射折射时的偏振现象 ⋯⋯ 120
  - 5.5.4 散射光的偏振现象 ⋯⋯ 120

  5.5.5 光在各向异性晶体中的双折射现象 ········· 121
 5.6 光的干涉 ········· 123
  5.6.1 获得相干光的基本原则 ········· 123
  5.6.2 光程 ········· 124
  5.6.3 典型干涉实验 ········· 124
  5.6.4 椭圆偏振光　圆偏振光 ········· 134
 5.7 光的衍射 ········· 135
  5.7.1 光的衍射现象　惠更斯-菲涅耳原理 ········· 135
  5.7.2 单缝的夫琅禾费衍射 ········· 136
  5.7.3 光栅的夫琅禾费衍射 ········· 139
  5.7.4 圆孔的夫琅禾费衍射 ········· 140
  5.7.5 X射线的衍射 ········· 142
习题 ········· 143

电 磁 篇

第6章　恒定电场和恒定磁场 ········· 147

 6.1 真空中的静电场 ········· 147
  6.1.1 电荷量守恒定律和库仑定律 ········· 147
  6.1.2 电场和电场强度 ········· 148
  6.1.3 电场强度的计算 ········· 149
  6.1.4 静电场的性质方程之一——高斯定理 ········· 150
  6.1.5 静电场的性质方程之二——环路定理 ········· 155
  6.1.6 电势的计算 ········· 156
  6.1.7 等势面与电力线 ········· 157
 6.2 导体存在时的静电场 ········· 157
  6.2.1 金属导体的静电平衡 ········· 158
  6.2.2 导体的应用之一——静电屏蔽 ········· 161
  6.2.3 导体的应用之二——电容器的电容 ········· 162
 6.3 有电介质时的静电场 ········· 164
  6.3.1 电介质的极化可改变场的分布 ········· 164
  6.3.2 自由电荷和极化电荷共同产生电场 ········· 165
  6.3.3 电介质存在时的高斯定理 ········· 168
  6.3.4 电场能量密度 ········· 169
 6.4 恒定电流的电场 ········· 171
  6.4.1 电流　电流的连续性方程 ········· 171
  6.4.2 恒定电流的电场性质 ········· 172
  6.4.3 恒定电场和恒定电流的关系 ········· 172
  6.4.4 电动势　电源的作用 ········· 174

6.5 真空中的稳恒磁场 ··· 175
  6.5.1 基本磁现象　磁性的起源 ··· 175
  6.5.2 磁场　磁感应强度 ·· 176
  6.5.3 磁感强度的计算 ·· 176
  6.5.4 稳恒磁场的性质方程 ·· 178
  6.5.5 应用安培环路定理求典型电流的磁场 ······························ 179
  6.5.6 洛伦兹（磁）力的应用 ··· 182
  6.5.7 载流导线在磁场中受力　安培力 ···································· 184
6.6 磁介质 ··· 185
  6.6.1 磁介质对磁场的影响 ·· 185
  6.6.2 有介质时的磁场性质方程 ·· 186
习题 ·· 187

第 7 章　电磁场的统一性和相对性 ·· 193

7.1 感生电场 ··· 193
  7.1.1 法拉第电磁感应定律 ·· 193
  7.1.2 感生电动势和感生电场 ··· 195
  7.1.3 实际电路中的感生电场 ··· 196
  7.1.4 磁场能量 ·· 197
7.2 感生磁场 ··· 198
  7.2.1 电流概念的推广　全电流定理 ······································· 198
  7.2.2 感生磁场 ·· 200
7.3 麦克斯韦电磁场方程组 ·· 201
  7.3.1 麦克斯韦电磁场方程组的积分形式 ································· 201
  *7.3.2 麦克斯韦电磁场方程组的微分形式 ································ 202
  7.3.3 麦克斯韦方程组与宏观电磁理论 ···································· 202
7.4 电磁场的物质性　统一性　相对性 ·· 203
  7.4.1 电磁场的物质性 ·· 203
  7.4.2 电磁场的统一性和相对性 ·· 204
  7.4.3 电磁场量的相对论变换 ··· 204
习题 ·· 205

统计量子篇

第 8 章　热学基础概念 ··· 209

8.1 概述 ··· 209
  8.1.1 热学的研究对象 ·· 209
  8.1.2 热力学和统计物理 ··· 209
  8.1.3 系统的理想特征 ·· 210

| | 8.1.4 理想气体状态方程 | 210 |

8.2 分子动理论的理想气体压强公式 ... 211
- 8.2.1 平衡态下气体分子微观量分布的等概率假设 ... 211
- 8.2.2 理想气体的微观图像 ... 211
- 8.2.3 气体分子动理论的压强公式 ... 211
- 8.2.4 温度的本质 ... 212
- 8.2.5 理想气体分子运动的方均根速率 ... 213

8.3 能量均分定理 理想气体的内能 ... 213
- 8.3.1 能量按自由度均分定理 ... 213
- 8.3.2 分子的平均动能 ... 214
- 8.3.3 理想气体的内能 ... 214

8.4 分布函数 麦克斯韦速率分布率 ... 215
- 8.4.1 分布函数 ... 215
- 8.4.2 麦克斯韦速率分布函数 ... 216
- 8.4.3 平均速率（速率的算术平均值）和方均根速率 ... 216
- 8.4.4 玻耳兹曼粒子密度分布律 ... 217

8.5 平均自由程和平均碰撞次数 ... 218

8.6 范德瓦耳斯气体方程 ... 220

8.7 热力学第一定律 ... 221
- 8.7.1 热力学第一定律 ... 221
- 8.7.2 热力学第一定律对理想气体准静态过程的应用 ... 222
- 8.7.3 自由膨胀 ... 223
- 8.7.4 循环过程 卡诺循环 ... 223

8.8 热力学第二定律 ... 225
- 8.8.1 自然过程的不可逆性 ... 225
- 8.8.2 热力学第二定律的宏观表述 ... 225
- 8.8.3 热力学第二定律的微观解释 ... 225
- 8.8.4 熵增加原理 ... 226
- 8.8.5 克劳修斯熵公式 ... 226

习题 ... 227

第9章 量子物理基础 ... 229

9.1 量子概念的形成 ... 229
- 9.1.1 黑体辐射 普朗克的能量子假说 ... 229
- 9.1.2 光电效应 爱因斯坦的光量子假说 ... 231
- 9.1.3 氢光谱 玻尔的量子论 ... 232

9.2 量子力学的基本原理 ... 233
- 9.2.1 德布罗意波 实物粒子的波粒二象性 ... 233
- 9.2.2 玻恩的统计假设 概率波 ... 234

- 9.2.3 不确定关系　力学量的统计不确定性 ································ 235
- 9.2.4 薛定谔方程 ·· 236
- 9.2.5 定态薛定谔方程 ·· 237
- 9.3 量子力学重要结果举例 ·· 238
  - 9.3.1 体会量子力学解题过程　一维无限深方势阱中的粒子 ········ 239
  - 9.3.2 隧道效应　扫描隧道显微镜 ·· 240
  - 9.3.3 氢原子的量子力学结果 ·· 242
  - 9.3.4 电子自旋角动量　四个量子数 ··· 243
  - 9.3.5 原子核外电子的排布 ··· 243
- 9.4 量子力学仍在发展 ··· 244
- 习题 ··· 244

第10章　耗散结构和社会科学　　　　　　　　　　　　　　　　245

- 10.1 耗散结构及其意义 ·· 246
  - 10.1.1 自组织现象 ·· 246
  - 10.1.2 开放系统的熵变 ··· 246
  - 10.1.3 研究耗散结构的意义 ·· 246
  - 10.1.4 西方和东方文化传统 ·· 247
- 10.2 耗散结构的基元 ··· 248
- 10.3 耗散结构的结构特征 ··· 250
  - 10.3.1 结构的层次性和自相似性 ·· 250
  - 10.3.2 耗散结构的开放特性 ·· 250
  - 10.3.3 耗散结构基元间的相互作用 ··· 251
  - 10.3.4 耗散结构和超循环 ··· 251
  - 10.3.5 耗散结构的时间响应特征 ·· 252
- 10.4 耗散结构的状态特征 ··· 253
  - 10.4.1 耗散结构状态分类 ··· 253
  - 10.4.2 耗散结构稳态的特征 ·· 254
  - 10.4.3 耗散结构的混沌状态特征 ·· 255
  - 10.4.4 位垒和位垒参数 ·· 256
  - 10.4.5 耗散结构的稳定度 ··· 256
  - 10.4.6 混沌边缘状态 ··· 256
- 10.5 耗散结构的演化特性 ··· 257
  - 10.5.1 量子跃迁 ··· 257
  - 10.5.2 耗散结构的突变 ·· 257
  - 10.5.3 耗散结构的渐变 ·· 258
  - 10.5.4 小结构突变对结构的影响 ·· 258
  - 10.5.5 耗散结构突变对内部结构和环境的影响 ···························· 259
  - 10.5.6 渐变的积累导致突变的发生 ··· 260

		10.5.7 耗散结构演化的结构性、层次性、自相似性	260
		10.5.8 耗散结构演化的可预测性	261
10.6	耗散结构的生成、变异和解体		261
		10.6.1 耗散结构形成的过程	262
		10.6.2 耗散结构生成过程的结构性、层次性、自相似性	262
		10.6.3 涌现性及耗散结构特征的结构性、层次性、自相似性	263
		10.6.4 耗散结构的变异	263
		10.6.5 耗散结构的解体	264
		10.6.6 创生的宇宙、创生的规律、没有终极意义的科学探索	265
10.7	类比分析当今经济学		266
		10.7.1 经济学基元分析	266
		10.7.2 广义帕累托均衡	267
		10.7.3 新的人性	269
		10.7.4 有形手无形手	272
		10.7.5 做事方法,做人道理	273
习题			276

附录 I 数值表 ······ 277

附录 II 部分题解 ······ 279

第 0 章

概述物理学

0.1 物理学和物质世界

物理学揭示了物质世界最本质、最深层的规律,是探讨物质结构和运动基本规律的学科。

0.1.1 物质世界

物理学使我们懂得我们生活的时空跨度 最大的空间尺度是宇宙,大约是 10^{26} m(约 150 亿光年);最小的空间尺度是夸克,大约是 10^{-20} m。最长的时间是宇宙的年龄,大约是 10^{18} s(约 150 亿年);最小的时间是硬 γ 射线的周期,大约 10^{-27} s。时空尺度的跨度均达 46 个量级。最高的速率是光在真空中的速率 $c=3\times10^{8}$ m/s。物理学按照空间的尺度把物质世界分为宇观、宏观、介观和微观体系;按光在真空中的速率将运动分为低速和高速;按研究对象的运动特征将物质运动分为机械运动、电磁运动、热运动、波动等类型。

物理学为我们描绘出物质世界的总图像 人们从自己所处的空间尺度向小尺度追问以探讨物质的组成,相应的物理学是"粒子物理学";同时,人们又向大尺度追问以探索宇宙的奥秘,相应的物理学是"天体物理学"。这是当前人们最关心的两个课题,也是物理学的前沿。"粒子物理学"为我们揭示出物质组成的信息是:组成物质的最小单元是夸克(quark);物质之间基本的相互作用是电磁相互作用、强相互作用、弱相互作用和引力作用。"天体物理学"对宇宙的奥秘揭示到的程度是:第一,宇宙起源于一次大爆炸,然后就不断地进行绝热膨胀,致使宇宙半径不断增大,宇宙密度不断下降,进而使宇宙的温度不断降低,直到目前的"宇宙背景温度"2.7 K。在这个过程中,粒子、原子、分子、星球、星系渐次产生和形成。第二,宇宙有限而无边,宇宙有中心又无中心! 基本图像如图 0.1.1 所示。某时刻,宇宙上的两个人处于 A 状态,随着时间的流逝,宇宙上的两人则处于 B 状态。人们就好像坐在一个逐渐膨胀的气球的表面,相互远离。

A 状态　　　　B 状态

图　0.1.1

0.1.2 关于两个前沿的基本理论

粒子物理学(微观理论) 是探索物质组成的基本学科。粒子物理的标准模型是:组成物质的基本组元有三族,即夸克、轻子和规范玻色子。其基本相互作用有四种,即电磁、引力、弱、强相互作用。人们通过高能物理实验的手段将物质击碎,取得物质组成成分的实验数据来验证理论。

天体物理学(宇观理论) 宇宙是物理学的最大研究对象。科学家探索宇宙的起源和发展,提出了标准宇宙模型,该模型的核心思想就是所谓的"大爆炸理论"。这个理论为我们勾画出一副用温度计作计时器的宇宙演化图像。如表 0.1.1 左箭头所示的宇宙演化时间表。

表 0.1.1 宇宙演化时间表(摘自:《科学家谈物理》,陆埮)

温度/K	能量/eV	时间	物 理 过 程
10^{32}	10^{28}	10^{-44} s	普朗克时代 粒子产生
10^{28}	10^{24}	10^{-36} s	大统一时代 重子不对称性产生
10^{13}	10^{9}	10^{-6} s	强子时代 大量强子产生
10^{11}	10^{7}	10^{-2} s	轻子时代 轻子过程
5×10^{9}	5×10^{5}	5 s	e^- e^+ 湮灭 中子自由衰变
10^{9}	10^{5}	3 min	核合成时代 ^{4}He 等生成
4×10^{3}	0.4	4×10^{5} a	复合时代 中性原子生成…… 太阳系形成
2.7	3×10^{-4}	$\sim 10^{10}$ a	现在 人类进行科学实验

如果我们在表 0.1.1 的右侧往上画一个箭头,可以清晰地展示出粒子物理在研究宇宙演化中的重要作用。右箭头说明人类利用加速器探索物质组成的历程和目前达到的水平。想把这个箭头继续往上延伸,则有赖于科学技术的发展。这左右两个箭头说明了这两个物理学的前沿理论从两个极端探索物质世界的奥秘,得到的结论是一致的。从而充分地体现了物理学的和谐、完美和对称。标准宇宙模型告诉我们:在遥远的过去宇宙产生于一次大爆炸,生产了很多"基本粒子",绝热膨胀至今。我们生活在这样的世界中,总想知道这个世界的来源,于是,人们就通过各种实验手段(比如加速器)把物质打开,探索其深奥的内部。一位物理学家把物理学上的这种和谐、统一用一条小龙清晰完美地展现出来,如图 0.1.2 所示。

对物质组成认识的深度很大程度上取决于加速器的发展。试想,当加速器达到物理学的绿洲所需的能量 10^{15} GeV 的能量水平后,展现在我们面前的将是宇宙的起始状态。

0.1.3 物理学使人们深刻认识物质世界

物质存在的基本形式 物质存在的基本形式有两种,即场和粒子。

最新理论指出,每种粒子都对应着一种场。例如,与光子相对应有电磁场、与电子相对

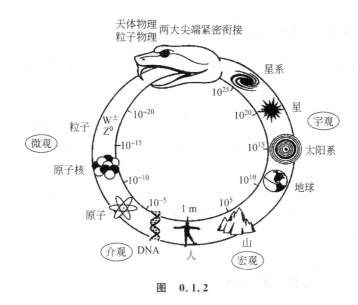

图 0.1.2

应有电子场,等等,它们同时存在于全空间。

场具有不同的能量状态。能量最低态称为基态。当一种场处于基态时,这种场就不会通过状态的变化释放能量而输出信号,从而不会显现出直接的物理效应,这时表现为看不到粒子;当场处于激发态时,表现为出现粒子。所以,物质存在的两种形式中,场更基本,粒子只是场的激发态的表现。

按照这样的观点,当所有的场都处于基态时,任何一个场都不可能给出信号显现出粒子,此时就是物理上的真空。

物质的聚集状态 物理学家通常把物质分为五种聚集状态:固态、液态(这两种状态统称凝聚态)、气态、等离子态、致密态。前四种状态,我们在日常生活中都可以看到。在天体研究中,发现了第五种状态——**致密态**。密到什么程度呢?人们生活的地球表面物质的密度最大是 10^{-3} kg/cm³。在宇宙中,当恒星进入晚年时就会演化为白矮星、中子星和黑洞。1967 年发现的中子星的脉冲星,其密度是 $10^8 \sim 10^{12}$ kg/cm³。有人推测,有些恒星可以塌缩到比中子星更大的密度,即称为黑洞,其密度可达 10^{13} kg/cm³。这种晚年恒星的高密度状态称为致密态。

0.2 物理学与科学思维

0.2.1 物理学的研究方法

物理学是一门实验的科学,发展离不开实验和观测。物理学中,有自己的一套获取知识、组织知识和应用知识的有效步骤。首先是从实验或原理中**提出命题**;其次是根据不同的问题,通过建立物理模型、用已知原理和推测对现象作定性解释、根据现理论进行推理和数学演算作定量解释;当新事实与旧理论不符时,提出**假说**,然后,进行**理论预言**、**实验检验**;如果假说与实验有出入,就**修正理论**;再实验检验,反复多次,假说**上升至理论**,并付诸应用。

0.2.2 物理学家的科学态度

在科学的进程中,科学实验的结果远非尽人所愿;在探索未知的历程中,很多事情无法预料。物理学家的态度是:实验的结果验证了理论,固然可喜;但实验结果与已有理论不符合会更让物理学家兴奋,因为,这种不符合正预示着重大的突破。爱因斯坦是善于抓住旧理论的困难,而提出新的革命性理论的典范。是他提出了"狭义相对论""广义相对论""光的量子性"等革命性的理论。在科学界,最不满意的气氛就是较少发现与理论不符合的结果。他们说,最令人惊讶的是没有出现令人惊讶的事。这就是物理学家的得失观。在科学研究的进程中,物理学家的三分之一的激奋在于建立理论;三分之一的激奋在于证实理论;三分之一的激奋在于突破理论。在实验事实面前,实验物理学家无权修改实验,而理论物理学家必须审查过去的理论并发展之。

0.3 物理学与其他的学科发展

0.3.1 物理学为其他学科创立原理和技术

几乎所有重大的新技术领域(如电子学、原子能、激光和信息技术、……)的创立,事前均在物理学中经过长期的酝酿,在理论和实验上积累了大量的知识,然后才取得突破,例如,信息技术的发展。1947 年贝尔实验室的巴丁·布拉顿和肖克莱发明了晶体管,继而发明了集成电路、大规模集成电路,直到现代的信息技术的应用和发展,这是一部众所周知的辉煌历史。但鲜为人知的是,在此之前至少有 20 年的"史前期",在这个"史前期"中物理学为孕育它的诞生作了大量的理论和实验准备,例如,1925—1926 年建立了量子力学;提出费米-狄拉克统计方法、泡利不相容原理;建立布洛赫波的理论;1926 年索末菲提出能带的猜想;派尔斯提出禁带、空穴的概念,贝特提出费米面的概念等固体、半导体物理的理论基础。

上述事实说明,工程技术中的基本规律均可在物理学的各个领域中找到来源。物理学在交叉学科、边缘学科的发展中是最有生命力、最活跃的学科。

0.3.2 物理学为一切学科提供了基本的实验手段和基本研究方法

例如,光谱分析法、X 光分析、核磁共振谱分析,等等。几乎一切现代的实验分析方法或设备都源于物理学的相应原理或效应。

0.3.3 物理知识是促进各学科发展的重要基础知识

实践表明,科研成果转化为生产力的周期的缩短,意味着知识的更新周期也随之缩短。但作为知识的核心,物理基本理论则是长久不衰的。物理知识、原理、方法将使人们终生受益。深厚的科学素养,深刻的科学洞察力以及在此基础上的不懈努力可以造就伟大的科学家,完成大发明。例如,新式显微镜——扫描隧道显微镜(简写 STM)的发明过程就充分地说明了这一点。STM 的发明者葛·宾尼(Gerd Binning)、海·罗雷尔(Heinrich Roheer)巧妙地应用了"隧道效应"改进了"场发射显微镜",从而掀开了显微镜发展的新篇章。STM 的分辨率达到 1 Å,使单个原子的图像清晰可见。不仅如此,人们在此基础上,发展了各种各样的扫描探针显微镜(SPM),这种技术使人们实现了操纵原子的梦想。

大学物理课的任务是把大学生领进物理学的大门,使大家在物理学所展示的五彩缤纷的物质世界中汲取营养,面对挑战。让大家在掌握和了解物理学的基本原理、基本规律的基础上,对物质世界有一全面、清醒的认识,通过物理课程的学习,掌握正确的方法论,培养创新精神。

用物理学家理查德·费曼的话概括物理课的任务十分恰当:"科学是一种方法,它教导人们:一切事情是怎样被了解的,什么事情是已知的,现在了解到什么程度,如何对待疑问和不确定性,证据服从什么法则,如何去思考事物作出判断,如何区分真伪和表面现象。"

0.4 物理学中的基本研究思路

0.4.1 物理学的分支

研究不同特征的对象对应于物理学中的不同分支。物理学对不同的研究对象采取不同的研究方法,物理学的研究方法会使大学生终身受益。

如物理学中的力学就是研究物质的机械运动;研究物质的热运动就是物理学中的热力学物理和统计物理;研究电磁运动就是物理学中的电磁学和电动力学;研究微观粒子的运动就是物理学中的量子物理,等等。

0.4.2 物理学研究问题的共同思路

理论框架的三部曲 不管是哪一分支,研究的思路大体是相同的,包含三个步骤。第一步就是要描述研究对象,物理学中通常叫做运动学部分,在此步骤中要定义一些物理量,从而建立表述的共同语言;第二步就是要探究运动的基本规律,通常叫做动力学部分,运动规律是理论的核心;第三步就是应用基本规律解决问题。

对称性是动力学理论的主要支撑 在探究动力学规律时,人们有一种先天的美好的愿望,即希望世界是平等的,故对称性原理就支配着人们的最初探索。在每一分支中都会有一系列的守恒定律和守恒量。在物理学理论的发展中始终贯穿着对称性。一种对称性的发现比一个具体的规律要重要得多。

理想模型是理论框架的基础 物体的一般运动是复杂的,所以在理论研究中,首先需根据所研究问题的性质对运动和物体加以合理简化,给出理想模型,以突出其运动的基本特征。

如力学中常用的理想模型有质点和刚体。一般的物体可以看作由无限多个质点(称作质量元)组成,叫做质点系。根据理想模型,读者就可体会到力学就是由质点力学、刚体力学和质点系力学所组成的。

力学篇

物体之间或物体上各点相对位置的变化规律称作机械运动,"力学"研究机械运动。

第1章

牛顿运动定律

1.1 理想模型 自由度

1.1.1 质点 刚体

质点和刚体是力学中常用的理想模型。如果在所研究的问题中,物体形状的影响可以不计,那么就可以把物体简化成一个具有质量的几何点,这具有质量的几何点叫做质点。如果在研究运动的过程中,物体的形状不能忽略,但形状改变的影响可以不计,那么就可以把物体简化为有一定形状但无形变的物体,叫做刚体。同一个物体视研究问题的不同可采用不同的模型,例如,在研究地球绕太阳公转时,可以把地球看作质点;但在研究地球自转时,又把地球看作刚体。一般的物体可以看作由无穷多个质点(称作质量元)组成,叫做质点系。

1.1.2 机械运动的基本形式 自由度

机械运动有平动、转动和振动三种基本形式。在运动过程中,如果物体上任意直线的运动轨迹是一组平行线,则物体的运动叫做平动。作平动的物体上各点的运动状况完全相同,可以用一个点来代表,因而可以把物体简化为质点。如果物体绕一直线旋转(该直线叫转轴),则这样的运动叫转动。在运动过程中,物体系的两质量元(质点)之间距离变化的运动形式叫振动。物体系的一般运动通常可以看作是三种基本运动形式的叠加。

确定物体位置的独立坐标数目称为物体的自由度。如果对物体系的运动加以约束,则运动自由度就会减少,约束愈多,自由度愈少。例如,一个自由运动的质点有三个自由度,如果限定质点只能在某平面(或某曲面)上运动,则自由度减为2。对于一个自由运动的刚体,要确定它的位置,至少需要定出刚体上不在同一直线的三个点的位置。确定第一个点需要3个独立坐标,第二个点由于和第一个点的距离是一定的,确定其坐标只需要两个独立坐标,而第三个点因为与另外两个点的距离都一定,确定其位置的独立坐标数减至1,因而一个自由运动刚体共有6个自由度。如果令刚体绕固定轴转动,刚体上各点都在垂直于转轴的相互平行的平面(称转动平面)上作圆周运动,圆心在转轴上而圆半径一定,因此只需要确定刚体上任一点与其圆心的连线的方位即可,因而绕固定轴转动的刚体只有1个自由度;由N个独立质点组成的物体系中每个质点的自由度是3,因此总共有$3N$个自由度。自由度愈大,确定物体系运动所需的独立方程愈多,所以自由度的数目直接关系到人们解决问题的繁复程度。

由于物体系的一般运动可以看作是平动、转动、振动的叠加,故又可以把与各运动坐标相应的自由度冠以平动自由度、转动自由度和振动自由度之称,通常分别以符号 t,r,s 表示。例如,一个自由运动的刚体可以看作随某个点的平动加上绕通过该点的任意直线的转动,从而可以把 6 个自由度分为 3 个平动自由度($t=3$)和 3 个转动自由度($r=3$)。由 N 个独立质点组成的物体系,一般地说,$3N$ 个自由度中包括 3 个平动自由度($t=3$);3 个转动自由度($r=3$);其余的归入振动自由度,即 $s=3N-6$。

由于物体可以看作是许多质点或质量元所组成的质点系,所以解决一般物体问题的思路就是一个质点(质量元)一个质点地分别解决,然后再利用质点系的自身特征得到完满的解答。因此,质点力学是整个力学的基础。

1.2 质点运动的描述

1.2.1 描述质点运动的物理量

位置矢量　位移　在某参考系中,t 时刻质点运动到空间 P 点。描述该质点位置的物理量是位置矢量。定义是:任选该参考系中的某一定点为参考点 O(通常选坐标原点),从 O 点连线到 P 点的有向线段就是质点在 t 时刻的位置矢量,简称位矢,如图 1.2.1,记作 $\boldsymbol{r}$。

位置矢量随时间而变,是时刻 t 的函数,写为 $\boldsymbol{r}=\boldsymbol{r}(t)$,称为运动函数。

描述 $\Delta t=t_2-t_1$ 时间间隔内位置变化的物理量是位移。

设 t_1 到 t_2 的时间间隔内,质点由 P 点运动到 Q 点,则从 P 点引向 Q 点的有向线段就是 Δt 时间内质点的位移,如图 1.2.2 所示。

图 1.2.1　位置矢量　　　　　　　图 1.2.2　位移

由矢量关系可知位移矢量与始末时刻位置矢量的关系为

$$\Delta \boldsymbol{r} = \boldsymbol{r}_2 - \boldsymbol{r}_1$$

位移给出相应时间间隔内始末时刻位置的变动,而与中间的经历无关。位移的大小是质点始末位置的直线距离,只有当时间间隔无限小时,位移的大小才等于路径的长度。

速度　速度是描述质点位置变化快慢状况的物理量。设在 $t \to t+\Delta t$ 时间内质点的位移为 $\Delta \boldsymbol{r}$,则这段位移除以相应的时间间隔称为质点在这段时间间隔的平均速度,记作

$$\bar{\boldsymbol{v}} = \frac{\Delta \boldsymbol{r}}{\Delta t}$$

当时间间隔趋于零时,位移与时间间隔比值的极限定义为 t 时刻质点的瞬时速度(简称速度),记作

$$\boldsymbol{v} = \lim_{\Delta t \to 0} \frac{\Delta \boldsymbol{r}}{\Delta t} = \frac{\mathrm{d}\boldsymbol{r}}{\mathrm{d}t}$$

平均速度的方向与相应位移矢量的方向相同,是这段时间位置的平均变化率。

速度是质点位置的瞬时变化率,反映该时刻质点的运动状态,即该时刻运动的快慢和方向。速度的方向是时间间隔趋于零时,位移的极限方向,即相应时刻质点运动轨迹的切线方向,如图 1.2.3 所示。速度的大小等于速率。

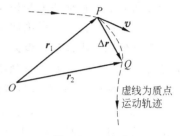

图 1.2.3 速度

加速度 描述速度变化快慢的物理量是加速度。若在时刻 $t \to t + \Delta t$ 期间内,速度的增量为 Δv,则称 Δv 与 Δt 的比值为这段时间的平均加速度,记作

$$\bar{a} = \frac{\Delta v}{\Delta t}$$

当时间间隔趋于零时,上述比值的极限定义为瞬时加速度,即

$$a = \lim_{\Delta t \to 0} \frac{\Delta v}{\Delta t} = \frac{\mathrm{d}v}{\mathrm{d}t} = \frac{\mathrm{d}^2 r}{\mathrm{d}t^2}$$

加速度描述的是速度矢量的瞬时变化率,它同时反映了速度的大小和方向两个因素的变化状况。

r, v, a 这三个以矢量形式定义的物理量可以完整地表达质点运动状态的信息。

1.2.2 运动的坐标表述

对于运动的描述,采用矢量物理量的形式简洁、完备,便于文字表述。但在处理具体的运动学问题时,必须选择一定的坐标系来表述和进行计算。

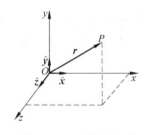

图 1.2.4 直角坐标系

直角坐标系中的运动表述 直角坐标系有三个固定的相互正交的三维坐标轴,分别称作 Ox 轴、Oy 轴和 Oz 轴。如图 1.2.4 所示。

在直角坐标系中,位置、速度和加速度矢量可表达为三个分矢量之和

$$r = x\hat{x} + y\hat{y} + z\hat{z}$$
$$v = v_x\hat{x} + v_y\hat{y} + v_z\hat{z}$$
$$a = a_x\hat{x} + a_y\hat{y} + a_z\hat{z}$$

式中,$\hat{x}, \hat{y}, \hat{z}$ 分别是沿 x, y, z 三轴正方向的单位矢量。

根据速度和加速度的定义式

$$v = \frac{\mathrm{d}r}{\mathrm{d}t} \quad \text{和} \quad a = \frac{\mathrm{d}v}{\mathrm{d}t}$$

注意到直角坐标系中沿三个坐标轴的单位矢量不随时间改变,可以得出速度和加速度的分量表达式为

$$v_x = \frac{\mathrm{d}x}{\mathrm{d}t}, \quad a_x = \frac{\mathrm{d}v_x}{\mathrm{d}t} = \frac{\mathrm{d}^2 x}{\mathrm{d}t^2}$$

$$v_y = \frac{\mathrm{d}y}{\mathrm{d}t}, \quad a_y = \frac{\mathrm{d}v_y}{\mathrm{d}t} = \frac{\mathrm{d}^2 y}{\mathrm{d}t^2}$$

$$v_z = \frac{\mathrm{d}z}{\mathrm{d}t}, \quad a_z = \frac{\mathrm{d}v_z}{\mathrm{d}t} = \frac{\mathrm{d}^2 z}{\mathrm{d}t^2}$$

上式表明，质点的运动可以分解为三个正交方向的直线运动，而且在直角坐标系中，这三个方向的运动在描述上是相互独立的。

直角坐标系常用于讨论加速度恒定或加速度方向一定情况下的运动。

自然坐标系中运动的表述 自然坐标系是质点运动路径已知时采用的坐标系。在路径上任选一点为参考点 O，t 时刻质点到达 P 点，沿路径由 O 到 P 的曲线长度 s 称为质点的曲线（或路径）坐标，同时在该位置建立切向和法向两个单位矢量 $\hat{\boldsymbol{\tau}}$ 和 $\hat{\boldsymbol{n}}$，规定前者指向运动前方，后者指向路径曲线的凹侧，如图 1.2.5 所示。在路径的不同位置有不同组的切向和法向单位矢量，不同时刻质点处于路径的不同位置，所以自然坐标系中单位矢量的方向是随时间变化的。

在自然坐标系中，质点位置由曲线坐标表示，记作

$$s = s(t)$$

速度

$$\boldsymbol{v} = \left|\frac{d\boldsymbol{r}}{dt}\right|\hat{\boldsymbol{v}} = \frac{ds}{dt}\hat{\boldsymbol{\tau}}$$

加速度

$$\boldsymbol{a} = \frac{d\boldsymbol{v}}{dt} = \frac{dv}{dt}\hat{\boldsymbol{\tau}} + v\frac{d\hat{\boldsymbol{\tau}}}{dt}$$

加速度分解为上式等号右端的两项所代表的两个分量。由上述表达式可以看到，第一个分量反映速度大小的变化率，它的方向沿轨迹切向，称为切向加速度，以 $\boldsymbol{a}_t$ 表示；第二项反映速度方向的变化率。根据单位矢量的变化率的规律（参见教学参考 1-1），$\dfrac{d\hat{\boldsymbol{\tau}}}{dt}$ 的方向垂直于 $\hat{\boldsymbol{\tau}}$（切向），故应沿轨迹的法向，它的大小等于切向单位矢量方位改变的角速度。在 $t \to t+\Delta t$ 时间间隔内的轨迹可看作与这段轨迹相切的曲率圆上的一段弧，如图 1.2.6 所示。设曲率圆半径为 ρ，则 dt 内轨迹切线方位改变的角度 $d\varphi = \dfrac{ds}{\rho}$，因此

$$\left|\frac{d\hat{\boldsymbol{\tau}}}{dt}\right| = \frac{d\varphi}{dt} = \frac{1}{\rho}\frac{ds}{dt} = \frac{v}{\rho}$$

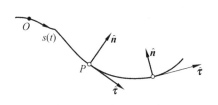

图 1.2.5 自然坐标系

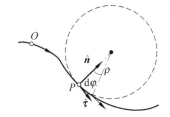

图 1.2.6 自然坐标系中的法向加速度

代入上述加速度表达式等号右端的第二项可得该项的大小等于 $\dfrac{v^2}{\rho}$。方向沿轨迹法向，指向轨迹曲率中心，故称为法向加速度，以 $\boldsymbol{a}_n$ 表示。

因此，在自然坐标系中，加速度相应有切向加速度 $\boldsymbol{a}_t$ 和法向加速度 $\boldsymbol{a}_n$ 两个分量，分别描述速度大小和方向两个因素的变化率。两个加速度分量分别表示为

$$a_t = \frac{dv}{dt}\hat{\tau} \quad \text{和} \quad a_n = \frac{v^2}{\rho}\hat{n}$$

当质点速率增大时，$\frac{dv}{dt}>0$，切向加速度与速度方向一致。

当质点速率减小时，$\frac{dv}{dt}<0$，切向加速度与速度方向相反。

总加速度为二者的矢量和

$$\boldsymbol{a} = \boldsymbol{a}_t + \boldsymbol{a}_n$$

加速度的大小

$$a = \sqrt{a_t^2 + a_n^2}$$

自然坐标系的优点是这种表述直接表达出了物理量所描述运动的物理内涵。

1.3 质点运动学问题举例

运动学问题有两类，一类是已知运动函数求速度和加速度，求解这类问题只需要微分即可；另一类问题是已知加速度和初始状态求任意时刻的速度和位置，解决这类问题需要进行积分运算。

1.3.1 直线运动

对直线运动情况，选取运动的直线作为坐标轴最方便。这时只需要一个坐标参量，各矢量的方向用正、负即可反映，所以直线运动是一维的运动。相应物理量可直接表述为下述各式

$$x = x(t), \quad v = \frac{dx}{dt}, \quad a = \frac{dv}{dt}$$

积分上述公式可得出速度与加速度，位移与速度的一般关系如下

$$v_2 - v_1 = \int_{t_1}^{t_2} a\,dt; \quad \Delta x = \int_{t_1}^{t_2} v\,dt$$

利用上述关系读者可以自行导出初速度为 v_0、加速度 a 为常量时的匀变速直线运动公式

$$v = v_0 + at; \quad \Delta x = v_0 t + \frac{1}{2}at^2$$

例 一辆机动船，船速为 v_0 时关闭发动机，船因受阻力而减速。设加速度大小与速度大小成正比，比例系数为 A，求任一时刻的船速以及船从停机到停止所行进的距离。

解 船作直线运动，按题意有

$$a = \frac{dv}{dt} = -Av$$

将上式分离变量并积分

$$\int_{v_0}^{v} \frac{dv}{v} = -A\int_0^t dt$$

解得

$$v = v_0 e^{-At}$$

由上式可知,当 $t \to \infty$, $v \to 0$,又由 $v = \dfrac{\mathrm{d}x}{\mathrm{d}t} = v_0 e^{-At}$ 积分,得船停机到停止所走过的距离

$$\Delta x = \int_0^\infty v \mathrm{d}t = \int_0^\infty v_0 e^{-At} \mathrm{d}t = \dfrac{v_0}{A}$$

1.3.2 抛体运动

不计阻力时地面附近的抛体运动是典型的加速度恒定的运动。这时,加速度等于重力加速度,为常矢量。质点的运动是平面运动,运动平面是由初速度和重力加速度决定的平面(当初速度与重力加速度方向平行时则退化为直线运动)。

设初速度与水平方向有一夹角 α。选择平面直角坐标系,水平和竖直方向为坐标轴,令原点在初始位置,则有

$$v_{0x} = v_0 \cos\alpha, \quad a_x = 0;$$
$$v_{0y} = v_0 \sin\alpha, \quad a_y = -g$$

水平方向为匀速运动,竖直方向为匀加速直线运动。代入相应的两组运动学公式,得

图 1.3.1 抛体运动

$$v_x = v_0 \cos\alpha, \quad x = v_{0x}t = v_0 t\cos\alpha;$$
$$v_y = v_{0y} - gt, \quad y = v_{0y}t - \dfrac{1}{2}gt^2 = v_0 t\sin\alpha - \dfrac{1}{2}gt^2$$

这就是斜抛运动公式。在运动函数 $x(t)$、$y(t)$ 中消去变量 t,还可得到质点的轨迹方程。如果令 $\alpha = 0$ 或 $\alpha = \dfrac{\pi}{2}$,就可得到平抛运动和竖直上抛运动公式。

1.3.3 圆周运动

圆周运动的加速度 作圆周运动的质点,其运动方向必定有变化,因此一定有加速度。由于轨迹已知,采用自然坐标系表述加速度最直观。这时轨迹上各点的曲率半径相同,为圆的半径;曲率中心为圆心。

特殊的圆周运动是匀速(率)圆周运动。这时速度大小不变而只有方向改变,故切向加速度 $a_\mathrm{t} = \dfrac{\mathrm{d}v}{\mathrm{d}t} = 0$;法向加速度 $a_\mathrm{n} = \dfrac{v^2}{R}$,方向沿半径指向圆心,所以通常又将它称为向心加速度。

如果质点速度的大小也有改变,则同时具有向心加速度 $a_\mathrm{n} = \dfrac{v^2}{R}$ 和切向加速度 $a_\mathrm{t} = \dfrac{\mathrm{d}v}{\mathrm{d}t}$,总加速度为二者的矢量和。

圆周运动的角量描述 当质点绕定点作圆周运动时,引入角位置、角速度和角加速度等所谓"角量"来描述运动更简捷、方便。t 时刻质点运动到 P 点,连线 OP 与极轴的夹角 θ 称为 t 时刻质点的角位置。Δt 时间间隔内角位置的增量 $\Delta\theta$ 叫做 Δt 间隔内质点的角位移,如图 1.3.2 所示。

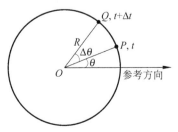

图 1.3.2 圆周运动的角量描述

角速度的定义式为

$$\omega = \frac{\mathrm{d}\theta}{\mathrm{d}t}$$

角加速度的定义式为

$$\alpha = \frac{\mathrm{d}\omega}{\mathrm{d}t} = \frac{\mathrm{d}^2\theta}{\mathrm{d}t^2}$$

圆周运动中描述质点运动的线量与相应角量之间有下述关系

$$v = \frac{\mathrm{d}\theta}{\mathrm{d}t}R = \omega R, \quad a_\mathrm{n} = \frac{v^2}{R} = \omega^2 R, \quad a_\mathrm{t} = \frac{\mathrm{d}v}{\mathrm{d}t} = \alpha R$$

1.4 牛顿运动定律

1.4.1 牛顿运动三定律

第一定律：一切物体都将维持其静止或运动状态不变，直到力的作用迫使它改变为止。

第一定律中包含了经典力学中两个最基本的概念："惯性"和"力"。惯性是指物体维持其原有运动状态不变的特性。力即为使物体运动状态改变的一种作用。所以第一定律又称惯性定律。

第一定律是大量经验、实验的概括和抽象。因为找不到完全不受其他物体作用的孤立物体，所以第一定律不能直接接受实验的严格检验。而从经验可知，物体间的作用随距离增大而减弱，这样，可把远离其他物体的物体看作"孤立"物体，宇宙中许多恒星之间距离远达数亿光年，它们可以作为孤立体的模型。伽利略的惯性定律也是对他著名的斜面实验归纳并推想斜面完全光滑而得出的结论。

第二定律：质点所受合力的大小与质点运动量（动量）的变化率的大小成正比，合力的方向与动量变化率的方向一致。选择合适的单位制，定律可表示为

$$\boldsymbol{F} = \frac{\mathrm{d}(m\boldsymbol{v})}{\mathrm{d}t}$$

在牛顿力学中，质量的测量与运动无关，上式改写为

$$\boldsymbol{F} = m\boldsymbol{a} = m\frac{\mathrm{d}^2\boldsymbol{r}}{\mathrm{d}t^2}$$

运动速度高到可与光速相比时，质量和运动速率有关，上述两式不再等价。

第二定律既是实验规律又是力的量化定义式。从 $\boldsymbol{F}=m\boldsymbol{a}$ 中体现出质量 m 是惯性大小的量度，故式中的 m 称为惯性质量。

第三定律：物体 1 以某力作用于物体 2，则物体 2 同时以等值反向的力作用于物体 1。

数学表达式为

$$\boldsymbol{F}_{12} = -\boldsymbol{F}_{21}$$

该定律指出了作用的相互性。

1.4.2 牛顿运动定律与惯性参考系

对于牛顿运动三定律的关系,初学者常常产生困惑:在第二定律中,令 $F=0$,则有 $a=0$,即当物体不受力时,将保持其运动状态不变。这样,第一定律可看成第二定律的特例而包含在其中,为什么牛顿和后人要把它们分别加以表述呢?

首先,物体运动状态是否改变,如何改变是和参考系紧密相关的,而按牛顿力学的观点,力是物体之间的相互作用,它和参考系无关。这样,第二定律建立的关系式只可能对某些参考系成立。而第一定律是关于惯性和力的概念的定性的规律,依靠它可以把参考系划分为惯性系和非惯性系,而第二定律则是在它规定的惯性系中对力和惯性加以量化并建立它们之间的关系的。

我们定义,凡是第一定律成立的参考系为惯性系,反之则为非惯性系。哪些参考系是惯性系只能由实验确定。实验表明太阳参考系是很好的惯性系,地球参考系是相当好的惯性系,地面参考系是比较好的惯性系。在牛顿力学范畴内,只能逐步接近理想的惯性系。

推论 凡是相对已知惯性系作匀速直线运动的参考系也是惯性系,而相对已知惯性系作加速运动的参考系为非惯性系。

1.5 牛顿运动定律的应用举例

牛顿运动定律应用于两类问题。一类为已知运动求力,另一类为已知力求运动。应用时,通常将定律写成沿坐标轴的投影式。

在直角坐标系中定律的投影式为

$$F_x = ma_x = m\frac{\mathrm{d}^2 x}{\mathrm{d}t^2}, \quad F_y = ma_y = m\frac{\mathrm{d}^2 y}{\mathrm{d}t^2}, \quad F_z = ma_z = m\frac{\mathrm{d}^2 z}{\mathrm{d}t^2}$$

在自然坐标中定律的投影式为

$$F_t = ma_t = m\frac{\mathrm{d}v}{\mathrm{d}t}, \quad F_n = ma_n = m\frac{v^2}{\rho}$$

应用时,应注意牛顿运动定律只适用于质点,若研究对象和其他物体相关联,应将对象"隔离"加以研究。现举例如下。

例1 考虑空气阻力的抛体运动

已知抛体质量为 m,初速度大小为 v_0,与水平面夹角为 θ,设所受阻力大小 $f=Av$,与速度方向相反,求此抛体的运动。

解 建直角坐标系,参照图 1.5.1。对 m 用牛顿定律,有

$$-Av_x = m\frac{\mathrm{d}v_x}{\mathrm{d}t} \tag{1}$$

$$-mg - Av_y = m\frac{\mathrm{d}v_y}{\mathrm{d}t} \tag{2}$$

对(1)式分离变量并积分,有

$$-\int_0^t \frac{A}{m}\mathrm{d}t = \int_{v_{0x}}^{v_x} \frac{\mathrm{d}v_x}{v_x}$$

解得
$$v_x = v_{0x} e^{-\frac{A}{m}t}$$
式中
$$v_{0x} = v_0 \cos\theta$$
同理,对(2)式积分,有
$$-\int_0^t \frac{A}{m}dt = \int_{v_{0y}}^{v_y} \frac{dv_y}{v_y + mg/A}$$
解得
$$v_y = \left(v_{0y} + \frac{mg}{A}\right)e^{-\frac{A}{m}t} - \frac{mg}{A}$$
其中
$$v_{0y} = v_0 \sin\theta$$

由解答可以看出,考虑空气阻力后,物体在水平方向不再是匀速运动,其速率随时间呈指数衰减。利用 $v_x = \frac{dx}{dt}, v_y = \frac{dy}{dt}$,将上述结果代入并积分,还可求得抛射体的位置坐标函数,此处不再写出。抛射体的运动轨迹示意如图 1.5.1 所示。

图 1.5.1 有阻力时的抛体轨迹

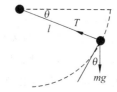

图 1.5.2 例 2 用图

例 2 一长度为 l 的轻绳,一端悬挂质量为 m 的小球。开始将绳抬至水平,令小球无初速摆下。当绳摆至与水平方向夹角为 θ 时,球速为 $v = \sqrt{2gl\sin\theta}$,求此时绳对小球的拉力。

解 小球在 θ 处的受力如图 1.5.2,建自然坐标系。

在法向方向的牛顿方程:$T - mg\sin\theta = ma_n$ (1)

在切向方向的牛顿方程:$mg\cos\theta = ma_t$ (2)

且
$$a_n = \frac{v^2}{l} \quad (3)$$

将 $v^2 = 2gl\sin\theta$ 代入(3)后,再代入(1)

由(1)式有:$T = mg\sin\theta + m\frac{v^2}{l} = mg\sin\theta + 2mg\sin\theta = 3mg\sin\theta$

*1.6 非惯性系中的惯性力

凡是相对于已知惯性系作加速运动的参考系是非惯性系,在非惯性系中牛顿运动定律不成立。但某些情况下需要在非惯性系中考察动力学问题,例如,地球相对太阳参考系有公转和自转,严格讲来是非惯性系,但我们常常需要在地球参考系中或地面参考系中研究问题。

1.6.1 加速平动参考系中的惯性力

设 S 系为惯性系,S' 系为非惯性系,它相对 S 系以加速度 a_0 平动。假设质点相对 S' 系运动的加速度为 a',由于 S' 是非惯性系,所以 $F \neq ma'$。

但在 S 系中,有 $F = ma$,将 $a = a_0 + a'$,代入有

$$F = m(a_0 + a')$$

改写上式

$$F + (-ma_0) = ma'$$

如果令

$$F_I = -ma_0$$

则有

$$F + F_I = ma'$$

即在 S' 系中,除了物体所受的相互作用力 F 外,如果再引入一个附加力 F_I,则形式上牛顿第二运动定律仍然成立。由于这个附加力的大小正比于物体的惯性质量,故称为惯性力。

从牛顿力学的观点看,F 是相互作用,为"真实力",F_I 只在非惯性系中出现,其本质是物体的惯性在非惯性系中的表现。尽管它和非惯性系的运动有关,但它并非非惯性系施加给运动物体的作用力,它没有反作用,从这个意义上讲,惯性力是"虚构力";但就产生加速度而言,或者说使运动发生变化而言,它和真实力的作用是完全相同的。由于在加速平动的非惯性系中所有物体受到的惯性力的方向均相同,故此惯性力称为平移惯性力。

1.6.2 均匀转动参考系中的惯性力——惯性离心力、科里奥利力

从前一问题的讨论中,我们可以看出引入惯性力的思路:从寻找非惯性系和惯性系描述质点加速度的关系入手,来确定所需引入的惯性力的大小和方向,以校正因加速度差异引起的非惯性系中对牛顿定律的偏离,从而可以在该参考系中使用牛顿定律。按照这个原则,不难找到均匀转动参考系中的惯性力。最简单的情况是,质点在转动参考系中静止。设 S' 系为转动参考系,它相对惯性系 S 系的角速度为 ω,质点静止在 S' 系中距离圆心为 r 处。从惯性系观测,质点具有向心加速度($-\omega^2 r$),并受到向心力 f_n 的作用,二者的关系为 $f_n = -m\omega^2 r$。而在 S' 系中 $a' = 0$,质点除仍受 F_n 作用外,应附加大小为 $m\omega^2 r$,方向沿半径背离圆心的力,与 f_n 平衡,即有

$$f_n + m\omega^2 r = 0$$

式中,$m\omega^2 r = F_I$ 称为质点在转动参考系中受到的惯性离心力,简称离心力。如果质点在转动参考系中运动,则除了仍然受到惯性离心力外,还受到一个和相对速度有关的力,通常称为科里奥利力。由于地球自转,地面参考系可看作均匀转动的参考系,因而,地面上一切运动物体都将受到惯性离心力以及科里奥利力的作用。惯性离心力直接影响地面上不同纬度处物体的重力,而科里奥利力则会产生如落体偏东、单摆摆平面的转动、信风的特殊风向等

有趣的自然现象。关于科里奥利力请参阅本章后教学参考 1-3。

1.6.3 地球因公转、自转引起的力学现象

地球的公转　潮汐现象　相对太阳参考系,地球(心)参考系可看作沿圆形轨道运动的平动参考系,其平动加速度的方向是变化的。它相对于太阳的加速度为 $\boldsymbol{a}_0 = \dfrac{GM_s}{r_{es}^2}(-\hat{\boldsymbol{r}}_0)$,$\hat{\boldsymbol{r}}_0$ 是太阳到地心位矢方向的单位矢量。因此在地球参考系中任一质量为 m 的物体所受的平移惯性力为

$$\boldsymbol{F}_I = -m\boldsymbol{a}_0 = \dfrac{GM_s m}{r_{es}^2}\hat{\boldsymbol{r}}_0$$

同时,物体将受到太阳的引力

$$\boldsymbol{f}_G = G\dfrac{M_s m}{r_{ms}^2}(-\hat{\boldsymbol{r}}_{ms})$$

粗略地考虑可认为 $\boldsymbol{r}_{es} = r_{ms}\hat{\boldsymbol{r}}_0$,$\boldsymbol{r}_{ms}$ 是太阳到物体 m 的位矢量。对 m 而言,与地球公转相应的平移惯性力几乎抵消了它所受的太阳引力,亦即所谓太阳引力失重。这样,在地球参考系中考察例如月球或地球卫星的运动时,可以把它们看成是在一不受太阳引力作用的惯性系中的运动。

精细地考虑时,平移惯性力处处等强度,而在较大的质点运动空间内,太阳引力强度却不相同。地面上海水的潮汐(白天上涨为潮,夜晚上涨为汐)则是与之有关的一个力学现象。对潮汐的形成,如图 1.6.1 所示。图中深色表示地面上的海水(为了突出所说明的问题,本图未按比例画出)。

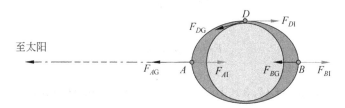

图 1.6.1　太阳潮

取地心和日心连线上向阳及背阳两处 A 及 B 的一小块海水,对于前者,所受太阳引力 F_{AG} 大于惯性力 F_{AI},二者合力(称为引潮力)背离地心;对于后者,太阳引力 F_{BG} 小于惯性力 F_{BI},引潮力的方向仍然背离地心,它们的作用都是使海水上涨。对于图中 D 处海水,引潮力(太阳引力 F_{DG} 和惯性力 F_{DI} 的合力)则偏向地心,使海水退潮。对于图示位置,A 处是白天,B 处是黑夜,它们都在涨潮;当地球自转一周后,二者的地位互换,又都是涨潮,故地上同一处一天涨潮两次。当然,这里只是讨论了太阳引力对潮汐的作用,这种潮称为太阳潮,实际上月球的引力是引起潮汐的主要因素(月球引力是太阳引力的 2.18 倍)。类似前述讨论,单考虑月球引力作用时,应是正对和背对月球处的海水涨潮,此所谓太阴潮。实际的潮汐是太阴、太阳二者的联合作用,每月的初一、十五,月球位于地、日连线上,太阳和月亮的作用相互加强,形成大潮,如图 1.6.2 所示。

除了海水潮外,由于地球并非刚体,同样的原因还会引起地球表面形状的变化,即所谓固体潮,但固体的流动性差,而地球在自转,所以固体潮有滞后现象,即凸出处并不在正对引

力中心处。潮汐与地面的摩擦会使地球的自转速度减慢。考古学表明,3.5亿年前,一年是400天,如今只有365.25天,今后地球转动还将继续减慢。

地球的自转 重力随纬度的改变 地球相对地球(心)参考系以南北方向为轴线均匀自转,因此在地面参考系中考察一切物体,将存在惯性离心力,与之相关的重要力学现象就是物体的重力随纬度的改变(见图1.6.3)。

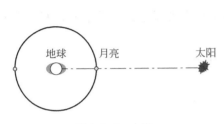
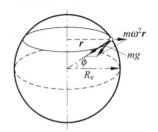

图1.6.2 大潮　　　　　　　　　图1.6.3 重力随纬度的变化

通常所说的重力实际是地球对物体的引力和惯性离心力的合力。地面上不同纬度的地方,物体随地面作不同半径的圆周运动(角速度相同),其离心力的大小不同,因而其重力大小随纬度而变,方向也并不严格指向地球球心。

对位于纬度为 φ 的物体,其圆周运动半径为 $r = R_e \cos\varphi$,式中 R_e 为地球半径。

设物体质量为 m,所受地球引力大小为

$$F_G = \frac{GM_e m}{R_e^2}$$

其惯性离心力为

$$F_I = m\omega^2 R_e \cos\varphi$$

式中

$$\omega^2 R_e = (7.3 \times 10^{-5})^2 \times 6.4 \times 10^6 = 0.034 \text{ m/s}^2$$

远小于地面处的引力强度 $g = \frac{GM_e}{R_e^2} = 9.8 \text{ m/s}^2$。

故重力近似有

$$P = F_G - F_I \cos\varphi = F_G\left(1 - \frac{1}{289}\cos^2\varphi\right)$$

由上式可知,在地球南北两极 $\varphi = \frac{\pi}{2}$,重力就等于引力;赤道处 $\varphi = 0$,重力和引力相差最大,重量最轻。

因此,在地面参考系中所讨论的重力 P 实际已经计及地球自转的惯性离心力,而 $P = mg$ 中的 g,即重力加速度是随纬度而变化的。当然,如果忽略惯性离心力,引起的误差也不大,仅有0.5%。在一般的工程问题中,完全可以认为重力就等于地球的引力。需要指出的是,这里的讨论都是以地球是均匀球体而设定的,实际地球是扁球,其赤道半径大于南北半径,且局部地质结构也有差异,这些都会造成重力加速度的分布异常。

习 题

1-1 一质点在 x-y 平面内运动,其运动函数为 $x=3t, y=2-2t^2$(SI)。
(1)试写出质点位置矢量、速度矢量和加速度矢量表达式;(2)求 $t=1$ s 时刻质点速度的大小和方向。

1-2 已知某弹簧振子由劲度系数为 k 的轻弹簧和质量为 m 的质点组成,以弹簧原长为坐标原点,其质点振动的位移与时间的关系是

$$y = A\cos\left(\sqrt{\frac{k}{m}}t + \frac{\pi}{2}\right) \quad (\text{SI})$$

A 是大于零的恒量。试求:弹簧振子振动的速度和加速度。

1-3 质点沿半径 $R=1.5$ m 的圆周运动,其路径坐标与时间的关系为 $s=3+3t^3$(SI),求 $t=1$ s 时刻质点的路径坐标、质点运动的切向加速度和法向加速度。

1-4 某发动机启动后,主轮边缘上的一点作圆周运动,其角位置与时间的关系为 $\theta=t^2+4t-8$(SI)。求:$t=2$ s 时刻,(1)该点的角速度和角加速度;(2)若主轮半径为 $R=0.2$ m,该点运动的速度大小和切向加速度、法向加速度。

1-5 在直角坐标系中,质点作半径为 R 的圆周运动,其运动函数为

$$x = R\cos\omega t, \quad y = R\sin\omega t$$

式中,ω,R 是大于零的常量,如图所示。写出质点运动的位置矢量、速度矢量和加速度矢量表达式。

1-6 如图所示,在离水面高为 h 的岸边放置一小型定滑轮,人们通过滑轮用绳以恒定速率 v_0 拉动水面的小船靠岸。求船在任一 x 处运动的速度和加速度。设任一时刻绳长为 l。

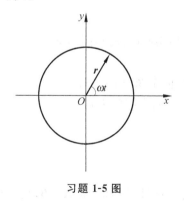

习题 1-5 图　　　　　习题 1-6 图

1-7 汽车在半径为 480 m 的圆弧弯道减速行驶。若某时刻汽车的速率为 $v=12$ m/s,切向加速度为 $a_t=0.3$ m/s^2。求汽车的法向加速度和总加速度的大小和方向,并图示。

1-8 一列火车由 13 节质量均为 m 的车厢组成,车厢和铁轨间的摩擦系数为 μ,已知火车牵引力为 F。求:(1)火车运动的加速度 a;(2)第 7 节车厢对第 8 节车厢的作用力 F_{78}。

1-9 一质量为 M、长度为 l 的均质细棒,若在棒的延长线上距棒端 a 处放一质量为 m 的质点,求棒对质点的引力。(建议利用图示坐标系解题)

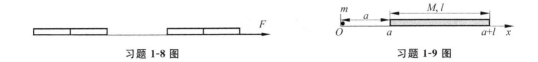

习题 1-8 图　　　　　　　　　习题 1-9 图

教学参考 1-1　矢量的基本运算和单位矢量的变化率

一、矢量　矢量的加减

矢量定义为同时具有大小和方向、且相加时服从平行四边形法则的量。一个矢量可以用一有向线段表示，选定标度后，线段的长度代表矢量的大小，箭头所指为矢量的方向。

两个矢量相加时，可作图求其矢量和。令二者的始端重合，以二矢量构成相邻边，作平行四边形，则由公共始端引出的对角线为二者的合矢量；或二矢量首尾相接，由第一个矢量的始端引向第二个矢量的末端的矢量就是二者的合矢量，两种方法分别称为平行四边形法和三角形法，如图 1 所示。三角形法的优点是易于进行多个矢量的相加。

图 1　矢量的加法

矢量相加服从交换律，即 $\boldsymbol{A}+\boldsymbol{B}=\boldsymbol{B}+\boldsymbol{A}$。矢量相减则应按矢量相加的方法进行逆运算。

二、矢量的标量积和矢量积

1. 矢量的标量积

两个矢量的标量积为标量，在相乘的两个矢量之间用实心的圆点连接，如

$$\boldsymbol{A} \cdot \boldsymbol{B}$$

故又称"点积"。其大小等于两矢量的大小和它们的夹角的余弦三者之积，即

$$\boldsymbol{A} \cdot \boldsymbol{B} = AB\cos\theta \quad (\text{其中 } \theta \text{ 为 } \boldsymbol{A},\boldsymbol{B} \text{ 正方向之间的夹角})$$

标量积服从交换律，即

$$\boldsymbol{A} \cdot \boldsymbol{B} = \boldsymbol{B} \cdot \boldsymbol{A}$$

2. 矢量的矢量积

两个矢量的矢量积为矢量，在相乘的两个矢量之间用符号 × 连接，如 $\boldsymbol{A} \times \boldsymbol{B}$，故又称"叉积"。其大小等于两矢量的大小和它们的夹角的正弦三者之积，其方向垂直于二矢量决定的平面，指向按右手定则决定，如图 2 所示。即

$$|\boldsymbol{A} \times \boldsymbol{B}| = AB\sin\theta$$

应当指出，运用右手定则确定矢量积的方向时，四指弯曲的方向应由前一矢量沿夹角小于 π 的一侧弯向后一矢量，相应大拇指的指向即为所求方向。

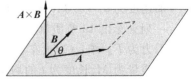

图 2　矢量的矢量积

矢量积不服从交换律,相乘的两矢量的前后顺序颠倒后,乘积的大小相同,但方向相反!即
$$A \times B = -B \times A$$
两矢量矢量积的大小的几何意义是以这两个矢量为相邻边构成的平行四边形的面积。

3. 单位矢量的(时间)变化率

在物理学中经常需要讨论某个物理量随时间的变化率,这时常常将矢量表示为大小和方向两个因子的乘积,如 $A = A\hat{A}$,其中 A 为矢量 A 的大小,$\hat{A}$ 为其单位矢量。单位矢量的大小恒为1,方向沿该矢量方向。这样矢量的变化率可表示为 $\dfrac{dA}{dt} = \dfrac{dA}{dt}\hat{A} + A\dfrac{d\hat{A}}{dt}$。显然第一项取决于矢量大小的时间变化率,方向仍平行于原矢量;而后一项反映矢量方向的变化率,为了决定这一项,需要讨论单位矢量的时间变化率。

设由时刻 t 到时刻 $t+\Delta t$ 期间,单位矢量的方位角改变了 $\Delta\theta$,相应单位矢量改变量为 $\Delta\hat{A}$,如图3所示。由图3可知,$|\Delta\hat{A}| = 2\sin\dfrac{\Delta\theta}{2}$,根据导数的定义,单位矢量变化率的大小为

$$\left|\dfrac{d\hat{A}}{dt}\right| = \lim_{\Delta t \to 0}\left|\dfrac{\Delta\hat{A}}{\Delta t}\right| = 2\lim_{\Delta t \to 0}\dfrac{\sin\Delta\theta/2}{\Delta t} = \dfrac{d\theta}{dt}$$

图3 单位矢量的变化

即单位矢量变化率的大小等于该矢量空间方位角的时间变化率,或称角速度。

单位矢量变化率的方向由 $\Delta\hat{A}$ 的极限方向确定。由图3可知,$\Delta\hat{A}$ 与 t 时刻的单位矢量 $\hat{A}(t)$ 之间的夹角 α 为 $(\pi+\Delta\theta)/2$,当 $\Delta t \to 0$ 时,$\Delta\theta \to 0$,$\Delta\hat{A}$ 与 $\hat{A}(t)$ 的夹角 $\to \pi/2$,即:单位矢量的变化率的方向垂直于该时刻的单位矢量的方向。

有了关于单位矢量的时间变化率的大小和方向的一般性结论,读者就可以方便地研究任一矢量的时间变化率了。

教学参考 1-2　常见力

按力(相互作用)的基本性质分,物体之间的作用有四种:引力相互作用、电磁相互作用、弱相互作用和强相互作用。后两种作用属于短程的核相互作用,其作用范围在 10^{-15} m 以内。

在讨论宏观物体的运动时,不涉及强、弱两种相互作用。本章即属于这类情况。

一、分子力和接触力

分子力又称范德瓦尔斯力,是分子之间的相互作用。其本质是组成分子的电荷之间的电磁力。当分子之间距离较大时表现为引力,距离较小时表现为斥力。接触力是指因物体之间的直接接触而产生,如弹性力、摩擦力。它是分子力在宏观尺度内的平均表现,因此本质上也是电磁力。但在讨论物体的宏观运动时,只研究这类力的宏观规律。

1. 弹性力

通常所说物体之间的正压力、线、绳中的张力以及弹簧中的弹力都属于弹性力。在弹性

范围内弹性力的大小与形变的大小成正比,比例常量叫劲度系数(或弹性系数)。通常大小的力作用下,弹簧及弹性体产生可观察的形变,而在讨论正压力、张力时则常常因物体形变极小而忽略形变(可视为劲度系数无限大)。弹簧中的弹力和绳中的张力的上述差别可从下述例子中看出。质量为 m 的小球在图1所示情况下平衡。两图的区别仅在于(b)图中用绳索悬挂物,(a)图中用弹簧悬挂物。它们与竖直线夹角均为 θ。若将水平位置的绳截断,在截断瞬间由于弹簧的伸长尚未发生变化,其中的弹力大小与截断前相同,等于 $mg/\cos\theta$。而对悬挂的绳而言,尽管长度未变,但张紧的程度已发生变化,故张力变为 $T=mg\cos\theta$。

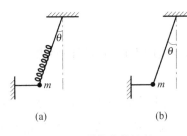

图1 弹性力的比较

2. 摩擦力

存在于两物体接触面上的因物体间有相对运动或相对运动趋势而出现的力,称为摩擦力。两固体之间的叫干摩擦,即通常所谓的摩擦,固体和流体之间的叫湿摩擦,或称黏滞力。

(1) 固体之间虽然相对静止但有相对运动趋势时的摩擦为静摩擦。静摩擦力的大小可能是零和某一最大值(称为最大静摩擦)之间的任一值,即 $0<f_r<\mu N$,式中 μ 为静摩擦系数,N 为正压力;静摩擦力的方向和相对运动的趋势相反。判断相对运动趋势的方法是:设想物体间没有摩擦,将会产生怎样的相对运动。例如,分析在均匀转动的圆盘上并随圆盘一起转动的物体,如果没有摩擦,从地面上看,它自然会沿圆的切线飞出,但相对圆盘而言(从圆盘参考系看),其运动方向却是沿径向向外,因而它受到的静摩擦力的方向是沿半径指向圆盘中心,正是这个力提供物体相对于地面作圆周运动的向心力。

(2) 固体在流体中运动时受到的湿摩擦的方向和物体的运动方向相反,其大小和物体的速率有关,具体规律较复杂,由经验或半经验公式给出。通常可表示为 $f=Av+Bv^2$,式中 A,B 均为由经验确定的常量,且 A 远大于 B。因而在低速时,可忽略第二项,而速度很高时,则可忽略第一项。

二、万有引力

万有引力定律是人类发现的第一个关于基本作用的规律。定律给出:两个质量分别为 m_1,m_2,距离为 r 的质点间的万有引力大小为

$$f_G = G\frac{m_1 m_2}{r^2}$$

式中,G 为万有引力常量,其值由实验(开文迪什扭秤实验)测定为

$$G = 6.67\times 10^{-11}\text{N}\cdot\text{m}^2/\text{kg}^2$$

引力的方向沿二者连线。

可以证明:两个质量均匀的球体,其万有引力和把质量集中在各自球心的两个质点间的万有引力相同;匀质球体对球体外质点的引力和把球体质量集中在球心的情况相同(图2)。

三、引力质量和惯性质量

万有引力定律公式中的 m 是物体引力大小的量度,叫引力质量,以 m_G 表示,牛顿定律

图 2　匀质球体的万有引力

中的 m 是物体惯性大小的量度,叫惯性质量,以 m_I 表示。地面上物体在重力作用下其加速度大小 $a = \dfrac{f_g}{m_I} \propto \dfrac{m_G}{m_I}$。

实验表明,地面上同一地点的一切物体具有相同的重力加速度,即 $a_1 = a_2 = \cdots$,因此有 $\dfrac{m_{G1}}{m_{I1}} = \dfrac{m_{G2}}{m_{I2}} = \cdots$,即引力质量与惯性质量成正比,比值与具体物质无关。如果选择合适的单位,可使 $m_G = m_I = m$,即引力质量和惯性质量相等。

万有引力常量 $G = 6.67 \times 10^{-11} \, \text{N} \cdot \text{m}^2/\text{kg}^2$ 就是在这一单位制下测出的,这一结论对爱因斯坦建立广义相对论具有重要意义!

通常认为重力就是地球对地面附近物体的引力,故地面附近的重力加速度 $g = \dfrac{GM_e}{R_e^2}$,代入地球质量和半径的数值,可得 $g = 9.8 \, \text{m/s}^2$。

教学参考 1-3　科里奥利力

一、相对转动的参考系　科里奥利加速度

由伽利略变换,在两个相对平动的参考系 S 和 S' 系中考察同一质点的运动,其速度及加速度的变换关系分别为 $\boldsymbol{v} = \boldsymbol{v}' + \boldsymbol{u}$ 和 $\boldsymbol{a} = \boldsymbol{a}' + \boldsymbol{a}_0$。其中 v, v', a, a' 分别是在 S 和 S' 系中测量的质点的速度和加速度;$\boldsymbol{u}, \boldsymbol{a}_0$ 分别是 S' 系相对于 S 系的速度和加速度,又称牵连速度和牵连加速度。

当两个参考系相对转动时,变换关系较为复杂。这里介绍均匀转动的情况(例如转盘相对地面以角速度 ω 均匀转动,如图 1 所示)。

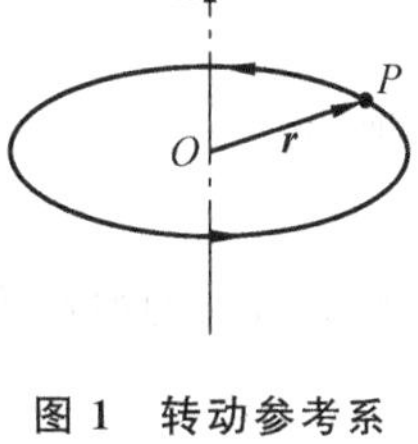

(1) 速度的变换:变换关系类似于相对平动的情况,但由于转盘上不同定点的速度不同,"牵连"速度应指转盘上与质点瞬时位置重合处的速度,即

$$\boldsymbol{v} = \boldsymbol{v}' + \boldsymbol{\omega} \times \boldsymbol{r}$$

图 1　转动参考系

(2) 加速度的变换:与相对平动的情况相比,除仍然有"牵连"加速度外,变换式中还需要加上一项"科里奥利加速度"。当然,现在的牵连加速度也应当是转动参考系上与质点瞬时位置重合处的加速度。科里奥利加速度的起因是质点在转动参考系中运动。

二、从特例导出科里奥利加速度

设 S'(转盘)相对 S 均匀转动,限制质点在转盘上相对转盘沿半径以速度 v' 匀速运动 ($a' = 0$)。建极坐标系,极点在圆心 O。在 S 系中质点的位矢 $\boldsymbol{r} = r\hat{\boldsymbol{r}}$,由定义,$S$ 系中质点的

速度 $v = \dfrac{\mathrm{d}\boldsymbol{r}}{\mathrm{d}t} = \dfrac{\mathrm{d}r}{\mathrm{d}t}\hat{\boldsymbol{r}} + r\dfrac{\mathrm{d}\hat{\boldsymbol{r}}}{\mathrm{d}t}$。因为质点沿转盘径向运动，所以 $\dfrac{\mathrm{d}r}{\mathrm{d}t} = v'$，而单位位矢 $\hat{\boldsymbol{r}}$ 的方位仅随转盘的转动而变，其变化率的大小 $\left|\dfrac{\mathrm{d}\hat{\boldsymbol{r}}}{\mathrm{d}t}\right| = \omega_{\text{转}}$，方向沿横向。所以 $\boldsymbol{v} = v'\hat{\boldsymbol{r}} + r\omega\hat{\boldsymbol{\theta}}$（此即为前面的 $\boldsymbol{v} = \boldsymbol{v}' + \boldsymbol{\omega} \times \boldsymbol{r}$）。

根据加速度定义，S 系中 $\boldsymbol{a} = \dfrac{\mathrm{d}\boldsymbol{v}}{\mathrm{d}t} = v'\dfrac{\mathrm{d}\hat{\boldsymbol{r}}}{\mathrm{d}t} + \dfrac{\mathrm{d}(r\omega\hat{\boldsymbol{\theta}})}{\mathrm{d}t}$。由前面给出的单位矢量变化率公式（教学参考 1-1），等号右端第一项为 $v'\omega\hat{\boldsymbol{\theta}}$；第二项微分后又分为两项：$v'\omega\hat{\boldsymbol{\theta}}$ 和 $r\omega^2(-\hat{\boldsymbol{r}})$。后一结果用到横向单位矢量 $\hat{\boldsymbol{\theta}}$ 的变化率的大小 $\left|\dfrac{\mathrm{d}\hat{\boldsymbol{\theta}}}{\mathrm{d}t}\right| = \omega$，方向沿径向指向圆心。整理后得 $\boldsymbol{a} = -\omega^2\boldsymbol{r} + 2v'\omega\hat{\boldsymbol{\theta}}$。式中的 $\boldsymbol{r} = r\hat{\boldsymbol{r}}$ 是质点相对于转轴的位矢。结果中第一项正是质点的牵连加速度（向心加速度），而第二项则为科里奥利加速度。科里奥利加速度的矢量表示式为 $2\boldsymbol{\omega} \times \boldsymbol{v}'$。

普遍情况下，质点在转动参考系中具有加速度，运动方向也任意，S 系与均匀转动参考系 S' 中加速度的关系为

$$\boldsymbol{a} = \boldsymbol{a}' + (-\omega^2\boldsymbol{r}) + 2v'\omega\hat{\boldsymbol{\theta}}$$

如果参考系的转动不均匀，则牵连加速度中还应包括牵连的切向加速度。但无论哪一种情况，科里奥利加速度的表达式是相同的。

三、科里奥利力

设 S' 系为转动参考系，它相对惯性系 S 系的角速度为 $\boldsymbol{\omega}$，质点在 S' 系中的速度为 $\boldsymbol{v}'$。由前面导出的运动学关系，质点在这两个参考系中的加速度的关系为

$$\boldsymbol{a} = \boldsymbol{a}' + (-\omega^2\boldsymbol{r}) + 2\boldsymbol{\omega} \times \boldsymbol{v}'$$

代入 S 系中牛顿定律式，有

$$\boldsymbol{F} = m\boldsymbol{a} = m[\boldsymbol{a}' + (-\omega^2\boldsymbol{r}) + 2\boldsymbol{\omega} \times \boldsymbol{v}']$$

移项，有

$$\boldsymbol{F} + m\omega^2\boldsymbol{r} + (-2m\boldsymbol{\omega} \times \boldsymbol{v}') = m\boldsymbol{a}'$$

因此所引入的惯性力有两项，它们分别是

$$\boldsymbol{F}_{\text{I}} = m\omega^2\boldsymbol{r}$$

和

$$\boldsymbol{F}_{\text{Ic}} = -2m\boldsymbol{\omega} \times \boldsymbol{v}' = 2m\boldsymbol{v}' \times \boldsymbol{\omega}$$

前者为惯性离心力，后者与科里奥利加速度相关，称为科里奥利力，简称为科氏力，显然只有当质点在转动参考系中运动时它才存在。

图 2 给出科氏力方向与参考系的角速度方向及质点相对速度方向间的关系平面图。

由图 2 可见，当角速度垂直于图面向里时，人面顺着相对速度方向站立，科氏力均指向身体的左侧，而角速度垂直图面向外时，人面同样顺着相对速度方向站立，则科氏力指向身体的右侧。

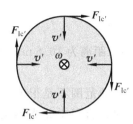 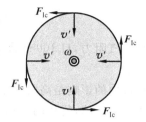

图 2　科里奥利力的方向

四、与科里奥利力有关的自然现象

常见的几种与科里奥利力有关的自然现象如下。

1) 河岸的冲刷

北半球上的河流将会冲刷河的右岸(人面顺着水流方向而立),其原因是河水受到的科里奥利力指向河流的右侧。尽管科氏力很小,但日积月累的冲刷使得北半球河流的右岸较为陡峭(想一想:南半球的情况如何)。

2) 赤道附近的信风(季风)

每年的夏季会有风从南北两极刮向赤道,由于科氏力的作用,使北方来的风形成东北风,南方来的风形成东南风,这就是所谓的信风,示意如图 3。

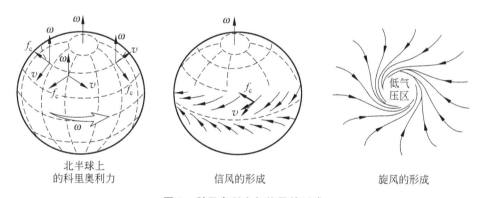

图 3　科里奥利力与信风的形成

3) 单摆平面的转动——傅科摆

对于地面上的单摆,由于科氏力的方向垂直于摆球运动方向,因此在摆动过程中,摆线扫过的平面(即摆平面)不断改变方位,这一现象首先由傅科研究,故称为傅科摆。如果摆的周期长(即摆线长),则可以在不太长的时间内观察到明显的摆平面的偏转。北京天文馆大厅内就陈列着摆长约为 10 m 的傅科摆。对于纬度为 φ 的地方,摆平面转动一周的时间为 $T=24/\sin\varphi$ h,北京的纬度约为 $\varphi=40°$,因此 $T=37$ h 15 min。

4) 落体偏东

地面上空的物体自由下落时,由于科氏力的作用,其落地点偏向东侧。近似计算给出,高度为 h,纬度为 φ 处的落体,其落地点偏东的距离为

$$x = \frac{2}{3}\omega\sqrt{\frac{2h^3}{g}}\cos\varphi$$

在北京地区,若不计空气阻力,自 100 m 高空下落,偏东距离为 16.8 mm(同时还有更小的偏南距离 0.0886 mm)。

一般情况下,科氏力的影响是高阶小量,故只要运动范围不是很大,运动持续时间不是很长,即使不计科氏力的影响,物体的运动和牛顿定律符合得也相当不错。因而,可以把转动的地面参考系看成比较好的惯性系。

第 2 章

运动与时空

本章讨论物理学中两个最基本的物理量——时间和空间的相对性。对时间和空间相对性的认识是物理学从经典物理到近代物理发展进程中的一个重要里程碑。

2.1 相对性原理和变换

对"相对性"的认识应基于两点：第一，各观察者在各自的参考系中观测同一事物会有不同的描述，这是描述的相对性；第二，必须承认物理规律应与个别参考系无关。人们必须通过观测，超越个别角度（参考系）去寻找并建立具有不变性的规律。

研究相对性问题的理论是"相对论"，相对论的基本问题包括两个方面。1) 确立相对性原理，即物理规律的不变性；2) 建立变换关系，即寻找不同参考系之间描述同一事物的物理量之间的变换关系，以符合物理规律的不变性。

在牛顿力学的范畴内，惯性系与非惯性系并不平权。本节乃至本章的其余各节只涉及惯性参考系。

2.1.1 力学相对性原理和伽利略变换

力学相对性原理　牛顿力学规律在一切惯性系中形式相同。或表述为：一切惯性系对力学规律平权（等价）。

伽利略变换　与牛顿的力学相对性原理对应的变换是伽利略变换。

伽利略变换给出不同惯性系中对同一物理事件发生的时间、空间坐标的变换关系。建立变换时，要求每个参考系中各有静止于其中的标度尺和一系列的同步钟。各观察者用各自参考系中的标度尺测量某一事件的位置和用该点的一个同步钟给出事件发生的时刻，这一组物理量叫做事件的时空坐标。在直角坐标系中，时空坐标是 (x,y,z,t)。

图 2.1.1 所示的两个惯性系是实验室参考系 S 和相对它以速率 u 沿 x 轴正方向匀速运动的参考系 S'，两个惯性系的 x 与 x' 轴重合，另两个坐标轴各自平行，设当两坐标原点重合时 $t=t'=0$。质点某时刻运动到 P 点，在 S 系中，其位置矢量、速度矢量、加速度矢量记为：r, v, a。相应在 S' 系中，该事件的位置矢量、速度矢量、加速度矢量记为：r'，

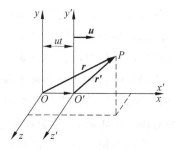

图 2.1.1 伽利略坐标变换

v'，a'，按设定的条件，t 时刻 S 系与 S' 系的相对位置如图 2.1.1 所示。根据牛顿的时空观，时间和长度的测量是与参考系无关的，因此相应的事件时空坐标变换关系是

$$\begin{cases} x' = x - ut \\ y' = y \\ z' = z \end{cases} \quad \text{和} \quad t' = t$$

上式称为伽利略坐标变换式。

根据速度的定义，不难得出速度的变换关系为

$$\begin{cases} v'_x = v_x - u \\ v'_y = v_y \\ v'_z = v_z \end{cases}$$

根据加速度的定义，注意到 u 不随时间变化，有 $a' = a$。

伽利略变换式与牛顿的力学相对性原理是相互协调的，亦即此变换关系与由牛顿定律导出的力学规律的不变性相协调。说明如下：

在 S 系中，质点运动遵从牛顿定律：$F = ma$，由上面伽利略变换结果 $a' = a$，而在牛顿力学的范畴内，物体受力和质量与参考系无关，即

$$\boldsymbol{F}' = \boldsymbol{F}, \quad m' = m$$

因此自然地得出 S' 系中有 $\boldsymbol{F}' = m'\boldsymbol{a}'$，即牛顿定律在不同的惯性系中形式不变！从而可以推断由牛顿定律导出的所有力学规律在不同的惯性系中形式不变。

伽利略变换赖以成立的基础是空间、时间的绝对性。即认为尺度与参考系（运动）无关，时间的流逝与运动无关以及时间和空间绝对分离。牛顿力学对时空的这种看法被称为绝对时空观。由绝对时空观导致的一个必然结论是：发生在不同地点的两个事件，如果在一个惯性系中认为是同时发生的，那么在其他任何惯性系中测量也必然同时发生，这样的结论称为同时性的绝对性。绝对时空观的这些结论与人们在日常生活中的经验和通常的仪器测量的结果完全吻合，以致长期以来人们对此深信不疑。

2.1.2 狭义相对论的基本原理

伽利略变换的困难 随着科学的发展，出现了一系列用牛顿的绝对时空观无法解释的实验现象和情况。特别是在深入研究电磁现象的过程中，牛顿力学遇到了无法克服的困难。例如，把伽利略变换应用于真空中的电磁场方程时，电磁场方程不满足牛顿的相对性原理；再如寻找"光以太"的实验给出了"零结果"。当初，人们为了把电磁学纳入力学范畴，提出"光以太"的假说，认为"以太"是电磁作用的媒介，如同机械波是弹性介质的波动一样，光作为电磁波应是"以太"的波动。为了寻找"光以太"相对地球的运动，迈克耳孙（Michelson）和莫雷（Morley）用迈克耳孙干涉仪进行了大量实验，始终无法测定地球相对光以太的运动速度，即所谓"零结果"。另外，牛顿力学更无法解释高速运动电子的运动规律。面对实验与原有理论的矛盾，理论物理学家必须根据实验事实重新审查并发展原有的理论。

爱因斯坦从自然规律具有普适性的基本观点出发，1905 年提出了狭义相对论的相对性原理和"光速不变原理"的科学假设，进而建立了"狭义相对论"。以后的大量实验证明了"狭

义相对论"理论的正确性。

相对性原理：一切物理基本规律（无论是力学的、电磁学的……）在所有惯性系中形式相同。该原理指明，所有惯性系对一切物理规律平权，或说等价。

光速不变原理：真空中光的速率与发射体的运动状态无关，所有的惯性系中均为同一个值，$c=2.99\times 10^8$ m/s。

爱因斯坦的"狭义相对论"否定了牛顿力学的绝对时空观，是物理学的一次革命，是理性思维的划时代的飞跃，是 20 世纪物理学最伟大的成就之一。

同时性的相对性 光速不变原理的直接结果是导出时间、空间的相对性，即时间和长度的测量与参考系（运动）有关。

如果某个惯性系中不同地点同时发生了两个事件，那么在另外一个惯性系中这两个事件不再是同时发生的，这称为"同时性的相对性"。

爱因斯坦设计了一个思想实验说明了这个问题。设固定在地面的实验室参考系为 S 系，相对它以高速 u 匀速行驶的火车参考系为 S' 系。

在火车上设置一套实验装置。在 A'、B' 两处放置光信号接收器，在 A'、B' 的中点 M' 处放置一个光信号发生器，如图 2.1.2(a)所示。

所考察的两个事件是 A'、B' 接收到 M' 发出的闪光。S' 系的观察者测量的结果是 A'、B' 同时接收到光信号，即两个事件同时发生。但 S 系的观察者测量的结果是 A' 比 B' 先接收到闪光。

用"光速不变原理"分析，上述结论是显然的。在 S 中测量，M' 发出的闪光仍然以速率 c 向前后两侧传播。但装置随 S' 系运动，接收器 A' 迎着传来的闪光运动，而接收器 B' 顺着闪光光路运动，因而 A' 先接收到光信号，两事件不同时发生，如图 2.1.2(b) 所示。

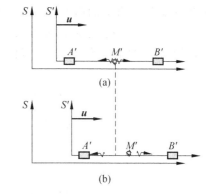

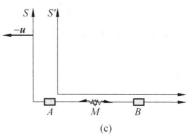

图 2.1.2 同时性的相对性

同理，如果实验装置安装在 S 系，观察同样的两个事件。在 S 系中测量两事件自然是同时发生。而在 S' 系中，闪光传播的速率仍为 c，但装置随 S 系以 $-u$ 运动，这时 B 迎向闪光而 A 顺着闪光光路运动，如图 2.1.2(c)所示。因而 B 先接收到光信号，两事件不同时发生。

由以上分析不难看出，光速不变原理是得出同时性相对性的基础。如果承认伽利略的速度相加法则，那么同时性就是绝对的了。

在前面的分析中，当 S 和 S' 系的地位互换时，同时性的相对性的结论是共同的，但事件发生的先后似乎不同。然而仔细研究可以发现规律性的东西。在 S' 中不同地点（A'，B'）同时发生的两事件，S 系中测量，A'、B' 在运动，A' 位于运动的后方，该处的事件先发生；在 S 系中位于 A，B 的两事件同时发生，S' 系中测量，A，B 反向运动，B 在运动的后方，该处的事件先发生。其共同的规律是：当某个惯性系中不同地点同时发生两个事件，在另一惯性系中测量，两事件不同时，位于运动后方的那个事件先发生。

2.1.3 爱因斯坦-洛伦兹变换

与狭义相对论的相对性原理相对应的变换是爱因斯坦-洛伦兹变换。

设两个惯性系 S 系和 S' 系，S' 系相对 S 系以速度 u 高速运动。两个参考系都各有固结于其中的坐标尺和自己的一系列同步钟。事件的时空坐标用各参考系的当地钟和尺测量。为了使变换式简洁，我们使两个坐标系的 x 和 x' 轴重合，另外两个坐标轴相应平行，速度 u 沿 x 轴正方向；当坐标原点重合时令 $t=t'=0$。

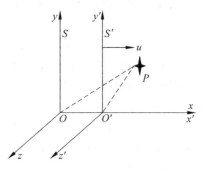

图 2.1.3

如果某时刻在空间某处发生某一事件，S 系和 S' 系对该事件测定的时空坐标分别是 (x,y,z,t) 和 (x',y',z',t')，它们之间的变换关系可以由光速不变原理导出(参见教学参考 2-1)。最后导出如下结果：

$$x' = \frac{x-ut}{\sqrt{1-\frac{u^2}{c^2}}}, \quad y'=y, \quad z'=z, \quad t'=\frac{t-\frac{u}{c^2}x}{\sqrt{1-\frac{u^2}{c^2}}}$$

$$x = \frac{x'+ut'}{\sqrt{1-\frac{u^2}{c^2}}}, \quad y=y', \quad z=z', \quad t=\frac{t'+\frac{u}{c^2}x'}{\sqrt{1-\frac{u^2}{c^2}}}$$

这一变换称为爱因斯坦-洛伦兹变换。通常将第一组变换称为正变换，第二组变换称为逆变换。

如果令

$$\gamma = \frac{1}{\sqrt{1-\frac{u^2}{c^2}}}$$

则爱因斯坦-洛伦兹变换式可写为

$$x' = \gamma(x-ut), \quad y'=y, \quad z'=z, \quad t'=\gamma\left(t-\frac{u}{c^2}x\right)$$

$$x = \gamma(x'+ut'), \quad y=y', \quad z=z', \quad t=\gamma\left(t'+\frac{u}{c^2}x'\right)$$

爱因斯坦-洛伦兹变换的形式与伽利略变换式大相径庭，空间坐标变换出现了因子 γ，时间坐标变换则完全不同。时间和空间的坐标变换都你中有我，我中有你。这一变换反映出狭义相对论关于时空的基本观点，即时空的测量与运动有关，而且时间和空间不可分割，构成统一的四维时空。从变换式可以看出，当两惯性系之间相对运动速率 u 远小于光速 c 时，式中 u/c 远小于 1，可以略去，这时爱因斯坦-洛伦兹变换式就约化为伽利略变换式，因此伽利略变换是爱因斯坦-洛伦兹变换在低速($u \ll c$)时的特例。需要指出的是，从变换式可知，如果 $u \geqslant c$，变换无意义，因此爱因斯坦狭义相对论隐含着这样一个结论：一切实物的运动速率不可能超过真空中的光速，简述为"存在一极限速率 c"。

例1 两个惯性系分别设为 S 系和 S' 系,S' 系相对 S 系以速率 $u=0.6c$ 沿 x 轴正方向运动。如果在 S 系中测量,第一个事件的时空坐标是 $x_1=0, t_1=0$;第二个事件的时空坐标是 $x_2=3000$ m, $t_2=4\times 10^{-6}$ s。求 S' 系中测量这两个事件的时空坐标。设第一事件发生时,两坐标系的原点重合。

解 由已知条件得

$$\gamma = \frac{1}{\sqrt{1-\frac{u^2}{c^2}}} = \frac{1}{\sqrt{1-0.6^2}} = 1.25$$

代入洛伦兹变换式,得

$$x_1'=0, t_1'=0$$
$$x_2' = \gamma(x_2 - ut_2) = 1.25(3\times 10^3 - 0.6\times 3\times 10^8 \times 4\times 10^{-6})$$
$$= -5.25\times 10^3 \text{ m}$$
$$t_2' = \gamma\left(t_2 - \frac{u}{c^2}x_2\right) = 1.25\left(4\times 10^{-6} - \frac{0.6\times 3\times 10^3}{3\times 10^{-8}}\right)$$

$$= -2.5\times 10^{-6} \text{ s}$$

式中,$t_2' = -2.5\times 10^{-6}$ s 表明,在 S' 系中测量,第二事件发生于第一事件之前,与 S 系测量的事件的时间顺序是颠倒的。

应当指出,如果两事件之间存在因果关系时,则无论两惯性系的相对速率如何,时序绝对不可能通过时空坐标的变换而颠倒。

因为由洛伦兹变换式 $\Delta t' = \gamma\left(\Delta t - \frac{u}{c^2}\Delta x\right) = \gamma \cdot \Delta t\left(1 - \frac{u}{c^2}\frac{\Delta x}{\Delta t}\right)$,当两事件有因果关系时,$\frac{\Delta x}{\Delta t}$ 代表连接因果的物理过程进行的速度或信号传递速度,它不可能超过光速 c,且 $u<c$,故 $\frac{u}{c^2}\frac{\Delta x}{\Delta t}<1$,$\Delta t'$ 与 Δt 正负号相同,即时序不会颠倒。上例中,两个事件彼此独立,$\frac{\Delta x}{\Delta t}$ 不具有任何物理意义,可以取任意值,当然时序可能颠倒。

例2 在爱因斯坦思想实验中,实验装置固定在 S' 系,参见图 2.1.2(a)。设 $\overline{A'B'}=2L$,火车速率 $u=0.6c$,试分别在 S 和 S' 参考系中计算,闪光发生器 M' 发出的闪光到达接收器 A' 和 B' 所需的时间。

解 设 M' 发出闪光为 0 事件,在 S 和 S' 系中相应的时空坐标为 (x_0,t_0),(x_0',t_0')

闪光到达 A' 为第一事件,在 S 和 S' 系中相应的时空坐标为 (x_1,t_1),(x_1',t_1')

闪光到达 B' 为第二事件,在 S 和 S' 系中相应的时空坐标为 (x_2,t_2),(x_2',t_2')

由已知得 $$\gamma = \frac{1}{\sqrt{1-\frac{u^2}{c^2}}} = 1.25$$

在 S' 系中计算: $x_2' - x_0' = L$, $x_1' - x_0' = -L$,

向 B' 传播的光速为 c,向 A' 传播的光速为 $-c$,得

$$t_2' - t_0' = t_1' - t_0' = L/c$$

在 S 系中计算:由洛伦兹变换

$$t_2 - t_0 = \gamma(t'_2 + ux'_2/c^2) - \gamma(t'_0 + ux'_0/c^2)$$
$$= \gamma[(t'_2 - t'_0) + u(x'_2 - x'_0)/c^2]$$
$$= 1.25[L/c + 0.6L/c] = 2L/c$$
$$t_1 - t_0 = \gamma(t'_1 + ux'_1/c^2) - \gamma(t'_0 + ux'_0/c^2)$$
$$= \gamma[(t'_1 - t'_0) + u(x'_1 - x'_0)/c^2]$$
$$= 1.25[L/c - 0.6L/c] = 0.5L/c$$

闪光传到 A 所需的时间短,事件 1 先发生,与定性分析的结果一致。

2.2 狭义相对论的运动学效应

狭义相对论著名的运动学效应就是时间和长度的测量与运动有关。

2.2.1 时间膨胀(运动时钟变慢)

如果两事件在某个惯性系中先后发生于同一地点,那么这两个事件的时间间隔必定是由同一只钟测量出来的,该时间间隔称为原时。在相对于前一个惯性系高速运动的另一个惯性系中这两个事件发生在不同地点,其时间间隔是由固定在后一惯性系中的两个地点的两只同步钟测量的,称为两地时。

设在 S 系中同一地点先后发生了两个事件,即 $\Delta x = x_2 - x_1 = 0$,测量的时间间隔是 $\Delta t = t_2 - t_1$,是原时;在 S' 系中两事件发生的时空坐标分别是:(x'_1, t'_1),(x'_2, t'_2),所以两事件的时间间隔为 $\Delta t' = t'_2 - t'_1$,是两地时。由洛伦兹变换得

$$\Delta t' = \gamma(\Delta t - u\Delta x/c^2) = \gamma \Delta t$$

即

$$\Delta t' = \gamma \Delta t > \Delta t$$

上式说明两地时大于原时。

当然,根据运动的相对性,读者不难得出,如果两个事件在 S' 中同一地点先后发生,其时间间隔为原时 $\Delta t'$,则在 S 系中测量为两地时,同样有

$$\Delta t = \gamma \Delta t' > \Delta t'$$

由于原时是由一只时钟测量的,它相对于那两个测量两地时的当地钟是运动的,一个运动时钟的读数少了,所以这种原时小于两地时的效应又称为运动时钟变慢效应。或相对于观察者来讲,这只运动钟的时间周期变长,故又叫时间膨胀效应。运动时钟变慢效应体现在一切与时间有关的过程中,包括生命过程。现代大量高能物理实验不断地检验着这个结论。

对于某个确定的过程,过程的时间间隔的测量与参考系有关,但其原时是确定的,通常记为 τ,两地时与原时的关系式恒为

$$\Delta t = \gamma \tau$$

这个结论与具体参考系无关,因此原时又称为固有时,或本征时。

例 人们在实验室测量到宇宙射线中 μ 子运动的数据是:运动速率 $u=0.998c$,衰变前的径迹长度 $L=9500$ m,试计算 μ 子的固有寿命 τ。

解 实验室中测量的是两地时,μ 子固有寿命是原时。由已知有

$$\gamma = \frac{1}{\sqrt{1-\frac{(0.998c)^2}{c^2}}} = 15.82$$

$$\tau = \frac{\Delta t}{\gamma} = \frac{L}{u\gamma} = 9500/(15.82 \times 0.998c) = 2 \times 10^{-6} \text{ s}$$

2.2.2 长度缩短（运动尺度收缩）

假设在惯性系 S' 系中沿 x' 轴放置一长度为 L' 的一根细杆。它的一端坐标为 x_1'，另一端坐标为 x_2'，即 $L'=|x_2'-x_1'|$。细杆静止在 S' 中，L' 称为静长，也叫原长。由于 S' 系相对于 S 系沿 x 轴正方向以速率 u 运动，即尺相对于 S 系沿长度方向运动，S 系的观察者必须同时记录细杆两端的坐标，这样测量得到的细杆长度称为运动长度，简称动长。

设记录细杆某一端坐标为第一事件，在 S 和 S' 系中相应的时空坐标为 (x_1,t_1)，(x_1',t_1')；记录细杆另一端坐标为第二事件，在两个惯性系中相应的时空坐标为 (x_2,t_2)，(x_2',t_2')。根据测量要求，在 S 系中必须有 $t_2-t_1=0$，又知静长 $L'=|x_2'-x_1'|$，而 S 系中测量的是运动长度 $L=|x_2-x_1|$。由洛伦兹变换得动长与原长的关系是

$$L' = |x_2'-x_1'| = \gamma[|x_2-x_1|-u(t_2-t_1)]$$

代入 $t_2-t_1=0$

得 $$L' = \gamma L > L \quad \text{或} \quad L = \frac{L'}{\gamma}$$

即动长小于原长。同理，如果细杆在 S 系中沿 x 轴放置，在 S 系中测量为静长，而在 S' 系中测量为动长，需同时记录细杆两端坐标，所得的结果为上式带撇的量与不带撇的量互换，但仍是原长为动长的 γ 倍。测量运动物体的长度时，沿运动方向的长度会减小，称为运动尺度收缩效应。

对于确定的细杆，其沿运动方向的长度测量与参考系有关，但原长是确定的，通常记作 L_0，相应在沿长度方向运动的参考系中测量的动长记作 L，无论具体参考系如何，原长与动长的关系恒为

$$L_0 = \gamma L$$

应当注意，尺缩效应只出现在其运动方向上，在垂直运动方向上的尺度是不变的。

2.2.3 时空不变量

在牛顿力学中，时间间隔和空间间隔的测量与参考系无关，或者说它们在伽利略变换下保持不变，我们称它们是伽利略不变量；在狭义相对论中，时间间隔和空间间隔在洛伦兹变换中分别都不再是不变量。但是在洛伦兹变换下，变中有不变，这个不变量就是两事件的时空间隔。两事件的时空间隔以 Δs 表示，定义：

$$(\Delta s)^2 = c^2(\Delta t)^2 - [(\Delta x)^2+(\Delta y)^2+(\Delta z)^2]$$

由洛伦兹变换可以证明，任意两个惯性系测量相同两个事件的时空间隔是相等的，即

$$c^2(\Delta t)^2 - [(\Delta x)^2+(\Delta y)^2+(\Delta z)^2] = c^2(\Delta t')^2 - [(\Delta x')^2+(\Delta y')^2+(\Delta z')^2]$$

我们称事件的时空间隔为洛伦兹不变量。

2.3 相对论速度变换

由爱因斯坦-洛伦兹变换容易导出两惯性系之间速度的变换关系。仍设 S' 相对 S 系以速率 u 沿 x 轴正方向运动，质点运动速度分别表示为 (v_x, v_y, v_z)，(v'_x, v'_y, v'_z)，由速度定义

$$v'_x = \frac{\mathrm{d}x'}{\mathrm{d}t'} = \frac{\mathrm{d}x'}{\mathrm{d}t}\frac{\mathrm{d}t}{\mathrm{d}t'}, \quad v'_y = \frac{\mathrm{d}y'}{\mathrm{d}t'} = \frac{\mathrm{d}y'}{\mathrm{d}t}\frac{\mathrm{d}t}{\mathrm{d}t'}, \quad v'_z = \frac{\mathrm{d}z'}{\mathrm{d}t'} = \frac{\mathrm{d}z'}{\mathrm{d}t}\frac{\mathrm{d}t}{\mathrm{d}t'}$$

代入洛伦兹变换式，可得到下述速度变换式：

$$v'_x = \frac{v_x - u}{1 - uv_x/c^2}, \qquad v_x = \frac{v'_x + u}{1 + uv'_x/c^2}$$

$$v'_y = \frac{\sqrt{1 - u^2/c^2}}{1 - uv_x/c^2} v_y, \qquad v_y = \frac{\sqrt{1 - u^2/c^2}}{1 + uv'_x/c^2} v'_y$$

$$v'_z = \frac{\sqrt{1 - u^2/c^2}}{1 - uv_x/c^2} v_z, \qquad v_z = \frac{\sqrt{1 - u^2/c^2}}{1 + uv'_x/c^2} v'_z$$

两组变换式中，左侧一组称为正变换，右侧一组称为逆变换。

当两惯性系的相对运动速率 $u \ll c$ 时，变换式中的分母近似等于 1，$\frac{u^2}{c^2} \approx 0$，相对论的速度变换约化为伽利略速度相加原理。

例 1 S' 系中，光沿 y' 轴传播，求 S 系中的光速。

解 由题意，知 S' 系中，$v'_x = 0, v'_y = c, v'_z = 0$。

由速度逆变换式

$$v_x = \frac{v'_x + u}{1 + \frac{uv'_x}{c^2}} = u$$

$$v_y = \sqrt{1 - \frac{u^2}{c^2}} c$$

$$v_z = 0$$

S 系中光的速率 $v = \sqrt{v_x^2 + v_y^2} = c$，大小仍是 c，符合光速不变原理，但光的传播方向发生了改变。

例 2 地面观察者测得一飞船以 $0.6c$ 的速率向东飞行，另一飞行物以 $0.8c$ 的速率向西飞行，在宇航员看来，该飞行物的速度如何？

解 设地面参考系为 S 系，宇航员参考系为 S' 系；由西向东为 $x(x')$ 轴，如图 2.3.1 所示。由速度变换有：

$$v'_y = 0, \quad v'_z = 0;$$

$$v' = v'_x = \frac{v_x - u}{1 - \frac{uv_x}{c^2}} = \frac{-0.8c - 0.6c}{1 + 0.8 \times 0.6} = -0.946c$$

飞行物以小于光速的速率向西飞行。（若按伽利略速度相加原理，其飞行速率为 $1.4c$）

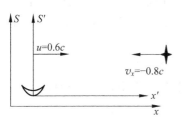

图 2.3.1 例 2 用图

2.4 狭义相对论质量和能量

高速运动时动力学的概念如何发展？考虑这个问题的基本出发点有二：一是基本的物理规律在洛伦兹变换下应保持形式不变（即基本规律的普适性）；二是服从对应原理：低速下应回到牛顿力学的对应物理量和规律。

2.4.1 相对论性质量和动量

牛顿力学中动量和力的定义分别是：$p=mv$ 和 $F=\dfrac{\mathrm{d}p}{\mathrm{d}t}=\dfrac{\mathrm{d}(mv)}{\mathrm{d}t}$，爱因斯坦保留了上述关系式。由上述关系式出发，如果令力 F 持续作用在质点上，则动量 p 将持续增大，而且可以增加到无限大；但根据狭义相对论，速率值有上限，其上限为真空中的光速 c。为了保证动量值可以无限增大而速率却有上限，质量 m 就不可能是常量，而必须随速率 v 的增大而增大，且当速率 v 趋于光速 c 时，质量 m 应趋于 ∞，即质量应是速率的函数，设为 $m(v)$。那么 $m(v)$ 的形式如何？

可以通过特例导出 $m(v)$ 的形式，但归根结底是实验测量。狭义相对论给出的结论是：

设粒子静止时质量为 m_0，叫静止质量，而当运动速率为 v 时，其质量（叫动质量）与静止质量的关系是

$$m=\dfrac{m_0}{\sqrt{1-\dfrac{v^2}{c^2}}}$$

相应地，运动粒子的动量为

$$p=\dfrac{m_0 v}{\sqrt{1-\dfrac{v^2}{c^2}}}=\gamma m_0 v$$

称上式为相对论性动量。

*2.4.2 狭义相对论运动方程

因为相对论质量随速率而变，粒子的运动方程为

$$F=\dfrac{\mathrm{d}(mv)}{\mathrm{d}t}=m\dfrac{\mathrm{d}v}{\mathrm{d}t}+v\dfrac{\mathrm{d}m}{\mathrm{d}t}$$

由方程可知，一般情况下加速度 $a\neq F/m$，即相对论性质量 $m=\gamma m_0$ 不再是惯性的量度。只有在低速运动时，质量可认为是常量，即 $\mathrm{d}m/\mathrm{d}t=0$，方程回到牛顿第二定律。

可以证明，如果质点受力的方向始终与速度方向垂直，即力的方向与动量方向垂直，方程可简化为 $F=ma=\gamma m_0 a$。在这种特殊情况下，粒子的运动和牛顿力学的情况相同。运动电荷受到磁力时的运动即属此例。因此，当带电粒子以垂直于磁场方向的初速度进入均匀磁场后，粒子将作圆周运动，其轨道半径为 $R=mv/qB$，式中 m 是粒子的相对论性质量，q、v 为粒子的电荷和速率，B 为磁感应强度的大小。因此，如果已知运动电荷的 q、v，通过测量

它在磁场中的运动半径 R,可以测定粒子的质量 m。1909 年布歇恩(Bucherer)按此法进行实验,验证了相对论质量随运动速率变化的关系式。

2.4.3 相对论性动能和能量

牛顿力学中定义以速率 v 运动的质点 m 的动能为 $E_k=\frac{1}{2}mv^2$,这个结果是从力做功和牛顿定律导出的。高速运动时情况如何？爱因斯坦保留了牛顿力学中的功的定义和动能定理,得出狭义相对论中动能的表达式。

设粒子初始静止,质量为 m_0,受合力 $\boldsymbol{F}$ 作用,按动能定理有

$$dE_k = \boldsymbol{F} \cdot d\boldsymbol{r} = \frac{d\boldsymbol{p}}{dt} \cdot d\boldsymbol{r} = d\boldsymbol{p} \cdot \boldsymbol{v} = m\boldsymbol{v} \cdot d\boldsymbol{v} + v^2 dm$$

将 $m=\dfrac{m_0}{\sqrt{1-\dfrac{v^2}{c^2}}}$ 两边平方后,微分可得 $\quad m\boldsymbol{v} \cdot d\boldsymbol{v} + v^2 dm = c^2 dm$

代入上式,有 $\qquad\qquad\qquad dE_k = c^2 dm$

质点的速率由 $0 \to v$,相应质量由 $m_0 \to m$,积分上式,得粒子的相对论性动能为

$$E_k = mc^2 - m_0 c^2$$

即

$$E_k = \left[\frac{1}{\sqrt{1-\dfrac{v^2}{c^2}}} - 1\right] m_0 c^2 = (\gamma - 1) m_0 c^2$$

和牛顿力学质点的动能形式全然不同。

当 $v \ll c$ 时,由数学的泰勒公式展开并略去高阶小量,有

$$\frac{1}{\sqrt{1-\dfrac{v^2}{c^2}}} \approx 1 + \frac{1}{2}\frac{v^2}{c^2}$$

代入相对论动能式,则有 $E_k = \left(1+\dfrac{v^2}{2c^2}-1\right)m_0 c^2 = \dfrac{1}{2}m_0 v^2$,就回到了牛顿力学动能的定义式。

相对论性动能 $E_k = mc^2 - m_0 c^2$ 可以认为是动能的定义式,这个定义式包含着深刻的物理内涵。等式右侧两项的量纲均为能量量纲,爱因斯坦对此给出全新的解释。他把其中的 $m_0 c^2$ **称为静止能量**,简称静能;而把 $mc^2 = \gamma m_0 c^2$ **称为运动质点的相对论性总能量**,即动能与静能之和。按照爱因斯坦的假设,上述关系有两层物理内涵:

1) 宏观静止的物体仍然具有能量。这个能量并未涉及其在势场中的能量,因此它属于静止物体所固有。对于一般物体,它对应物体内部结构各层次粒子的能量的总和;即使没有内部结构的粒子仍然具有这份固有能量。例如电子,迄今为止没有发现有内部结构,但它的静能为

$$E_0 = m_0 c^2 = 9.1 \times 10^{-31} \times 9 \times 10^{16} / 1.6 \times 10^{-19} = 0.511 \text{ MeV}$$

2) 因为 $E=mc^2$,故相对论中能量守恒和质量守恒统一为一体,即原来在牛顿力学中需分别考虑的两个守恒现在同时满足。因而,相对论性质量可以认为是能量的量度。粒子物理中就常采用粒子质量为 ××MeV 的说法。

爱因斯坦的能量公式对于人类物质文明的发展具有极为重要的意义。

考虑一个孤立的多粒子系统，其相对论性能量

$$E = \sum E_k + \sum m_0 c^2 = 常量（能量守恒）$$

在经过某一过程后，应满足

$$\Delta E_k = (-\Delta m_0) c^2$$

如果该过程系统的静止质量减少（称为质量亏损），则将转换为动能。

由于 c^2 的值很大，即使很小的质量亏损，也将释放出巨大的动能。重核裂变、轻核聚变后静止质量均减少，因此在核反应中有巨大的能量释放，此即为核能。相对论为人类开辟了可以说是取之不尽、用之不竭的新能源，它对人类文明的贡献怎么评价也不过分。例如，太阳内每时每刻进行着热核反应（聚变），释放的核能以热辐射的形式放出。由地面接收到的太阳辐射为 1.7 kW/m^2，可以推知太阳的辐射功率 dE/dt 为 4.9×10^{26} W，由此计算出太阳质量的年损失量为 $\Delta m = 1.7 \times 10^{17}$ kg。如此巨大的损失量实际上仅仅是太阳现有质量的 10^{-13}。

例1 北京正负电子对撞机中电子获得的动能为 $E_k = 2.8 \times 10^9$ eV，求电子的速率 v。

解 由于 $E_k \gg m_0 c^2 (0.511 \times 10^6 \text{ eV})$，故

$$E_k \approx mc^2 = \frac{m_0 c^2}{\sqrt{1 - \frac{v^2}{c^2}}}$$

得 $c^2 - v^2 = \left(\frac{m_0 c^2}{E_k}\right)^2 c^2$，又 $v \approx c$，故

$$c^2 - v^2 = (c+v)(c-v) \approx 2c(c-v)$$

求得

$$c - v = \frac{1}{2}\left(\frac{m_0 c^2}{E_k}\right)^2 c = \frac{1}{2}\left(\frac{0.511 \times 10^6}{2.8 \times 10^9}\right)^2 \times 3 \times 10^8 = 5 \text{ m/s}$$

即对撞机中电子的速率已非常接近真空中的光速。

例2 两全同粒子，静止质量为 m_0，以相等的速率 v 相向而行，碰后复合，求碰后复合粒子的速度和质量。

解 系统动量、能量均守恒，有

$$MV = mv + m(-v) = 0$$
$$Mc^2 = 2mc^2$$

解出

$$V = 0$$
$$M = 2m = \frac{2m_0}{\sqrt{1 - \frac{v^2}{c^2}}}$$

碰后复合粒子静止，上面求出的质量就是复合粒子的静止质量，因而 $M = M_0 > 2m_0$，静止质量增大。相应增加的静能由损失的动能转换而来。

2.4.4 相对论动量能量关系

将 $m = \dfrac{m_0}{\sqrt{1-\dfrac{v^2}{c^2}}}$ 两边平方后，利用 $p = mv$，$E = mc^2$ 关系，可得出下面的关系式：

$$E^2 = c^2p^2 + m_0^2c^4$$

此即为相对论动量能量公式。

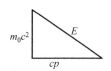

图 2.4.1 能量动量关系

上述关系可以用一个直角三角形形象地表示出来。以静能 m_0c^2 和 cp 为两直角边的边长,则斜边的边长就是相对论能量 E,如图 2.4.1 所示。

对于动量能量关系,我们讨论两种特殊情况:

1) 粒子运动速率很低,动能远小于静能,即

$$E_k \ll m_0c^2$$

因而在 $E^2 = (E_k + m_0c^2)^2$ 中可以略去动能的平方项,故有

$$E^2 \approx 2E_k m_0c^2 + m_0^2c^4$$

代入动量能量关系式,有

$$E_k = \frac{p^2}{2m_0}$$

这正是牛顿力学的结果。

2) 粒子高速运动,且速率接近光速,即

$$v \approx c, \quad E_k \gg m_0c^2$$

在动量能量关系式中可直接略去 $m_0^2c^4$ 项,得到

$$E = cp$$

光子和高能粒子均可按此式进行计算。

例如,就目前测量所知,光子的静止质量为零($m_0 = 0$)。由量子论,一个频率为 ν 的光子的能量为 $E = h\nu$,因而由相对论可导出光子的动量为

$$p = \frac{E}{c} = \frac{h\nu}{c} = \frac{h}{\lambda}$$

光子能量为 $E = h\nu$,动量为 $p = h/\lambda$,这是量子论和相对论的结论。

2.5 广义相对论简介

爱因斯坦的狭义相对论给出,一切惯性系对所有物理规律平权,时空与运动有关。

爱因斯坦的广义相对论又进一步给出,一切参考系对所有物理规律平权;时空还与物质有关。

对惯性和引力的思考,是爱因斯坦开启广义相对论大门的钥匙。

2.5.1 等效原理

惯性质量与引力质量 注意到一个实验事实:引力场中同一处,任何自由物体均有相同的加速度 a。根据此事实及力学定律,可得任一物体的惯性质量 m_I 与引力质量 m_G 满足 $\frac{m_G}{m_I}\left(=\frac{a}{g}\right) = $ 常量,与运动物体性质无关,选择合适的单位,可令

$$m_I = m_G = m$$

即惯性质量与引力质量相等。从而,在引力场中自由飞行的物体,其加速度 a 必等于当地的

引力强度 g。

惯性力与引力 请看下述两个假想实验。

第一,看自由空间中的加速电梯 S' (如图 2.5.1 所示)。以 S' 为参考系,物体 m 受力 ma,但实际上无法区分该力是惯性力还是引力。因此,也可以认为 S' 是在引力场中匀速运动的电梯。

第二,看引力场中自由下落的电梯 S^* (如图 2.5.2 所示)。以 S^* 为参考系,分析物体受两个力 ma 和 mg,但物体作匀速运动的事实使人们无法区分是惯性力和引力两个力平衡还是无引力。因此,也可认为 S^* 是自由空间中匀速运动的电梯。

图 2.5.1   图 2.5.2

由以上二例和 $m_I = m_G$ 可导出惯性力与引力的力学效应不可区分,或者说,一加速参考系与引力场等效。

当然,由于真实引力场大范围空间内不均匀,因此,这种等效只在较小空间范围内才成立,我们称之为局域等效。

弱等效原理:局域内加速参考系与引力场的一切**力学效应**等效。

强等效原理:局域内加速参考系与引力场的一切**物理效应**等效。广义相对论的等效原理是指强等效原理。

对惯性系的再认识——局域惯性系 按牛顿力学的定义,惯性定律(牛顿第一定律)成立的参考系叫做惯性系。恒星参考系是很好的惯性系,但不存在严格符合此定义的真正的惯性系。惯性系之间无相对加速度。

按爱因斯坦的定义,狭义相对论成立的参考系,或(总)引力为零的参考系叫做惯性系。因此,以引力场中自由降落的物体为参考系的局域参考系是严格的惯性系,简称为局惯系。引力场中任一时空点的邻域内均可建立局惯系,在此参考系内可运用狭义相对论。同一时空点的各局惯系间无相对加速度,不同时空点的各局惯系间有相对加速度。

2.5.2 广义相对性原理

广义相对性原理叙述为:一切参考系对物理规律平权,即物理规律在一切参考系中的表述形式相同。

为了在广义相对性原理的基础上建立广义相对论理论,爱因斯坦所做的进一步工作是使引力几何化,即把引力场化作时空几何结构加以表述。对广义相对论普遍理论的研究数学上涉及黎曼几何、张量分析等,超出了本简介范围,下面只作浅显的说明。

*2.5.3 史瓦西场中固有时与真实距离

史瓦西场是指相对静止的球对称分布的物质球外部的引力场。这是一种最基本的引力场。场中某处的固有时、真实距离是指用该处静止的标准钟和标准尺(刚性微分尺)测得的时间间隔和空间距离。

首先,我们比较引力场中不同地点的标准钟和标准尺。比较的基准是不受引力影响的钟和尺,这就是在引力场中自由下落的局惯系中的钟和尺。为此,就涉及三个参考系(如图 2.5.3 所示),

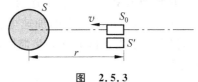

图 2.5.3

S 系——史瓦西场。

S_0 系——无限远处由静止开始沿径向飞来,到达 r 处时速率为 v 的飞来局惯系。

S' 系——r 处相对 S 系静止的局惯系。自然,S' 系应是对应不同 r 的一系列参考系。

引入 S' 系的目的是为了在 S' 和 S_0 这两个局惯系之间进行狭义相对论的时空变换。变换如下:

1) 用 S_0 中两个钟校准 S' 中一个钟。S_0 中测得为 dt_0,S' 中读数为原时 $d\tau$,有

$$d\tau = (1 - v^2/c^2)^{1/2} dt_0$$

2) 用 S_0 中尺同时测 S' 中静长,S_0 中测得为 dx_0,S' 中为原长 $d\sigma$,有

$$d\sigma = (1 - v^2/c^2)^{-\frac{1}{2}} dx_0$$

由能量守恒及弱引力场的牛顿近似,飞来局惯系 S_0 到达 r 处的速率 v 应满足下式

$$\frac{1}{2}mv^2 + \left(-\frac{GMm}{r}\right) = 0$$

即

$$v^2 = \frac{2GM}{r}$$

式中,M 为产生史瓦西场的物质质量。而 S' 相对 S 系静止,$d\tau$、$d\sigma$ 即为 S 系(史瓦西场)中 r 处的固有时及真实距离。(注:S' 和 S 是瞬时相对静止,但有相对加速度。说 S' 和 S 的测量结果相同,是应用了爱因斯坦的另一假设:钟和尺的性形只与速度有关,而与加速度无关。)

重写上述结论如下:

1) 史瓦西场中的固有时

$$d\tau = \left(1 - \frac{2GM}{c^2 r}\right)^{1/2} dt_0 \tag{1}$$

即引力场中时钟变慢,r 愈小处(引力场愈强处),钟愈慢。

2) 史瓦西场中的真实距离

$$d\sigma = \left(1 - \frac{2GM}{c^2 r}\right)^{-\frac{1}{2}} dx_0 \tag{2}$$

真实距离的增大,意味着该处测量用的标准尺缩短,故式(2)表示,引力场中尺度收缩,r 愈小处(引力场愈强处),尺缩愈烈。当然,这个尺缩发生在径向,垂直于运动的方向(横向)上长度不变。

这里再次指出,式(1)、(2)反映的时缓和尺缩是以不受引力 S_0 中的钟和尺,即远离引力场的钟和尺为基准得出的。式中的 $\left(-\frac{GM}{r}\right)$ 正是史瓦西场对应的引力势,两式的深刻物理内涵是把时空和引力联系起来,即和物质分布联系在一起。

*2.5.4 史瓦西半径和黑洞

如果引力源质量 M 非常大,以致对应某一 r_S 值,有 $\frac{2GM}{c^2 r_S}=1$,则由式(1)、(2)可知,此时 $d\tau=0$, $d\sigma=\infty$,时钟以及一切过程都变得无限缓慢。任何外部信号传到 r_S 附近将不再返回,而 r_S 之内的信息也无法传到外部。r_S 将其内外"隔绝"开来,r_S 称为史瓦西半径或视界半径。集中于 r_S 内的质量就是天文学上所谓的黑洞。由星体演化理论,M 为太阳质量 2.7 倍以上的星球可演化为黑洞,例如 $M=3M_\odot \approx 6\times 10^{30}$ kg 的黑洞,其视界半径 $r_S=\frac{2GM}{c^2}=10^4$ m,由此估算此黑洞的平均密度 ρ 高达 10^{18} kg/m³。

*2.5.5 广义相对论的可观测效应

光的引力频移 设引力场中 r_1 处有一静止光源,发光频率为 ν_1(周期 T_1),光传到 r_2 处静止接收器,接收频率为 ν_2(周期 T_2)。由式(1)可得相对频移

$$\frac{\Delta\nu}{\nu_1}=\frac{\nu_2}{\nu_1}-1=\left(\frac{1-\frac{2GM}{c^2 r_1}}{1-\frac{2GM}{c^2 r_2}}\right)^{1/2}-1$$

在弱引力场,即 $\frac{GM}{c^2 r}\ll 1$ 时,上式近似为

$$\frac{\Delta\nu}{\nu_1}\approx \frac{GM}{c^2}\left(\frac{1}{r_2}-\frac{1}{r_1}\right)$$

若 $r_2>r_1$,即光由引力强处传向弱处,有 $\Delta\nu<0$,即 $\nu_2<\nu_1$,这称为引力红移;反之,若 $r_2<r_1$,则 $\Delta\nu>0$, $\nu_2>\nu_1$,称为引力紫移(或蓝移)。地球上观测太阳光谱线,将因太阳引力而发生红移。以 $M=M_\odot=1.98\times 10^{30}$ kg, $r_1=R_\odot=6.95\times 10^8$ m, $r_2=\infty$ 代入前式,计算可得 $\frac{\Delta\nu}{\nu_1}\approx -\frac{GM_\odot}{c^2 R_\odot}=-2.12\times 10^{-6}$。

1959 年庞德等人在哈佛大学首次在地面上直接验证了引力频移。利用 ^{57}Fe 在塔顶发射 γ 射线,在塔底接收。塔高 H 为 22.6 m。

理论计算,频移为

$$\frac{\Delta\nu}{\nu_1}\approx \frac{GM_e}{c^2}\frac{r_2-r_1}{r_2 r_1}\approx \frac{gH}{c^2}=2.46\times 10^{-15}$$

实验测量与理论值符合得相当好,1964 年经改进后,二者相差仅为 1%。

光线的引力偏折 光线行经引力中心附近时将发生偏折(如图 2.5.4 所示)。引力有双重作用:空间弯曲,测地线为曲线;光线偏离测地线。由广义相对论计算,恒星光线行经太阳边缘,受太阳引力产生的偏转角应为 1.75″。1919 年 5 月 29 日日全食时,两组英国科学家分别在巴西和非洲实地观测,测得的偏转结果分别为 1.98″±0.16″, 1.61″±0.40″,二组平均值与爱因斯坦的预言值相符,引起了举世轰动。

行星(水星)近日点的旋进 按照牛顿引力理论,行星轨道为封闭椭圆,但天文观测发现,水星每绕日一周,其长轴略有转动,称为水星近日点的旋进(如图 2.5.5 所示),若考虑其

他行星的影响,可解释旋进现象,但计算值与观测值之间存在牛顿理论无法解释的差值,称为反常旋进。应用广义相对论关于引力场中的时空弯曲,可以计算出行星近日点旋进的修正值,这正和观测的反常旋进值相符。

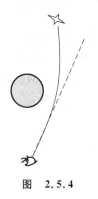

图 2.5.4　　　　　　　　　　　　　　　图 2.5.5

水星、金星的反常旋进结果对比如下:

	观测值	理论值
水星	$(43.11''\pm 0.45'')$/百年	$43.03''$/百年
金星	$(8.4''\pm 4.8'')$/百年	$8.6''$/百年

理论与观测的相符,表明了广义相对论的惊人成功。

此外,还有雷达回波延迟效应。即由地球发射雷达脉冲,到达行星后再返回地球,测量雷达往返的时间,比较雷达波远离太阳和靠近太阳两种情况下,回波时间的差异。太阳引力将使回波时间加长,称为雷达回波延迟。例如地球与水星之间的雷达回波的最大时间差可达 $240\,\mu s$。这类测量是目前对广义相对论中空间弯曲的最好检验。20 世纪 70 年代末,测量值与理论值之差约为 1%,到 20 世纪 80 年代,利用火星表面的"海盗着陆舱"宇宙飞船,已将回波延迟测量的不确定度从 5% 减小到 0.1%,大大提高了检测精度。

习　题

2-1　S 系中同一地点先后发生的两事件的时间间隔为 $\Delta t = t_2 - t_1 = 2\text{s}$,求在相对运动速率为 $u = \dfrac{3}{5}c(c$ 是真空中的光速$)$的 S' 系中测量的时间间隔 $\Delta t'$。

2-2　S 系中同一地点先后发生的两事件的时间间隔为 $\Delta t = t_2 - t_1 = 2\text{s}$,求在相对运动速率为 $u = \dfrac{3}{5}c(c$ 是真空中的光速$)$的 S' 系中测量的两事件的空间间隔 $\Delta x'$。

2-3　宇航员乘坐宇宙飞船相对地面以 $u = \dfrac{4}{5}c(c$ 是真空中的光速$)$飞行。地面参考系中相距为 $\Delta x = 20\text{ m}$ 的两枪手同时开枪,求:飞船参考系中测量的两枪手的距离 $\Delta x'$。

2-4　地球上观察到,宇宙飞船 A 以 $\dfrac{4}{5}c(c$ 是真空中的光速$)$的速度向东飞行,宇宙飞船 B 以 $\dfrac{3}{5}c$ 的速度向西飞行。求:宇宙飞船 A 测量的宇宙飞船 B 的速度。

2-5 宇航员乘坐长度为 L_0 的宇宙飞船相对地面以 u 高速飞行。一不明飞行物从飞船的尾部出发(设为第1事件)飞到飞船的头部(设为第2事件)，宇航员测得其速度为 v'，求：(1)飞船参考系中测量的两事件的时间间隔 $\Delta t'$；(2)地面参考系中测量的两事件的时间间隔 Δt；(3)地面参考系中测量的飞行物的速度 v；(4)地面参考系中测量的两事件的空间间隔 Δx。

2-6 宇航员乘坐长度为 L_0 的宇宙飞船相对地面以 u 高速飞行。一光脉冲从飞船的尾部(设为第1事件)传到飞船的头部(设为第2事件)，求：(1)宇航员测得光脉冲的速度 v'；(2)飞船参考系中测量的两事件的时间间隔 $\Delta t'$；(3)地面参考系中测量的光脉冲的速度 v；(4)地面参考系中测量的两事件的空间间隔 Δx；(5)地面参考系中测量的两事件的时间间隔 Δt。

2-7 质量均匀分布的边长为 a_0 的正方体，其静质量为 m_0，相对实验室沿一棱边方向以速度 v 高速运动，求该立方体的体积 V 及质量体密度 ρ。

2-8 一米尺静止于 S' 系中，且与 $O'x'$ 轴的夹角为 $30°$，S' 系相对于 S 系沿 Ox 轴正方向以 $u=0.8c$ 的速度运动，求 S 系中测得的米尺长度。

2-9 求静止质量为 m_0 的粒子被加速到 $v=\dfrac{4}{5}c$ 时的动能。

2-10 写出频率为 ν 的光子的能量 E、质量 m 和动量 p。

2-11 一电子被加速后的动量为 p，试求电子的能量 E 和动能 E_k。

教学参考 2-1　洛伦兹变换的导出

设有两个惯性系 S 系和 S' 系，S' 系相对 S 系以速度 u 高速运动。两个参考系都各有固结于其中的坐标尺和一系列自己的同步钟。事件的时空坐标用该参考系中的当地钟和尺测量。为了使变换式简洁，我们使两个坐标系的 x 和 x' 轴重合，另外两个坐标轴相应平行，速度 u 沿 x 轴正方向；当两坐标原点重合时令 $t=t'=0$。假设 $t=t'=0$ 时从坐标原点发出一闪光，经一段时间后传到空间 P 点，如图1所示。惯性系 S 和 S' 对该事件测定的时空坐标分别是 (x,y,z,t)，(x',y',z',t')。以下寻求 (x,y,z,t) 和 (x',y',z',t') 之间的变换关系。

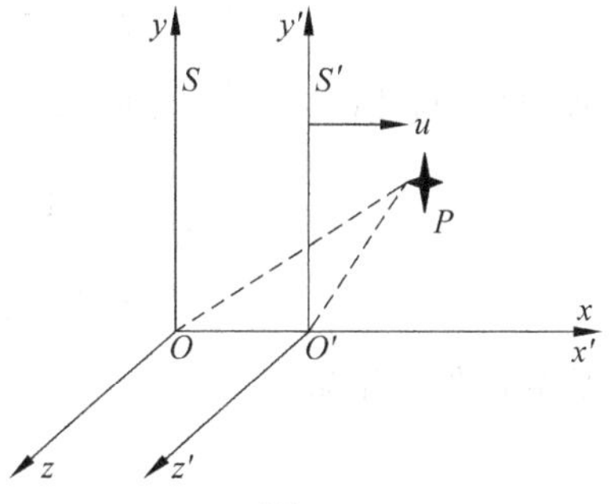

根据光速不变原理有下列关系式：

$$\begin{cases} x^2+y^2+z^2 = c^2 t^2 \\ x'^2+y'^2+z'^2 = c^2 t'^2 \end{cases} \quad (1)$$

图 1

由于相对运动只发生在 x、x' 轴方向，可以合理地推断在两个参考系中得到的事件的 y,z 向坐标值相同，即

$$y' = y, \quad z' = z \quad (2)$$

关于 (x,t) 与 (x',t') 之间的关系，由于时空均匀以及由变换的相对性判断，变换的关系式应当是线性的，设变换关系为

$$x' = ax + bt \quad (3)$$

$$t' = \eta x + \delta t \tag{4}$$

下面的工作就是确定上式中待定系数 a、b、η、δ。

先考察 S' 系中某固定点,如原点 O' 的运动。在 S' 系中测量,任一时间间隔 dt' 内,O' 的位移 $dx'=0$;在 S 系中测量,O' 以速率 u 运动,相应时间间隔 dt 内位移是 dx,由式(3)有 $dx'=adx+bdt=0$,故

$$\left.\frac{dx}{dt}\right|_{O'} = u = -\frac{b}{a} \tag{5}$$

再考察 S 系中某固定点,如原点 O,在 S 系中测量,任一时间间隔 dt 内,其位移 $dx=0$;在 S' 系中测量,O 以速度 $-u$ 运动,相应时间间隔 dt' 内位移是 dx',由式(3)有

$$dx' = 0 + bdt$$

由式(4)有

$$dt' = 0 + \delta dt$$

故

$$\left.\frac{dx'}{dt'}\right|_{O} = -u = \frac{b}{\delta} \tag{6}$$

比较式(5)、(6)得到

$$a = \delta \tag{7}$$

将式(2)、(3)、(4)关系代入方程组(1)的下面一个方程,得

$$(ax+bt)^2 + y^2 + z^2 = c^2(\eta x + \delta t)^2$$

考虑到 $a=\delta$,整理后得

$$(a^2 - \eta^2 c^2)x^2 + 2a(b - \eta c^2)xt + y^2 + z^2 = (a^2 c^2 - b^2)t^2 \tag{8}$$

与方程组(1)的上面的方程比较,由于光在任意时刻传到任意点均应满足同样的关系,所以两个方程相应的各项对应的系数必须相等,由此得

$$a^2 - \eta^2 c^2 = 1, \quad b - \eta c^2 = 0, \quad a^2 c^2 - b^2 = c^2 \tag{9}$$

方程组(9)与式(5) $-\frac{b}{a}=u$ 联立,解出四个系数为

$$a = \delta = \frac{1}{\sqrt{1-\frac{u^2}{c^2}}}, \quad b = \frac{-u}{\sqrt{1-\frac{u^2}{c^2}}}, \quad \eta = \frac{-u/c^2}{\sqrt{1-\frac{u^2}{c^2}}}$$

最后导出如下结果:

$$x' = \frac{x-ut}{\sqrt{1-\frac{u^2}{c^2}}}$$

$$y' = y$$
$$z' = z$$

$$t' = \frac{t-\frac{u}{c^2}x}{\sqrt{1-\frac{u^2}{c^2}}}$$

根据运动的相对性,不难得出由 (x',y',z',t') 变换至 (x,y,z,t) 的相应关系式为

$$x = \frac{x' + ut'}{\sqrt{1 - \frac{u^2}{c^2}}}$$

$$y = y'$$
$$z = z'$$

$$t = \frac{t' + \frac{u}{c^2}x'}{\sqrt{1 - \frac{u^2}{c^2}}}$$

上述变换称为爱因斯坦-洛伦兹变换式。通常将前一组变换称为正变换,后一组变换称为逆变换。

第3章

对称性与守恒定律

在物理学的发展过程中,守恒定律首先在力学领域得以建立,并且以牛顿运动三定律为基础形成一套完整的经典力学的理论体系。然而守恒定律却又远比牛顿运动定律具有更广的普适性,它是贯穿于物理学各领域的最基本的规律。在力学领域中运用守恒定律来研究运动往往比直接运用牛顿运动定律更为方便,甚至在对作用力的某些细节不甚了解的情况下,守恒定律也能为求解问题提供重要的信息。力学中的三个守恒定律的基础是牛顿运动定律。导出上述守恒定律的基本思路是相同的,均从牛顿第二运动定律出发,分别考虑力在时间、力矩在时间和力在空间的积累效果,就分别导出物体系的动量定理、角动量定理和动能定理;进而分析力、力矩和功的条件得到动量守恒定律、角动量守恒定律和机械能守恒定律。

3.1 动量定理和动量守恒定律

3.1.1 质点的动量定理

动量定理反映力的时间积累作用。动量定理有两种形式,一种为微分形式,一种为积分形式。微分形式应用于(微)元过程,直接改写牛顿第二定律就能得到,其表达式为

$$\boldsymbol{F}\mathrm{d}t = \mathrm{d}(m\boldsymbol{v}) = \mathrm{d}\boldsymbol{p}$$

其中 $\boldsymbol{F}$ 为作用于质点上的合力,合力与该微过程经历时间的乘积 $\boldsymbol{F}\mathrm{d}t$ 称为合力的元冲量。在 SI 中,冲量的单位为 N·s(牛[顿]·秒)。

对上述微分式两端积分,得动量定理的积分形式

$$\int_{t_0}^{t} \boldsymbol{F}\mathrm{d}t = \boldsymbol{p} - \boldsymbol{p}_0 = m\boldsymbol{v} - m\boldsymbol{v}_0$$

式中,$\int_{t_0}^{t} \boldsymbol{F}\mathrm{d}t$ 为在时间 $t_0 \to t$ 内作用于质点的合力的冲量;$\boldsymbol{p}_0(m\boldsymbol{v}_0)$、$\boldsymbol{p}(m\boldsymbol{v})$ 分别对应初、末时刻质点的动量;而 $\boldsymbol{p} - \boldsymbol{p}_0$ 为过程中动量的增量。

冲量是过程物理量,而动量是状态物理量。定理给出冲量这一过程量和作用始末质点的状态量(动量)间的关系,并未涉及过程中质点运动的细节,常用于讨论作用时间短暂,而运动状态有明显改变的力学过程。在这种情况下,常常用平均力与作用时间的乘积来代替元冲量的积分。以玩篮球为例,当你去接对方扔过来的球时,你会在手接触球时顺势往后一收,然后把球稳稳地停在自己手上,而绝不会去硬接。这是因为篮球从刚扔过来到停止,其动量的改变量是一定的,手收缩是为了延长作用时间,这样就减小了作用于手上的平均力。

该定理是矢量式,即平均力的方向和动量增量的方向一致,而非和动量方向相同。

例 1 "逆风行舟"的定性解释。

如图 3.1.1 所示,当风从斜前方吹来时,只要帆形合适,帆船也能向前行进,这就是所谓"逆风行舟"。其道理可用动量定理解释如下:考虑吹到帆上的风,经过帆后其方向改变,由于帆面光滑,速度大小基本不变,其动量变化如图 3.1.1(b)所示。由动量定理可知,风受到帆的作用力的方向斜向后;由牛顿第三定律,帆受到风的作用力 F' 斜向前,其垂直于船身的横向分力被船背面龙骨所受水的阻力所平衡,而纵向分力则正是使帆船前进的动力。

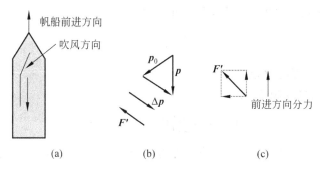

图 3.1.1 逆风行舟 例 1 用图

例 2 喷气对火箭的推力

火箭内燃料燃烧时喷射出气体,设喷气速度为 u(相对于火箭),喷气流量(单位时间内喷气质量)为 q_m,求喷气对火箭体产生的推力。

解 设 t 时刻火箭的速度为 V,考虑 $t \to t+dt$ 时间内喷出的那一部分气体,其质量为 $dm = q_m dt$,其初动量为 $V q_m dt$,末动量为 $(V+u) q_m dt$,由于喷气的力远大于气体重力,故可略去气体重力。对喷气用动量定理(微分形式),得

$$f dt = (V+u) q_m dt - V q_m dt = u q_m dt$$

则有 $f = q_m u$,其中 f 为火箭体对所喷气体的作用力。

根据牛顿第三定律,可得喷气对火箭体的推力为

$$f' = -q_m u$$

此式表明,推力的方向与喷气速度方向相反,推力的大小与喷气流量及喷气速度成正比。增大喷气流量可从增加燃烧室个数着手,增大喷气速度则应改进燃料品质。

应当指出的是如果质点所受合力为零,运动过程中质点的动量保持不变,即动量守恒。自然,动量守恒的质点作匀速直线运动。

3.1.2 质点系的动量定理

所谓质点系是指所研究的诸质点的集合。对于质点系首先需要区分内力和外力。所谓内力是指该质点系内各质点间的相互作用力;而外力则指系统以外的物体对系统内质点的作用力。

由质点的动量定理和牛顿第三定律容易导出质点系的动量定理。

设质点系有 N 个质点,考虑运动的任一元过程,对其中第 i 个质点,写出其动量定理式

$$(\boldsymbol{F}_i + \boldsymbol{f}_i)\mathrm{d}t = \mathrm{d}\boldsymbol{p}_i$$

式中,$\boldsymbol{F}_i$ 为第 i 个质点所受的外力之和,$\boldsymbol{f}_i$ 为第 i 个质点所受的内力之和。

然后,将系统内各质点的动量定理求和,即得

$$\sum \boldsymbol{F}_i \mathrm{d}t + \sum \boldsymbol{f}_i \mathrm{d}t = \sum \mathrm{d}\boldsymbol{p}_i$$

由于质点系的内力之和为零,故质点系的内力的冲量和也为零,则质点系的动量定理为

$$\sum \boldsymbol{F}_i \mathrm{d}t = \sum \mathrm{d}\boldsymbol{p}_i$$

令 $\boldsymbol{p} = \sum_i m_i \boldsymbol{v}_i$ 为质点系的总动量,上式可写为

$$\sum_i \boldsymbol{F}_i \mathrm{d}t = \mathrm{d}\boldsymbol{p}$$

这就是质点系动量定理的微分形式。

对时间 $t_0 \to t$ 的过程积分,得

$$\boldsymbol{I} = \int_{t_0}^{t} \left(\sum_i \boldsymbol{F}_i \mathrm{d}t\right) = \boldsymbol{p} - \boldsymbol{p}_0$$

定理表明:质点系动量的改变仅仅取决于外力的冲量,而与内力无关。汽车能够起动,是因为开动发动机时,汽车的主动轮转动(这时,车各部分的动量的矢量和仍为零),主动轮与地面的接触部分相对于地面有向后运动的趋势,因而地面给予向前的摩擦力,这就是使汽车这一质点系获得向前动量的外力;如果地面光滑(例如光滑的冰面),无法提供外力,则无论怎样发动机器,统统都是内力,车轮只会空转,汽车却不能起动。

例3 如图 3.1.2 所示,一柔软匀质的绳索盘放在地上,绳总长为 L,质量为 m。今欲以均匀的速率 v 竖直向上提升绳索,求施加在绳上端的竖直外力 F 该多大?

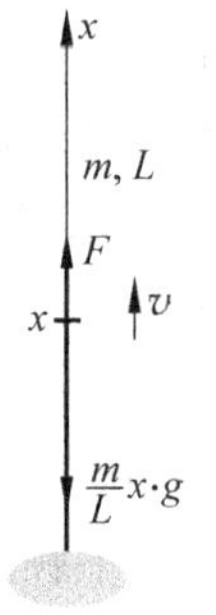

解 设 t 时刻已提升部分绳长度为 x,以已提升的绳和 $\mathrm{d}t$ 时间内将要提升的绳索为研究对象,前者质量为 $\frac{m}{L}x$,后者质量为 $\mathrm{d}m = \frac{m}{L}v\mathrm{d}t$,质点系所受外力为绳端的拉力和重力。对此质点系应用动量定理,有

$$\left(F - mg\frac{x}{L}\right)\mathrm{d}t = \left(m\frac{x}{L} + m\frac{v\mathrm{d}t}{L}\right)v - m\frac{x}{L}v$$

图 3.1.2 例 3 用图

解得

$$F = m\frac{v^2}{L} + mg\frac{x}{L}$$

解答包括两项,第一项是提升 $\mathrm{d}m$ 的力,第二项是支撑已提升部分绳索的重力。这一解答当然是合理的。

此例也可单独对 $\mathrm{d}m$ 应用动量定理,求出已提部分绳对 $\mathrm{d}m$ 的作用力,即上解的第一项,再对已提部分用牛顿第二定律求解。

3.1.3 动量守恒定律

由动量定理可知,对一质点系,若 $\sum_i \boldsymbol{F}_i = \boldsymbol{0}$,则有 $\mathrm{d}\left(\sum m_i \boldsymbol{v}_i\right) = \boldsymbol{0}$,即

$$\sum m_i \boldsymbol{v}_i = \boldsymbol{c}$$

用文字叙述则为：**若一质点系所受合外力为零，则在运动过程中质点系的总动量保持不变**，这就是动量守恒定律。

应当注意：动量守恒是矢量守恒式。例如，炮弹爆炸后，弹片向四方飞散，但它们各自动量的矢量和仍然为零，这是因为爆炸产生的力是内力，炮弹的动量应恒保持为零。

有的情况下，尽管质点系所受合外力并不为零，但过程中外力远小于内力，则可认为系统动量守恒。打击、爆炸、碰撞等过程一般都属于这种情况。还有一种情况是合外力不为零，但在某一方向的分量为零，则系统在相应方向的分动量守恒，即对质点系，若 $\sum_i \boldsymbol{F}_{ix} = \boldsymbol{0}$，则有 $\sum_i m_i v_{ix} = \text{const.}$。

应用动量定理及动量守恒定律分析动力学问题的优点是不需要过问系统的内力。

例 4 如图 3.1.3 所示，一小车停放在光滑水平面上，一轻质细杆一端固结小球，另一端可绕车上的轴转动。开始车静止，将细杆抬至水平位置，然后放手，令其摆下。若已知小车质量为 M，杆长为 l，小球质量为 m，求当细杆摆至与水平线夹角为 θ 时，小车移动的距离。

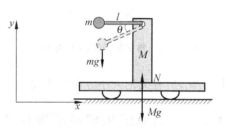

图 3.1.3　例 4 用图

解 以小车和球为研究的质点系，所受的外力为二者的重力及地面的支持力，它们在水平方向的投影为零，故系统水平方向分动量守恒。系统初始动量为零，设任一时刻车及球对地的水平分速度分别为 V_x, v_x。由相对运动可知

$$v_x = v'_x + V_x$$

其中 v'_x 为球相对车的水平速度。

水平方向动量守恒，有式

$$MV_x + m(v'_x + V_x) = 0$$

由此解出

$$V_x = -\frac{mv'_x}{m+M}$$

对上式两端进行时间积分，得

$$\int_0^t V_x \mathrm{d}t = -\frac{m}{m+M}\int_0^t v'_x \mathrm{d}t$$

左端积分正是车对地的位移 ΔX，右端积分为球对车的水平位移 $\Delta x'$，由图可见

$$\Delta x' = l(1-\cos\theta)$$

故得

$$\Delta X = -\frac{m}{m+M}l(1-\cos\theta)$$

解答 $\Delta X < 0$，表明小车相对地面位移与图中 x 轴的正方向相反，即水平向左。

3.2 角动量定理和角动量守恒定律

3.2.1 质点对定点的角动量

某时刻质点对定点的位矢与质点动量的矢量积 $\boldsymbol{L}=\boldsymbol{r}\times(m\boldsymbol{v})$ 被定义为该时刻质点对定点的角动量。角动量是矢量,其方向垂直于该瞬时质点的位矢和速度,即垂直于该瞬时质点位矢和速度决定的平面。确定其指向时,应注意矢量积中两个量的前后顺序。角动量与所讨论的定点位置有关。例如一锥摆(摆球在运动过程中,其悬线始终在以悬点为顶点的圆锥面上),其摆球某瞬时对悬挂点 O 和对其圆周运动的圆心 A 的角动量分别如图 3.2.1 中 L_O 和 L_A 所示。两者无论方向和大小均不同。设绳长为 l,锥角为 θ,则 $L_O=lmv$,$L_A=l\sin\theta(mv)$,且在运动过程中,前者的方向不断变化,后者无论大小方向均不变。

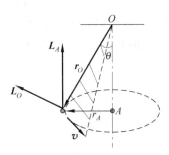

图 3.2.1 角动量与定点的关系

3.2.2 质点的角动量定理和质点的角动量守恒

对质点写出其牛顿第二定律,以质点对定点的位矢对方程两端作矢量积,有

$$\boldsymbol{r}\times\boldsymbol{F}=\boldsymbol{r}\times\frac{\mathrm{d}(m\boldsymbol{v})}{\mathrm{d}t}$$

或

$$\boldsymbol{r}\times\boldsymbol{F}=\frac{\mathrm{d}(\boldsymbol{r}\times m\boldsymbol{v})}{\mathrm{d}t}$$

式中,$\boldsymbol{r}\times\boldsymbol{F}$ 称为质点所受合力对该定点的力矩,通常以 $\boldsymbol{M}$ 表示,上式叙述为:**质点的角动量的变化率等于质点所受合力的力矩**。这就是质点的角动量定理。当然,定理中角动量和力矩均应对同一定点而言。

需要指出的是,上式中质点位矢也就是力的作用点的位矢,故力矩定义为力的作用点对定点的位矢与力的矢量积。仍以前文的摆球为例,对于 O 点,绳对质点的拉力的力矩为零,而重力力矩为 $lmg\sin\theta$,其方向垂直于绳和重力决定的平面,质点所受合力矩就是重力的力矩;对于 A 点,拉力的力矩为 $(l\sin\theta)\cdot T\sin\theta$,方向垂直于图面向里,重力的力矩大小为 $(l\sin\theta)\cdot mg$,方向垂直于图面向外,二者的矢量和为零,即质点所受的合力矩为零(注意,合力并不为零)。故摆球运动过程中,对 O 点的角动量不断变化,而对 A 点的角动量却保持不变。

由角动量定理可知,**当质点所受合力矩为零时,质点的角动量保持不变,即角动量守恒**。

对质点而言,若所受合力为零,质点作匀速直线运动,此时质点对任一定点的角动量守恒;若所受力的作用线始终通过某一定点,即受有心力的作用,则质点对该力心的角动量守恒。行星在万有引力作用下绕日的运动则属于这种情况,这时行星对日心的角动量守恒。

例1 轻质细绳一端固接一小球,另一端穿过一光滑水平桌面上的细孔后,用手拉住。开始时,小球作半径为 r_0、速率为 v_0 的圆周运动,然后以速率 v_1 均匀向下拉绳,求当桌面上的绳长为 r 时小球的速率。

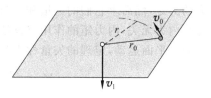

图 3.2.2 例 1 用图

解 水平面内只有绳对小球的拉力,该力对小孔的力矩为零,因而小球对孔的角动量守恒。以小孔为极点,建立极坐标系,任一时刻质点的角动量大小为

$$L = |\boldsymbol{r} \times m\boldsymbol{v}| = |\boldsymbol{r} \times m(\boldsymbol{v}_r + \boldsymbol{v}_\theta)| = rmv_\theta$$

由角动量守恒,有

$$r_0 m v_0 = r m v_\theta$$

得

$$v_\theta = v_0 \frac{r_0}{r}$$

又由题设知

$$v_r = \frac{\mathrm{d}r}{\mathrm{d}t} = -v_1$$

故小球的速率为

$$v = \sqrt{v_r^2 + v_\theta^2} = \sqrt{v_1^2 + \left(\frac{r_0 v_0}{r}\right)^2}$$

3.2.3 质点系的角动量定理和角动量守恒定律

将作用力分为外力和内力,写出第 i 个质点的角动量定理式

$$\boldsymbol{r}_i \times \boldsymbol{F}_i + \boldsymbol{r}_i \times \boldsymbol{f}_i = \frac{\mathrm{d}(\boldsymbol{r}_i \times \boldsymbol{p}_i)}{\mathrm{d}t}$$

对系统内全部质点的方程求和。

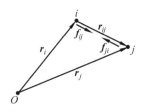

图 3.2.3 一对内力的力矩

先对其中一对内力的力矩求和,有

$$\boldsymbol{r}_i \times \boldsymbol{f}_{ij} + \boldsymbol{r}_j \times \boldsymbol{f}_{ji} = (\boldsymbol{r}_i - \boldsymbol{r}_j)\boldsymbol{f}_{ij} = \boldsymbol{r}_{ij} \times \boldsymbol{f}_{ij} = \boldsymbol{0}$$

计算中用到了作用力和反作用力等值反向,作用于一条直线上。

式中,$\boldsymbol{f}_{ij}$ 为第 i 个质点受到第 j 个质点的力,$\boldsymbol{r}_{ij}$ 为第 j 个质点相对第 i 个质点的位矢,如图 3.2.3 所示。

因而所有内力矩之和恒为零。故得

$$\sum_i (\boldsymbol{r}_i \times \boldsymbol{F}_i) = \frac{\mathrm{d}\sum_i (\boldsymbol{r}_i \times m_i \boldsymbol{v}_i)}{\mathrm{d}t}$$

即

$$\boldsymbol{M} = \frac{\mathrm{d}\boldsymbol{L}}{\mathrm{d}t}$$

这就是质点系的角动量定理。

式中,$\sum_i (\boldsymbol{r}_i \times m_i \boldsymbol{v}_i) = \boldsymbol{L}$ 叫系统的(总)角动量,$\boldsymbol{M}$ 为合外力矩。

定理叙述为:**质点系角动量的时间变化率等于质点系所受的合外力矩**。应当注意,对于质点系而言,一般来说,各外力作用点不相同,因而计算合外力矩时,必须分别计算各个外力的力矩,然后求它们的矢量和。与质点系的动量变化情况类似,质点系的总角动量是否改变与内力无关,内力矩的作用仅仅使角动量在系统内部转移。普遍情况下质点系各质点不在同一平面运动,定理的矢量性更为突出,它在直角坐标系中的分量式为

$$M_x = \frac{dL_x}{dt}, \quad M_y = \frac{dL_y}{dt}, \quad M_z = \frac{dL_z}{dt}$$

由质点系的角动量定理可知,若

$$\boldsymbol{M} = \sum_i (\boldsymbol{r}_i \times \boldsymbol{F}_i) = \boldsymbol{0}$$

则有

$$\boldsymbol{L} = \sum_i (\boldsymbol{r}_i \times m_i \boldsymbol{v}_i) = \boldsymbol{C}$$

其文字叙述为:**若质点系所受合外力矩为零,则系统的角动量保持不变**,这就是角动量守恒定律。

若合外力矩在某一方向的分量为零,则系统在相应方向的角动量分量不变。即若 $M_x = 0$,则 $L_x = C$。这就是角动量分量守恒。

角动量定理和角动量守恒定律常用于研究物体(系)的转动。

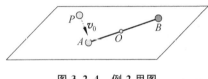

图 3.2.4 例 2 用图

例 2 一长为 l 的轻质细杆两端分别固接小球 A 和 B,杆可绕其中点的固定轴 O 在光滑水平面上转动。初始杆静止,后另一小球 P 以速度 v_0 垂直于杆身与 A 碰撞,碰后二者合二而一。设三个球的质量均为 m,求碰后杆转动的角速度 ω。

解 对三个球及杆组成的质点系,碰撞过程中,只有杆中点处出现水平外力,故对中点 O 的合外力矩为零,系统角动量守恒。考虑到杆的质量不计,所以系统的初始角动量为

$$m v_0 \frac{l}{2}$$

碰后角动量为

$$\frac{l}{2}(2m)\omega \frac{l}{2} + \frac{l}{2} m\omega \frac{l}{2}$$

故有

$$m v_0 \frac{l}{2} = 2m\omega \frac{l^2}{4} + m\omega \frac{l^2}{4}$$

由此解得

$$\omega = \frac{2v_0}{3l}$$

3.3 动能定理和机械能守恒定律

3.3.1 功和功率

功的概念是在研究力的空间积累作用时引入的。设有一力 $\boldsymbol{f}$ 作用于质点,质点的元位移为 $d\boldsymbol{r}$,则力的元功定义为

$$dA = \boldsymbol{f} \cdot d\boldsymbol{r} = f|d\boldsymbol{r}|\cos\varphi = f ds \cos\varphi = f_t ds$$

式中,φ是力与元位移方向间的夹角,f_t是力在位移方向的投影,即**元功定义为力和受力作用的质点的元位移的标量积**。

如图3.3.1所示,当质点由位置a运动到位置b,则过程中力的功定义为

$$A_{ab} = \int_{(a)}^{(b)} \boldsymbol{f} \cdot d\boldsymbol{r}$$

式中,积分的上下限为与质点的始末位置对应的变量。

应当注意:功是标量,它的正负由力和位移间夹角决定。功是过程量,元功dA仅表示一个微过程量。

若在无限小的时间间隔$t \to t + dt$内,力的元功为dA,则t时刻的功率定义为

$$P = \frac{dA}{dt} = \frac{\boldsymbol{f} \cdot d\boldsymbol{r}}{dt} = \boldsymbol{f} \cdot \boldsymbol{v}$$

由上式可知,对由动力机械驱动的情况,由于马达的输出功率一定,若需要较大的驱动力,则应工作在比较低的速率下。例如,当汽车爬坡时,需要较大的牵引力,则应选择低速挡;而在车床加工工件时,若需较大的切削量(相应切削力较大),则应使工件有较低的转速。

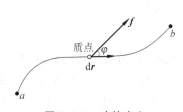
图3.3.1 功的定义

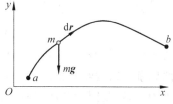
图3.3.2 例1用图

例1 重力的功。

由功的定义计算在地面附近的抛射体由位置a至位置b过程中重力做的功。

解 建立直角坐标系如图3.3.2所示。设物体质量为m,则其重力

$$\boldsymbol{P} = -mg\hat{\boldsymbol{y}}$$

元位移

$$d\boldsymbol{r} = \hat{\boldsymbol{x}} dx + \hat{\boldsymbol{y}} dy$$

由功的定义,重力的功为

$$A_p = \int_{(a)}^{(b)} \boldsymbol{P} \cdot d\boldsymbol{r} = \int_{(a)}^{(b)} (-mg\hat{\boldsymbol{y}}) \cdot (\hat{\boldsymbol{x}} dx + \hat{\boldsymbol{y}} dy)$$
$$= \int_{y_a}^{y_b} -mg\, dy = mg(y_a - y_b)$$

即重力的功由物体始末位置的竖直高度决定。

3.3.2 质点的动能定理

设质点的质量为m,所受合力为$\boldsymbol{F}$,在合力作用下,由初始状态a(速率为v_0)运动到末态b(速率为v),则由牛顿第二定律可得合力的功

$$A = \int_{(a)}^{(b)} \boldsymbol{F} \cdot d\boldsymbol{r} = \int_{(a)}^{(b)} F_t ds = \int_{(a)}^{(b)} m a_t ds$$

$$= \int_{(a)}^{(b)} m \frac{\mathrm{d}v}{\mathrm{d}t} \mathrm{d}s = \int_{v_0}^{v} mv \mathrm{d}v = \frac{1}{2}mv^2 - \frac{1}{2}mv_0^2$$

整理结果如下：

$$A = \frac{1}{2}mv^2 - \frac{1}{2}mv_0^2$$

式中，$\frac{1}{2}mv^2$ 称为质点的动能，以 E_k 表示，这就是关于质点的动能定理。该定理叙述为：**合力的功等于质点动能的增量**。由定理可以看出，做功将使质点动能发生改变。当功为正时，动能增加；当功为负时，动能增量为负值，即动能减少，这就是功的正负的物理意义。

3.3.3 质点系的动能定理

设质点系在诸外力和内力的作用下由初态 a（相应各质点的速率为 $v_{10}, v_{20}, \cdots$）变化到末态 b（相应各质点速率为 $v_1, v_2, \cdots$），对诸质点的动能定理式求和，得

$$\sum_i A_{i,\mathrm{ex}} + \sum_i A_{i,\mathrm{in}} = \sum_i \frac{1}{2}mv_i^2 - \sum_i \frac{1}{2}mv_{i0}^2$$

令 $A_{\mathrm{ex}} = \sum_i A_{i,\mathrm{ex}}, A_{\mathrm{in}} = \sum_i A_{i,\mathrm{in}}, E_k = \sum_i \frac{1}{2}mv_i^2$，上式可写为

$$A_{\mathrm{ex}} + A_{\mathrm{in}} = E_k - E_{k0}$$

这就是关于质点系的动能定理。定理叙述为：**所有外力的功与内力的功的代数和等于系统总动能的增量**。需要特别指出的是：尽管任何一对内力等值反向，但一般来说内力的功的代数和不为零，这是因为各质点有不同的位移。因而不仅外力，而且内力的功同样会改变质点系的动能。这是研究质点系动能时应区别于研究其动量、角动量之处。

3.3.4 一对内力的功

在计算质点系的内力做功时，必然涉及一对相互作用的内力。一对相互作用的内力的功之和（以下简称为一对内力的功）具有特殊的性质。设两个相互作用的质点分别用符号 i, j 标志，如图 3.3.3 所示，它们的元位移分别为 $\mathrm{d}\boldsymbol{r}_i$ 和 $\mathrm{d}\boldsymbol{r}_j$，则它们的相互作用力的元功之和为

$$\mathrm{d}A_i + \mathrm{d}A_j = \boldsymbol{f}_{ij} \cdot \mathrm{d}\boldsymbol{r}_i + \boldsymbol{f}_{ji} \cdot \mathrm{d}\boldsymbol{r}_j = \boldsymbol{f}_{ij} \cdot (\mathrm{d}\boldsymbol{r}_i - \mathrm{d}\boldsymbol{r}_j)$$
$$= \boldsymbol{f}_{ij} \cdot \mathrm{d}(\boldsymbol{r}_i - \boldsymbol{r}_j) = \boldsymbol{f}_{ij} \cdot \mathrm{d}\boldsymbol{r}_{ij}$$

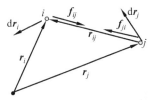

图 3.3.3 一对内力的功

式中，$\boldsymbol{f}_{ij}$ 为第 i 个质点受到第 j 个质点的力，而 $\boldsymbol{r}_{ij}$ 则是第 i 个质点相对第 j 个质点的位矢，$\mathrm{d}\boldsymbol{r}_{ij}$ 为它相对 j 质点的位移。同理，这对内力的功还可以表示为 $\mathrm{d}A_i + \mathrm{d}A_j = \boldsymbol{f}_{ji} \cdot \mathrm{d}\boldsymbol{r}_{ji}$。结果表明：**一对内力的功仅仅取决于这对质点的相对位移**！这是一对内力功的重要特点。推而广之，凡一对大小相等，方向相反的力的功之和均具有相同性质。

3.3.5 保守力

由功的定义可知，功是过程量，即它不仅对过程有意义，而且一般地说和经历的具体过程有关。但是有一类力做功却与经历的过程无关。常见的这类力如下。

地面附近的重力

当质量为 m 的质点由位置 a 到位置 b 时,重力的功为

$$A_{ab} = mgy_a - mgy_b = mgh_a - mgh_b$$

即重力的功只决定于质点在重力场中的始末高度,与由起点经过什么路线到达终点无关。

万有引力

两个质点质量分别为 M 和 m,设 M 不动,则 m 受到的万有引力为

$$\boldsymbol{f}_G = -G\frac{Mm}{r^2}\hat{\boldsymbol{r}}$$

式中,$\hat{\boldsymbol{r}}$ 为 m 相对 M 的单位位矢。

当质点 m 由位置 a(位矢大小为 r_a)运动到位置 b(位矢大小为 r_b)时,万有引力的功为

$$A_G = \int_{(a)}^{(b)} \left(-G\frac{Mm}{r^2}\hat{\boldsymbol{r}}\right)\cdot \mathrm{d}\boldsymbol{r} = \int_{r_a}^{r_b} -G\frac{Mm}{r^2}\mathrm{d}r = \left(-\frac{GMm}{r_a}\right) - \left(-\frac{GMm}{r_b}\right)$$

因为 $\hat{\boldsymbol{r}}\cdot \mathrm{d}\boldsymbol{r} \equiv \mathrm{d}r$,质量为 m 的质点无论是经历如图 3.3.4 所示的路线 $L(1)$ 还是路线 $L(2)$,计算结果都相同,即此功只和质点的始末位置(m 与 M 的距离)有关,而和经历的路线无关。

如果质点 M 也在运动,那么它们之间一对万有引力的功之和仍为上述值,即一对万有引力的功仅仅取决于两质点间的始末相对位置(距离)。

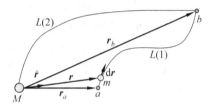

图 3.3.4 一对万有引力的功

弹簧中的弹力

考虑一劲度系数为 k 的弹簧。设弹簧均匀形变,且为讨论方便,设弹簧一端固定,另一端可拉伸。以 x 表示弹簧的长度形变(简称长变),当 $x>0$ 时,表示弹簧伸长,而 $x<0$ 时,表示弹簧缩短。由胡克定律可知,当弹簧的长变为 x 时,弹簧动端作用于连接于该端物体的弹力可表示为 $f=-kx$。式中的"$-$"号表示弹力的方向总是指向其平衡位置。设弹簧由长变为 x_a 的状态变化到长变为 x_b 的状态,则此弹力的功为

$$A_e = \int_{x_a}^{x_b}(-kx)\mathrm{d}x = \frac{1}{2}kx_a^2 - \frac{1}{2}kx_b^2$$

此功只和弹簧始末的长变有关。

概括以上各力做功的特点,可归纳如下:**若质点间相互作用力的功与路径无关,而只取决于系统的始末相对位形的,则这种力称为保守力**。关于保守力还可采用另一等效的说法——沿任一闭合(相对)路径,使系统回到原来的相对位形时,系统内相互作用力的总功为零,则这种作用力称为保守力。这一说法的数学表达式为

$$\oint_L \boldsymbol{f}_c \cdot \mathrm{d}\boldsymbol{r} = 0$$

式中,积分号上的圆圈表示积分是对闭合路径进行,$\mathrm{d}\boldsymbol{r}$ 应理解为质点间的相对位移。上式由做功与路径无关容易证明。设系统由初态相对位形 a 经过两个不同的路径 L_1,L_2 到达同一末态相对位形 b,若作用力为保守力,则有

$$\int_{(a),L_1}^{(b)} \boldsymbol{f} \cdot \mathrm{d}\boldsymbol{r} = \int_{(a),L_2}^{(b)} \boldsymbol{f} \cdot \mathrm{d}\boldsymbol{r}$$

再令系统沿 L_2 路径由 b 返回 a,则有

$$\int_{(b),L_2}^{(a)} \boldsymbol{f} \cdot \mathrm{d}\boldsymbol{r} = -\int_{(a),L_2}^{(b)} \boldsymbol{f} \cdot \mathrm{d}\boldsymbol{r}$$

对上一式移项,并代入后一式,得

$$\int_{(a),L_1}^{(b)} \boldsymbol{f} \cdot \mathrm{d}\boldsymbol{r} - \int_{(a),L_2}^{(b)} \boldsymbol{f} \cdot \mathrm{d}\boldsymbol{r} = \int_{(a),L_1}^{(b)} \boldsymbol{f} \cdot \mathrm{d}\boldsymbol{r} + \int_{(b),L_2}^{(a)} \boldsymbol{f} \cdot \mathrm{d}\boldsymbol{r} = \oint_L \boldsymbol{f} \cdot \mathrm{d}\boldsymbol{r} = 0$$

因为路径是任选的,所以结果对任意闭合路径成立。

$$\oint_L \boldsymbol{f}_c \cdot \mathrm{d}\boldsymbol{r} = 0$$

上式可以作为保守力的判别式使用(读者可利用它证明静止电荷的库仑力也是保守力)。凡不满足此式的力为非保守力,例如摩擦力就是非保守力。

说明:若具有保守力作用的两质点中的一个质点在所用的参考系中静止,则一对保守内力的功退化为一个力的功,它取决于一个质点的位移。这时运动质点所受的保守力可表示为质点位置的函数,即 $\boldsymbol{f} = \boldsymbol{f}(\boldsymbol{r})$,我们说存在一个以静止质点(或物体)为源的保守力场,而运动质点处于相应的保守力场中。在太阳参考系中研究太阳和行星的万有引力或在地球参考系中研究地球和人造地球卫星的引力时就属于这种情况,前者称存在一太阳的引力场,行星在太阳的引力场中运动;后者则称存在一地球的引力场,人造卫星在地球的引力场中运动……

3.3.6 势能

基于保守力做功的特点,引入一由系统的相对位形决定的能量——势能。具有保守力作用的质点系由相对位形 a 变化到相对位形 b 时,定义该**系统的势能的减量等于沿由初态 a 到末态 b 的任一路径相应保守力的功**,即

$$E_{pa} - E_{pb} = -\Delta E_{pab} = \int_{(a)}^{(b)} \boldsymbol{f}_c \cdot \mathrm{d}\boldsymbol{r}$$

式中,$\mathrm{d}\boldsymbol{r}$ 为质点间的相对位移。由定义可知,当保守力做正功时,系统的势能减少,而保守力做负功时,势能增加。

实际问题中,有意义的是势能的差值,但有时为了讨论问题叙述方便,常谈到某一位形的势能,这时需要选定一参考的位形 R,规定该参考位形的势能为零(称为势能零点),而某一给定位形的势能则等于使系统由给定位形沿任一路径改变到势能零点时相应保守力的功,即

$$E_{pa} = \int_{(a)}^{(R)} \boldsymbol{f}_c \cdot \mathrm{d}\boldsymbol{r}$$

即**某一位形的势能等于该位形的势能与参考位形的势能差**。参考位形的选择有任意性,以讨论问题方便为原则。

重力势能　一般选择地面的势能为零,处于高度为 h 的质点在重力场中的势能为

$$E_p = mgh$$

万有引力势能　选择相距无限远为势能零点,则质量为 M, m 的两质点在相距 r 时的万有引力势能为

$$E_p = \int_r^\infty -\frac{GMm}{r^2} \mathrm{d}r = -\frac{GMm}{r}$$

引力势能为负,表明任一位置的势能均低于相距无限远的情况。

引力势能曲线如图 3.3.5 所示。

弹性势能 选择弹簧具有自然长度时为势能零点,则长变为 x 时的弹性势能为

$$E_\mathrm{p} = \int_x^0 -kx\,\mathrm{d}x = \frac{1}{2}kx^2$$

上述表达式中恒有 $E_\mathrm{p}>0$,这表明任意一改变长度的弹性势能均大于自然长度时的势能。弹性势能曲线为二次曲线,如图 3.3.6 所示。

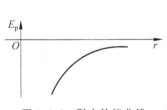

图 3.3.5 引力势能曲线

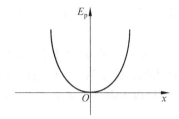

图 3.3.6 弹性势能曲线

由以上讨论可以归纳关于势能概念的认识如下:首先,势能概念的引入与保守力做功的特点紧密相连,因此只有对应于保守力才能引入相应的势能;其次,势能对应于一对保守力的功,是相对位形的函数,因此属于有保守力作用的系统,在质点处于保守力场的特殊情况下,势能简化为位置的函数,这时可以说是一个质点(或物体)的势能;第三,势能的值与参考系无关(想一想,为什么),但随参考位形的选择的不同而不同。

3.3.7 机械能守恒定律

对于质点系,由动能定理有 $A_\mathrm{ex}+A_\mathrm{in}=E_\mathrm{k}-E_\mathrm{k0}$,若系统内存在保守力,则可将内力的功分为保守内力的功 $A_\mathrm{in,c}$ 和非保守内力的功 $A_\mathrm{in,nc}$ 两项,在上式中代入 $A_\mathrm{in,c}=E_\mathrm{p0}-E_\mathrm{p}$,并将有关能量的项移在等号的同一侧,得

$$A_\mathrm{ex}+A_\mathrm{in,nc}=(E_\mathrm{k}+E_\mathrm{p})-(E_\mathrm{k0}+E_\mathrm{p0})$$

令 $E=E_\mathrm{k}+E_\mathrm{p}$,则有

$$A_\mathrm{ex}+A_\mathrm{in,nc}=E-E_0$$

式中,E 为系统动能与势能之和,称为系统的机械能。上式叙述为:**对质点系,所有外力的功与非保守内力的功之和等于系统机械能的增量**,通常称为功能原理。功能原理与动能定理的差异就是用势能增量的负值来代替了保守内力的功。

需要指出的是,由上述功能原理的写出过程可以看出,对所涉及的势能相应的有保守力相互作用的物体,均应包括在所讨论的系统之列。例如,讨论重力势能时涉及的系统是地球和物体系。

由功能原理可以得出,**对某质点系,如果只有保守内力做功**(即 $A_\mathrm{ex}=0$,$A_\mathrm{in,nc}=0$),**则系统的机械能保持不变**,这就是机械能守恒定律。

机械能守恒定律告诉我们,对于即使只有内力作用的系统(当然有 $A_\mathrm{ex}=0$),其机械能不一定守恒。若只有保守内力作用,机械能才守恒。这种情况下,保守内力的功所起的作用是使系统内的动能和势能之间相互转换;若内力为非保守力,仍将改变系统的机械能,这时

非保守内力的功是使系统内其他能量和机械能相互转换。例如地雷爆炸,内力的功的作用使内部炸药的化学能转变为系统的机械能,使机械能增大。这样,我们对功有了更进一步的认识:做功是通过宏观位移实现能量转换的一种手段,功是能量转换多少的量度!由此推广到包括各种形式的能量的情况,可以得出,一孤立系统(与外界没有物质和能量交换的系统)无论经历何种变化,其能量可以在内部相互转换和传递,但其总和不变!这就是普遍能量守恒定律。

例 2 逃逸速度的计算。

为使物体从地面出发最终能够脱离地球引力,物体至少应有多大初速度(该速度叫逃逸速度)?

解 脱离地球引力,要求物体距离地球无限远;"至少"意味着到达无限远时速度减为零。设物体的初速度为 v_0,自地面发出。不计空气阻力,在飞行过程中物体和地球系统机械能守恒,仍以无限远为势能零点,则有

$$\frac{1}{2}mv_0^2 + \left(-\frac{GM_e m}{R_e}\right) = 0$$

因此解得

$$v_0 = \sqrt{\frac{2GM_e}{R_e}}$$

代入地球质量 $M_e = 5.98 \times 10^{24}$ kg 和半径 $R_e = 6.37 \times 10^6$ m,计算得

$$v_0 = 11.2 \text{ km/s}$$

这就是通常所说的第二宇宙速度(第一宇宙速度为环绕速度)。它是以地球为参考系计算得到的。

上面的方法同样可以用来讨论其他星球的逃逸速度,这时只需代换相应的质量和半径即可。从所得结果的表达式可知,若星球的质量越大,半径越小,即质量密度越大,则所需的逃逸速度越大,其极限为真空中的光速。

逃逸速度达到光速的星球为黑洞,相应的半径 $R_H = \dfrac{2GM}{c^2}$ 叫视界半径。假如设想太阳演变为黑洞(设质量不变),那么它的视界半径应为 3 km。当然,根据天体演化的理论,只有质量大于太阳质量 2.7 倍以上的星体才有可能演变为黑洞,所以太阳永远不会成为黑洞。有趣的是,尽管高速情况下牛顿力学不再适用,但此处得出的视界半径公式却和广义相对论的结果一致!

例 3 光滑水平面上有一轻质弹性绳,一端固定,另一端固结一质量为 m 的小球,如图 3.3.7 所示,绳的劲度系数为 k。初始时,绳为原长 l_0,小球获得一垂直于绳长方向的初速 v_0,求当弹性绳长度为 l 时小球速度的大小和方向。

解 对小球和弹性绳系统,竖直方向外力共点平衡,水平面上外力只出现在固定点 O,外力对 O 点的力矩为零,不做功,故系统对 O 点的角动量守恒;又系统内力为保守力,故系统还有机械能守恒。设所在位置速度与绳长方向夹角为 φ,则相应的两个守恒方程为

$$l_0 m v_0 = l m v \sin\varphi$$

图 3.3.7 例 3 用图

$$\frac{1}{2}mv_0^2 = \frac{1}{2}mv^2 + \frac{1}{2}k(l-l_0)^2$$

由以上两式,容易解出小球的速度大小和方向,此处从略(读者可自行演算)。

至此,我们已介绍了动量、角动量和机械能的守恒定律,三个守恒量和相应的守恒条件列表如下:

守 恒 量	守 恒 条 件	特 点
动量 $\sum_i m_i v_i$	$\sum_i F_i = 0$	与内力无关
角动量 $\sum_i (r_i \times m_i v_i)$	$\sum_i (r_i \times F_i) = 0$	与内力无关
机械能 $E_k + E_p$	$A_{ex} = 0, A_{in,nc} = 0$	还需考虑非保守内力的功

表中三个量是否守恒,按顺序分别取决于外力的矢量和、外力矩的矢量和、外力功的代数和是否为零;前两个量与内力无关,而机械能是否守恒则还应与非保守内力的功是否为零有关,这是在理解和应用三个守恒定律时应当特别注意和加以区分的。

从各定律的导出过程可以看出,牛顿力学中,三个守恒定律都是在牛顿定律的基础上导出的。因为牛顿定律在惯性参考系中成立,因而三个守恒定律也应在惯性参考系中适用。对于非惯性系情况,只要把惯性力计入,考虑相应惯性力、惯性力的力矩、惯性力的功,则可应用相应的定律。

需要特别指出的是,由于力与参考系无关,而位移却因参考系而异,因而在一个惯性系中动量守恒的系统,在另外一惯性系中动量也守恒;但在某一惯性系中机械能守恒的系统在另一惯性系中,其机械能却不一定守恒。至于角动量,因为它只对定点有意义,讨论角动量守恒问题应当在指定的参考系中进行。

在牛顿力学中,三个守恒定律是从牛顿定律导出的,但实践表明,在高速领域和微观领域,牛顿定律不再适用,而守恒定律照样成立。它们远比牛顿定律有更大的适用范围,是自然界最基本的规律。例如,在微观领域,一个生动的例子是中微子的发现。在研究原子核的β衰变时人们发现,衰变后的核及电子的动量和以及能量和都不等于衰变前的,是动量守恒和能量守恒在微观领域不再适用了吗?不是!是衰变过程产生了一种新的粒子,这个粒子就是后来发现并被命名的中微子,把中微子的动量和能量计入,就同时满足了两个物理量的守恒。守恒定律的普适性,蕴含着深刻的物理内涵,它和自然界以及自然规律的对称性紧密相连。

3.4 对称性与守恒定律

物理规律是分层次的,有的只对某些具体事物适用,如胡克定律只适用于弹性体;有的在一定范畴内成立,如牛顿定律适用于一切低速运动的宏观物体;有的如能量守恒、动量守恒等守恒律,则在自然界的各个领域起作用。后者属于自然界中更深层次、更为基本的规律。而守恒律和对称性之间有着深刻的联系。掌握对称性的概念、规律及其分析方法,对于深入地认识自然界具有重要意义。

3.4.1 对称性和对称操作(变换)

我们在日常生活中就有对称的概念,如人体外部器官的左右对称,紫禁城建设布局的东西对称,不带任何标记的球的中心对称等。概括而言,对称性的定义如下。

若某个体系(研究对象)经某种操作(或称变换)后,其前后状态等价(相同),则称该体系对此操作具有对称性,相应的操作(变换)称为对称操作(变换)。简言之,对称性就是某种变换下的不变性。

若物理规律在某种变换下形式不变,则称此规律对此变换具有对称性。例如,牛顿定律对伽利略变换具有对称性,麦克斯韦电磁场方程组对洛伦兹变换具有对称性等。

3.4.2 对称性和因果律——对称性原理

自然规律反映了事物之间的"因果关系",即在一定的条件(原因)下会出现一定的现象(结果)。因果之间规律性的联系体现为可重复性和预见性,即相同(或等价)的原因必定产生相同(或等价)的结果。用对称性的语言来表述这个结论就给出了对称性原理。原理的内容如下:**原因中的对称性必然反映在结果中,结果中的对称性至少和原因中的对称性一样多;结果的不对称性必然出自原因中的不对称性,原因中的不对称性至少和结果中的不对称性一样多。**

对称性原理是自然界的一条基本原理。有时,在不知道某些具体物理规律的情况下,我们可以根据对称性原理进行分析,对问题给出定性或半定量的结果。例如,根据对称性原理容易论证,一个只受有心力作用的质点,必定在由初速度 v_0 及力心决定的平面内运动。因为全部原因(力、初始条件)对所述平面具有镜像反射对称性(其镜像就是自身),所以结果(质点运动)也必定具有同样的镜面反射对称性,故质点的运动不可能偏离此平面。同理,我们可以判断一个电荷均匀分布的带电球体对球外一点电荷 P 的静电力的方向必定沿球心 O 与 P 的连线,因为电荷分布(原因)对 OP 轴呈旋转轴对称,电力方向(结果)对 OP 轴线的任何偏离都将失去这一对称性,从而违背对称性原理,因此是不可能的(如图 3.4.1)。

有的问题,利用对称性原理处理可以大大简化计算。如图 3.4.2 所示的电阻网络,各电阻阻值相同,同为 R,求 A,B 两端的等效电阻 R_{AB}。由图可知,这是一个不能简单分解为串联或并联的复联电阻,此处可利用对称分析求解。方法如下:

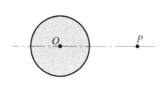

图 3.4.1 对称性分析

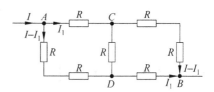

图 3.4.2 电阻网络

设有电流 I 经 A 流入,后分为两支,$A \to C$ 为 I_1,则 $A \to D$ 为 $I - I_1$,因 A,B 位置具有置换对称,由对称性原理知,自 B 流出的两分支电流分别为:$C \to B$ 为 $I - I_1$,$D \to B$ 为 I_1,由节点电流关系,$C \to D$ 电流为 $I_1 - (I - I_1) = 2I_1 - I$,由 $A \to D$ 和 $A \to C \to D$ 两个分支分别计算 A,D 间电压 ΔV_{AD},有

$$2R(I - I_1) = RI_1 + R(2I_1 - I)$$

解得

$$I_1 = \frac{3}{5}I$$

故等效电阻

$$R_{AB} = \frac{\Delta V_{AB}}{I} = \frac{I_1 R + (I - I_1) \cdot 2R}{I} = \frac{7}{5}R = 1.4R$$

3.4.3 对称性与守恒定律

所谓"守恒"的基本含义，是指任给一组描述系统随时间变化的方程，必能从中寻找到一个始终不变的物理量——守恒量。

如何决定守恒量？德国女数学家 A. E. Noether 给出如下定理：**作用量的每一种对称性都将有一个守恒量与之对应**。这个定理可用下述箭头关系显示

对称性 ⇔ 守恒量

根据 Noether 的定理：

相互作用的时间平移对称性 → 能量守恒

相互作用的空间平移对称性 → 动量守恒

相互作用的转动对称性 → 角动量守恒

上述讨论是从对称性导出守恒量，反过来也可由观测到的守恒量寻找与之相应的对称变换和对称性。例如，物理学史上就由观测到电荷守恒而找到了相应的"规范变换"和"规范对称性"。

对称性在物理学中具有深刻的意义。一种对称性的发现远比一种物理效应或具体物理规律的发现的意义要重大得多！例如，源于电磁理论的洛伦兹不变性，导致力学的革命；爱因斯坦为寻找引力理论的不变性而创立了广义相对论；狄拉克为使微观粒子的波动方程具有洛伦兹不变性，修正了薛定谔方程，并根据方程解的对称性预言了反电子（正电子）的存在，进而使人们开始了对反粒子、反物质的探索；对称性还以它强大的力量把那些物理学中表面上不相关的东西联系在一起（如关于基本相互作用关系的探索）；粒子物理中关于对称性和守恒量的研究更是作为一种基本的研究方法贯穿其中。我们相信，在继续探索未知世界的过程中，对称性规律的研究必将向我们揭示更深层次的奥秘，展现更奇妙的现象。

*3.5 质心和质心运动定理

3.5.1 质心

质心是质量中心的简称，它的概念是在研究质点系的整体运动时提出的，例如，扔出的手榴弹，尽管它在空中不断地翻转，但是远远望去，它却沿着一条抛物线运动；一个物体的形状无论多么繁杂，只要我们施加的外力的作用点合适，它就整体移动，而且其移动情况如同一个质点。为了反映出质点系的整体运动规律的特征，人们建立了质心的概念。

质点系的质心的位矢定义如下：

$$r_C = \frac{\sum_i m_i r_i}{\sum_i m_i} = \frac{\sum_i m_i r_i}{m}$$

式中，m_i，r_i 分别代表第 i 个质点的质量和位矢。在空间直角坐标系中，质心的三个坐标为

$$x_C = \frac{\sum_i m_i x_i}{m}, \quad y_C = \frac{\sum_i m_i y_i}{m}, \quad z_C = \frac{\sum_i m_i z_i}{m}$$

由以上定义不难看出，质心的位置实际就是以各质点的质量为权重的质点系的平均位置。

对质量连续分布的物体，其质心位矢为

$$r_C = \frac{\int_m r \, dm}{m}$$

积分遍及整个质量分布区域。

在给定质点系各质点质量和相对位置的条件下，质心的相对位置也就随之确定。例如，两质点组成的质点系其质心必在两质点的连线上，而且质心和两质点的距离与它们的质量成反比，如图 3.5.1 所示。

设两质点间距离为 l，质心 C 与两个质点的距离分别为

$$l_1 = \frac{m_2}{m_1 + m_2} l, \quad l_2 = \frac{m_1}{m_1 + m_2} l$$

对于质量分布均匀且具有简单几何形状的物体，其质心位置就在图形的几何中心，例如，匀质圆盘的质心就在圆心。对地面上普通大小的物体，可以认为其质心与重心重合。当然，质心处并不一定有质量分布于此，例如匀质圆环。

由定义可以推知：质心具有可叠加性。一个复杂形状的物体可以分解为若干简单形状，求出各部分质心，然后，把各部分质量集中在各自的质心上，再求总体的质心。例如，如图 3.5.2 所示的老式钟摆，可以看作由一匀质杆和圆盘组成；杆的质心在其中点，圆盘质心在圆心，钟摆的质心则是杆的质量 m_1 集中在 C_1 和圆盘质量 m_2 集中在 C_2 的两个质点组成的质点系的质心。

图 3.5.1　质心位置　　　　　　　　图 3.5.2　质心的叠加性

3.5.2　质心的速度

当质点系运动时，一般情况下，其质心也在运动，质心速度和各质点运动的关系由质心位矢的定义可得

$$\mathbf{V}_C = \frac{d r_C}{dt} = \frac{d\left(\sum_i m_i r_i\right)/m}{dt} = \frac{\sum_i \left(m_i \frac{d r_i}{dt}\right)}{m} = \frac{\sum_i m_i v_i}{m}$$

即质心的速度是以各质点的质量为权重的系统的平均速度。由上式可得质点系的总动量为

$$p = \sum_i m_i v_i = mV_C$$

即系统的总动量相当于系统的全部质量集中在质心处,并以质心速度运动的一个质点的动量,简称为质心的动量。在机械运动范围内,描述运动的基本动力学量就是动量,从这个意义上讲,质心的运动代表了质点系整体的运动。因此,如果一个匀质球绕它的球心转动,但球心不动,那么,我们说球体整体并没有运动。

3.5.3 质心运动定理

由质点系的动量定理(微分形式),有

$$\sum_i F_i = \frac{\mathrm{d}}{\mathrm{d}t}\left(\sum_i m_i v_i\right) = \frac{\mathrm{d}(mV_C)}{\mathrm{d}t} = m\frac{\mathrm{d}V_C}{\mathrm{d}t}$$

即

$$\sum_i F_i = ma_C$$

上述方程称为质心运动方程。方程表明系统质心的运动取决于系统所受的合外力,它等效于把全部外力、全部质量集中在质心处的一个质点的运动。手榴弹飞行时,跳水运动员作跳水动作时,如果不计空气阻力,所受的外力只有重力,因此他们的质心均沿抛物线运动。

由质心运动定理可知,当质点系所受合外力为零时,质心的加速度为零,因此系统的动量守恒和质心作惯性运动(保持原有的静止或匀速直线运动状态不变)是等价的。同理,若合外力在某一方向的分量为零,则系统质心在相应方向的分速度保持不变。

*3.6 质心参考系

质心参考系(简称质心系)是研究质点系运动的重要参考系。很多情况下常将系统相对于指定参考系的运动分解为各质点相对于质心的运动(即在质心系中的运动)以及质心相对于指定参考系的运动。后者由质心运动定理以及由此派生的一系列定理决定;而研究前者需要了解质心参考系如何定义,质心系中的动力学规律又如何,本节将讨论这些问题。

3.6.1 质心参考系

质心参考系是质心在其中静止且相对于已知惯性系平动的参考系,为了讨论问题的方便,通常约定该系中坐标原点就选在质心处(是否满足这个约定,并不影响后面得出的各结果的普遍性)。

质心系具有下述特征:①其中系统的总动量恒为零,即 $\sum m_i v_i' \equiv 0$。故质心参考系又称为零动量(参考)系。②其中 $\sum m_i r_i' = \mathbf{0}$。当然,如果原点不在质心处,则有 $\sum m_i r_i' = \mathbf{C}$。以后的讨论中我们将不断用到这些特征。

3.6.2 质心系中的动力学规律

当质点系运动时,一般地说其质心也在运动,而且质心速度也会变化。但无论质心是否具有加速度(相对已知惯性系而言),质心系中一些重要力学定理的形式和惯性系中相同。当质心相对已知惯性系作匀速运动时,质心系也是惯性系,自然其中的力学规律不变;若质心具有加速度,则它是一个平动的非惯性系,按理,牛顿定律以及各力学定理均不成立。但是,如果考虑了相应的惯性力的作用并代入相应的定理后,可以证明,最后各质点所受惯性力的效果相互抵消,有关质心系运动的规律与惯性系相同。在质心参考系中,质点系的各力学量的规律分别叙述如下。

(1) 质点系的动量:由质心系定义知,质心系中,系统的总动量恒为零,与系统是否受外力无关。

(2) 质点系的角动量:设质心的加速度为 $\boldsymbol{a}_0$,则在质心系中质点系内质量为 m_i 的质点将受惯性力 $(-m_i\boldsymbol{a}_0)$,它的运动方程为

$$\boldsymbol{F}_i + \sum_j \boldsymbol{f}_{ij} + (-m\boldsymbol{a}_0) = \frac{\mathrm{d}(m_i\boldsymbol{v}'_i)}{\mathrm{d}t}$$

考虑对质心的角动量和相应力矩,即以质点对质心的位矢对上式作矢量积,有

$$\boldsymbol{r}'_i\times\boldsymbol{F}_i + \boldsymbol{r}'_i\times\sum_j \boldsymbol{f}_{ij} + \boldsymbol{r}'_i\times(-m\boldsymbol{a}_0) = \boldsymbol{r}'_i\times\frac{\mathrm{d}(m_i\boldsymbol{v}'_i)}{\mathrm{d}t} - \frac{\mathrm{d}(\boldsymbol{r}'_i\times m_i\boldsymbol{v}'_i)}{\mathrm{d}t}$$

对全部质点的上述方程求和,等式左端第一项得合外力矩,第二项和为零,第三项和为 $\sum_i \boldsymbol{r}'_i\times(-m_i\boldsymbol{a}_0) = -(\sum_i m_i\boldsymbol{r}'_i)\boldsymbol{a}_0$,而 $\sum m_i\boldsymbol{r}'_i = \boldsymbol{0}$,故第三项和也为零,即各惯性力对质心的力矩的矢量和为零,它们的作用相互抵消。因此,最后得

$$\sum_i \boldsymbol{r}'_i\times\boldsymbol{F}_i = \frac{\mathrm{d}}{\mathrm{d}t}\left(\sum \boldsymbol{r}'_i\times m_i\boldsymbol{v}'_i\right)$$

上式表明在质心系中,系统对质心的角动量的变化率等于系统所受合外力矩。亦即,即使质心加速运动,质心系中系统对质心的角动量所服从的规律与惯性系中的规律完全相同。

(3) 质点系的能量:类似(2)中的讨论,当质心系为非惯性系时,需计入惯性力的功,但各质点的惯性力的功的代数和为零,由质点系功能关系,可以得出

$$A'_{\text{ex}} + A'_{\text{in}} = \Delta\left(\sum_i \frac{1}{2}m_i v'^2_i\right) = \Delta E'_k$$

若内力中存在保守力,则有

$$A'_{\text{ex}} + A'_{\text{in,nc}} = \Delta(E'_k + E_p)$$

即质心系中的功能原理与惯性系中的情况相同。需要注意的是,由于一对内力的功与参考系无关,质心系中非保守内力的功与指定惯性系中的相同。

从(2),(3)两项讨论中可以清楚地看到,由于质心系的特性,使得惯性力的功之和为零,惯性力对质心的力矩之和为零,从而相应的两个定理和惯性系的相同。这在其他非惯性系中是不可能的。再加上质心系是零动量系,这些因素使得在质心系中无论从动量、角动量还是从能量的角度讨论质点系的运动都显得特别方便。

*3.7 刚体的定轴转动

刚体的特征是具有一定的形状、大小，但不发生变形。刚体最基本的运动有两种：平动和定轴转动。平动时，整个刚体和它的质心的运动相同，其规律与刚体质量集中在其质心上的一个质点的运动规律相同。本节讨论定轴转动的规律。这时可以把刚体看作是相互位置不变的特殊的质点系，运用质点系的动力学规律加以研究。

3.7.1 刚体的定轴转动

刚体定轴转动的特点是，刚体上任一质元均作圆周运动，且它们的圆心在同一条固定的直线上。这条直线就是刚体定轴转动的转轴。从运动学的角度，确定定轴转动刚体的位置只需要一个独立坐标——角坐标，描述其运动的量为角速度ω和角加速度α。

ω的大小等于刚体上任一质元相对转轴的位矢在单位时间转过的角度，即

$$\omega = \frac{d\theta}{dt}$$

式中，θ为该位矢与过转轴的参考面间的夹角。ω的方向规定为沿转轴，其指向与刚体的转向成右手关系，如图3.7.1所示。

α定义为角速度的时间变化率，即

$$\boldsymbol{\alpha} = \frac{d\boldsymbol{\omega}}{dt}$$

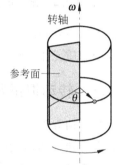

图3.7.1 角速度的方向

定轴转动中，ω，α的方向都只可能有两个：或同转轴正方向，或与之相反。因此，只需用正负符号就可表示出它们的方向，这和质点的直线运动中用正负表示速度、加速度的方向的道理相同。当ω，α的符号相同时，角速度值增大；当二者符号相反时，角速度值减小。

3.7.2 定轴转动的基本方程

从质点系的角动量定理$\boldsymbol{M} = \dfrac{d\boldsymbol{L}}{dt}$出发，写出该式沿转轴的投影式，并利用刚体定轴转动的特点，可以得出刚体角动量在转轴上的投影为

$$L_z = \left(\sum_i \boldsymbol{r}_i \times \Delta m_i \boldsymbol{v}_i\right)_z = \sum_i (\Delta m_i R_i^2)\omega = J\omega$$

以及外力力矩在转轴的投影的代数和

$$M_z = \sum_i (\boldsymbol{r}_i \times \boldsymbol{F}_i)_z = \sum_i (R_i F_{ixy} \sin\theta_i)$$

由此得出刚体定轴转动时的动力学方程如下：

$$M_z = \frac{d(J\omega)}{dt} = J\alpha$$

式中，$J = \sum_i \Delta m_i R_i^2$称为刚体对定轴的转动惯量；$R_i$是质量为$\Delta m_i$的质元作圆周运动的半

径,即为此质元相对于转轴的位矢 $\boldsymbol{R}_i$ 的大小。$M_z = \sum_i (R_i F_{ixy} \sin \theta_i)$ 称为外力对转轴的合力矩。在对转轴的力矩的计算式中,F_{ixy} 是外力 F_i 在垂直于转轴的平面上的分力,θ_i 是分力 F_{ixy} 与受力质元的位矢 R_i 间的夹角,如图 3.7.2 所示。

方程 $M_z = \dfrac{\mathrm{d}(J\omega)}{\mathrm{d}t} = J\alpha$ 称为刚体定轴转动方程(或定理)。

定理叙述为:**刚体所受外力对定轴的合力矩等于刚体对该轴的角动量的时间变化率,或等于刚体的转动惯量与角加速度之积**。转动定理在刚体定轴转动中的地位和质点直线运动时的 $F=ma$ 相当。

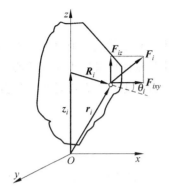

图 3.7.2 定轴转动

需要说明的是:定理中对转轴的角动量 $L_z = J\omega$ 和力矩 M_z 都是代数量。前者的符号由角速度的符号决定,即当角速度的方向与转轴的正方向相同时为正,反之为负。后者由外力在垂直于转轴的平面上的分量与受力质元相对转轴的位矢间夹角决定。

3.7.3 转动惯量及其计算

从转动方程可以看到,转动惯量的大小反映了刚体在转动时惯性的大小。由转动惯量的定义可知,它的大小取决于刚体质量相对于转轴的分布,亦即取决于质量在刚体上的分布和转轴相对刚体的位置。由于刚体的质量连续分布,质元的质量为无限小,故转动惯量定义过渡为 $J = \int_m r^2 \mathrm{d}m$,积分对整个刚体进行,式中 r 为质元 $\mathrm{d}m$ 到转轴的距离。对一些简单情况,可由定义计算出转动惯量的大小。

例1 质量均匀分布的圆环(圆环半径为 R,质量为 m),如图 3.7.3 所示,转轴通过其圆心且垂直于圆环平面,求转动惯量。

解 在圆环上任一质元,它们到转轴的距离同为圆环半径,故

$$J = \int_m r^2 \mathrm{d}m = R^2 \int_m \mathrm{d}m = mR^2$$

思考:如果质量在圆环上分布不均匀,结果是否相同?

图 3.7.3 例1用图　　　　图 3.7.4 例2用图

例2 质量均匀分布的细棒(长度为 l,质量为 m),转轴通过棒的一端且垂直于棒身,如图 3.7.4 所示,求转动惯量。

解 在棒上取距离转轴为 x,长度为 $\mathrm{d}x$ 的一段质元,其质量 $\mathrm{d}m = \dfrac{\mathrm{d}x}{l}m$,故细棒的转动

惯量

$$J = \int_0^l x^2 \frac{\mathrm{d}x}{l} m = \frac{1}{3}ml^2$$

此例中,如果把转轴平移至细棒的中点,容易得到其转动惯量为

$$J = \frac{1}{12}ml^2$$

(思考:与前面的计算过程相比,改变的是什么?)

其他一些常见的情况下的转动惯量列举如下(质量均匀分布,总质量为 m):

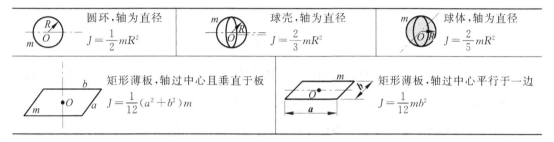

关于转动惯量的计算还有一个有用的定理——平行轴定理。定理内容如下:对于两个彼此平行的转轴,如果其中一个轴通过质心,两轴的距离为 d,以 J_C 表示刚体对过质心的转轴的转动惯量,则对另一平行转轴的转动惯量为 $J = J_C + md^2$。也就是说,对各种位置的平行转轴而言,以对过质心的轴的转动惯量为最小。

例 3 转动定理的应用。如图 3.7.5 所示,一轻绳跨过定滑轮,绳的两端固结两个质量分别为 m_1 和 m_2 的重物,设绳与滑轮间无滑动,滑轮可视为质量均匀的圆盘,半径为 R,质量为 m_G。不计各处摩擦,求绳两端的拉力。

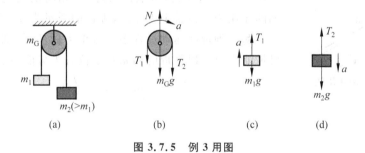

图 3.7.5 例 3 用图

解 滑轮和重物分别视为刚体和质点,它们的受力如图 3.7.5(b)~(d)所示。对它们分别用转动定理和牛顿定律,有

$$T_2 R - T_1 R = \left(\frac{1}{2}m_G R^2\right)\alpha$$

$$T_1 - m_1 g = m_1 a$$

$$m_2 g - T_2 = m_2 a$$

因为无滑动,重物的加速度大小应等于滑轮边缘处任一点的切向加速度大小,即有

$$a = R\alpha$$

由以上四式可解出

$$T_1 = \frac{m_1(2m_2 + m_G/2)g}{m_1 + m_2 + m_G/2} \quad \text{和} \quad T_2 = \frac{m_2(2m_1 + m_G/2)g}{m_1 + m_2 + m_G/2}$$

由解可以看到,这时绳两端的拉力 $T_1 \neq T_2$,只有滑轮质量不计时,二者才相等。

3.7.4 转动动能和力矩的功

定轴转动时质点系的动能有很简单的表达式。由定义,质点系的动能为

$$E_k = \sum_i \frac{1}{2}\Delta m_i v_i^2 = \sum_i \frac{1}{2}\Delta m_i (\omega R_i)^2 = \frac{1}{2}\left(\sum_i \Delta m_i R_i^2\right)\omega^2 = \frac{1}{2}J\omega^2$$

重写结果如下

$$E_k = \frac{1}{2}J\omega^2$$

这就是定轴转动时整个刚体的动能,简称为刚体的转动动能。作为形式类比,它和质点的动能 $E_k = \frac{1}{2}mv^2$ 相当,只不过速度换成了角速度,惯性质量换成了转动惯量。

与此类似,力的功也可改为相应的角量表示。由力的元功的定义。可以得出

$$dA_i = \boldsymbol{F}_i \cdot d\boldsymbol{r}_i = M_{iz}d\varphi$$

(推导过程参见教学参考 2-3)即,某个力的功既可写成该力和元位移的标量积,又可写成该力对轴的力矩与元角位移之积,后一种计算就称为力矩的功。

改用角量表示后,对定轴转动的刚体,动能定理写为

$$A = \frac{1}{2}J\omega^2 - \frac{1}{2}J\omega_0^2$$

例 4 一质量均匀的细棍可绕垂直于端部的定轴在竖直平面内摆动。初始时,棍在水平位置无初速释放,求细棍摆过 30° 角时的角速度以及细棍对轴的作用力。设轴上无摩擦,细棍的质量为 m,长度为 l。

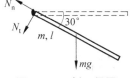

图 3.7.6 例 4 用图

解 细棍在运动过程中只有重力做功,故细棍和地球系统机械能守恒。以细棍的初始水平位置为势能零点,有

$$\frac{1}{2}\left(\frac{1}{3}ml^2\right)\omega^2 - mg\left(\frac{l}{2}\right)\sin 30° = 0$$

由此解得

$$\omega = \sqrt{\frac{3g}{2l}}$$

细棍在指定位置所受轴力应由质心运动定理求出,而质心作半径为 $l/2$ 的圆周运动。

由转动定理,在指定位置时有

$$mg\frac{l}{2}\cos 30° = \left(\frac{1}{3}ml^2\right)\alpha$$

由此求得细棍的角加速度

$$\alpha = \frac{3\sqrt{3}}{4}\frac{g}{l}$$

由质心运动定理,切向

$$N_t + mg\cos 30° = ma_{Ct} = m\alpha\frac{l}{2}$$

法向
$$N_n - mg\sin 30° = ma_{Cn} = m\omega^2 \frac{l}{2}$$
代入前面求得的 ω 和 α 值,解得轴对细棍的作用力沿所在位置的切向和法向的分力分别为
$$N_t = -\frac{\sqrt{3}}{8}mg, \quad N_n = \frac{5}{4}mg$$
公式中的负号表明轴对细棍的切向力 N_t 的方向与质心在该处的速度方向相反。由牛顿第三定律可得细棍对轴的作用力。

3.7.5 刚体定轴转动的角动量守恒

由转动定理(即角动量定理沿转轴的分量式),若外力对定轴的合外力矩为零,则刚体对该轴的角动量守恒。即,若 $M_z = 0$,有 $J\omega =$ 常量。

对于单一刚体,角动量守恒与刚体保持匀角速度转动是一回事。但是定轴转动的角动量守恒还常有另外的情况。其一是一物体在转动的某一段过程中由于内部的原因,形状发生改变,但其始末状态可以看作刚体定轴转动,这时,角动量守恒写为
$$J\omega = J_0\omega_0$$
其生动的实例是花样滑冰。运动员在开始旋转时四肢伸展,转速较低;之后,收拢四肢,转速大大加快。这是因为运动员只受重力和地面支持力,它们对过质心的竖直轴的力矩为零,因而运动员旋转时角动量守恒。收拢四肢后 $J < J_0$,故 $\omega > \omega_0$。用于演示这种角动量守恒的茹可夫斯基凳也是这个道理。两个例子的情况如图 3.7.7 所示。

图 3.7.7 角动量守恒

另一种角动量守恒是两个以上刚体组的角动量守恒,这时有
$$J_1\omega_1 + J_2\omega_2 + \cdots = 常量$$
图 3.7.7(b)的茹可夫斯基凳上如果人手平举车轮站立不动,然后用手拨动车轮使之绕竖直轴转动,则我们会看到人和圆凳会向相反方向转动。这当然是因为系统的初始角动量为零,它们在内力矩的作用下要保持角动量守恒,只可能具有相等相反的角动量。

例 5 质量均匀分布的圆盘,半径为 R,可绕过圆心的竖直轴在水平面内转动,其转动惯量为 J,有一人站立在圆盘边缘,之后沿圆盘边缘行走一周。设人的质量为 m,不计转轴处的摩擦,求圆盘相应转过的角度。

解 对人和圆盘系统,所受外力均沿竖直方向,对题述转轴的力矩为零,系统的角动量

守恒。设圆盘的角速度为 Ω，人相对圆盘转动的角速度为 ω'，因初始角动量为零，有

$$mR^2(\Omega + \omega') + J\Omega = 0$$

解得

$$\Omega = -\frac{mR^2}{J + mR^2}\omega'$$

将此方程两端对时间积分，得圆盘转过的角度

$$\Delta\Theta = -\frac{mR^2}{J + mR^2}\int_0^t \omega' \mathrm{d}t = -\frac{mR^2}{J + mR^2}2\pi$$

解答中的负号表明圆盘转动的方向和人的转动方向相反。

3.8 牛顿力学的内在随机性

牛顿定律 $\boldsymbol{F} = m\dfrac{\mathrm{d}\boldsymbol{v}}{\mathrm{d}t} = m\dfrac{\mathrm{d}^2\boldsymbol{r}}{\mathrm{d}t^2}$ 是关于质点运动的微分方程，如果已知力的规律和质点运动的初始条件，原则上说，可以求解质点的运动。小如，弹簧振子在弹性力作用下的振动，潜艇在重力和阻力联合作用下的下沉；大如行星在太阳引力作用下的运动。它们的共同特点是：由牛顿定律这一确定性方程导出可预测的确定性结果；初始条件的微小差异，将使结果有微小差异，且结果的差异因时间的增长呈线性增大。海王星、天王星乃至冥王星的发现是牛顿力学的可预测性的充分体现！长期以来，人们对牛顿力学的决定论似乎深信不疑。然而，这仅仅是事情的一个方面，事情的另一方面则是确定性方程也会出现不可预测的结果。在三体问题中，就有这种情况。

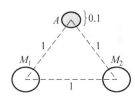

图 3.8.1 三体问题

以三体在彼此的万有引力作用下的运动为例，它们构成一个非线性系统，运动无解析解。一种简单的三体是两颗质量相近的大星和一颗质量小得多的小星，如图 3.8.1 所示。忽略小星对大星的影响，在两颗大星的质心参考系中研究小星的运动，这时小星的运动方程是一个非线性方程，方程的数值解的结果显示，当小星在其某一平衡位置附近无初速释放时，其初始位置的微小差异所引起的以后位置的差异，随着时间的推移，将会急剧放大，甚至表现得杂乱无章，情况如图 3.8.2 所示。

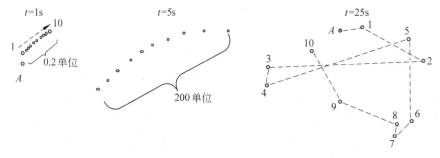

图 3.8.2 不同时刻、不同初始位置小星位置图（放大图）

在图 3.8.1 中，小星质量 m 与两个大星质量和 (M_1+M_2) 之比满足的条件为 $\dfrac{m}{M_1+M_2}<$ 0.038 5，小星由 A 点附近释放。以两个大星间距离为一个单位，小星初始位置在 A 点正上方 0.1 单位的范围内的十个不同点上。这样，小星的初位置相差仅为 0.01 单位，以 $1,2,\cdots,$ 10 的标号依次表示这十个初位置。则 $t=1$ s，5 s，25 s 时刻质点的各对应位置如图 3.8.2 所示。由于版面的限制，各时刻的图形未按相同比例画出。$t=25$ s 时，应是在更大范围内的散乱分布。

图形显示，运动方程的长期解对初值十分敏感，即初始位置的微小差异，将导致长时间后位置差别的无序，真所谓"差之毫厘，谬以千里"。实际情况下，质点位置的测定总有一定的误差范围，最后一位有效数值的差异就会造成完全不同的结果。因此，这种长期解对初值的敏感性，实际上就是结果的不确定性。这种确定性的运动方程有不可预测结果的现象，我们称之为牛顿力学的内在随机性，它来源于运动微分方程的非线性。

非线性方程的长期解对初值的敏感性，在天气预报的计算中突出地表现出来，这就是著名的"蝴蝶效应"。它是在 20 世纪 60 年代由美国气象学家 E. N. Lorenz 提出的。E. N. Lorenz 利用大型计算机进行大气流运动的迭代计算，那时他发现，他在将作为初始条件的参数值通过四舍五入由六位数改为三位数时，计算机得到气流运动的完全不同的曲线，表现出对初值的敏感。他把这形象地比喻为"蝴蝶效应"，意即某地的蝴蝶扇动一下翅膀，就可能在若干天后在远方引起一场暴风雪。这当然不是天方夜谭，蝴蝶翅膀对大气的扰动，就是参数的微小改变，它完全可能引起人们事先根本没有预料到的结果。"蝴蝶效应"表明长期天气预报没有实际意义。

"蝴蝶效应"是一种混沌现象。混沌现象的特征是非线性系统在确定性理论下的随机行为。这种随机行为可能是如蝴蝶效应那样因长期解对初值的敏感而产生，还可能因参数在某些取值范围而出现。它区别于如掷骰子这类对事物的描述本身就是一种随机性理论（概率论）下的随机（概率）结果。混沌现象出现在许多地方，如分形和分维、奇异吸引子等，涉及物理、生物和化学等领域，对它的研究已形成一门新兴的学科——混沌学。

习 题

3-1 质量为 $m=10$ g 的质点初始时静止在坐标原点 O 处，后受一方向沿坐标轴的外力 $F(t)=1+2t$（SI）作用，在光滑的水平面上作直线运动。(1) 画出外力与时间的关系曲线，并求质点运动到 $t=6$ s 的过程中外力的冲量；(2) 求 $t=6$ s 时刻质点的速度和加速度；(3) 求上述过程中外力做的功。

3-2 如图光滑水平桌面上放置一固定的圆环带，半径为 R。一质量为 m 的小物体紧贴着环带的内侧运动，物体与环带内侧的滑动摩擦系数为 μ。设物体经 A 点时为初始状态，此时的速率为 v_0，求：任意时刻 t 物体的速率 v_t。

3-3 如图所示，求质点对定点的角动量的值。(1) 在半径为 R 的圆周上以速率 v 匀速运动的质点 m 对圆心 O 的角动量；(2) 上述质点对过圆心 O 垂直于圆面的轴上一点 O' 的角动量，设 $\overline{OO'}=R$。

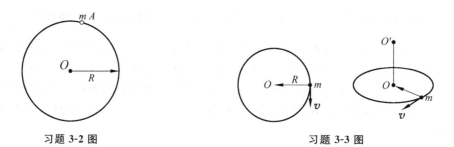

习题 3-2 图   习题 3-3 图

3-4 某人最初静止在高度为 h 的斜坡顶端，然后骑自行车沿斜坡向下行驶，到达坡底时速率为 v。若假设人和车的总质量为 M，试分别用动能定理和功能关系求从坡顶到坡底的过程中摩擦力做的功。

3-5 一个质量 $m=50$ g 的小球，以速率 $v=20$ m/s 作匀速圆周运动，求在运动了四分之一圆周的过程中向心力的冲量。

3-6 自动步枪连发时，每分钟射出 120 发子弹，设每发子弹的质量为 10 g，射到靶上的速率约为 700 m/s。求每分钟子弹对靶的平均冲击力。

3-7 质量为 $m=60$ kg 的某人以 $v=1.5$ m/s 的速率沿路边直行，突被路面小凸物绊倒，在 0.01 s 的时间内毫无意识地跪地，估算膝盖受的平均冲力。设膝盖与地的垂直距离为 $l=50$ cm。（医学上的数据是，健康成人的骨头，如小腿内侧的胫骨承担的力可超过人体重量的 20 倍。）

3-8 如图所示，求半径为 R 的自行车轮子对给定轴的转动惯量。

(1) 轴通过轮心且垂直于轮面；(2) 轴通过轮子边缘垂直于轮面。

设自行车由质量为 M 的轮箍和 20 根辐条组成，每根辐条的质量为 m，长度为 $l=2R$。

3-9 如图所示，物体 m 通过轻绳绕过质量为 M，半径为 R 的定滑轮。求滑轮的角加速度和绳中的张力。如果去掉物体，而用外来力 $f=mg$ 拉绳，则滑轮的角加速度和绳中张力又如何？试比较前后结果。

3-10 如图所示，一质量为 $m=2$ kg 的物体从静止开始沿半径为 $R=4$ m 的四分之一圆弧从 A 点滑到最低点 B，在 B 点时的速率为 $v_B=6$ m/s。求：(1) 物体从 A 滑到 B 的过程中摩擦力做的功；(2) 物体在 B 点时给圆弧的压力。

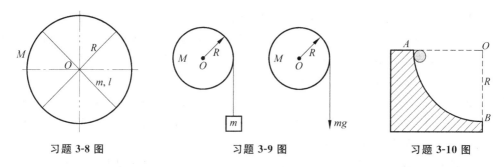

习题 3-8 图   习题 3-9 图   习题 3-10 图

3-11 从质点对定点角动量的定义 $\boldsymbol{L}=\boldsymbol{r}\times\boldsymbol{P}$ 出发，推导以角速度 $\boldsymbol{\omega}$ 作定轴转动的刚体对定轴的角动量的表达式为 $\boldsymbol{L}=J\boldsymbol{\omega}$。$J$ 是刚体对定轴的转动惯量。

3-12 从质点动能的定义 $E_k = \frac{1}{2}mv^2$ 出发,推导以角速度 ω 作定轴转动的刚体的动能表达式为 $E_k = \frac{1}{2}J\omega^2$。$J$ 是刚体对定轴的转动惯量。

3-13 如图所示,质量均匀分布的圆盘(圆盘半径为 R,质量为 m),转轴通过其圆心且垂直于圆盘平面,求转动惯量。

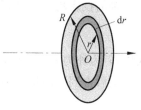

习题 3-13 图

3-14 读参考书《新概念物理教程:力学》(赵凯华等著.北京:高等教育出版社,2005),写读后感。

3-15 阅读《科学家谈物理》(宇宙(物理学的最大研究对象).陆埮著;从蝴蝶效应谈起.刘式达著.长沙:湖南教育出版社,1994)。

3-16 阅读第一推动力丛书:《时间简史——从大爆炸到黑洞》(史蒂芬·霍金(英)著.许明贤,吴忠超译),《霍金讲演录——黑洞、婴儿宇宙及其他》(杜欣欣,吴忠超译.长沙:湖南科学技术出版社,1995)。

3-17 阅读第一推动力丛书:《时间之箭——揭开时间最大奥秘之科学旅程》(彼得·柯文尼,罗杰·海菲尔德(英)著.江涛,向守平译.长沙:湖南科学技术出版社,1995)。

3-18 阅读第一推动力丛书:《千亿个太阳——恒星的诞生、演变和衰亡》(鲁道夫·基彭哈恩(德)著.沈良照,黄润乾译.长沙:湖南科学技术出版社,1995)。

3-19 阅读《可畏的对称》(徐一鸿(美)著.张礼译.北京:清华大学出版社,2005)。

教学参考 3-1 定轴转动定律和力矩的功

一、(刚体定轴)转动方程的导出

定轴转动时,写出质点系对转轴上定点的角动量定理沿转轴 z 的投影式 $M_z = \dfrac{\mathrm{d}L_z}{\mathrm{d}t}$,即可导出定轴转动刚体的动力学方程。首先求刚体对转轴上定点的总角动量在转轴(图中为 z 轴)的投影。以 r_i、R_i 和 z_i 分别表示第 i 个质元对定点、转轴的位矢以及它的 z 向坐标,如图 1 所示,令 $r_i = R_i + z_i$,则

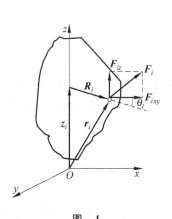

图 1

$$\begin{aligned} L_z &= \left\{ \sum_i r_i \times (\Delta m_i v_i) \right\}_z \\ &= \left\{ \sum_i (R_i + z_i) \times (\Delta m_i \boldsymbol{\omega} \times R_i) \right\}_z \\ &= \left\{ \sum_i (\Delta m_i R_i^2) \right\} \boldsymbol{\omega} \end{aligned}$$

上面的计算中用到了 $\sum_i z_i \times (\Delta m_i \boldsymbol{\omega} \times R_i)$ 的方向垂直于 z 轴,因而在 z 轴的投影为零的结论。令 $J = \sum_i \Delta m_i R_i^2$,称为刚体的转动惯量,代入上述结果,有

$$L_z = J\omega$$

同样的方法,令 $r_i = R_i + z_i k$ 并将外力分解为平行于转轴和垂

直于转轴的两个分量,即:$F_i = F_{iz} + F_{ixy}$,由于 $\sum z_i k \times F_i$ 及 $\sum r_i \times F_{iz}$ 均垂直于 z 轴,它们在 z 轴的投影均为零,因此求得

$$M_{\text{ex},z} = \sum_i (R_i F_{ixy} \sin \theta_i)$$

式中,θ_i 为外力 F_i 在垂直于转轴的平面上的分量 F_{ixy} 与质元相对转轴的位矢 R_i 之间的夹角。最后得到角动量定理的投影式

$$M_{\text{ex},z} = \frac{\mathrm{d}(J\omega)}{\mathrm{d}t} = J\alpha$$

这个方程就是刚体定轴转动的转动方程。

二、力矩的功

刚体定轴转动时,力的功可改为以相应的角量表示。由于定轴转动,刚体上任一质元作圆周运动,其位移必定在垂直于转轴的平面内,即 $\mathrm{d}r_i = \mathrm{d}R_i$;由力的元功的定义

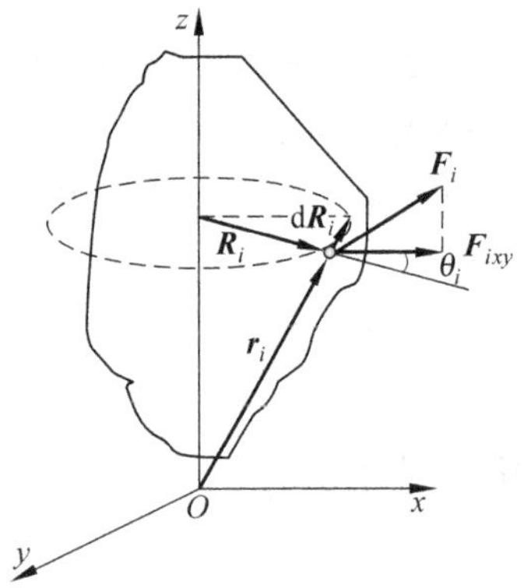

$$\mathrm{d}A_i = F_i \cdot \mathrm{d}r_i = F_{ixy} \cdot \mathrm{d}R_i$$
$$= F_{ixy}(\omega R_i \mathrm{d}t)\cos(F_{ixy} \wedge \mathrm{d}R_i)$$

又质元在圆周运动中的元位移垂直于半径,即 $\mathrm{d}R_i \perp R_i$,则 F_{ixy} 与元位移 $\mathrm{d}R_i$ 间夹角和 F_{ixy} 与 R_i 间夹角 θ 之和为 $\frac{\pi}{2}$(参见图2),因此上式变为

$$\mathrm{d}A_i = F_{ixy}(\omega R_i \mathrm{d}t)\sin(F_{ixy} \wedge R_i)$$
$$= F_{ixy} R_i \sin\theta_i \omega \mathrm{d}t$$

式中,$F_{ixy} R_i \sin\theta_i$ 正是力 F_i 对 z 轴的力矩,最后得

$$\mathrm{d}A_i = F_i \cdot \mathrm{d}r_i = M_{iz} \mathrm{d}\varphi$$

图 2 力矩的功

即某个力的功既可写成该力和元位移的标量积,又可写成该力对轴的力矩与元角位移之积,后一种表达就称为力矩的功。

教学参考 3-2 旋进

一、旋进现象

陀螺又称回转仪,是一种质量呈轴对称分布的刚体,如果我们先使它绕其对称轴高速旋转,那么,在外力矩的作用下,将会观察到陀螺除了继续原来的自转外,其对称轴还会绕某一轴线旋转,这个现象称为旋进。玩具陀螺的旋进如图1所示。

二、对旋进现象的解释

1. 陀螺的特征

由于陀螺质量呈轴对称分布,当它以角速度 ω 绕对称轴自转时,它对自转轴上任一定点

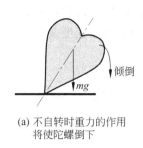
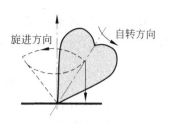

(a) 不自转时重力的作用
将使陀螺倒下

(b) 高速自转时重力的作用
使得陀螺绕竖直轴旋进

图 1　玩具陀螺

的角动量的方向沿对称轴,而且就等于它对于对称轴的角动量,即有 $L=J\boldsymbol{\omega}$。

如图 2 所示,在陀螺上任取两个位置对称的质元,它们对地面支撑点 A 的角动量 $\delta L_1,\delta L_2$ 的方向相对于轴线对称分布,而大小相等,其矢量和必然沿对称轴方向。因为全部质量均呈对称分布,陀螺上任一质元均有它的对称位置质元,故对 A 点的总角动量 $L=\sum_i \boldsymbol{r}_i \times \Delta m_i \boldsymbol{v}_i$ 的方向沿对称轴方向,亦即与角速度 $\boldsymbol{\omega}$ 的方向相同。

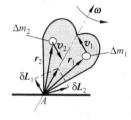

图 2　自旋角动量

2. 旋进的产生

由于质量的轴对称分布,陀螺的质心必位于对称轴上,所受重力对支撑点 A 的力矩 $\boldsymbol{M}_G = \boldsymbol{r}_G \times m\boldsymbol{g}$ 的方向必然垂直于对称轴,即垂直于角动量。由角动量定理 $\boldsymbol{M} = \dfrac{\mathrm{d}\boldsymbol{L}}{\mathrm{d}t}$ 可知,角动量的变化率的方向垂直于角动量本身,这就意味着角动量只有方向的改变而无大小的变化。因而对定点 A 的角动量矢量将以过 A 的竖直线为轴旋转,在空间扫过一圆锥面,即发生旋进,如图 3 所示。

3. 旋进角速度

以图 4 所示陀螺为例对旋进角速度作近似计算。设自转轴方向(即 $\boldsymbol{L},\boldsymbol{\omega}$ 的方向)与竖直线夹角为 θ,在很短的时间 Δt 内角动量的增量 $\Delta \boldsymbol{L} = (\boldsymbol{r}_G \times m\boldsymbol{g})\Delta t$ 的方向垂直于 $\boldsymbol{L}$,故下一个时刻的角动量 $\boldsymbol{L}+\Delta \boldsymbol{L}$ 的大小未变,该时刻角动量矢量的矢端相对于过支撑点 A 的竖直线转过的角度为 $\Delta \Theta = \dfrac{|\Delta \boldsymbol{L}|}{L \sin\theta} = \dfrac{M_{\mathrm{ex}}\Delta t}{L \sin\theta}$,因而旋进角速度为 $\Omega = \dfrac{\Delta \Theta}{\Delta t} = \dfrac{M_{\mathrm{ex}}}{L \sin\theta}$。

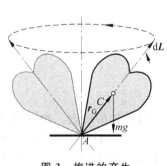

图 3　旋进的产生

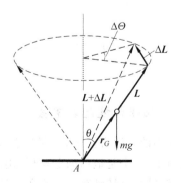

图 4　旋进角速度

这一结果适用于一切旋进的情况。式中 θ 应为自转轴与旋进轴间夹角。对于图示情况，旋进角速度的方向向上。一般情况下，旋进角速度和自转角速度及外力矩间的关系用矢量式表示为

$$M_{ex} = \boldsymbol{\Omega} \times \boldsymbol{L}$$

也就是说，旋进角速度的方向同时取决于外力矩和自转角速度二者的方向。演示用的杠杆式重力陀螺（如图5）可以清楚地显示这一关系。

图 5　杠杆式重力陀螺

在图 5 所示装置中，水平杆在中点被支撑，一端为陀螺，另外一端为平衡重物。当陀螺按图示方向高速自转时，若如左图将重物由平衡位置向支撑点移动，则合外力矩垂直于杆向内，旋进角速度向上；若如右图将重物由平衡位置离开支撑点，则合外力矩方向反向，旋进角速度方向变成向下。如果改变自转方向，则旋进角速度方向与图示方向相反。

需要说明的是，以上对旋进角速度的讨论和计算是近似的。其近似之处在于把自转角动量看作是总角动量。严格讲，一旦旋进发生，陀螺的角速度应是自转角速度与旋进角速度的矢量和，这时的角速度和角动量的方向都不沿对称轴。只有当 $\omega \gg \Omega$ 时才可近似认为 $\boldsymbol{\omega}$、$\boldsymbol{L}$ 的方向沿对称轴，因而只有陀螺高速自转时旋进才能维持下去，上述公式也才有效。

高速自转的陀螺的应用价值在于，如果不受外力矩，其角动量不变，从而其对称轴的方位不变；即使一旦受到外力矩作用，也可以将陀螺的方位稳定在空间一定的范围内。旋进角速度越小，其稳定性能越强，因而陀螺广泛地用作定位装置。技术上应用的陀螺都是制成边缘厚重的形态，目的就是为了尽可能增大转动惯量，以降低旋进角速度。枪炮的炮筒内刻上来复线，是为了使炮弹在出膛后能够快速旋转，这样，炮弹在遇到空气阻力力矩作用时，弹头不至于翻转，而只是多了旋进，从而保证了弹头始终向前，如图 6 所示。

(a) 阻力使弹头翻转　　　　　　　　　　　(b) 阻力使弹头旋进

图 6　旋进的应用

三、地球的旋进和岁差

和我们的生活直接相关，存在于自然界的旋进是地球自转轴的旋进。地球旋进的基本成因有两个，一个是地球的非球形（南北半径较小），另一个是地球自转平面与公转平面不重合，即自转轴与公转轴存在一夹角。这样，太阳对地球上各部分的引力对于地球质心产生力矩（质心与重心不重合），情况如图 7 所示（图中夸大了赤道半径）。靠近太阳的阴影部分所

受太阳引力大于较远的阴影部分所受引力,它们对地球质心的合力矩不为零,而球形部分的力矩相互抵消。最后的合力矩造成了地球自转轴按如图方向的旋进。

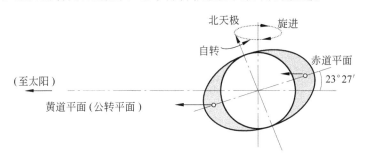

图 7　地球的旋进

　　计算表明,地球旋进的周期是 25 800 年。旋进的结果使得地球赤道平面在太空的方位发生改变,与此相关的天文现象之一是所谓的岁差:造成春分点和秋分点的位置沿黄道西行,每年移动 50.2″,这就使得一个回归年短于一个恒星年,即产生岁差。现象之二是北天极(地理北极的指向)的变动。天文观测指出,四千多年前(古埃及时期),北天极为天龙座 α 星,三千多年前(我国周朝时期),北天极为小熊星座 β 星,现在为小熊星座 α 星;推算一万两千年后北天极将是织女星。

 波 动 篇

第4章

振 动

振动是物质的一种基本运动形式。通常将一个物理量随时间在某定值附近往复变化的运动形式叫做振动。如果物体在其平衡位置附近往复运动,这种振动属机械运动范围,故称为机械运动(或机械振动);如果振动的物理量是电磁量,则称为电磁振动(或电磁振荡)。本章以机械振动为例阐述振动的一般特征和性质。

4.1 简谐振动的描述

根据振动系统与外界的关系,可将振动分为受迫振动和自由振动两大类。顾名思义,受迫振动是在振动过程中总有外界的干扰,外界施加的作用称为受迫力(或驱动力)。如果振动系统在振动过程中不受任何驱动力作用,也不受任何的阻力作用,则称为无阻尼自由振动。显然无阻尼自由振动是一个能量守恒的系统。无阻尼自由振动中的一类特殊振动是简谐振动(简称谐振动)。理论和实验表明,任何一种振动均可看作是若干谐振动的叠加。

4.1.1 简谐振动的特征

简谐振动是周期性振动形式的理想模型,其运动学特征是:振动的物理量随时间作余弦(或正弦)的变化。如机械振动中,质点的位移相对其平衡位置随时间作余弦(或正弦)的变化。

由劲度系数为 k 的轻弹簧和质量为 m 的质点组成的系统就是一个谐振动的系统(叫做弹簧谐振子)。

讨论弹簧谐振子在光滑水平面上的运动(水平谐振子),如图 4.1.1 所示。

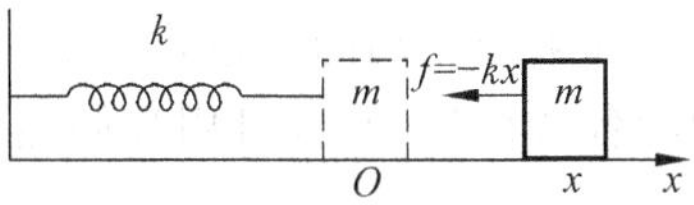

以弹簧原长为坐标原点,则质点 m 的位移与时间的关系为

图 4.1.1 水平弹簧谐振子

$$x = A\cos(\omega t + \varphi)$$

其中,A, ω, φ 为恒量。

若推广到一般的振动,该式中的 x 应理解为任意振动的物理量。

振幅、周期(或频率)和相位是描述谐振动的特征物理量。

1) 振幅 A,是振动的最大幅值。此值由初始条件决定,表征了系统的能量。

2) 周期 T、频率 ν、圆频率 ω,三个物理量表征了振动系统的周期性。

系统完成一次完整的振动经历的时间叫振动系统的周期,即系统经过一个周期后就回复到原来的状态。即有
$$x(t) = x(t+T)$$
将其代入谐振动的表达式 $x=A\cos(\omega t+\varphi)$,则有
$$A\cos(\omega t+\varphi) = A\cos[\omega(t+T)+\varphi]$$
由于余弦函数的周期是 2π,所以有关系式
$$\omega T = 2\pi$$
ω 称为谐振动的圆频率(或角频率)。

单位时间内完成的完整振动的个数叫振动系统的频率。故系统振动的周期与频率之间的关系是
$$T = \frac{1}{\nu}$$
那么,圆频率与频率的关系就是
$$\omega = 2\pi\nu$$
由于周期 T、频率 ν、圆频率 ω 只与系统本身的性质有关,故将其称为固有频率或固有周期。

3) 相位(角)$\omega t+\varphi$,描述系统在一个周期内的运动状态。φ 是 $t=0$ 时刻系统的相位,称初相(位),其值取决于时刻零点的选择。

在比较两个同频率的谐振动时,通常比较它们的相位。讨论它们的相位差,实际上就是讨论初相差。如两个同频率的谐振动分别是
$$x_1 = A_1\cos(\omega t+\varphi_1) \quad 和 \quad x_2 = A_2\cos(\omega t+\varphi_2)$$
其两者的相位差是
$$(\omega t+\varphi_2) - (\omega t+\varphi_1) = \varphi_2 - \varphi_1$$
若 $\Delta\varphi = \varphi_2 - \varphi_1 > 0$,我们就说第二个振动超前于第一个振动,或说第一个振动落后于第二个振动。

若 $\Delta\varphi = \varphi_2 - \varphi_1 = 0$,就说两个振动同相(位);若 $\Delta\varphi = \varphi_2 - \varphi_1 = \pm\pi$,就说两者反相(位)。故相位差反映了两个振动的步调。因为谐振动的周期是 2π,所以在讨论相位的领先和落后时约定相位(角)的取值在 $0 \sim \pi$ 之间。

4.1.2 谐振动的旋转矢量图示

如果谐振动的表达式是 $x=A\cos(\omega t+\varphi)$,那么我们可以作适当的规定,几何图示谐振动的各特征量,并且可用我们熟知的匀速圆周运动进行简洁的计算。

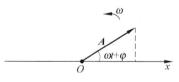

图 4.1.2 t 时刻的旋转矢量图

如图 4.1.2 所示。以谐振动物理量 x 为坐标轴,从坐标原点 O 引出一个矢量 $\mathbf{A}$,令其模等于谐振动的振幅,即 $|\mathbf{A}|=A$;初始时刻矢量 $\mathbf{A}$ 与 x 轴正方向的夹角是初相 φ;其矢量 $\mathbf{A}$ 以角频率 ω 为角速度值逆时针匀速旋转。则 t 时刻,旋矢 $\mathbf{A}$ 与 x 轴正方向的夹角就是该时刻振动的相位 $\omega t+\varphi$,那么旋矢 $\mathbf{A}$ 的端点在 x 轴上的投影就是谐振动的表达式
$$x = A\cos(\omega t+\varphi)$$
旋转矢量法(简称旋矢法)**直观地图示了谐振动的各物理量**,旋矢的位置表征了振动系

统的运动状态。

如 t 时刻，旋矢 A 与 x 轴正方向的夹角为零，即旋矢 A 的端点在 x 轴上的投影是 A。系统的运动状态是：质点在正方向的端点。我们的直观结论是：旋矢 A 与 x 轴正方向的夹角为零，即 $\omega t + \varphi = 0$，运动状态就是 $x = A$。旋矢继续逆时针旋转，若旋矢 A 与 x 轴正方向的夹角为 $\frac{\pi}{3}$（即 $\omega t + \varphi = \frac{\pi}{3}$），这意味着质点从正方向经过 $\frac{A}{2}$ 向负方向运动，此时系统的运动状态是 $x = \frac{A}{2}, v < 0$。同样分析，我们可知几个特殊的运动状态。若旋矢 A 与 x 轴正方向的夹角为 $\frac{\pi}{2}$（即 $\omega t + \varphi = \frac{\pi}{2}$），这意味着质点过平衡位置向负方向运动，此时系统的运动状态是 $x = 0, v < 0$。若旋矢 A 与 x 轴正方向的夹角为 $\frac{\pi}{2} + \frac{\pi}{4}$（即 $\omega t + \varphi = \frac{3\pi}{4}$），这意味着质点经过 $-\frac{\sqrt{2}A}{2}$ 向负方向运动，此时系统的运动状态是 $x = -\frac{\sqrt{2}A}{2}, v < 0$。若旋矢 A 与 x 轴正方向的夹角为 π（即 $\omega t + \varphi = \pi$），这意味着质点在负的端点，此时系统的运动状态是 $x = -A$。从正端点运动到负端点，系统完成了半个周期的运动。

利用旋矢图可以简化一些计算。

例 1 圆频率为 ω 的谐振子，$t = 0$ 时质点过平衡位置向正方向运动，求质点运动到 $-A/2$ 处所用的最短时间。

解 设系统振幅为 A。首先在旋矢图上画出 $t = 0$ 时的旋矢位置。如图 4.1.3 所示。然后找出 $-A/2$ 所对应的旋矢。图中，实箭头对应的状态是质点过 $-A/2$ 向负方向运动；虚箭头对应的状态是质点过 $-A/2$ 向正方向运动。显然，运动首先到达实箭头对应的运动状态。从旋矢图上可计算出旋矢转过的角位移 $\Delta\theta = \frac{7\pi}{6}$，由匀速圆周运动关系

$$\Delta\theta = \omega t$$

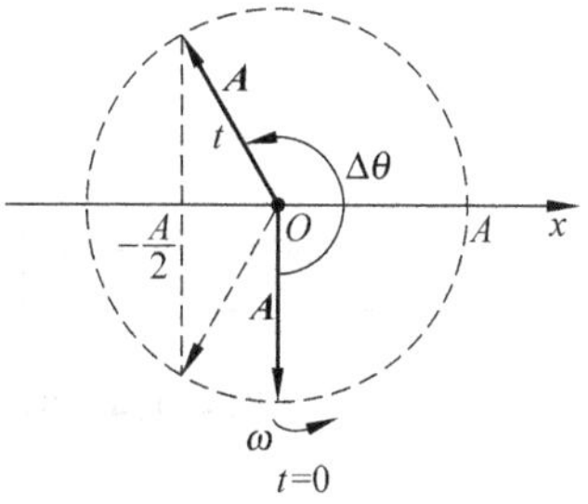

故

$$t = \frac{\Delta\theta}{\omega} = \frac{7\pi}{6\omega}$$

图 4.1.3 例 1 用图

4.1.3 谐振动的运动微分方程

从谐振动的运动表达式 $x = A\cos(\omega t + \varphi)$ 出发，对时间求二阶导数有

$$\frac{d^2 x}{dt^2} = -\omega^2 A\cos(\omega t + \varphi) = -\omega^2 x$$

稍加整理得

$$\frac{d^2 x}{dt^2} + \omega^2 x = 0$$

这个方程就是谐振动的动力学方程的标准形式。式中 x 是广义的振动物理量，ω 就是振动系统的圆频率。

如果我们对一个系统（可以是力学系统，也可以是一个电磁系统）进行动力学分析（力学系统用力学规律，电磁系统运用电磁学规律），得到上述形式的微分方程，则可判断该系统一

定是谐振动系统,与标准形式比较可得到该系统的谐振频率。

例2 求弹簧谐振子的振动频率和周期。如图 4.1.4 所示。

解 质点在任意位置处,水平方向只受弹簧的回复力 f。根据胡克定律,该力大小与位移成正比,指向平衡位置,即与位移方向相反。

写成 $$f=-kx$$

由牛顿第二定律,有 $$-kx=m\frac{\mathrm{d}^2 x}{\mathrm{d}t^2}$$

整理后得 $$\frac{\mathrm{d}^2 x}{\mathrm{d}t^2}+\frac{k}{m}x=0$$

与谐振动标准方程 $$\frac{\mathrm{d}^2 x}{\mathrm{d}t^2}+\omega^2 x=0$$

比较得出结论:水平弹簧谐振子作谐振动;振动的物理量是线位移 x;系统振动的圆频率是 $\omega=\sqrt{\frac{k}{m}}$,只与系统弹性和质量($k,m$)有关。进而可得

$$\nu=\frac{\omega}{2\pi}=\frac{1}{2\pi}\sqrt{\frac{k}{m}} \quad \text{和} \quad T=\frac{2\pi}{\omega}=2\pi\sqrt{\frac{m}{k}}$$

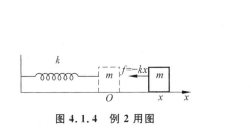

图 4.1.4 例2用图

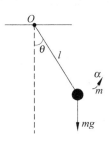

图 4.1.5 例3用图

例3 讨论单摆(也叫数学摆)的振动。一长度为 l 的不伸长的轻绳悬挂一个质量为 m 的质点,只在重力作用下摆动,如图 4.1.5 所示。

解 单摆的平衡位置一定是竖直方向。设 t 时刻,单摆的角位移为 θ(即摆线与竖直方向夹角为 θ),质点受重力 mg。

设摆线逆时针转时角度为正,转动的角加速度 α 如图 4.1.5 所示。

由转动定律 $$M=J\alpha$$

有 $$-mgl\sin\theta=ml^2\frac{\mathrm{d}^2\theta}{\mathrm{d}t^2}$$

整理得 $$\frac{\mathrm{d}^2\theta}{\mathrm{d}t^2}+\frac{g\sin\theta}{l}=0$$

与谐振动标准方程 $$\frac{\mathrm{d}^2 x}{\mathrm{d}t^2}+\omega^2 x=0$$

比较得出结论:单摆一般情况的摆动不是谐振动。

但若是小幅度摆动,则有 $$\sin\theta\approx\theta$$

那么运动方程就可写成 $$\frac{\mathrm{d}^2\theta}{\mathrm{d}t^2}+\frac{g\theta}{l}=0$$

即,单摆小幅度摆动是谐振动;振动的物理量是角位移 θ;振动的圆频率是 $\omega=\sqrt{\dfrac{g}{l}}$,与振动系统本身的性质有关。进而得到谐振动的频率和周期分别是

$$\nu=\dfrac{\omega}{2\pi}=\dfrac{1}{2\pi}\sqrt{\dfrac{g}{l}}, \quad T=\dfrac{2\pi}{\omega}=2\pi\sqrt{\dfrac{l}{g}}$$

例 4 讨论复摆(也叫物理摆)的振动。悬挂着的质量为 m 的刚体只在重力作用下绕定轴 O 摆动。刚体质心距定轴的距离为 l,刚体对转轴的转动惯量为 J。如图 4.1.6 所示。

解 复摆的平衡位置一定是通过质心的竖直方向。设 t 时刻,复摆的角位移为 θ(即 l 线与竖直方向夹角为 θ),刚体受重力 mg。

设摆线逆时针时角度为正,转动的角加速度 α 如图 4.1.6 所示。

由转动定律 $M=J\alpha$,有 $-mgl\sin\theta=J\dfrac{\mathrm{d}^2\theta}{\mathrm{d}t^2}$,整理得

$$\dfrac{\mathrm{d}^2\theta}{\mathrm{d}t^2}+\dfrac{mgl\sin\theta}{J}=0$$

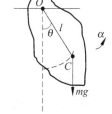

图 4.1.6 例 4 用图

与谐振动标准方程

$$\dfrac{\mathrm{d}^2x}{\mathrm{d}t^2}+\omega^2 x=0$$

比较得出结论:复摆一般情况的摆动不是谐振动。

但若是小幅度摆动,则有 $\sin\theta\approx\theta$

那么运动方程就可写成

$$\dfrac{\mathrm{d}^2\theta}{\mathrm{d}t^2}+\dfrac{mgl\theta}{J}=0$$

这样就得出结论:复摆小幅度摆动是谐振动;振动的物理量是角位移 θ;振动的圆频率是 $\omega=\sqrt{\dfrac{mgl}{J}}$,与振动系统本身的性质有关。进而得到谐振动的频率和周期分别为

$$\nu=\dfrac{\omega}{2\pi}=\dfrac{1}{2\pi}\sqrt{\dfrac{mgl}{J}}, \quad T=\dfrac{2\pi}{\omega}=2\pi\sqrt{\dfrac{J}{mgl}}$$

单摆是复摆的简化形式,单摆的 $J=ml^2$,代入 $T=2\pi\sqrt{\dfrac{J}{mgl}}=2\pi\sqrt{\dfrac{l}{g}}$,与例 3 结论相同。

从摆的讨论过程可以看出,当摆动幅度过大时,不能用角度值来近似正弦值,因而得不到谐振动方程,系统也就不可能作简谐振动。可见无阻尼的自由振动系统并不一定作谐振动。谐振动必须满足一定的条件。概括上述分析,得出:任何无阻尼自由振动系统作谐振动的条件是:产生振动的力(或力矩)必定是线性回复力(或力矩),即力(或力矩)的大小正比于相对于平衡位置的位移,力(或力矩)的方向和位移方向相反;而振动的周期取决于振动系统本身的固有性质。一般系统的谐振动判断就看从系统的运动规律出发是否可得出谐振动微分方程的标准形式

$$\dfrac{\mathrm{d}^2x}{\mathrm{d}t^2}+\omega^2 x=0$$

式中,x 是广义的振动物理量。

4.1.4 谐振动的能量

由于谐振动属无阻尼的自由振动,故系统必将能量守恒。以弹簧原长为水平弹簧谐振子的弹性势能零点,则能量关系式应是

$$\frac{1}{2}mv^2 + \frac{1}{2}kx^2 = \frac{1}{2}kA^2$$

式中,$\frac{1}{2}kA^2$ 是振子在最大位移处的总能量。

已知振子的初始能量 E_0,就知道了振子的振幅 $A=\sqrt{\frac{2E_0}{k}}$。所以振幅体现了谐振动的能量,也可看出谐振动的能量与振幅平方成正比。在机械振动中,系统在平衡位置的动能最大,按机械能守恒得

$$v_{\max}^2 = \frac{k}{m}A^2 = \omega^2 A^2$$

4.2 同方向简谐振动的合成

当一个物体同时参与几个谐振动时,就得考虑振动的合成问题。本节只讨论满足线性叠加的情况,所讨论的同频率的谐振动合成结果是波的干涉的重要理论基础。由于在实际应用中首先关心的是合成后的能量变化,所以,我们特别关注的是合成后的振幅状况。

例 1 同方向同频率的两个谐振动的合成

所谓同方向,即指两个谐振动的振动方向相同;同频率即指两个谐振动的频率相同。设两分振动分别为

$$x_1 = A_1 \cos(\omega t + \varphi_1)$$
$$x_2 = A_2 \cos(\omega t + \varphi_2)$$

线性叠加

$$x = x_1 + x_2$$

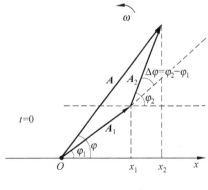

图 4.2.1 例 1 用图

我们采用旋矢图求解合成振幅。图 4.2.1 画出 $t=0$ 时刻的旋矢合成图。

做两振动的旋矢 $\boldsymbol{A}_1$,$\boldsymbol{A}_2$,则合成矢量为 $\boldsymbol{A}$。由于两谐振动的频率相同,故由它们组成的矢量三角形结构也以角速度 ω 逆时针旋转,即合成矢量 $\boldsymbol{A}$ 也以同样角速度 ω 逆时针旋转,其在 x 轴上的投影为

$$x = A\cos(\omega t + \varphi)$$

因此,同方向、同频率的两个谐振动的合成结果仍然是谐振动,振动的圆频率与分振动相同;合成的振幅为

$$A = \sqrt{A_1^2 + A_2^2 + 2A_1 A_2 \cos \Delta\varphi}$$

合振动的初相为

$$\varphi = \arctan \frac{A_1 \sin \varphi_1 + A_2 \sin \varphi_2}{A_1 \cos \varphi_1 + A_2 \cos \varphi_2}$$

从合振幅的表达式可以看出,两分振动的相位差对合成的结果起决定性的作用。两种特殊

的合成结果应引起我们足够的重视。当两分振动同相时,即 $\Delta\varphi=0$ 时,合成的振幅为最大值,等于两振幅之和 $A=A_1+A_2$;若两分振动的振幅相同,即 $A_1=A_2=A_0$,则合振幅为 $A=2A_0$。当两分振动反相时,即 $\Delta\varphi=\pi$ 时,合成的振幅为最小值,等于两振幅之差 $A=|A_1-A_2|$;若两分振动的振幅相同,即 $A_1=A_2=A_0$,则合振幅为 $A=0$,即叠加的结果是不再振动。

例 2 同方向同频率同振幅、相邻相位差相同的 N 个谐振动的合成

解 N 个谐振动的表达式分别为

$$x_1 = a\cos\omega t$$
$$x_2 = a\cos(\omega t + \delta)$$
$$x_3 = a\cos(\omega t + 2\delta)$$
$$\vdots$$
$$x_N = a\cos[\omega t + (N-1)\delta]$$

线性相加 $\qquad x=x_1+x_2+\cdots+x_N$

利用旋矢图可非常方便地得出合成的振幅。

各分振动的旋矢首尾相接组成一个多边形的一部分或全部。从第一个分矢量的尾端向最后一个分矢量的头引出的矢量就是合成的矢量。同样合成的振幅矢量在 x 轴上的投影仍为

$$x = A\cos(\omega t + \varphi)$$

见图 4.2.2。合成后仍然是谐振动,振动频率与分振动相同。

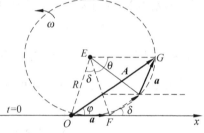

图 4.2.2 例 2 用图

怎么得到合成振幅的结果呢?首先求出多边形外接圆的半径 R。由图示中的第一个矢量 a 对应的等腰三角形 EOF 可以求得:

圆心角的值等于相邻分振动的相差 δ, $\dfrac{a}{2}=R\sin\dfrac{\delta}{2}$

然后再通过等腰三角形 EOG 求出合振幅。圆心角 $\theta=N\delta$,得

$$A = 2R\sin\frac{\theta}{2} = a\frac{\sin\dfrac{N\delta}{2}}{\sin\dfrac{\delta}{2}}$$

通常令 $\beta=\dfrac{\delta}{2}$,则有 $\qquad A=a\dfrac{\sin N\beta}{\sin\beta}$

上述合成结果表明,相邻分振动的相位差及分振动的个数对合成振幅起决定性的作用。同样,我们十分关心特殊的合成结果。

若 $\delta=2k\pi(k=0,\pm 1,\pm 2,\cdots)$,此时,各分振动的矢量方向一致,则合振幅

$$A = Na$$

这是合成后可能的最大振幅,我们称其为主极大的振幅。

若 $N\delta=2k\pi(k=0,\pm 1,\pm 2,\cdots)$,但 $k\neq 0$ 和 N 的整数倍,此时,各分振动矢量刚好组成闭合多边形,则合振幅 $\qquad A=0$

这是合成后可能的最小振幅,称其为极小振幅。

若 $N\delta=(2k+1)\pi$ $k=0,\pm1,\pm2,\cdots$，则各分振动矢量的矢量和恰好是外接圆的直径 $2R$，即
$$A=2R$$
这是合成后在每两个极小值中间出现的一个特殊的极值，称其为合成的次极大振幅。

例 3 同方向不同频率的两个谐振动的合成拍

解 为简单计，我们令两个谐振动的振幅和初相相同（设为 0）。则分振动的表达式分别为
$$x_1=A_0\cos\omega_1 t,\quad x_2=A_0\cos\omega_2 t$$
$$\bar{\omega}=\frac{\omega_2+\omega_1}{2},\quad \Delta\omega=\omega_2-\omega_1$$

线性叠加
$$\begin{aligned}x=x_1+x_2&=A_0\cos\omega_1 t+A_0\cos\omega_2 t\\&=2A_0\cos\frac{\omega_2-\omega_1}{2}t\cdot\cos\frac{\omega_2+\omega_1}{2}t\\&=2A_0\cos\frac{\Delta\omega}{2}t\cdot\cos\bar{\omega}t\end{aligned}$$

显然，这样两个谐振动的合成已不再是谐振动，但仍然是一个周期性的运动。但如果两个频率相差不多，即有 $\omega_1\approx\omega_2$，那么我们可以借用谐振动的语言加以说明合成的结果。

因为 $\omega_1\approx\omega_2$，所以上述合成的式子中两个余弦因子有着明显的差别。

$\cos\bar{\omega}t$ 为迅变因子，而 $\cos\frac{\Delta\omega}{2}t$ 为缓变因子。在迅变因子变化的一个周期之内，缓变因子几乎未变。合振动随时间变化的曲线如图 4.2.3 所示。

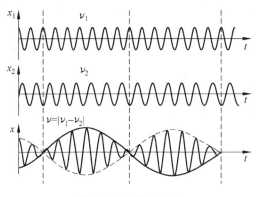

图 4.2.3 例 3 用图

曲线的包络就是缓变因子的曲线。

因此，我们可以将合振动近似地看作振幅为 $\left|2A_0\cos\frac{\Delta\omega}{2}t\right|$，角频率为 $\bar{\omega}$ 的"谐振动"。表现为振动的振幅随时间作缓慢的周期变化。因为振幅的平方代表了振动的强度，因而合振动的强度随时间周期性的改变。这种振动强度随时间周期性改变的现象就叫做"拍"（音乐的强弱节拍）。拍的频率
$$\nu_b=2\cdot\frac{\Delta\nu}{2}=|\nu_2-\nu_1|$$

拍现象为我们提供了一种测量未知频率的方法。

*谐振分析

合成的逆过程就是分解。任何一个周期性的振动都可以用傅里叶分析方法分解为若干个频率为倍数关系的谐振动,其中最低频率称为基频,其他振动频率则为倍频,且按照倍数分别称为二次谐频、三次谐频等。把分解的各次谐频振动按照振幅与频率的对应关系画出图形,称为原振动的频谱。周期性振动的频谱是分立频谱。同样,非周期振动也可以用傅里叶分析分解,但由此得到的谐振动的频谱是连续谱。这种把一般振动分解为谐振动的方法叫谐振分析。

4.3 垂直方向谐振动的合成

例1 振动方向垂直的同频率的两个谐振动的合成

一个系统同时参与了两个同频率的谐振动,且振动方向又相互垂直。两分振动的表达式分别为
$$x = A_1\cos(\omega t + \varphi_1), \quad y = A_2\cos(\omega t + \varphi_2)$$
线性叠加
$$x\hat{\boldsymbol{x}} + y\hat{\boldsymbol{y}} = A_1\cos(\omega t + \varphi_1)\hat{\boldsymbol{x}} + A_2\cos(\omega t + \varphi_2)\hat{\boldsymbol{y}}$$
则合振动必将在 xy 面内的,且在 $x = \pm A_1$ 和 $y = \pm A_2$ 范围内运动,振子的轨迹形状与两振动的相差有很大的关系,但一般情况合成的结果是椭圆,如图 4.3.1 所示。

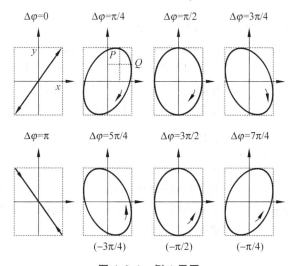

图 4.3.1 例 1 用图

我们要特别关注的是以下三种特殊的合成结果。

(1) 若两分振动的相差为 $\Delta\varphi = \varphi_2 - \varphi_1 = 0$,则合振动将是 1、3 象限内的谐振动,振动频率与分振动相同,合振幅
$$A = \sqrt{A_1^2 + A_2^2}$$
合振动与 y 方向分振动之间的夹角 $\theta = \arctan\dfrac{A_1}{A_2}$,如图 4.3.2(a)所示。

(2) 若两分振动的相差为 $\Delta\varphi = \pi$,则合振动将是 2、4 象限内的谐振动,振动频率与分振动相同,合振幅 $A = \sqrt{A_1^2 + A_2^2}$,合振动与 y 方向分振动之间的夹角仍为 $\theta = \arctan\dfrac{A_1}{A_2}$,如

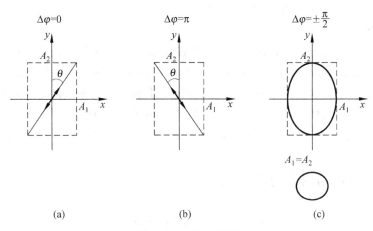

图 4.3.2　例 1 用图

图 4.3.2(b)所示。

（3）若两分振动的相差为 $\Delta\varphi=\pm\dfrac{\pi}{2}$，则振子轨迹将是以两分振动方向为长短轴方向的正椭圆。若分振动的振幅相等，即有 $A_1=A_2$，那么轨迹将转化为圆，如图 4.3.2(c)所示。

例 2　振动方向垂直的不同频率的两个谐振动的合成

垂直方向的谐振动分别为 $x=A_1\cos(\omega_1 t+\varphi_1)$，$y=A_2\cos(\omega_2 t+\varphi_2)$，这种不同频率的垂直方向的两个谐振动的合成，一般很难写出其轨迹方程。通常采用旋矢法作图直接描出轨迹，由此得出的轨迹图称为李萨如图形。但如果当两个垂直振动的频率为简单整数比时，即 $\dfrac{\omega_1}{\omega_2}=\dfrac{m}{n}$，$m,n$ 都是正整数，其轨迹曲线是闭合的曲线，且曲线与 $x=\pm A_1$，$y=\pm A_2$ 直线的切点数之比就等于相应方向振动的频率之比。轨迹的形状与两振动的初相有关。如图 4.3.3 所示。李萨如图为我们提供了一种测量未知频率的方法。

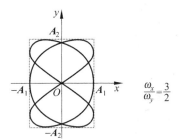

图 4.3.3　例 2 用图

习　题

4-1　已知某谐振动的振动曲线如图，试写出该谐振动的余弦表达式。

4-2　已知某机械谐振动的表达式为

$$\xi=1.5\times 10^{-2}\cos\left(\dfrac{\pi}{2}t+\dfrac{\pi}{4}\right)\quad(\text{SI})$$

（1）求该谐振动的振幅、圆频率和初相位的值。

（2）写出该谐振动的速度表达式。

（3）在同一旋转矢量图上画出 $t=0$ 时位移和速度的旋转矢量图。

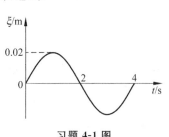

习题 4-1 图

4-3 一机械谐振动的速度表达式是 $v=5\times 10^{-2}\cos\left(2\pi t-\dfrac{\pi}{4}\right)$ (SI),试写出位移和加速度的表达式。

4-4 由电容 C 和电感 L 组成的 LC 振荡电路如图所示。电容器上的电量 Q 是一谐振物理量,其振动表达式为

$$Q=Q_0\cos\left(\dfrac{1}{\sqrt{LC}}t+\varphi\right) \quad (\text{SI})$$

(1) 试由电流的定义 $i=\dfrac{\mathrm{d}Q}{\mathrm{d}t}$ 写出回路中电流 i 的谐振表达式;

(2) 求振荡系统的圆频率 ω。

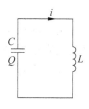

习题 4-4 图

4-5 一物体沿 x 轴作简谐振动,振幅为 12 cm,周期为 2 s,当 $t=0$ 时,位移为 6 cm,且向 x 轴正方向运动,求:(1) 振动表达式;(2) 从 $x=6$ cm 回到平衡位置所需的最短时间。

4-6 由质量为 m 的质点和劲度系数为 k 的轻弹簧组成的弹簧振子,弹簧形变 10 cm 后放手令其自由振动,求振子的振幅 A。若以振子过平衡位置向正方向运动为计时零点,求振子的初相 φ,并写出该振子的振动表达式。

4-7 已知两个同方向简谐振动 $\xi_1=4\times 10^{-2}\cos\dfrac{\pi}{2}t$ (SI) 和 $\xi_2=6\times 10^{-2}\cos\left(\dfrac{\pi}{2}t+\dfrac{\pi}{3}\right)$ (SI),求合振动的振幅。

4-8 两同方向的谐振动表达式分别为

$$x_1=A_0\cos\left(\pi t+\dfrac{\pi}{2}\right) \quad (\text{SI})$$

$$x_2=A_0\cos\left(\pi t-\dfrac{\pi}{2}\right) \quad (\text{SI})$$

求合振动的振幅。

4-9 试用旋矢法求三个同方向的同振幅的相邻相位差为 $\delta=\dfrac{2\pi}{3}$ 的谐振动的合成结果。

4-10 试用旋矢法画出两个垂直方向振动的合成。设两垂直方向振动的表达式分别为

$$x=2\times 10^{-2}\cos\omega t \quad (\text{SI})$$

$$y=4\times 10^{-2}\cos\left(\omega t-\dfrac{\pi}{4}\right) \quad (\text{SI})$$

4-11 试用旋矢法画出两个垂直方向振动的合成。设两垂直方向振动的表达式分别为

$$x=2\times 10^{-2}\cos\omega t \quad (\text{SI})$$

$$y=4\times 10^{-2}\cos 2\omega t \quad (\text{SI})$$

4-12 已知两垂直谐振动合成曲线如图,试写出:两振动的振幅和可能的相位关系。

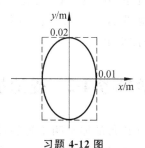

习题 4-12 图

教学参考 4-1　阻尼振动

实际的振动系统总会在阻力环境下运行,其结果必然会使振动的振幅逐渐减弱,这种振动就是阻尼振动。本节讨论在线性阻尼下振动系统的振动。

以水平弹簧谐振子为例。当运动过程中除受到弹簧回复力外,还受到摩擦阻力,其运动方程为

$$-kx + f = m\frac{d^2x}{dt^2}$$

若运动速率较低时,摩擦阻力与速率成正比,方向与速度方向相反,为线性阻力,即

$$f = -\gamma\frac{dx}{dt}$$

则方程整合为

$$\frac{d^2x}{dt^2} + \frac{\gamma}{m}\frac{dx}{dt} + \frac{k}{m}x = 0$$

式中,$\frac{k}{m} = \omega_0^2$ 为系统的固有圆频率,令 $\beta = \frac{\gamma}{2m}$ 为阻尼系数,这样方程写成

$$\frac{d^2x}{dt^2} + 2\beta\frac{dx}{dt} + \omega_0^2 x = 0$$

方程的解是什么呢? 令 $x = \xi e^{-\beta t}$,代入上述方程得

$$\frac{d^2\xi}{dt^2} + (\omega_0^2 - \beta^2)\xi = 0$$

由 ω_0^2 和 β^2 的相对大小,方程的解有三种情况。

(1) $\beta^2 < \omega_0^2$,即 $\omega_0^2 - \beta^2 > 0$,称为欠阻尼运动。此时系统基本上还是作周期振动,但振幅会逐渐减小。

(2) $\beta^2 > \omega_0^2$,即 $\omega_0^2 - \beta^2 < 0$,称为过阻尼运动。此时系统已不可能往复运动了。

(3) $\beta^2 = \omega_0^2$,称为临界阻尼。此时系统也不是往复运动了。

只有欠阻尼时还是振动,其稳定的解是

$$x = Ae^{-\beta t}\cos(\omega t + \varphi) \quad \text{其中} \quad \omega = \sqrt{\omega_0^2 - \beta^2}$$

方程的解包含两个因子,一个是以余弦函数表示的谐振动因子,另一个是指数衰减因子。因此,系统的运动已不是简谐振动,甚至不再是严格意义上的周期性运动。

在欠阻尼的情况下,阻尼对系统振动的影响体现在两个方面:其一,振动振幅随时间的增加呈指数性衰减;其二,随时间变化的余弦因子中的 $\omega \neq \omega_0$,同时取决于系统的固有性质和外界阻尼的大小。

在 $\beta^2 \ll \omega_0^2$ 时,即弱阻尼的情况下,在余弦因子变化一个周期后,因子 $Ae^{-\beta t}$ 几乎未变,因此我们可以把上述情况看作是振幅为 $A^* = Ae^{-\beta t}$,圆频率为 ω 的谐振动,即振幅不断减小的谐振动。方程中的 A、φ 由初始条件决定。

教学参考 4-2　受迫振动

系统受到外界的策动力作用而进行的振动叫受迫振动。策动力起着输送能量的作用。如果一个系统因阻尼而损耗的能量刚好被策动力提供的能量所补充,则系统将维持一个等

振幅的振动。

一、受迫振动的运动方程和稳态解

仍以水平弹簧谐振子为例进行讨论。设阻尼为线性阻力,策动力为周期性力,并可表示为 $F=F_0\cos\omega t$,则振子的运动方程为

$$-kx-\gamma\frac{\mathrm{d}x}{\mathrm{d}t}+F_0\cos\omega t=m\frac{\mathrm{d}^2x}{\mathrm{d}t^2}$$

仍令阻尼系数为 $\beta=\dfrac{\gamma}{2m}$,系统的固有圆频率仍是 $\dfrac{k}{m}=\omega_0^2$,则方程改写为

$$\frac{\mathrm{d}^2x}{\mathrm{d}t^2}+2\beta\frac{\mathrm{d}x}{\mathrm{d}t}+\omega_0^2 x=\frac{F_0}{m}\cos\omega t$$

通常引入 $h=\dfrac{F_0}{m}$,即作用于单位质量振子的力幅,将方程写成如下形式

$$\frac{\mathrm{d}^2x}{\mathrm{d}t^2}+2\beta\frac{\mathrm{d}x}{\mathrm{d}t}+\omega_0^2 x=h\cos\omega t$$

上述方程的解包括两项,一项是与单纯阻尼振动相对应的衰减振动,另外一项为策动力相应的简谐振动。随着时间的推移,第一项将趋于零,因此方程的稳态解必定是与策动力频率相同的谐振动,即

$$x=A\cos(\omega t+\varphi)$$

谐振动的振幅和初相不再由初始条件决定,而是与系统的固有性质、阻尼及策动力诸因素有关。A、φ 可以通过把稳态解的函数代回微分方程得到。这里,我们用旋矢法求解。

和稳态解相应,运动微分方程的左侧各项分别为

$$\frac{\mathrm{d}^2x}{\mathrm{d}t^2}=\omega^2 A\cos(\omega t+\varphi+\pi)$$

$$2\beta\frac{\mathrm{d}x}{\mathrm{d}t}=2\beta\omega A\cos(\omega t+\varphi+\frac{\pi}{2})$$

$$\omega_0^2 x=\omega_0^2 A\cos(\omega t+\varphi)$$

可以看出上述每一项都是谐振动量,而且频率相同,依次的相位差为 $\dfrac{\pi}{2}$。微分方程的右侧是同频率的谐振动 $h\cos\omega t$,所以稳态解的微分方程显示了合振动 $h\cos\omega t$ 是左侧三个同频率的谐振动的合成关系。于是,我们就可以作出相应的旋矢合成关系图,如图1所示。

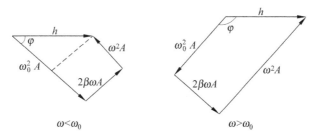

图 1 稳态解旋矢图

由图 1 可以得到合振幅和初相分别是

$$A=\frac{h}{\sqrt{(\omega_0^2-\omega^2)^2+4\beta^2\omega^2}},\quad \varphi=\arctan\left(-\frac{2\beta\omega}{\omega_0^2-\omega^2}\right)$$

初相角公式中的"一"号表示位移的相位总落后于策动力的相位。尽管在周期性策动力的作用下系统的稳态运动是谐振动,但振动的三个特征量所取决的因素和无阻尼自由振动系统已完全不同。在确定的阻尼情况下的受迫振动系统,稳态解的振幅和初相均随策动力的频率改变而变化。

二、共振

从受迫振动的稳态解可以看出,位移振幅 A 是策动力频率 ω 的函数。可以得出振幅 A 对策动力频率 ω 的响应关系。在 ω 连续变化的情况下,振幅 A 存在一个极大值。当策动力的频率为某值时,振幅最大,振动很强烈,这种现象叫做共振。共振对应的策动力角频率可由稳态解振幅表达式求极值求得。令 $\dfrac{dA}{dt}=0$,由此得出共振角频率为

$$\omega_r = \sqrt{\omega_0^2 - 2\beta^2} < \omega_0$$

共振时位移振幅为

$$A = \dfrac{h}{2\beta\sqrt{\omega_0^2 - \beta^2}}$$

在弱阻尼的情况下,可认为共振频率就等于系统的固有频率。

从受迫振动的稳态解可知,稳态振动的速度也是谐振动,速度振幅为 ωA,也是策动力频率的函数,同样可以得到速度振幅对策动力频率的响应关系,进而得到速度共振的频率条件是 $\omega = \omega_0$。

通常,机械振动中更关注位移共振,电磁振荡中更注重速度共振(因为电流相当于机械振动中的速度)。

共振现象很常见。在电磁学、核物理和原子物理中都会遇到,在现代技术上有重要意义。如某些测量系统的接收器本身就是一个振动系统,通过调节自己的固有频率,使之与外信号的频率满足共振条件,从而使信号充分放大。在工程中,转动机械对轴和基座会施加周期性的策动力,位移共振可能对设备造成危害,设计时必须考虑。

第5章

波 动

5.1 平面简谐波的描述

波动是某种运动状态在空间的传播过程,是一种常见的重要运动形式。例如我们听到的说话声、音乐声是声带、乐器的振动通过空气传播到我们的耳朵;视觉则是可见光波作用于人眼的效果;而电台、电视台节目的播出则是依靠把图像和声音转换为电信号以电磁波的形式传播。波的概念无论在宏观、微观领域中都很重要。

波的种类很多,而且其分类方法也较多。按波的本质分,常见的有两大类:机械波和电磁波。机械波是机械振动在介质中的传播,决定机械波传播机理的是力学规律;而电磁波是交变电磁场在空间的传播,决定电磁波传播机理的是电磁学规律。

此外,在微观领域中还有与经典波机理完全不同的概率波等。

在研究波的普遍性质时常有两种分类方法,其一是按振动量的振动方向与传播方向间的关系区分,分横波和纵波两种基本形式。横波是振动量的振动方向垂直于传播方向(传播线叫波线)的波,例如电磁波;而纵波则是振动量的振动方向平行于传播方向的波,例如空气中的声波。另一种是按波面形状来区分。所谓波面,就是将某波源传出去的波同时到达的各点连成的曲面。如波在各向同性介质中传播时,当波源可看作质点的话(我们称为点源),则其在各时刻的波面均是以点源为球心的球面,故叫球面波;若波源是无限长的直线,则波面是以源为轴的同轴柱面,故叫柱面波;若波源是无限大平面,则波面就是与源平面平行的一系列平面,则叫平面波。可见,在各向同性介质中传播的波,其波线定与波面垂直,如图 5.1.1 所示。

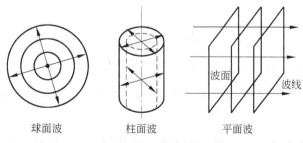

球面波　　柱面波　　平面波

图 5.1.1　波面与波线

各种波的本质不同,传播机理不同,但其研究方法和基本传播规律的形式有相同之处。本章以机械波为切入点,以此认识波的通性。然后将其用到光波中从而认识和解释光的波动现象。

5.1.1 波的产生

机械波产生的必要条件有二：其一是波源，即产生振动的源，例如，声波的波源为声带、乐器等；其二是介质，即传播振动的物质。为验证这一点，可进行如下实验：把电铃放入一个密闭的玻璃罩内，电铃接通后，可听见铃声，如果抽去罩内空气，则再也听不到声音。对于电磁波，第二个条件并不需要，即电磁波可以在真空中传播。

机械波中最常见的一种是弹性波。它是机械振动在弹性介质中的传播（如弹性绳上的波）。弹性介质的质元之间以弹性力相联系，弹性力是振动在弹性介质中得以传播的基础。在讨论机械波的动力学方程时我们将以弹性波为对象进行研究。

各种波中传播规律最简单、最基本的波是简谐波。简谐波是简谐振动的传播，在波传到的区域，介质中的质元均作简谐振动。之所以称简谐波是最基本的波，是因为其他形式的波都可以由数学中的傅里叶分析分解为若干简谐波。

5.1.2 平面简谐波的传播

以弹性绳上的横波为例，上下抖动绳的一端，则此振动沿绳由近及远传播，此时每段质元只在自己的平衡位置附近运动，并未随波远去。观察水波荡漾的湖面上的一片树叶的运动也是如此。因而对波动的认识可归纳如下：

（1）介质中各质元都只在自己的平衡位置附近振动，并未"随波逐流"。波的传播不是介质质元在传播，而是"振动"这一运动形式在传播。

（2）"上游"的质元依次带动"下游"的质元振动（依靠质元间弹性力的作用）。

（3）某时刻某质元的振动状态将在较晚时刻于"下游"某处出现，这就是"波是振动状态传播"的含义。

（4）波传播到的区域，有些质元的振动状态相同，称它们为同相点。沿波的传播方向，相邻的同相点之间的距离叫波长 λ。对简谐波，相邻同相点的相位差是 2π。

对于简谐波，振动状态是由相位决定的，"振动状态的传播"也可说成是"相位的传播"，即某时刻某点的相位将在较晚时刻重现于"下游"某处。于是沿波的传播方向，各质元的相位依次落后，如图 5.1.2 所示。简谐波以速度 u 沿 x 轴的正方向传播，图中 b 点比 a 点的相位落后的数值是

$$|\Delta\varphi| = \frac{2\pi}{\lambda}|\Delta x|$$

即 a 点在 t 时刻的相位（即振动状态）经 Δt 时间后传给了它的下游与它相距为 Δx 的 b 点，或者说 b 点在 $t+\Delta t$ 时刻的相位（或振动状态）与 a 点在 t 时刻的情况相同。由此可知，$\frac{\Delta x}{\Delta t}$ 就是波的传播速度 u。

通常我们用波形曲线（波形图）来描述波的传播。t 时刻的波形曲线（ξ-x 曲线）如图 5.1.3 所示。

其中，ξ 表示质元的位移（广义物理量），x 表示质元平衡位置的坐标，ξ-x 曲线反映在某时刻 t 各质元位移的分布情况。

第 5 章 波动

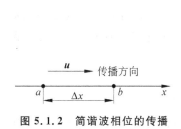

图 5.1.2 简谐波相位的传播

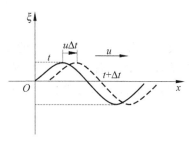

图 5.1.3 波形曲线

对于横波，波形曲线就是 t 时刻所有质元的实际位置分布图，即波形。

波的传播在观察上表现为波形的传播，即 t 时刻的波形曲线经过 Δt 时间沿波的传播方向平移了距离 $u\Delta t$，不同时刻对应不同的波形曲线。每过一个周期（质元完成一个全振动），波形向前传播一个波长的距离。因此，绘制波形曲线时必须标明相应的时刻 t 以及波的传播方向。

波长、频率、波速是波的三个基本特征量。沿波的传播方向，两相邻的振动状态相同的点之间的距离为一个波长 λ，对简谐波，就是波线上相位差为 2π 的两点的距离。单位时间内传过介质中某点的完整波的个数叫波的频率 ν，显然这是在波场中的测量结果。当波源和测量装置无相对运动时，波的频率 ν 在数值上等于波源的振动频率 ν_S。同样，一个完整的波通过介质中某点所需的时间叫波的周期 T，这同样是在波场中的测量结果。波的周期和波的频率之间有关系 $\nu = \dfrac{1}{T}$。单位时间内波所传过的距离叫波速，通常用 u 表示。由波长和波的频率的定义，可以得出波速和它们的关系为

$$u = \frac{\lambda}{T} = \nu\lambda$$

波速 u 取决于媒质的性质和波的类型（横波、纵波）。对于简谐波，波速 u 又称相速度（相位传播速度）。

5.1.3 平面简谐波的余弦表达式（波函数）

平面简谐波是一维的简谐波。见图 5.1.4，以平面简谐波的任一波线建坐标 x，设波沿 x 轴正方向传播。已知距坐标原点为 l_0 的参考点 a（a 可以是实际的波源，也可以是波线上任意一个振动的点）的谐振动表达式为

$$\xi_a = A\cos(\omega t + \varphi_0)$$

波线上各点都在作与波源同频率的谐振动，假设传播的介质无吸收，则各质元谐振动的振幅均为 A。如果能写出波线上任一点（平衡位置为 x）P 的振动表达式，则此式就是该平面简谐波的表达式。

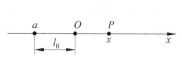

图 5.1.4 平面谐波传播

由于 P 点在参考点 a 的"下游"，所以振动相位落后于 a 点的数值是

$$\frac{2\pi}{\lambda}|\overline{aP}| = \frac{2\pi}{\lambda}(x + l_0)$$

则任一点 P 的振动表达式应为

$$\xi(x,t) = A\cos\left[\omega t + \varphi_0 - \frac{2\pi}{\lambda}(x+l_0)\right]$$

此表达式反映出沿 x 轴正方向传播的波线上任一点(位置在 x)在任一时刻 t 的振动位移与时间的关系,即反映了各点的振动状况,亦称为波函数。若选坐标原点 $x=0$ 处的振动为参考点,且令其初相 $\varphi_0=0$,则波的表达式为

$$\xi(x,t) = A\cos\left[\omega t - \frac{2\pi}{\lambda}x\right]$$

通常令 $k=\dfrac{2\pi}{\lambda}=\dfrac{\omega}{u}$,称作角波数。其含义为 2π 长度上完整波的个数。物理学中常用的简谐波表达式写成 $\xi(x,t)=A\cos(\omega t-kx)$

上述一维简谐波的表达式还可从振动状态传播的角度写出。由波的传播概念知,参考点下游的任一点(平衡位置为 x),在任一时刻 t 的振动状态应和参考点在较早时刻 $t-\Delta t$ 的振动状态相同,其中 $\Delta t=\dfrac{|\overline{aP}|}{u}=\dfrac{x+l_0}{u}$,则有

$$\xi(x,t) = A\cos\left[\omega\left(t - \frac{x+l_0}{u}\right) + \varphi_0\right]$$

与用相位落后的方法写出的表达式结果相同。

如果波沿着 x 轴负方向传播,则平面简谐波的表达式为 $\xi(x,t)=A\cos(\omega t+kx)$。

简谐波的表达式 $\xi(x,t)=A\cos(\omega t\mp kx)$ 包含了简谐波传播的全部特征。我们以向正方向传播的波表达式 $\xi(x,t)=A\cos(\omega t-kx)$ 来说明。

(1) 表达式可以提供波场中某点的振动状况。

如果考察波场中某点,即坐标点 $x=x_0$ 点,代入波函数后,变为

$$\xi(x_0,t) = A\cos(\omega t - kx_0)$$

这就是 $x=x_0$ 处质元的振动表达式,其初相为 $-kx_0$。

(2) 表达式可以提供某时刻波场中各点的集体振动状况。

如果在某一时刻观察波场中各点,即令 $t=t_0$,则波的表达式变为

$$\xi(x,t_0) = A\cos(\omega t_0 - kx)$$

这就是 $t=t_0$ 时刻各质元的位移。由它画出的曲线就是 $t=t_0$ 时刻的波形曲线。

(3) 表达式反映了波是振动状态的传播。这可从两方面看出:

可以验证表达式满足 $\xi(x+\Delta x,t+\Delta t)=\xi(x,t)$,其中 $\Delta x=u\Delta t$,即 t 时刻 x 处质元的振动状态在 $t+\Delta t$ 时刻传到了其下游 $x+\Delta x$ 处,其传播速度为 u。也可以盯住某一相位,即令 $\omega t-kx=$ 常量(此时 x,t 均为变量),则此相位在不同时刻出现于不同位置,它的传播速度(相速度)可由上式的微分得出为

$$\frac{\mathrm{d}x}{\mathrm{d}t} = \frac{\omega}{k} = u$$

(4) 表达式反映了波在时间和空间上的双重周期性。周期 T 反映了时间周期性。由质元的运动看,每个质元的振动周期为 T;由波形看,t 时刻和 $t+T$ 时刻的波形曲线完全重合。波长 λ 反映了空间周期性。由质元的运动看,在波的传播方向上,每相距 λ 的两点,其振动状态完全相同;由波形看,波形在空间以 λ 为"周期"分布着,波形曲线沿波的传播方向平移一个波长 λ,图形不变。

*5.1.4 简谐波的复数表示 复振幅

根据复指数的意义,对于沿 x 轴正方向传播的平面简谐波,其表达式可写为

$$\xi(x,t) = A\cos(\omega t - kx) = \text{Re}[A\text{e}^{\pm\text{i}(\omega t - kx)}]$$

其中 Re[ ]代表对括号[ ]内的复指数取实部。通常约定,省去取实部的记号 Re,并为照顾光学中的习惯,式中±号中只取一号。上述表达式可写为复指数函数

$$\xi(x,t) = A\text{e}^{-\text{i}(\omega t - kx)} = A\text{e}^{\text{i}kx} \cdot \text{e}^{-\text{i}\omega t}$$

此即为简谐波的复数表示式,其中 A 为实际振幅;$\text{e}^{\text{i}kx}$ 为相位变化的空间因子(质点的振动相位中随位置 x 变化的部分);而 $\text{e}^{-\text{i}\omega t}$ 为相位变化的时间因子(x 处质点的振动相位中随时间变化的部分)。

在以后讨论的多数问题中,波场中各点谐振动的频率是相同的,它们有相同的时间因子。因此,波场中各点相位的差异由空间因子反映。为了讨论问题方便,再令 $U(x) = A\text{e}^{\text{i}kx}$,称为复振幅。复振幅反映简谐波传播过程中任意时刻空间各点振幅、相位上的差异,它的引入会简化很多计算。

振幅的平方(代表波的强度,后文叙),可以写作 $U(x)$ 及其复共轭 $U^*(x)$ 的乘积,即

$$A^2 = U(x)U^*(x)$$

5.1.5 波的能量

随着波的传播,能量也在传播。对于"流动着"的能量,要由能量密度和能流密度两个概念来描述。

波场中单位体积内的能量称为波的能量密度,其定义式为

$$w = \frac{\text{d}W}{\text{d}V}$$

对于机械波,取其中一块弹性介质,质元的振动动能与介质的形变势能之和就是该块介质弹性波的能量。所以机械波的能量密度是动能能量密度(质元振动动能)和势能能量密度(弹性介质的形变势能)之和,即

$$w = w_\text{k} + w_\text{p}$$

对于电磁波,其能量密度是电场能量密度和磁场能量密度之和,即

$$w = w_\text{e} + w_\text{m} = \frac{1}{2}\boldsymbol{D} \cdot \boldsymbol{E} + \frac{1}{2}\boldsymbol{B} \cdot \boldsymbol{H}$$

定义**能流密度矢量 S** 来描述波的能量在波场中随处随时的传播情况。能流密度的大小等于单位时间内通过波场中某处垂直于传播方向的单位面积上的能量,方向与波速方向相同。

在波场中某处取垂直于传播方向的面元 dS,以 dS 为底作如图 5.1.5 所示正柱体,柱长为 $u\text{d}t$。

因 dS、dt 足够小,可认为在时间间隔 dt 内该体积元内波的能量密度 w 不变,则 dt 时间内该柱体内波的能量将全部通过 dS 面,故该处在时刻 t 的能流密度大小为

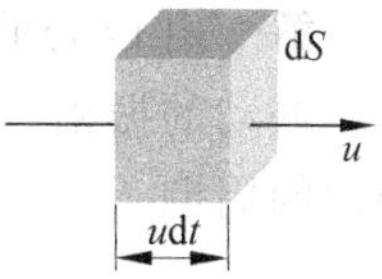

$$|\boldsymbol{S}| = \frac{\text{d}W}{\text{d}S\text{d}t} = \frac{wu\text{d}S\text{d}t}{\text{d}S\text{d}t} = wu$$

图 5.1.5 能流密度

一般情况下能流密度既随位置改变又随时间改变。

能流密度的时间平均值叫**波的强度**（平均能流密度），即 $I=<S>=\bar{w}u$。它在数值上等于单位时间内通过垂直于波传播方向的单位面积的能量，其单位为 W/m^2。

由波的能量密度和能流密度的定义，我们可以求出细棒中传播的平面机械纵简谐波的能量密度是

$$w = w_k + w_p = \rho\omega^2 A^2 \sin^2(\omega t - kx)$$

进而求得平均能量密度是

$$\bar{w} = \frac{1}{2}\rho\omega^2 A^2$$

波的强度是

$$I = \bar{w}u = \frac{1}{2}\rho\omega^2 A^2 u$$

式中，ρ 是介质的质量密度。

通常将 $I=\frac{1}{2}\rho\omega^2 A^2 u$ 写成 $I=\frac{1}{2}Z\omega^2 A^2$，式中 $Z=\rho u$ 叫介质的特性阻抗，该量是反映介质特性的一个参量。当讨论的问题中涉及两种介质时，比较两者的特性阻抗 Z，Z 较小者称波疏介质，Z 较大者称波密介质。

电磁波的能流密度矢量又叫坡印亭矢量，根据波的能流密度定义可得电磁波的坡印亭矢量

$$\boldsymbol{S} = \boldsymbol{E} \times \boldsymbol{H}$$

在各向同性线性介质中传播的平面电磁谐波的强度是

$$I = \bar{w}u = \frac{1}{2}\varepsilon E_0^2 u$$

其中 ε 是介质的介电常数，E_0 是振动电矢量的振幅。

当光波通过两种介质时，通常比较两者的折射率 $n=\sqrt{\varepsilon_r}$，将 n 较大者称为光密介质，n 较小者称为光疏介质。

例 1 求以速率 $u=2\ m/s$ 向 x 轴正方向传播的平面简谐波的表达式。已知坐标原点 O 处 ($x=0$) 的振动曲线如图 5.1.6 所示。

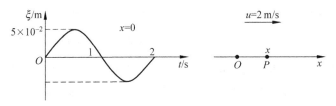

图 5.1.6 例 1 用图

解 由 O 处的简谐振动曲线可以看出波动的物理量是 ξ。

振动的振幅　　　　　　　　$A = 5 \times 10^{-2}\ m$

振动的周期　　　　　　　　$T = 2\ s$

进而可得角频率　　　　　　$\omega = \frac{2\pi}{T} = \pi\ (1/s)$

$t=0$ 时,质点在平衡位置向正方向运动,故初相 $\varphi_0 = -\dfrac{\pi}{2}$,所以坐标原点 O 处的振动表达式为

$$\xi = 5\times 10^{-2}\cos\left(\pi t - \dfrac{\pi}{2}\right) \quad (\text{SI})$$

根据已知数据可计算出平面简谐波的波长

$$\lambda = \dfrac{u}{\nu} = \dfrac{u}{\omega}\cdot 2\pi = 4(\text{m})$$

得波的表达式为 $\xi = 5\times 10^{-2}\cos\left(\pi t - \dfrac{\pi}{2} - \dfrac{\pi}{2}x\right)$ (SI)

例 2 介质 1 中的平面简谐波垂直入射到介质 2 的界面,界面坐标为 $x=l$,如图 5.1.7 所示。

已知介质 1 和 2 的特性阻抗分别为 $Z_1=\rho_1 u_1$ 和 $Z_2=\rho_2 u_2$,入射波的表达式为

$$\xi_1 = A\cos\left(\omega t - k_1 x + \dfrac{\pi}{2}\right) \quad (\text{SI})$$

其中 $\quad k_1 = \dfrac{2\pi}{\lambda_1}$

试写出反射波和透射波的表达式。

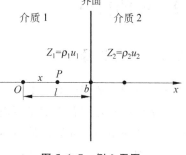

图 5.1.7 例 2 用图

解 入射波传到界面后引起 b 点的振动,b 点振动的表达式为

$$\xi_{1b} = A\cos\left(\omega t - k_1 l + \dfrac{\pi}{2}\right) \quad (\text{SI})$$

以 b 为参考点写反射波和透射波的表达式。

根据机械波在界面反射和透射时相位、振幅的性质,若 $Z_1<Z_2$,即从波疏向波密介质入射,反射点的振动相位突变 π,即 b 点作为反射波振源的振动表达式为

$$\xi'_{1b} = A'\cos\left(\omega t - k_1 l + \dfrac{\pi}{2} - \pi\right) \quad (\text{SI})$$

则反射波的表达式为

$$\xi'_1 = A'\cos\left[\omega t - \dfrac{\pi}{2} - k_1 l - k_1(l-x)\right] \quad (\text{SI})$$

整理后得

$$\xi'_1 = A'\cos\left(\omega t - \dfrac{\pi}{2} - 2k_1 l + k_1 x\right) \quad (\text{SI})$$

反射波向 x 负方向传播。

若 $Z_1>Z_2$,即从波密向波疏介质入射,反射点的振动相位不变。

则 b 点作为反射波的振源振动表达式为

$$\xi'_{1b} = A'\cos\left(\omega t - k_1 l + \dfrac{\pi}{2}\right) \quad (\text{SI})$$

则反射波表达式为

$$\xi'_1 = A'\cos\left(\omega t + \dfrac{\pi}{2} - 2k_1 l + k_1 x\right) \quad (\text{SI})$$

写透射波时,无论哪种情况($Z_1 < Z_2$ 还是 $Z_1 > Z_2$),反射点的振动相位与入射波引起的相同。b 点作为透射波的振源振动表达式为

$$\xi_{2b} = A'' \cos \left(\omega t - k_1 l + \frac{\pi}{2} \right) \quad (\text{SI})$$

则透射波的表达式为

$$\xi_2 = A'' \cos \left[\omega t + \frac{\pi}{2} - k_1 l - k_2 (x - l) \right] \quad (\text{SI})$$

其中 $k_2 = \dfrac{2\pi}{\lambda_2}$,透射波是向 x 正方向传播的波。

5.2 波的衍射

5.2.1 惠更斯原理

解决波的传播问题原则上应先导出该波的波动方程,通过解方程从而得到波的表达式。但在大多数的实际问题中很难写出波动方程,只有在简单模型下才能写出漂亮的方程来,如各向同性介质中的平面简谐波表达式。为了解决实际问题,物理上通常会采用定性和半定量的方法加以描述。惠更斯原理给出的方法(惠更斯作图法)可以定性地处理波的传播问题。

惠更斯原理包括两个基本点。第一,介质中波传到的各点,都可看作子波(次级波)的子波源(点波源);第二,在以后的任一时刻,这些子波源发出的子波面的包络面(各子波面的公共切面)就是实际的波在该时刻的波面。

惠更斯原理告诉我们,只要已知 t 时刻的波面,就可以画出 $t + \Delta t$ 时刻的波面,从而可得出波的传播方向。

如图 5.2.1 所示,在均匀的各向同性介质中传播的平面波(或球面波)。t 时刻的波面上任意一点均是子波源,向前方以同样的速率 u 发出球面波,在 $t + \Delta t$ 时刻各子波的波面半径均是 $u \Delta t$,作这些子波面的公共切面(包络面)得到的仍是平面(或球面)。连接子波源和相应子波面与包络面的切点就是波线的方向,从而就知道了波的传播方向。可以看出,波在均匀的各向同性介质中传播时,波线垂直于波面。

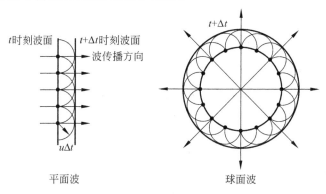

图 5.2.1 惠更斯作图法

5.2.2 惠更斯原理给出所有波都具有衍射现象

根据惠更斯作图法可以得出一个结论,即波在传播过程中,如果波面受到了限制,就会偏离原来的传播方向,这种现象被称为波的衍射。如图 5.2.2 所示,平面波在传播过程中遇到了障碍物(通常叫衍射物),则波面将受到限制。如图 5.2.2 中的衍射物是中间可通过波的圆孔,这时波怎么传播呢?

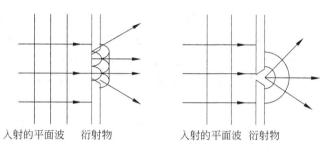

图 5.2.2　波的衍射

根据惠更斯作图法,发现圆孔处的波面上各点所发出子波面的包络面已不再是平面,发生了形变,在衍射物的边缘处波面发生了弯曲。波射线偏离了原来直线传播的方向而折向了衍射物的几何阴影区。比较图 5.2.2 左右两种衍射物的尺度,可以看出右图中波面被限制得更严重些,衍射就更明显一些。由于惠更斯原理适用于一切类型的波,所以上述结论也就适用于一切类型的波。这就是说,所有的波动都具有衍射现象,是波动的一个基本性质。故我们将衍射现象看成波动的一个实验判据。

5.2.3 惠更斯作图法的应用举例

例 1　用惠更斯作图法求两各向同性介质表面的折射波的传播方向。

设入射波为平面波,在介质 1 和 2 中波速分别为 u_1 和 u_2。作图分四步:

(1) 画出入射平面波的边缘波线,并画出入射波的波面 AB(注意,波面垂直于波线)。设 t 时刻入射波到达 A 点,$t+\Delta t$ 时刻入射波到达 C 点,由图 5.2.3 知

$$\overline{BC} = u_1 \Delta t$$

(2) 画子波的波面

画出 A,D,C 各点向媒质 2 所发的子波波面。因为第 2 介质是各向同性的,故子波面是球面,在 $t+\Delta t$ 时刻(到达界面 C 的时刻)A 发出的子波面半径

$$\overline{AE} = u_2 \Delta t$$

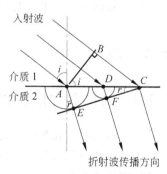

图 5.2.3　例 1 用图

(3) 画子波波面的包络面(图中的 EFC),此即媒质 2 中折射波的波面。

(4) 由点源 A 向其子波面与包络面的切点 E 画直线,此连线 AE 就是折射波的波线。由于入射的是平行波,两介质又是各向同性的,故折射波也是平行波。所以需从 C 点画一平行于 AE 的波线,表征折射波的另一个边缘波线。

设入射角为 i,折射角为 r,由两个直角三角形 ABC 和 AEC 就可得到

$$\frac{u_1}{\sin i} = \frac{u_2}{\sin r}$$

如果讨论的是光波,则由绝对折射率的定义 $n_1 = \frac{c}{u_1}, n_2 = \frac{c}{u_2}$,代入上式就可得到我们熟知的折射定律

$$n_1 \sin i = n_2 \sin r$$

例 2 用惠更斯作图法求各向异性晶体内异常光线的传播方向。已知平行光从空气入射到石英晶体内。空气中传播速度是 c(空气是各向同性介质),石英晶体是各向异性的晶体,异常光的子波面形状如图 5.2.4(a)所示,是一个旋转椭球面。图中的 $O.A$ 是晶体的光轴,是各向异性晶体中的一个特殊方向(将在晶体中的双折射部分介绍)。

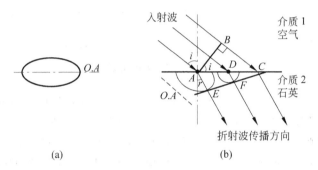

图 5.2.4 例 2 用图

按上述说明的四个步骤画出该支光的折射方向(如图 5.2.4(b))。由于该支光的子波面不再是球面,故折射光线 AE, DF 不再与包络面垂直,就不可能得出上述两各向同性介质中的折射定律的表达式了(故这支光线叫异常光线)。

惠更斯原理适用于一切类型的波,无论是横波还是纵波,无论是机械波还是电磁波。但此原理也有很多不足。譬如它不能说明子波为什么不会倒退;也无法说明波在传播过程中的强度分布问题等。菲涅耳、基尔霍夫等人又进一步发展了惠更斯原理。

5.3 波的干涉

5.3.1 波的叠加原理和线性方程

当空间同时有几列波在传播时,就涉及波的叠加问题。一般的叠加,情况较复杂,与波及介质的具体情况有关。在线性介质中,如果参与叠加的几列波的强度均不太强时,那么这种叠加服从叠加原理。

叠加原理包含波的独立传播原理和线性叠加原理两部分。

波的独立传播原理 各振源在介质中独立地激起自己的波,每列波传播的情况与其他波不存在时一样。

线性叠加原理 在波的相遇区,各点的振动是各列波单独存在时,在该点激起的振动的合成。

例如，振源 S_1 发出的一列波与振源 S_2 发出的一列波在场点 P 相遇，如图 5.3.1 所示。振源 S_1 在 P 点激起的振动为 ξ_1，振源 S_2 在 P 点激起的振动为 ξ_2，则 P 点的振动为

$$\xi = \xi_1 + \xi_2$$

若这两列波是简谐波，则 P 点的振动就是两个简谐振动的合成。

服从叠加原理的波一定满足线性微分方程

$$\frac{\partial^2 \xi}{\partial t^2} = u^2 \frac{\partial^2 \xi}{\partial x^2}$$

图 5.3.1　独立传播

5.3.2　波的干涉现象

所谓波的干涉现象是满足特定条件的数个谐波线性叠加的结果，我们把这些特定的条件称为相干条件，把产生干涉现象的各分量波称为相干波，相应的波源称为相干波源，这种叠加叫相干叠加。当相干波叠加以后，波场中将会出现一种新的稳定的强度分布，这种现象就是干涉现象。与波的衍射一样，波的干涉现象也是波动的一个基本性质，也是波动的实验判据。

相干条件　参与产生干涉现象的诸简谐波必须频率相同；在叠加区确定的场点各波引起的振动必须有同振动方向的分量、且振动相位差必须固定。

我们以同一介质中的两列简谐波的相干叠加为例说明干涉现象的强度分布特征。设相干波源 S_1 和 S_2 振动的表达式分别为

$$\xi_1 = A_1 \cos(\omega t + \varphi_1)$$
$$\xi_2 = A_2 \cos(\omega t + \varphi_2)$$

讨论场点 P 处的叠加结果（参见图 5.3.1）。设 S_1 距场点的距离为 r_1，S_2 距场点的距离为 r_2，则 S_1 和 S_2 在 P 处引起的振动分别为

$$\xi_{1P} = A_1 \cos\left(\omega t + \varphi_1 - \frac{2\pi}{\lambda} r_1\right)$$
$$\xi_{2P} = A_2 \cos\left(\omega t + \varphi_2 - \frac{2\pi}{\lambda} r_2\right)$$

P 点的振动是两个振动方向相同的同频率的简谐振动的合成。由简谐振动的合成，我们知道 P 点的振动仍是简谐振动，振动的振幅是

$$A = \sqrt{A_1^2 + A_2^2 + 2A_1 A_2 \cos \Delta \Phi}$$

其中

$$\Delta \Phi = (\varphi_2 - \varphi_1) - \frac{2\pi}{\lambda}(r_2 - r_1)$$

式中，$\varphi_2 - \varphi_1$ 是波源的初相差，$r_2 - r_1$ 叫做波程差。在观察的时间内，各场点 P 均保持两列波的相位差不变，则合成的振幅就不变，那么在波场中就会维持一个稳定的强度分布，这就是干涉。

从上述分析可知，保证叠加的谐波的相位差在各点不变是实现干涉的关键。而在实际情况中，场点固定，则波程差就固定。那么要保证在确定的场点两列波的振动有固定的相位差，实际上就是要求相干波源的初相差恒定。

强度的分布（或通常说干涉花样）由干涉最强和最弱来表征。

在场点 P，如果两列相干波引起振动的相位差为
$$\Delta\Phi = 2\pi m \quad (m = 0, \pm 1, \pm 2, \cdots)$$
则
$$A = A_1 + A_2$$
强度为
$$I = (A_1 + A_2)^2$$
这是干涉时可能得到的**最大强度**，通常称这种情况为**相长干涉**。

在场点 P，如果两列相干波引起振动的相位差
$$\Delta\Phi = \pi(2m+1) \quad (m = 0, \pm 1, \pm 2, \cdots)$$
则
$$A = |A_1 - A_2|$$
强度
$$I = (A_1 - A_2)^2$$
这是干涉时可能得到的**最小强度**，通常称这种情况为**相消干涉**。

如果我们在实际操作中使得
$$\varphi_2 - \varphi_1 = 0$$
则
$$\Delta\Phi = \frac{2\pi}{\lambda}(r_2 - r_1)$$

我们就可以直接从波程差 $r_2 - r_1$ 来判断场点 P 的干涉结果。

即对同相波源而言，相长干涉的条件可写成：
$$r_2 - r_1 = m\lambda \quad (m = 0, \pm 1, \pm 2, \cdots)$$

相消干涉的条件可写成：
$$r_2 - r_1 = \frac{\lambda}{2}(2m+1) \quad (m = 0, \pm 1, \pm 2, \cdots)$$

在实际的干涉实验中，通常满足初相差为零的条件。

例 1 如图 5.3.2 所示相干装置，已知相干波源 a 和 b 的初相差为 0 或 π，分析场点 P 的干涉结果。

$$\nu = 100 \text{ Hz}$$
$$u = 10 \text{ m/s}$$
$$r_a = 15 \text{ m}, \quad r_b = 25 \text{ m}, \quad A_a = A_b = A$$

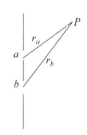

图 5.3.2 例 1 用图

解 波程差
$$r_b - r_a = 10 \text{ m}$$
$$\lambda = \frac{u}{\nu} = \frac{10}{100} = 0.1 \text{ m}, \quad \frac{r_b - r_a}{\lambda} = 100$$

若 a, b 的初相差 $\Delta\varphi = 0$，由 $r_b - r_a = 100\lambda$，可知 P 点是干涉加强点；

若 a, b 的初相差 $\Delta\varphi = \pi$，则相当于波程差是半波长的奇数倍，P 点是干涉相消点。

5.3.3 驻波

驻波是一种特殊的干涉结果，它是由两列振幅相等、传播方向相反的相干波叠加而成的。设两列相干波的表达式分别为
$$\xi_1 = A_0 \cos(\omega t - kx)$$
$$\xi_2 = A_0 \cos(\omega t + kx)$$
对于相长干涉 $\quad \Delta\Phi = 2kx = 2\pi m \quad (m = 0, \pm 1, \pm 2, \cdots)$

由此得到干涉加强点坐标是 $x = \dfrac{\lambda}{2} m$ $(m = 0, \pm 1, \pm 2, \cdots)$

其强度为 $I = A^2 = (2A_0)^2 = 4I_0, \quad I_0 = A_0^2$

这些干涉最强点被称为驻波的波腹。

对于相消干涉 $\Delta \Phi = 2kx = \pi(2m+1)$ $(m=0,\pm 1,\pm 2,\cdots)$ $k = \dfrac{2\pi}{\lambda}$

由此得到干涉相消点坐标是

$$x = \dfrac{\lambda}{4}(2m+1) \quad (m=0,\pm 1,\pm 2,\cdots)$$

其强度是 $I = 0$

这些干涉最弱点被称为驻波的波节。

由上述分析可得，相邻波腹或相邻波节之间的距离均是 $\lambda/2$。

由波的叠加原理，我们可得下述驻波表达式

$$\begin{aligned}\xi &= \xi_1 + \xi_2 = A_0 \cos(\omega t - kx) + A_0 \cos(\omega t + kx) \\ &= 2A_0 \cos kx \cos \omega t\end{aligned}$$

可以证明上述表达式满足线性波动微分方程

$$\dfrac{\partial^2 \xi}{\partial t^2} = u^2 \dfrac{\partial^2 \xi}{\partial x^2}$$

故把这种叠加结果叫做一种波，称为驻波。

驻波和行波 驻波表达式 $\xi = 2A_0 \cos kx \cos \omega t$ 中空间坐标和时间坐标分别是两个余弦函数的综量。而我们前面一直讨论的平面简谐波表达式 $\xi = A_0 \cos(\omega t - kx)$ 中，坐标和时间是同一个余弦函数的综量。

进一步分析表明，驻波每一时刻都有一确定的波形，但波形是以波节为标志而驻定不动的。能量在相邻波节、波腹之间传播，而没有一个定向传播出去的过程，平均能流是零，故将这种波叫驻波。与驻波的特点相对应，我们把反映能量定向传播的波称为行波，如 $\xi = A_0 \cos(\omega t - kx)$ 就是平面行波的表达式。图 5.3.3(a), (b) 分别表示了这两种波的波形图。

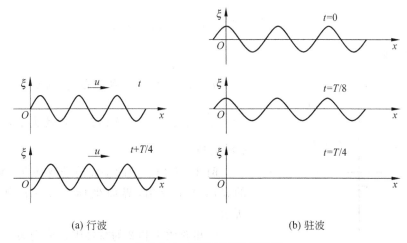

(a) 行波 (b) 驻波

图 5.3.3　行波和驻波波形图

弦上驻波 观察驻波的一个简便方法就是利用行波和其在某反射面返回的反射波的相干叠加。在一条张紧的相当长的弦上,一端固定,如图 5.3.4 的 b 点。从相当远处传来一列波,在点 b 处会有反射波沿弦返回,则入射波和反射波在弦上相干叠加形成驻波。由于弦的一端固定,相当于波从特性阻抗较小的介质向特性阻抗很大的介质入射。所以,在固定端形成驻波的波节。

简正模式 如果把一个长度为 L 的张紧的弦两端都固定,如图 5.3.5 所示,就会得到在两个固定端均为波节的驻波。由于张紧弦的长度 L 是确定的,再加之两端是波节的条件,在弦上激起驻波的波长 λ 满足下式

$$L = \frac{\lambda}{2} n \quad (n = 1, 2, 3, \cdots)$$

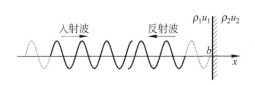

图 5.3.4 入射波和反射波形成驻波

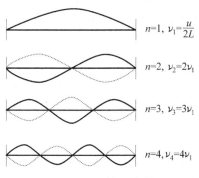

图 5.3.5 简正模式

式中每个 n 对应一种驻波的频率或波长,每一种波长或频率都叫做驻波的一种特征频率或固有频率。因为每一种频率或波长对应着弦上的一种振动方式,所以又把每一种频率或波长对应的振动称为有界连续弦的一种简正模式。

由上式就得到有界连续弦的特征波长为

$$\lambda_n = \frac{2L}{n} \quad (n = 1, 2, 3, \cdots)$$

特征频率为

$$\nu_n = \frac{u}{\lambda_n} = \frac{nu}{2L} \quad (n = 1, 2, 3, \cdots)$$

u 是弦中的波速。

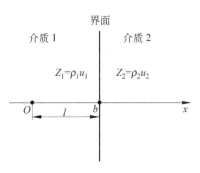

图 5.3.6 例 2 用图

$n = 1, \nu_1 = \dfrac{u}{2L}$ 称弦的基频(模式);$n = 2$,$\nu_2 = \dfrac{2u}{2L} = \dfrac{u}{L}$ 称弦的二次谐频。依此类推,n 对应弦的 n 次谐频。

例 2 介质 1 中的平面简谐波垂直入射到介质 2 的界面并全反射,界面坐标为 $x = l$,如图 5.3.6 所示。

已知介质 1 和 2 的特性阻抗分别为
$Z_1 = \rho_1 u_1$ 和 $Z_2 = \rho_2 u_2$,且 $Z_1 < Z_2$

入射波的表达式为

$$\xi_1 = A\cos\left(\omega t - k_1 x + \frac{\pi}{2}\right) \quad \text{(SI)} \quad \text{其中} \quad k_1 = \frac{2\pi}{\lambda_1}$$

试写出驻波表达式。

解 入射波传到界面后引起 b 点的振动为

$$\xi_{1b} = A\cos\left(\omega t - k_1 l + \frac{\pi}{2}\right) \quad \text{(SI)}$$

因为 $Z_1 < Z_2$，且设为全反射，振幅不变，故 b 点作为反射波振源的振动表达式为

$$\xi'_{1b} = A\cos\left(\omega t - k_1 l + \frac{\pi}{2} - \pi\right) \quad \text{(SI)}$$

从而写出反射波的表达式为

$$\xi'_1 = A\cos\left(\omega t - \frac{\pi}{2} - 2k_1 l + k_1 x\right) \quad \text{(SI)}$$

入射波和反射波在第 1 介质内相干叠加形成驻波，驻波表达式为

$$\xi = \xi_1 + \xi'_1 = A\cos\left(\omega t - k_1 x + \frac{\pi}{2}\right) + A\cos\left(\omega t + k_1 x - \frac{\pi}{2} - 2k_1 l\right)$$

$$= 2A\cos(\omega t - k_1 l)\cos\left(k_1 x - \frac{\pi}{2} - k_1 l\right) \quad \text{(SI)}$$

由于反射点处是驻波的一个波节，那么在介质 1 中波节的坐标是

$$x = l, \ l - \frac{\lambda_1}{2}, \ l - 2 \cdot \frac{\lambda_1}{2}, \ \cdots$$

如果 $l = \frac{3\lambda_1}{4}$，则可知坐标原点处是驻波的波腹。

5.4 多普勒效应

波动的另一个普遍性质是多普勒效应。所谓多普勒效应是指当振源（或波源）S 和接收器（或称观察者）R 有相对运动时，接收器所测得的频率与波源振动的频率不同的现象。

5.4.1 机械波的多普勒效应

机械波的多普勒效应与波源及接收器相对介质的运动相关，故我们以介质为参考系讨论各种运动速度。

本问题中涉及三个速率：介质中的波速 u，波源（振源）S 相对介质的速率 v_S，接收器（或观察者）R 相对介质的速率 v_R。涉及三个频率：振源振动频率 ν_S，波的频率 ν，即介质质元的振动频率，数值上等于单位时间内通过波线上一固定点的完整波形的个数；接收器接收的频率 ν_R，即单位时间内接收器所收到的完整波的个数。在介质中，波速与波的频率、波长的关系是 $u = \nu\lambda$。

设 S 和 R 的运动沿二者连线，下面分四种情况讨论机械波多普勒效应产生的机理，并给出接收器接收的频率和振源振动频率的关系。

(1) 波源和接收器都相对介质静止。即 $v_S=0, v_R=0$，如图 5.4.1(a)所示。

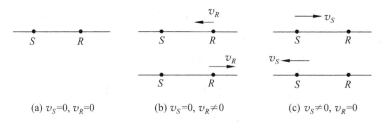

(a) $v_S=0, v_R=0$　　(b) $v_S=0, v_R\neq 0$　　(c) $v_S\neq 0, v_R=0$

图 5.4.1　机械波的多普勒效应

由于振源相对介质静止，所以单位时间振源振动的次数就等于介质质元单位时间内振动的次数，即有 $\nu=\nu_S$；又由于接收器相对介质静止，则介质质元单位时间内的振动次数就是接收器单位时间内接收的振动次数，即得 $\nu_R=\nu$。故我们有结论

$$\nu_R = \nu_S$$

(2) 波源相对介质静止，接收器相对介质运动。即 $v_S=0, v_R\neq 0$，如图 5.4.1(b)所示。

此种情况下，由于振源相对介质静止，所以有 $\nu=\nu_S$，则波的波长为

$$\lambda = \frac{u}{\nu} = \frac{u}{\nu_S}$$

先讨论接收器沿 S,R 连线迎着振源运动。由于 R 迎着静止的 S 运动，单位时间内 R 所接收的完整波的个数与静止时相比将增加 $\frac{v_R}{\lambda}$ 个，如图 5.4.2 所示。

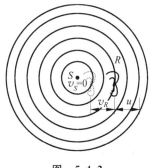

图 5.4.2

故接收的频率　　$\nu_R = \frac{u+v_R}{\lambda} = \frac{u+v_R}{u}\nu_S$

接收到的频率较振源频率将升高。

同样分析，如果接收器沿连线 S,R 远离振源，则接收的频率

$$\nu_R = \frac{u-v_R}{\lambda} = \frac{u-v_R}{u}\nu_S$$

接收到的频率较振源频率将降低。

(3) 接收器相对介质静止，波源相对介质运动。即 $v_S\neq 0, v_R=0$，如图 5.4.1(c)所示。

此种情况下，由于接收器相对介质静止，所以有 $\nu_R=\nu$，即接收的频率等于波的频率。

先讨论波源迎着接收器运动。若波源相对介质静止，当波源振动一个周期 T_S 时，就将振动状态在介质中传出一个波长的距离 uT_S，状态传播速度是 u。即传到图 5.4.3 中的 P 点。若波源在振动的过程中，以速率 v_S 向 P 点运动，就会出现当振源振动一个周期 T_S 时，其振动的初始状态仍以速度 u 传到 P 点，而一个完整的振动在介质中传出的距离变为 $uT_S-v_ST_S$。我们假设介质均匀且各向同性，则波源运动前方介质中的波长缩短为 $\lambda=uT_S-v_ST_S$。

故波的频率　　　　　$\nu = \frac{u}{\lambda} = \frac{u}{u-v_S}\nu_S$

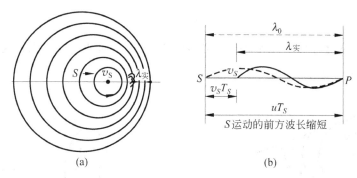

图 5.4.3

接收到的频率

$$\nu_R = \nu = \frac{u}{u - v_S}\nu_S$$

接收到的频率高于波源振动频率。

同样分析,若波源远离接收器,即波源后方的波长变长,则接收到的频率为

$$\nu_R = \nu = \frac{u}{u + v_S}\nu_S$$

接收到的频率低于波源振动频率。

(4) 波源和接收器均相对介质运动,即 $v_S \neq 0, v_R \neq 0$。综合前面第二、三种情况得:

如果波源和接收器两者相向运动,则

$$\nu_R = \frac{u + v_R}{u - v_S}\nu_S$$

若波源和接收器远离,则

$$\nu_R = \frac{u - v_R}{u + v_S}\nu_S$$

讨论:

1) 若 S 和 R 的运动不在二者连线上,此时只要把原式中的 v_S, v_R 换为它们在 SR 连线上的分量即可,如图 5.4.4 所示。

两者相向运动时

$$\nu_R = \frac{u + v_R \cos\theta_R}{u - v_S \cos\theta_S}\nu_S$$

两者远离运动时

$$\nu_R = \frac{u - v_R \cos\theta_R}{u + v_S \cos\theta_S}\nu_S$$

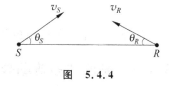

图 5.4.4

我们将 S 和 R 在二者连线上运动(或相应于连线上有运动分量)时所产生的多普勒效应叫纵向多普勒效应。而将 S 和 R 垂直于二者连线运动(横向运动)时所产生的多普勒效应叫横向多普勒效应。

若将 $\theta_R = \theta_S = \frac{\pi}{2}$ 代入上式,则有 $\nu_R = \nu_S$,故机械波无横向多普勒效应。

2) 若波源速度超过波速 $v_S > u$,则晚发的波的波面将出现在早发的波的前方,从而产生以 S 为顶点的圆锥形的波,如图 5.4.5 所示。锥形的顶角为 2α,且有

$$\sin\alpha = \frac{u}{v_S}$$

超音速飞机飞行时对空气造成的扰动,会在空气中激起冲击波。飞行速度与声速的比值 $\frac{v_S}{u}$ 称为马赫数,它决定 α 角(图 5.4.6)。

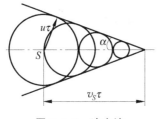

图 5.4.5 冲击波

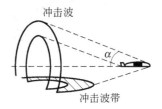

图 5.4.6 超音速飞机

此外,高速机动船驶过时,在水面上也会形成 V 字形的二维"锥形波"又称"舷波"。带电粒子在介质中运动时,若其速度超过介质中的光速(介质中的光速必然小于真空中的光速),会辐射圆锥形的电磁波,称切仑柯夫辐射。

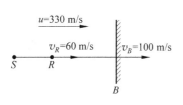

图 5.4.7 例 1 用图

例 1 如图 5.4.7 所示。静止声源 S 的频率 $\nu_S = 300\ \mathrm{Hz}$,声音在空气中传播的速度 $u = 330\ \mathrm{m/s}$,观察者 R 以速度 $v_R = 60\ \mathrm{m/s}$ 向右运动,反射壁 B 以 $v_B = 100\ \mathrm{m/s}$ 也向右运动。

求 R 接收到的经反射壁 B 的反射后波的频率。

解 反射壁 B 远离波源 S,所以接收到波源 S 发来的波的频率是

$$\nu_B = \frac{u - v_B}{u}\nu_S$$

反射壁 B 将以上述频率作为振源发射反射波,则此时观察者 R 迎着反射壁(波源)运动,而反射壁(波源)远离观察者 R,所以观察者接收到的反射波的频率为

$$\nu_R = \frac{u + v_R}{u + v_B}\nu_B = \frac{u + v_R}{u + v_B} \cdot \frac{u - v_B}{u}\nu_S$$

代入数据,可得

$$\nu_R \approx 190\ \mathrm{Hz}$$

注意本题中反射壁角色的变化。

5.4.2 光波的多普勒效应

由于光波可在真空中传播,在任一惯性系测量,其传播速率均相同,故"S 向 R 运动"和"R 向 S 运动"两者在物理上等同,不可区分。起作用的是 S 和 R 间的相对速度。光波既有横向多普勒效应也有纵向多普勒效应。

光波的多普勒效应的应用很广,如测量天体相对地球的视线速度。恒星的可辨认的谱线与地面的相比较有显著的"红移",即频率变低,波长变长。由红移可测得恒星的退行速度。根据"大爆炸"理论,现今的宇宙是约 2×10^{10} 年前的一次"大爆炸"形成的。"爆炸"后的产物以不同速度飞散而"膨胀"为宇宙,且在继续"膨胀",速度越大,飞得越远。退行速度的

测量，支持了"大爆炸"理论。

又如根据多普勒效应，知原子发光的频率会因为发光原子的热运动而发生改变，且由于热运动的无序性而使之在一定范围内连续改变，从而使光谱线具有一定宽度，这就是所谓光谱线的多普勒增宽。

技术上，多普勒效应可用于测量运动物体的视线速度。如测飞机接近雷达的速度，汽车的行驶速度，人造地球卫星的跟踪⋯⋯以及流体的流速（如"激光流速仪"的应用）。医学上的"D超"就是利用超声波的多普勒效应来检查人体的内脏、血管的运动和血液的流速、流量等情况。

5.5 光的横波性与偏振现象

可见光的波长范围通常定在 $400\sim800$ nm，人眼可见而且可分辨出不同的颜色。在文学作品中常被人们说成是"赤橙黄绿青蓝紫"的七色光，长波端显红色，短波端显紫色。电磁波的传播机理可由电磁场理论阐明。由麦克斯韦电磁场方程组可以得出电磁波的波动方程和基本特性。

5.5.1 平面电磁波的波动方程和表达式

从麦克斯韦电磁场方程组出发可以推导出在均匀无限大各向同性介质（或真空）中沿 x 轴传播的平面电磁波的波动方程是

$$\frac{\partial^2 E_y}{\partial t^2} = \frac{1}{\mu\varepsilon}\frac{\partial^2 E_y}{\partial x^2} \quad 和 \quad \frac{\partial^2 H_z}{\partial t^2} = \frac{1}{\mu\varepsilon}\frac{\partial^2 H_z}{\partial x^2}$$

这说明电场和磁场是以波动形式在空间传播，由此麦克斯韦预言电磁波的存在。由波动方程可知：**电磁波是横波**，其电磁场量 E 和 H 均垂直于波速 u。在给定的传播方向上电场和磁场分别在各自的平面内振动，这一特性称为偏振性。如图 5.5.1 所示。

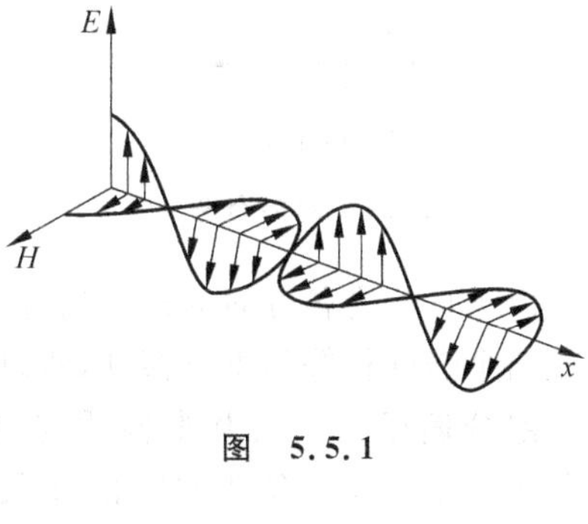

电磁波的波速

$$u = \frac{1}{\sqrt{\varepsilon\mu}}$$

真空中的速度就是光速

$$u = \frac{1}{\sqrt{\varepsilon_0\mu_0}} = c$$

平面电磁波的表达式

$$E_y = E_0\cos(\omega t - kx)$$
$$H_z = H_0\cos(\omega t - kx)$$

图 5.5.1

其中 $\sqrt{\mu}H_z = \sqrt{\varepsilon}E_y$ 且 $\sqrt{\varepsilon}E_0 = \sqrt{\mu}H_0$

上式表明电场和磁场相位相同，即同步调地变化。

光波的折射率

$$n = \frac{c}{u} = \sqrt{\varepsilon_r\mu_r} \approx \sqrt{\varepsilon_r}$$

说明电磁场与物质相互作用时起主要作用的是电矢量，故在光学中将电场强度矢量称为光矢量。

5.5.2 基本偏振态

波分横波和纵波两种。所谓横波即振动方向垂直于传播方向。那么,我们将振动物理量在垂直于传播方向的平面内投影就发现横波与纵波的不同。横波振动投影对于传播方向来讲不对称,振动偏向于一侧,称为偏振;纵波其振动投影是个点,对于传播方向各向同性,无不对称而言。所以,如果令波通过各向异性物质,则物质的各向异性就会对横波的这种不对称性有所显现,这种现象称为横波的偏振现象。

光的横波性通常用其偏振态来说明。基本偏振态包括线偏振光、自然光、部分偏振光、椭圆偏振光和圆偏振光。

线偏振光 光矢量始终维持一个固定的振动方向,这种偏振态叫线偏振光。由于线偏振光的振动方向和传播方向决定的平面不变,故又将其称为面偏振光,有时也称线偏振光为完全偏振光。实际应用中需用图示来说明光波的偏振状态,图 5.5.2(a)就是线偏振光的图示,图中竖道代表纸面内的线偏振,点代表垂直纸面的线偏振。

自然光 光矢量方向时刻都在改变,在可观察的时间内,各方向随机分布,等概率。在垂直于传播方向的平面上观察的振动分布如图 5.5.3(a)所示,自然光可以分解为两个强度相等的垂直线偏振光分量,即 $I_x = I_y$,如图 5.5.3(b)所示。

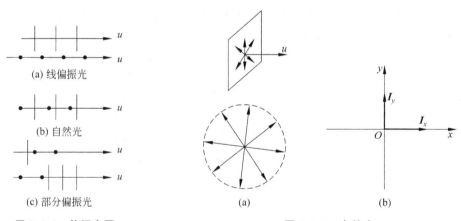

图 5.5.2 偏振态图 图 5.5.3 自然光

由于自然光各方向的振动均有,所以自然光的图示为图 5.5.2(b)所示。由于自然光可看成两个强度相等的垂直振动,所以竖道和点的个数相等。

部分偏振光 其基本性质与自然光相近,即在垂直于传播方向的平面内各方向的光矢量都有,但会有某方向的光矢量占优势。部分偏振光的图示如图 5.5.2(c)所示(上图表示垂直于纸面的振动占优,下图表示纸面内振动占优)。部分偏振光可认为是一个沿其优势方向的线偏振光和自然光的混合,或认为是一对正交的但强度不等的线偏振光的混合。

椭圆(或圆)偏振光 本质上是偏振光,但在人们观察的时间内光矢量的端点会描出一个椭圆(或圆)。

光的横波性所显现的现象叫偏振现象。用二向色性晶体做成的一种光学元件叫偏振片,二向色性晶体只允许某一振动方向的光通过,我们将这一特殊方向叫偏振片的通光方向或透振方向,如图 5.5.4 中的箭头所示。

若令线偏振光正入射到理想(即对光无其他吸收,后叙中不加说明均认为是理想偏振片)偏振片上,如果入射的线偏振光的振动方向与偏振片的通光方向一致,则出射光强最大,若入射光的振动方向垂直于偏振片的通光方向则出射光强为零(称消光现象)。

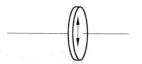

图 5.5.4 偏振片的通光方向

检验偏振态的第一步骤就是令入射光正入射于偏振片,然后以入射光线为轴连续转动偏振片,观察出射光的光强变化。若观察到光强出现最亮、消光周期变化,则可判定入射光是偏振光;若观察到出射光光强不变,则可判定入射光是自然光或者是圆偏振光;若观察到出射光出现最亮、最暗光强,但最暗不是消光,则判定入射光是部分偏振光或椭圆偏振光。检验偏振态的第二步骤就是将自然光和圆偏振光区分开来,将椭圆偏振光和部分偏振光区分开来(将在本章的第 6 节介绍)。

自然光垂直通过偏振片后,无论偏振片的通光方向在何方位,自然光均都分解成两个光强相等的正交线偏振光,且出射光强 I 与入射光光强 I_0 的关系是

$$I = \frac{1}{2} I_0$$

例 1 求光强为 I_1 的线偏振光垂直通过偏振片后的光强。光矢量与偏振片的通光方向的夹角为 α。

解 在垂直于传播方向的平面内,画出光的振幅矢量分解图 5.5.5。

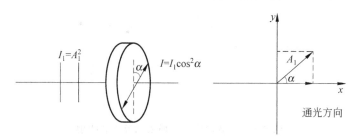

图 5.5.5 线偏振光通过偏振片(例 1 用图)

设偏振片的通光方向为 x 轴。入射光振幅的两个分量分别是

$$A_x = A_1 \cos \alpha, \quad A_y = A_1 \sin \alpha$$

只有与通光方向相同的光振动可通过偏振片,故出射光的光强为

$$I = I_1 \cos^2 \alpha$$

当 $\alpha = 0, \pi$ 时,出射光最强 $I = I_1$;当 $\alpha = \frac{\pi}{2}, \frac{3}{2}\pi$ 时,$I = 0$,消光。因而转动偏振片一周,出射光强由亮到全黑周期性变化。

$I = I_1 \cos^2 \alpha$ 本身就反映了光矢量对传播方向的不对称性,通常称该规律为**马吕斯定律**。

例 2 光强为 I_0 的自然光连续通过两个通光方向成 θ 角的偏振片,求出射光光强。

解 自然光通过第 1 个偏振片后是光强为 $I_1 = \frac{I_0}{2}$ 的线偏振光,振动方向与第 2 个偏振片通光方向成 θ 角,根据马吕斯定律,通过第 2 个偏振片后光强为

$$I = I_1 \cos^2\theta = \frac{I_0}{2}\cos^2\theta$$

5.5.3 光在各向同性介质表面反射折射时的偏振现象

因为电磁场量的边界条件涉及 **E**,**H** 在平行于边界和垂直于边界的两个分量间的关系，所以当光在两种介质的界面上反射折射时，不仅有振幅和相位的变化，还有偏振态的变化。

当自然光入射到两各向同性介质表面时，我们观察到的现象是：通常情况下，反射光和折射光均为部分偏振光，如图 5.5.6(a) 所示。反射光中垂直入射面的振动分量占优，透射光中平行入射面的振动占优。

当入射角 i_0 与两介质的折射率 n_1,n_2 满足下述关系时，

$$\tan i_0 = \frac{n_2}{n_1}$$

反射光为线偏振光，其光矢量的振动垂直于入射面，折射光仍为平行入射面的振动占优的部分偏振光；同时，反射线和折射线相互垂直，即入射角 i_0 和折射角 r_0 的关系是 $i_0 + r_0 = \frac{\pi}{2}$，如图 5.5.6(b) 所示。上述实验规律称为**布儒斯特定律**。理论上，该定律可由菲涅耳公式导出，而菲涅耳公式又可由电磁场理论推出。i_0 称为布儒斯特角，或称起偏角。利用反射、折射时的偏振可获得偏振光，或通过测定布儒斯特角达到测量材料相对折射率的目的。

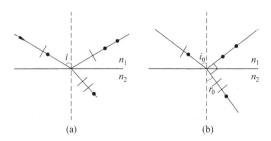

图 5.5.6 各向同性介质表面反射和折射

5.5.4 散射光的偏振现象

光射到一些微粒或尘埃上，我们从侧面可以看到光，这是光的散射现象。经典理论对光散射现象的解释是：光矢量使物质中的电子产生同频率同方向的受迫振动，则受迫振动的电子就会作为光源向周围发射同样频率的光。由于光波是横波，所以您所看到的散射光的振幅实际上是电子受迫振动振幅在传播方向的垂直分量（即，散射光的光振动方向在电子振动方向与散射方向组成的平面内）。所以在不同的角度观察散射光的偏振状态是不同的。

如图 5.5.7 所示，令自然光沿 x 轴方向入射。入射到散射体的光振动在 yz 平面内，所以微粒中电子受迫振动方向仍在 yz 平面内。

如果人们在 yz 平面内沿着 z 或 $-z$ 方向观察散

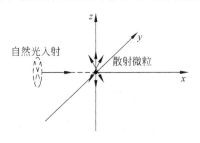

图 5.5.7 散射光的偏振

射光,观察到的沿着 z 方向传播的散射光的光振动平行于 y 轴。即垂直入射光方向的散射光是线偏振光。

如果人们在 xy 平面内沿着 $-y$ 或 y 方向观察,散射光的光振动就是平行于 z 轴的线偏振光。即垂直入射光方向的散射光是线偏振光。若在 xy 平面内沿 x 方向观察,则是自然光。即沿入射方向传播的散射光的偏振态与入射光相同。

在其他方向观察到的是部分偏振光。一些动物就是靠太阳光的散射偏振来判断方向的。

5.5.5 光在各向异性晶体中的双折射现象

实验发现当光进入各向异性晶体后,通常其传播路线一分为二,我们称之为双折射现象,如图 5.5.8 所示。其中一支折射光服从折射定律,如同在各向同性物质中传播一样,故将其叫做寻常光线(简称 o 光);另一支光不服从折射定律,叫非常光线(简称 e 光)。o 光、e 光均为线偏振光。

双折射现象源于晶体电磁性质的各向异性(极化的各向异性),深入的讨论属于晶体光学,已超出本课程范围,这里只给出一些结论。在晶体内存在一个特殊方位,当光在晶体内沿此方位传播时,不发生双折

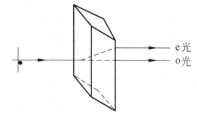

图 5.5.8 双折射现象

射,此方位称为晶体的光轴。只存在一个特殊方位的晶体叫单轴晶体,如方解石,石英等,其他还有双轴晶体等。我们将光线与光轴组成的平面叫该光线的**主平面**。实验和理论证明 o 光的振动垂直于 o 光的主平面,e 光的振动在 e 光的主平面内。对单轴晶体,光的传播规律是:o 光向各方向传播的速度相同,以 v_o 表示,折射率为 $n_o = \dfrac{c}{v_o}$,e 光沿光轴方向传播的速度同 o 光,也是 v_o;垂直于光轴方向的传播速度与 o 光相差最多,以 v_e 表示,相应折射率为 $n_e = \dfrac{c}{v_e}$,其他方向的光速度在 v_o 和 v_e 之间。$v_o > v_e$ 的晶体叫正晶体,如石英晶体;$v_e > v_o$ 的晶体叫负晶体,如方解石晶体。n_o,n_e 是晶体的主折射率,与波长有关,如对波长为 589.3 nm 的钠光,方解石晶体的主折射率是 $n_o = 1.6584$ 和 $n_e = 1.4864$;石英晶体的主折射率是 $n_o = 1.5443, n_e = 1.5534$。晶体内某点发出的 o 光的子波波面是球面,e 光的子波波面是以光轴为旋转轴的椭球面,o 光和 e 光的子波面在光轴处相切。正、负晶体的子波面如图 5.5.9 所示。由于 o 光服从折射定律,e 光不服从折射定律,故一般情况下 o 光和 e 光的主平面不重合,但在光轴平行于入射面的情况下,o 光和 e 光主平面重合,均可以用入射面代替。

用惠更斯作图法可以确定晶体中 o,e 光的传播方向。利用双折射晶体可以制作获取偏振光的晶体偏振器件,也可以制作相位延迟器件(称波晶片)改变 o 光和 e 光的相位差。

例3 平行单色自然光正入射在方解石晶体表面,方解石晶体的光轴在入射面内。用惠更斯作图法确定双折射光线传播方向。

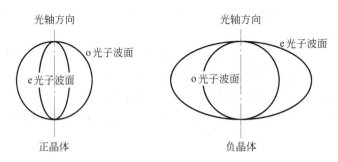

图 5.5.9　单轴晶体的子波面

解　作图如 5.5.10 所示。

例 4　线偏振光正入射方解石晶体表面。晶体的光轴在入射面内并平行于入射表面。设线偏振光的振动方向与入射面夹角是 α。用惠更斯作图确定双折射光线的传播方向。

解　由于光轴在入射面内，则进入晶体后垂直于入射面的光振动是晶体中的 o 光，平行于入射面的光振动是晶体中的 e 光。又由于光轴平行于入射表面，根据光是横波就知，在正入射的情况下，垂直于光轴的光振动是晶体中的 o 光，平行于光轴的光振动就是晶体中的 e 光。入射的线偏振光与入射面有一夹角，故进入晶体后，既有 o 光又有 e 光。用惠更斯作图如图 5.5.11 所示。

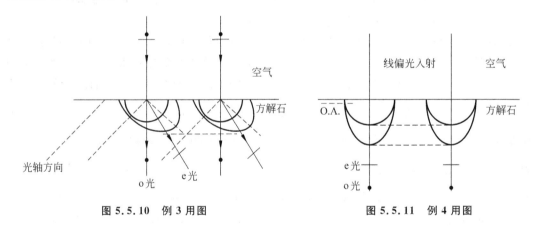

图 5.5.10　例 3 用图　　　　图 5.5.11　例 4 用图

由图 5.5.11 可看出，这种情况下虽然 o 光和 e 光传播方向一致，没有看到两条折射光线，但实质上是不同的光振动各以不同的速度在传播，这就是双折射的本质。这种光轴平行于入射表面的晶体薄片叫波晶片，将在偏振光的干涉中介绍其应用。

一些各向同性的介质在人为条件下，如受到应力或处于电场、磁场中时也会出现双折射现象，这些统称人为双折射。应力双折射已发展为近代的光弹学，利用光强的变化可以判定应力的分布。一些各向异性物质在外界电场和磁场作用下也可改变其双折射的性质，从而使人们可以利用电场（或磁场）控制光的强度，这些技术称为电光调制，在近代的信息传输中发挥着关键作用。

偏振现象是所有横波的外在表现，不仅电磁波有偏振现象，机械横波也有。随着近代技术的发展，超声波在固体中横波的偏振现象愈来愈受到关注，因为只有横波才会显现出物质的各向异性。

5.6 光的干涉

干涉现象是光的波动性的实验判据之一。

5.6.1 获得相干光的基本原则

生活中常见的白炽灯,实验室常用的钠灯、汞灯等都属于普通光源。普通光源发光的基本单元是原子和分子。发光的基本过程是原子、分子从高能级向低能级跃迁产生的自发辐射。普通光源的发光具有随机性、偶然性和间歇性。即对于光源中的一个原子(分子)的多次发光来讲,发光的时刻、发出光波的波列长度、发出光波的电矢量振动方向以及初相位等都无一定的规律。比较光源中的两个原子(分子)发出的光波,更是随机的。这就是说,一个原子发出的各光波不具有相干性,两个原子同时发出的两列光波也不具有相干性。由于发光的上述特点,决定了我们在观察普通光源发光的干涉现象时,必然存在一个获取相干光的基本原则。在这个原则指导下设计的实验装置才可满足干涉的观测条件。

由于普通光源中原子发光的随机性,获取相干光的原则只能是:从一个原子的一次发光中获得。那么,观察的装置必须把一个原子(或分子)一次发出的光波分成两支或数支,故装置必须具有分束和使分开的光束再相遇的功能。观察干涉的基本装置有分波面和分振幅两种类型。

分波面法是:在一个原子一次发光的波面上取出极小的两部分或数部分,这些极小的部分一定满足相干条件,然后使之再相遇产生干涉。如图 5.6.1 所示,S 是点光源,分束装置可以是线度极小的圆孔,圆孔取出的两部分 S_1 和 S_2 就是相干光源,S_1 和 S_2 的衍射光相遇产生干涉。

分振幅法是:将一个原子一次发光的一支波射线分成两支或数支,然后再使之相遇产生干涉。如图 5.6.2 所示,S 是光源,发出的一支光经薄膜的上表面反射和折射分成两支,分别标记为光线 1 和光线 2,然后光线 2 又经薄膜的下表面反射再折射出第一表面,光线 1 和光线 2 是相干光。假设薄膜的上、下表面平行,则光线 1 和光线 2 也平行。通过透镜(或眼睛)使它们会聚在 P 点产生干涉。

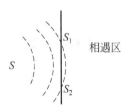

图 5.6.1 分波面法

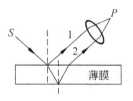

图 5.6.2 分振幅法

比较图 5.6.1 所示的分波面法和图 5.6.2 的分振幅法,也可以把分波面法看作是从一个原子一次发光中取出两支或数支波射线。另外,分波面法得到的相干光相遇是一个区域,即在叠加区各处均有干涉花样(通常把干涉的分布称为干涉花样),观察屏放置不同位置,得到的干涉花样不同。而分振幅法得到的两相干光是相遇在确定的位置,所以只有在一定的观察角度才能观察到这条光线的干涉。或者说,随着观察者在薄膜上方观察的角度变化,相对应的干涉花样也在变化。

5.6.2 光程

相干叠加的结果取决于相干光束的相位差。引入光程的概念后就可方便地计算光通过不同介质时的相位差。如果一束光在真空中从 a 点经过几何路程 l_0 传播到 b 点,相位的改变是 $\Delta\varphi=\frac{2\pi}{\lambda}l_0$,式中的 λ 是这束光在真空中的波长,如图 5.6.3(a)所示。如果这束光是在折射率为 n 的介质中从 a 点经过几何路程 l_0 传播到 b 点,相位的改变是 $\Delta\varphi=\frac{2\pi}{\lambda_n}l_0$,注意此时式中的 λ_n 是这束光在折射率为 n 的介质中的波长,如图 5.6.3(b)所示。

由折射率的定义有

$$n = \frac{c}{u} = \frac{\nu\lambda}{\nu\lambda_n} = \frac{\lambda}{\lambda_n}$$

则在介质中

$$\Delta\varphi=\frac{2\pi}{\lambda_n}l_0=\frac{2\pi}{\lambda}nl_0$$

若定义 nl_0 为光在介质 n 中的光程,则光在介质 n 中由传播几何路程 l_0 引起的相位改变就等效于光在真空中传播了几何路程 nl_0 所引起的相位改变。即光程就是光的等效真空路程。光连续通过多种介质时,总光程为 $L=\sum n_i l_i$。如图 5.6.4 所示,光连续通过介质 1、2、3,折射率和几何路程分别为 n_1,n_2,n_3 和 l_1,l_2,l_3,则总光程为

$$L = n_1 l_1 + n_2 l_2 + n_3 l_3$$

相应的相位改变是

$$\frac{2\pi}{\lambda}L = \frac{2\pi}{\lambda}(n_1 l_1 + n_2 l_2 + n_3 l_3)$$

注意这里的 λ 是真空中的波长。

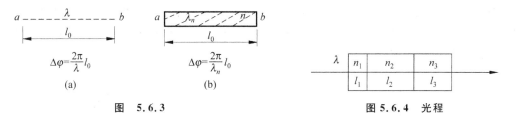

图 5.6.3　　　　　　　图 5.6.4　光程

5.6.3 典型干涉实验

研究光的干涉现象主要涉及五个方面的内容。第一,实验装置(按取得相干光的原则设计);第二,确定相干光束并计算相应的光程差(或相位差);第三,光强的分布及干涉花样的特点(形状、干涉最强和最弱的几何位置、级次及条纹的动态变化);第四,应用;第五,影响干涉花样的其他重要因素(如相干光束的强度比、光源的单色性及线度等)。下面介绍几个典型实验。

实验 1　分波面法双光束干涉：双缝干涉

装置　如图 5.6.5 所示，单色平行光垂直入射到单缝上（图中缝长方向垂直纸面。单缝相当于图 5.6.1 中的点光源 S，在此是由一系列点光源组成的线光源），在单缝后，平行于单缝平面放置双缝平面，使双缝（双缝相当于图 5.6.1 中的点光源 S_1 和 S_2，在此也是线光源）平行于单缝。双缝之间的距离用 d 表示，在相遇区距双缝平面相当远处放置干涉花样观察屏，双缝平面与观察屏的距离用 D 表示。整个装置置于空气中，要求 $D\gg d$，通常实验中 D 是在 1~2 m 之间，d 是毫米量级。这个条件等效于观察屏距双缝为无限远。

观察图 5.6.5 所示的干涉结果，也可以采用如图 5.6.6 所示的实验装置。在图 5.6.6 所示的装置中，在双缝与观察屏之间放置了一个焦距为 f 的会聚透镜 L。观察屏放在透镜的焦平面处。这说明，在无限远处观察，与在会聚透镜的焦平面上观察等效。

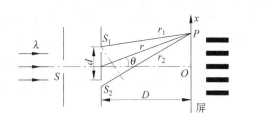
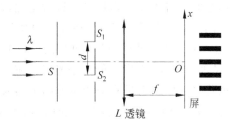

图 5.6.5　双缝干涉装置 1　　　　　图 5.6.6　双缝干涉装置 2

相干光束及光程差　以装置 1 为例说明。缝 S_1、S_2 是由一系列的点光源组成。我们选在纸面上的一个点光源说明。从缝 S_1 与缝 S_2 出射的两支光线在观察屏的 P 点相遇产生干涉。干涉的结果取决于这两条光线在 P 点的相位差。注意到如图 5.6.5 所示装置的双缝 S_1、S_2 对于 S 对称，干涉结果直接取决于从 S_1 与 S_2 出射的两光线的光程差。由于装置放置在空气中，所以两光的光程差 $\Delta L = r_2 - r_1$，又 $D \gg d$，可认为从 S_1 出射的光线与从 S_2 出射的光线近似平行，则光程差

$$\Delta L = r_2 - r_1 \approx d\sin\theta \approx d\tan\theta = d\frac{x}{D}$$

相位差
$$\Delta\varphi = \frac{2\pi}{\lambda}\Delta L$$

干涉花样　根据相长干涉的条件，知明纹处的光程差满足

$$d\frac{x}{D} = m\lambda \quad (m = 0, \pm 1, \pm 2, \cdots)$$

得明纹在观察屏上坐标值为

$$x = m\frac{D}{d}\lambda \quad (m = 0, \pm 1, \pm 2, \cdots)$$

m 为明纹的级次。相邻明纹的间距均为

$$\Delta x = \frac{D}{d}\lambda$$

同样根据相消干涉的条件，暗纹处的光程差满足

$$d\frac{x}{D} = (2m+1)\frac{\lambda}{2} \quad (m = 0, \pm 1, \pm 2, \cdots)$$

相邻的两暗条纹的间距也相等，也为

$$\Delta x = \frac{D}{d}\lambda$$

由式 $\Delta x = \frac{D}{d}\lambda$，可以看出 $D \gg d$ 的条件在利用图 5.6.5 所示的实验装置观察双缝干涉的必要性。条纹间距与 $\frac{D}{d}$ 成正比，$\frac{D}{d}$ 足够大，观察到的条纹间距就足够大，便于测量。

为什么用图 5.6.6 所示装置可以得到和图 5.6.5 所示装置相同的干涉结果呢？干涉结果的相同来源于光程差的相同。这就涉及透镜存在时相干光线的光程差的计算。如图 5.6.7 所示的物点 S 通过透镜后成像在像点 S'。从干涉的角度来说，由于像点 S' 是亮点，所以像点是干涉的加强点。即从物点到像点之间各光线光程差为零，也就是物点到像点的各光线等光程。注意到物点和像点均是光源的波面，所以我们有结论：在物方和像方，两波面之间的各光线光程相等。这就是说，透镜在成像过程中不会引进附加的相位差。

图 5.6.8 的上图表明，在波面 ABC 上发出的三条光线经透镜后会聚到透镜的主焦点 F，这三条光线是波面 ABC 和 F 之间的光线，所以这三条光线等光程。图 5.6.8 的下图表明，从波面 ABC 上发出的三条光线会聚到透镜的副焦点 F'，同样这三条光线等光程。透镜在成像过程中不引进附加相位差的事实来源于光传播的"费马原理"。"费马原理"的核心内容是：实际光线走的时间都是极值，表达式为

$$\delta\left[\sum n_i l_i\right] = 0$$

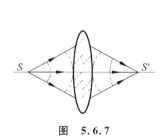

图 5.6.7

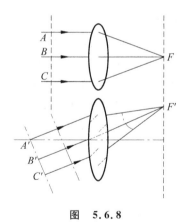

图 5.6.8

时间与光程的关系是

$$t = \sum \frac{l_i}{u_i} = \sum \frac{n_i l_i}{c} = \frac{\sum n_i l_i}{c}$$

光从空间的一点到另一点是沿着光程为极值的路径传播的。

由前面讨论的干涉明（暗）纹条件及坐标表达式可知，双缝干涉花样是一系列平行于缝的明暗相间的直条纹；在 D 足够大的条件下，条纹等间距；坐标数值愈大，条纹级次愈高。如果复色光入射，那么在入射光束中就有两个以上的单色波长，如设为 $\lambda_1、\lambda_2、\lambda_3\cdots$，每一个波长的两相干光都满足相同形式的光程差公式，所以在屏上会形成一系列的形式相同的干涉条纹。各波长的零级明条纹均处在 $x=0$ 的位置上，而由于条纹间距与波长成正比，所以

其余级次的条纹位置将按波长从小到大排开。同一级次的条纹,波长短的更靠近零级条纹。图 5.6.9 示意了绿光(g)、黄光(y)、红光(r)三种单色光组成的复色光入射至图 5.6.5 所示装置得到的同一级上的各波长亮条纹的排列。

双光束相干叠加的光强 $I = I_1 + I_2 + 2\sqrt{I_1 I_2}\cos\Delta\Phi$

如果 $I_1 = I_2 = I_0$

则 $I = 4I_0 \cos^2\dfrac{\Delta\Phi}{2}, \quad \Delta\Phi = \dfrac{2\pi}{\lambda}d\sin\theta$

明纹的强度是 $I = 4I_0$,I_0 是一个缝在观测处的光强。

如果不考虑衍射的影响,I_0 在屏上各处相同,则所有的明纹的强度均和零级明纹的相同。

暗纹的强度为 $I = 0$

满足明纹的光程差公式是

$$d\sin\theta = m\lambda \quad (m = 0, \pm 1, \pm 2, \cdots)$$

双缝干涉的光强曲线示于图 5.6.10。

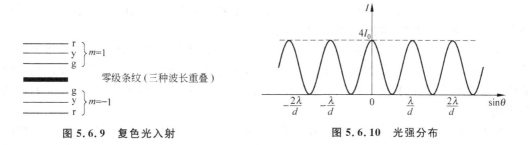

图 5.6.9 复色光入射   图 5.6.10 光强分布

实验 2 维纳驻波实验

1890 年,维纳(O. Wienr)首先观察到光的驻波现象。实验装置如图 5.6.11 所示。MM' 是镀银反射面,GG' 是涂有感光物质的透明玻璃片,MM' 和 GG' 之间有一个很小的夹角 $\theta(\theta \approx 1' \sim 2')$。平面波垂直入射到镀银反射面 MM' 上反射后与入射波叠加形成驻波。在波腹处感光物质经显影后变黑,波节的地方显影后不变黑。图中用虚线表示的平行于 MM' 的平面代表驻波波腹点,相邻波腹之间的距离是 $\lambda/2$,由图可知,感光涂层与 MM' 接触点是波节,证明了"半波损失"的事实。感光涂层上两黑纹之间的间距是

$$\overline{ab} = \dfrac{\lambda}{2\sin\theta}$$

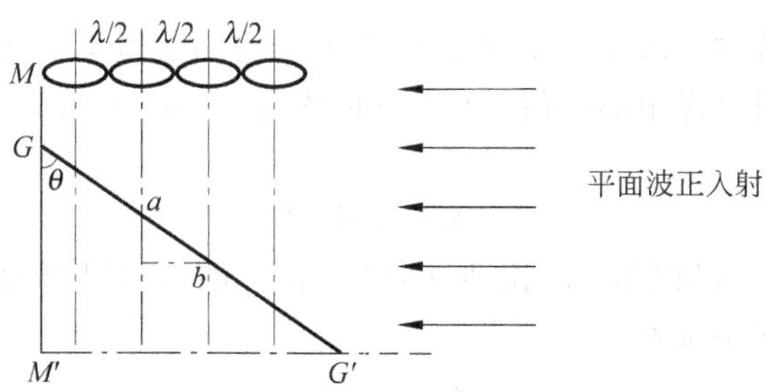

图 5.6.11

维纳驻波实验在历史上的意义不仅是首先观察到光的驻波现象,更重要的还有:(1)从电磁场理论分析,在反射面与感光涂层交界点处形成波节而不感光的电磁物理量是电矢量 E,从而证明电磁波与物质相互作用中起主要作用的是电矢量,故称电矢量为光矢量。(2)证明了光矢量从光疏到光密介质反射时的"半波损失"。(3)1893 年,李普曼(Lippman)利用在照相乳胶内可产生驻波的现象,提出了天然彩色照相法。基本思想是:每一种波长的光都会在感光涂层上产生自己的驻波,则显影后在涂层上就形成很多层,每层的间隔为 $\lambda/2$。采用涂有相当厚的乳胶层的底片,用波长为 λ_1、λ_2、λ_3 的复色光垂直照射,显影后就会得到间隔分别为 $\lambda_1/2$、$\lambda_2/2$、$\lambda_3/2$ 的多层底片。当用白光照射这样处理过的底片后,与 λ_1 相对应的层上 λ_1 的光反射加强,与 λ_2 相对应的层上 λ_2 的光反射加强……,从而形成彩色图像。

实验3 分波面法多光束干涉

用具有周期性的衍射屏(双缝属于一种衍射屏)从一个原子的一次发光的波面上取出数部分,然后相遇产生干涉,从而实现多光束干涉。这种具有周期性的衍射屏称为光栅。在一块不透明的平板上刻出一系列等宽等间距的透明的平行狭缝,称为透射光栅。如图 5.6.12(a)所示。在某种不透明的平面上刻出一系列等间距的等宽的不透光的平行槽纹,就做成了一块反射光栅,如图 5.6.12(b)所示。

透光部分的宽度用 a 表示,不透光的部分用 b 表示,两部分之和 $d=a+b$ 叫做光栅常数。缝数用 N 表示。通常 N 比较小时称为多缝,而把 N 相当大的称为光栅。反射光栅的分析方法完全类同透射光栅,每一个小槽纹的宽度相当于 a,槽纹之间的距离相当于 d,槽纹的个数是 N。

装置 图 5.6.13 是实验装置的示意图。一束单色平行光垂直入射到光栅表面,光栅的透光部分从一次发光的波面上取出大小相等的数部分,从而实现取得相干光的目的。利用透镜的成像特点,我们在透镜的焦平面上观察多光束的干涉结果。

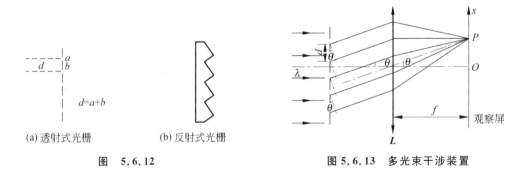

图 5.6.12　　　　　　　　　　图 5.6.13　多光束干涉装置

(a) 透射式光栅　　(b) 反射式光栅

相干光束及强度分布　由于透镜的作用,各缝会聚到透镜焦平面(观察屏)上的 P 点的光线只能是各缝诸多衍射光中那些衍射角为 θ 的光线。由图 5.6.13 可知,相邻缝出射的光线的光程差是

$$\Delta L = d\sin\theta$$

那么,在 P 点应是 N 个同频率的、同振动方向的、相邻相位差相同的简谐振动的合成。干涉结果取决于相邻光线的相位差

$$\delta = \frac{2\pi}{\lambda}\Delta L = \frac{2\pi}{\lambda}d\sin\theta$$

出现干涉**主极大**的各点要求相邻光线的相位差应满足

$$\delta = 2\pi m \quad (m = 0, \pm 1, \pm 2, \cdots)$$

即相邻光线的光程差满足

$$d\sin\theta = m\lambda \quad (m = 0, \pm 1, \pm 2, \cdots)$$

通常称上式为正入射光栅方程。

如果不考虑衍射的影响，各主极大的强度相等，等于

$$I = N^2 A_0^2 = N^2 I_0$$

A_0 是每个缝参与叠加的光线的振幅。

出现干涉极小的相邻光线的光程差满足

$$d\sin\theta = m\frac{\lambda}{N} \quad (m \text{ 是} \neq 0, \neq N \text{ 的倍数的整数} \cdots\cdots)$$

由 N 个同频率同振动方向相邻相位差相同的简谐振动的合成，透镜焦平面上各点干涉的强度

$$I = I_0 \frac{\sin^2\left(\frac{\pi N}{\lambda} d\sin\theta\right)}{\sin^2\left(\frac{\pi}{\lambda} d\sin\theta\right)}, \quad I_0 = A_0^2$$

式中，A_0 为单缝在 θ 处的光矢量振幅。

干涉花样 在观察屏上出现一系列平行于缝的直条纹。每相邻的两个主极大之间会出现 $N-1$ 个极小，$N-2$ 个次极大。图 5.6.14(a)(b)(c) 分别图示了 $N=3$、$N=4$ 及光栅的干涉花样。应注意到，主极大在 $I\text{-}\sin\theta$ 的坐标图示中的位置只取决于入射光的波长 λ 和光栅常数 d。在相同的入射波长和相同的光栅常数的情况下，随着 N 的增大，主极大之间的极小和次极大的个数将随之增多；同时主极大的光强也随之急剧增大，宽度将随之变窄，而次极大的强度随之接近于零。那么，我们观察到的将是在黑暗的衬底上托出一条条又窄又亮的主极大，如图 5.6.14(c) 所示。这样的结果可以使我们利用光栅作为精密测量的元件。比如，我们可以采用图 5.6.13 的装置通过精确地测量入射光的某一级主极大的衍射角而达到测量该光波长的目的。

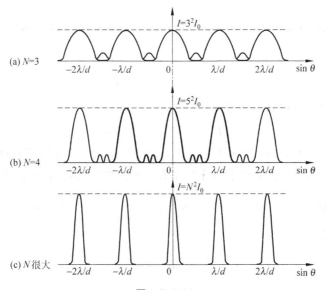

图 5.6.14

若用白光照射图 5.6.13 所示装置,各波长的主极大都满足光栅方程
$$d\sin\theta = m\lambda \quad (m = 0, \pm 1, \pm 2, \cdots)$$
那么,在同一级上就会出现各种波长的干涉条纹,形成光谱,这就是**光栅光谱**。

实验 4 薄膜干涉

薄膜干涉是分振幅法获得相干光的典型例子。如果只考虑两条相干光的干涉,就是双光束干涉,若是考虑多次反射或多次透射的相干光的干涉,就是多光束干涉。

相干光和光程差 设折射率为 n_2 的薄膜置于折射率为 n_1 的透明介质中,如图 5.6.15 所示。一支波长为 λ 的单色光入射到薄膜的上表面 A 点,分成两支,标记为光线 1 和光线 2。光线 2 折射入薄膜内,经薄膜的下表面 C 点反射至上表面 B 点,再折射进入介质 1 的一侧。光线 1 和光线 2 相遇后的干涉结果取决于两光线的光程差。

设光线以入射角 i 从介质 n_1 入射到膜的上表面 A 点,此处膜厚为 e;在介质 n_2 中的折射角为 r,光线 1 和光线 2 在介质 n_1 中干涉。因为膜很薄,光线的入射点附近薄膜的厚度 e 可视为相同,等效为图 5.6.16 的平行平面膜进行光程差的计算。由图 5.6.16 知,两光线由几何路程引起的光程差是

$$\Delta L' = 2\,\overline{AC} \cdot n_2 - \overline{AD} \cdot n_1$$

$$\overline{AC} = \frac{e}{\cos r}$$

$$\overline{AD} = \overline{AB}\sin i = 2e\tan r \sin i$$

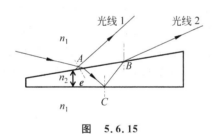

图 5.6.15

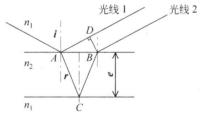

图 5.6.16 薄膜干涉光程差计算用图

结果是
$$\Delta L' = 2n_2 e\cos r$$
或通过折射定律用入射角表示光程差,为
$$\Delta L' = 2e\sqrt{n_2^2 - n_1^2 \sin^2 i}$$
由于此问题中涉及反射光,所以应特别注意反射时是否有"半波损失"的问题。

如果 $n_1 < n_2$,则在上表面反射的光线 1 有一半波损失,则光程差公式是
$$\Delta L = 2n_2 e\cos r - \frac{\lambda}{2} \quad \text{或} \quad \Delta L = 2e\sqrt{n_2^2 - n_1^2 \sin^2 i} - \frac{\lambda}{2}$$

明纹要求的是相长条件
$$2n_2 e\cos r - \frac{\lambda}{2} = m\lambda \quad (m = 0,1,2,3,\cdots)$$

暗纹要求的是相消条件

$$2n_2 e\cos r - \frac{\lambda}{2} = \frac{\lambda}{2}(2m+1) \quad (m=0,1,2,3,\cdots)$$

如果观察折射率处处均匀,且厚度均为 e 的平面薄膜的干涉,则干涉结果由入射光的入射角决定,同一入射角的光线光程差相同,在同一干涉级上,这种干涉叫等倾干涉。如果是厚度均匀变化而折射率处处均匀的薄膜,在固定的角度下观察其干涉,则干涉结果取决于膜的厚度,同一厚度处的光线干涉的光程差相同,在同一干涉级上,故称为等厚干涉。

图 5.6.17 就是等倾干涉的装置。

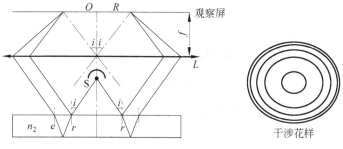

图 5.6.17 等倾干涉

扩展光源的在薄膜干涉中的作用 如果我们使用一个面光源照射图 5.6.17 的均匀厚度薄膜上,将看到干涉条纹变得更加清晰。参照图 5.6.18,光源上每一个点光源发出的光都产生一组自己的干涉条纹,明纹的光程差是

$$2n_2 e\cos r - \frac{\lambda}{2} = m\lambda$$

这就是说,相同倾角的光线都落在透镜焦平面的相同位置上。当然必须注意,各个点光源对应的各组干涉条纹在观察屏上进行的是非相干叠加。这样的实验事实说明,观察等倾条纹没有光源宽度的限制。

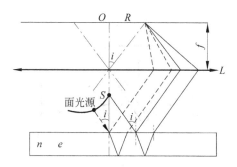

图 5.6.18 扩展光源下观察薄膜干涉

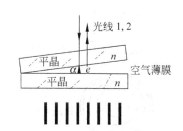

图 5.6.19 劈尖干涉(例 1 用图)

例 1 如图 5.6.19 所示由两块折射率为 n 的玻璃平晶组成的空气劈尖装置。玻璃平晶是经过光学处理的平行平面玻璃,两平晶之间用一张薄纸(或头发丝、小滚珠等需用薄膜干涉测量其小尺度的工件)垫起形成一个楔角为 α 的空气劈尖薄膜,楔角大约 $10^{-4} \sim 10^{-5}$ rad。令波长是 λ 的单色平行光如钠黄光垂直入射,那么上平晶的下表面的反射光 1 和下平晶的上表面的反射光 2 在上平晶的下表面相遇产生干涉。

明纹的光程差公式是

$$2e - \frac{\lambda}{2} = m\lambda \quad (m = 0, 1, 2, \cdots)$$

相同厚度的地方处于同一个干涉级,所以等厚干涉条纹的形状应和薄膜的等厚线相对应,该装置的干涉条纹就是平行条纹。

第 m 级明纹对应的厚度是 e_m,其光程差是

$$2e_m - \frac{\lambda}{2} = m\lambda$$

第 $m+1$ 级明纹对应的厚度是 e_{m+1},其光程差是

$$2e_{m+1} - \frac{\lambda}{2} = (m+1)\lambda$$

所以空气劈尖干涉中相邻明纹对应的厚度差 Δe 与入射波长 λ 的关系是

$$\Delta e = \frac{\lambda}{2}$$

则空气劈尖干涉中条纹间距 Δl 与楔角 α、入射波长 λ 的关系是

$$\Delta l = \frac{\lambda}{2\alpha}$$

由光程差公式可知,在棱边处(即两平晶交界处),理论上认为厚度是零,光程差是 $\frac{\lambda}{2}$,满足暗纹的条件,故劈尖干涉的棱边处是暗纹。人们可以利用空气劈尖干涉装置测量微小滚珠或细丝的直径,也可以根据条纹的形状测量平面的平整度。

例 2 将图 5.6.19 中的上平晶换成一块平凸透镜,仍然是单色平行光垂直入射(如钠黄光),就可以观察到一组内疏外密的同心环,称为牛顿环,如图 5.6.20 所示。

利用牛顿环装置可以测量透镜的曲率半径 R。

生活中很容易看到薄膜干涉,如肥皂膜的彩色、雨后柏油路面上油膜的彩色、蜻蜓美丽翅膀等薄膜干涉花样。

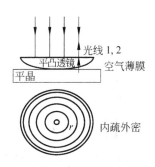

图 5.6.20 牛顿环(例 2 用图)

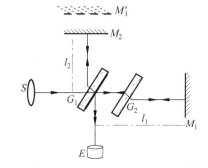

图 5.6.21 迈克耳孙干涉仪(例 3 用图)

例 3 干涉仪

根据薄膜干涉的基本原理制成的仪器称为干涉仪。典型的仪器是迈克耳孙干涉仪。根据取得相干光的基本原则,其装置如图 5.6.21 所示。

G_1:分束板(深颜色的一面表示有一层金属膜,以使反射光与透射光强度相等),也叫半透半反镜;G_2:补偿板(材料、厚度、放置的角度必须与 G_1 相同,但不镀膜);

M_1:平面反射镜(可调法线方向,整体固定);M_2:平面反射镜(可沿法线方向移动,实

际仪器中放在导轨上利用精密丝杠使其平移);E:观测用的显微镜。

由分束板 G_1 镀膜面分开的光线 1 和光线 2,沿干涉仪的相互垂直的两臂分别传到反射镜 M_1 和 M_2,反射镜 M_1 和 M_2 的法线基本上与各自的臂平行,两臂各长 l_1 和 l_2;两光线基本上沿原路返回,然后在 G_1 的镀膜面相遇干涉,并肩进入观测显微目镜 E。相干光的光程差通常写成

$$\Delta L = (2l_1 + 2nt) - (2l_2 + 2nt) = 2(l_1 - l_2)$$

式中,n、t 分别是 G_1 和 G_2 的折射率和厚度。

如果 $M_1 \perp M_2$(指两反射镜法线垂直),则 M_1 由 G_1 成的像 M_1' 的像面与 M_2 的镜面平行,等效为厚度是 $l_1 - l_2$ 的均匀空气薄膜。使用发散光源会观察到等倾干涉条纹。如果两镜面有一小夹角,采用平行光入射就会看到等厚条纹。若使用白光也可以看到彩色条纹,但观察白光条纹的必要条件是把两个臂长调整到接近相等,通常说在等光程的情况下观察。利用迈克耳孙干涉仪可以测量光源的波长,也可以测量某种透明物质的折射率和微小厚度。测量的方法是观察条纹的移动。在显微目镜上有定标的十字叉丝,如图 5.6.22 所示。盯住叉丝位置测量条纹移动的条数 N,相应光程差的变化为 $N\lambda$,就可以得出所需测量的量。移动镜 M_2,显微镜中给出条纹移动的条数是 N,即意味着光程差改变了 $N\lambda$;从螺旋测微计读出 M_2 与 M_1' 之间膜厚的改变量 Δe。

则有
$$2\Delta e = N\lambda$$

在实际中若欲测某表面的微小振动量,就可以将 M_2 镜固结在这个待测的表面。M_2 的微小移动量和入射波长的关系 $\Delta e = N\lambda/2$,测量可以精确到十分之几个波长,甚至更好。

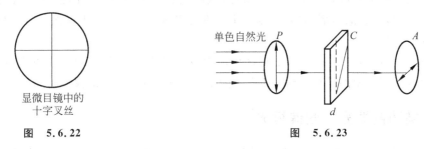

图 5.6.22 显微目镜中的十字叉丝

图 5.6.23

实验 5 偏振光的干涉

图 5.6.23 是观察偏振光干涉的典型装置。图中 P 和 A 分别是起偏器和检偏器,两者透光方向相互垂直,习惯称 P 和 A 正交。C 是光轴平行于晶体表面的厚度均匀的双折射晶体薄片(该晶体薄片叫做波晶片),厚度为 d。P、A、C 三个元件表面相互平行,单色自然光正入射。在 A 后观察。

自然光通过起偏器变成线偏振光,偏振方向与 P 的透光方向相同;线偏振光通过晶体薄片发生双折射,o 光的振动垂直于光轴,e 光的振动平行于光轴,这时已出现了来自同一次发光的两支光线,这两支光线的光程差随着他们在晶体中通过的路程而变化,但通过晶片后,光程差最后确定为 $|n_o - n_e|d$。由于振动方向完全垂直,这两支光不满足相干条件。但这两支光通过检偏器后只有平行 A 的透光方向分量,从而在检偏器后实现振动方向相同。于是检偏器后就成为偏振光的干涉区。

我们以检偏器的透光方向为 x 轴,以起偏器的透光方向为 y 轴建坐标系。设入射到晶体薄片的线偏振光的振幅为 A_1,光轴与起偏器透光方向夹角为 α,A_1 在晶体内将被分解成平行光轴的振动分量(e 光)和垂直光轴的振动分量(o 光),由图 5.6.24 可知,

$$A_e = A_1 \cos \alpha$$
$$A_o = A_1 \sin \alpha$$

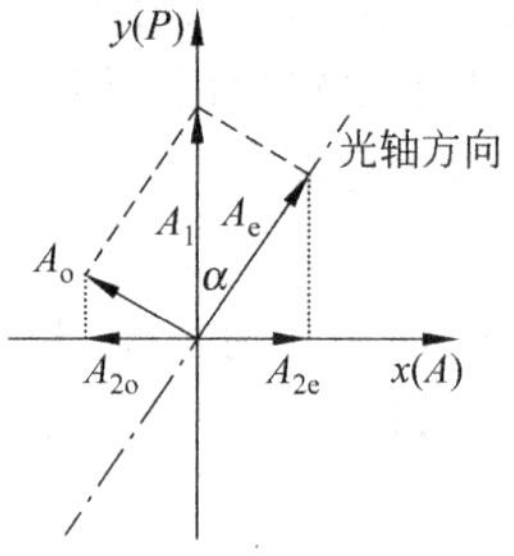

经检偏器后两光振幅为

$$A_{2e} = A_1 \cos \alpha \sin \alpha$$
$$A_{2o} = A_1 \sin \alpha \cos \alpha$$

两相干光经晶体薄片后由几何路程引起的光程差为

$$|n_o - n_e| d$$

图 5.6.24

由于装置(P 垂直 A)使得两振动方向相反,从而附加一个 π 的相位差,故总光程差为

$$|n_o - n_e| d - \frac{\lambda}{2}$$

当 $|n_o - n_e| d - \frac{\lambda}{2} = m\lambda$ ($m=0,1,2,3,\cdots$) 为相长干涉;

当 $|n_o - n_e| d - \frac{\lambda}{2} = \frac{\lambda}{2}(2m+1)$ ($m=0,1,2,3,\cdots$) 为相消干涉。

如果白光入射到上述装置,由于晶体薄片的厚度均匀,就会出现某些波长满足相长干涉的条件,而另一些波长满足相消干涉的条件,从而就显现出彩色,这种现象叫色偏振。利用色偏振可以分析材料的内部结构,根据这个原理可以进行材料的偏光显微分析,相应的仪器称"偏光显微镜"。

将晶体薄片 C 换成待测物质,如可产生应力双折射的有机玻璃、可产生电光效应的晶体等,在检偏器 A 后观察的是与待测物质有关的干涉。观察应力分布的仪器叫"应力检测仪"。

5.6.4 椭圆偏振光 圆偏振光

单色线偏振光垂直通过厚度是 d 的波晶片后产生了两束振动方向垂直的光,光程差是 $|n_o - n_e|d$。

如果厚度 d 满足 $|n_o - n_e|d = (2m+1)\frac{\lambda}{4}$ ($m=0,1,2,3,\cdots$),则这样的波晶片叫做四分之一波片,简写为 $\lambda/4$ 波片。

如果厚度 d 满足 $|n_o - n_e|d = (2m+1)\frac{\lambda}{2}$ ($m=0,1,2,3,\cdots$),则这样的波晶片叫做二分之一波片,简写为 $\lambda/2$ 波片。

$\lambda/4$ 波片的厚度至少是

$$d = \frac{\lambda}{4|n_o - n_e|}$$

$\lambda/2$ 波片的厚度至少是

$$d = \frac{\lambda}{2|n_o - n_e|}$$

注意波晶片的厚度与波长有关。

线偏振光通过波晶片后,偏振状态如何呢? 根据两个同频率的振动方向垂直的简谐振动

的合成,已知:当两者的相位差 $\Delta\varphi=0$ 时,合成后是一个与某一振动分量成 $\theta=\tan(A_2/A_1)$ 角的线偏振光;当两者的相位差 $\Delta\varphi=\pi$ 时,合成后也是一个与某一振动分量成 $\theta=\tan(A_2/A_1)$ 的线偏振光;当两者的相位差 $\Delta\varphi=\pi/2$ 时,合成的每一个线振动端点的轨迹是一个正椭圆,我们把振动端点的轨迹是椭圆的光所对应的偏振状态叫椭圆偏振光;如果振动端点轨迹是圆的光所对应的偏振状态叫做圆偏振光。所以,当两者的相位差 $\Delta\varphi=\pi/2$ 时,得到的是椭圆偏振光,再加上两者振幅相同的条件,就得到圆偏振光,如图 5.6.25 所示。令某波长的线偏振光垂直通过该波长的 $\lambda/4$ 波片后就可得到椭圆或圆偏振光。

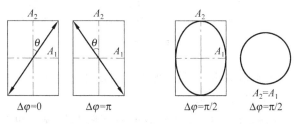

图 5.6.25

偏振态的检验(即分辨自然光、部分偏振光、(线)偏振光、椭圆偏振光和圆偏振光)在实验上分两步。

第一步,用检偏器分成三组,如图 5.6.26(a)所示(参看 5.5.2 节)。

第二步,用 $\lambda/4$ 波片和检偏器,如图 5.6.26(b)所示。

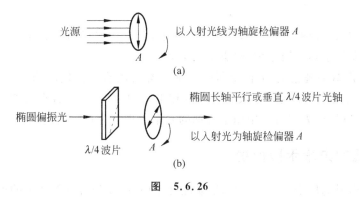

图 5.6.26

5.7 光的衍射

衍射现象是波动的另一个重要实验判据。

5.7.1 光的衍射现象 惠更斯-菲涅耳原理

光在传播过程中波面受到限制,从而偏离原来直线传播的现象叫做光的衍射现象。我们把限制波面传播的障碍物叫做衍射物,或称衍射体。通常根据光源、衍射物、观察者三者的相对位置把衍射分成近场衍射和远场衍射,近场衍射也叫菲涅耳衍射,远场衍射也叫夫琅禾费衍射。

菲涅耳衍射 光源距衍射物的距离、衍射物距观察者的距离均有限或其中之一有限,这样的衍射现象叫做菲涅耳衍射,如图 5.7.1(B 区)所示。

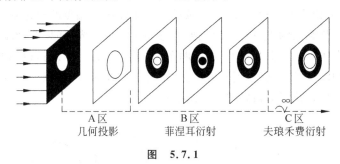

图 5.7.1

夫琅禾费衍射 光源距衍射物、衍射物距观察者的距离都是无限远,这样的衍射现象叫做夫琅禾费衍射,图 5.7.1(C 区)所示。

图 5.7.1 给出衍射物是圆孔时对平面波的波面限制情况。单色平行光垂直照射口径极小的圆孔,观察屏的位置不同,衍射的花样也不同。在 A 区,观察屏离衍射物较近,光线基本上沿直线传播,所以观察屏上是光源的几何投影。在这一区域,几何光学可以解决问题。在 B 区,衍射效应不能不考虑了。光线不仅偏离了直线传播的方向,而且在观察屏上出现了干涉花样。重要的现象是:干涉圆环中心的亮暗随着观察屏的位置而交替出现。在 C 区,衍射物与观察者相距无限远,干涉花样确定,而且干涉圆环的中心永远是亮的。

惠更斯原理只能说明一切波动具有衍射现象,但无法解释衍射后还会出现干涉(衍射)花样。菲涅耳发展了惠更斯原理,解决了这个问题。

惠更斯-菲涅耳原理指出,波面上每一个面元都可以看作是发出球面子波的新波源;空间任一点 P 的振动是所有这些子波在该点的相干叠加,即波面上各点是相干子波源。菲涅耳的这一重要发展,使人们可以用相干叠加的基本原理来处理衍射问题。

5.7.2 单缝的夫琅禾费衍射

由于解决衍射的理论基础是惠更斯-菲涅耳原理,所以分析衍射现象的思路基本上类似于分析干涉现象。首先明确实验装置,其次确定相干光及相干光的光程差,最后说明衍射花样的强度、形状特点及重要应用。

图 5.7.2 是单缝夫琅禾费衍射装置示意图。单色平行光正入射到单缝平面上,单缝的宽度设为 a,观察屏处于透镜 L 的焦平面上。

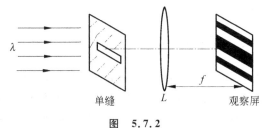

图 5.7.2

在观察屏上出现了一系列平行于缝的直条纹;中央明纹出现在透镜的主焦点处(单缝的几何像点位置);中央明纹宽度是其他明纹宽度的 2 倍;中央明纹的亮度远远大于其他明纹。

按惠更斯-菲涅耳原理,单缝波面上有 $N\to\infty$ 个子波源,各子波源将向各个方向发出子波;但根据透镜成像的基本原理,在屏上 P 点相遇的应是各子波源发出的衍射角均为 θ 的那些光线;所以,在焦平面上的各叠加点将是多光束的干涉结果,如图 5.7.3 所示。可以用旋转矢量法求解衍射花样的强度分布。

到达观察屏(透镜焦平面)主焦点的衍射角 $\theta=0$ 的各平行光线等光程,故在主焦点处一定是一个干涉主极大。设每一个面元发出光的振幅为 E,则主焦点处的主极大振幅为 $A_0=NE(N\to\infty)$,这是观察屏上合成振幅最大的值,如图 5.7.4(a)所示。

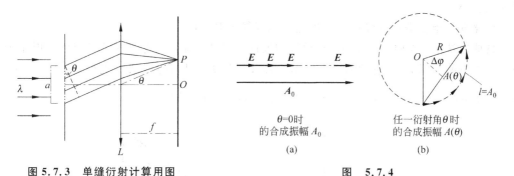

图 5.7.3 单缝衍射计算用图   图 5.7.4

到达观察屏任意一点 P 处的衍射角为 θ 的 $N\to\infty$ 个平行光线的合成结果是:振幅均为 E 的相邻相位差相等的 N 个谐振动的合成,图 5.7.4(b)是合成的旋转矢量图。因为相邻的相位差极小,所以各旋矢相加形成一个弧长为 A_0 的圆弧,圆心角应是 $\Delta\varphi=\dfrac{2\pi}{\lambda}a\sin\theta$,$a\sin\theta$ 是从单缝出射的衍射角为 θ 的无穷多平行光束的边缘光线的光程差。则合成振幅是

$$A(\theta)=A_0\dfrac{\sin\left(\dfrac{\pi}{\lambda}a\sin\theta\right)}{\dfrac{\pi}{\lambda}a\sin\theta}$$

通常令 $\alpha=\dfrac{\pi}{\lambda}a\sin\theta$,则上式为

$$A(\theta)=A_0\dfrac{\sin\alpha}{\alpha}$$

强度为 $I(\theta)=A^2(\theta)=I_0\dfrac{\sin^2\alpha}{\alpha^2}$,如图 5.7.5 所示。

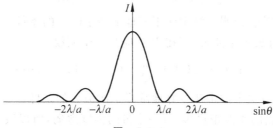

图 5.7.5

当 $\theta=0$ 时,$I=I_0=A_0^2$　中央明纹

当 $\sin\alpha=0$,即 $\frac{\pi}{\lambda}a\sin\theta=k\pi(k=\pm1,\pm2,\cdots)$ 时,也就是 $a\sin\theta=k\lambda(k=\pm1,\pm2,\cdots)$
$I=0$　暗纹

当 $\alpha=\tan\alpha$,即 $a\sin\theta=\pm1.43\lambda,\pm2.46\lambda,3.47\lambda,\cdots$ 时,是多光束干涉的次极大,即除中央明纹外的其他一些明纹满足的条件。其角位置基本上是处在两个暗纹中间。

紧靠中央明纹两侧的暗纹,即正负第一暗纹光程差是
$$a\sin\theta=\pm\lambda$$
当缝宽 a 愈接近入射波长 λ,单缝衍射的中央明纹愈宽,说明衍射效应愈明显;反之衍射效应愈小。

菲涅耳的半波带法可以定性或半定量地解释衍射花样。

具体做法是:参照图 5.7.6(a),单缝的波面是 AB。画出到达观察屏 P 点的衍射角为 θ 的平行光束的边缘光线;作平面 $BC\perp AC$,则 AC 线段就是边缘光线的光程差 $\Delta L=a\sin\theta$;从 BC 开始作一系列的平行于 BC 的平面,令相邻平面的间距为 $\frac{\lambda}{2}$。

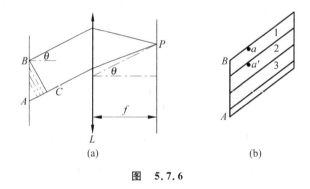

图　5.7.6

分析结果:一系列的平行于 BC 的平面把波面 AB 分成许多带,每个带面积相等,相邻带的相对应的光线(如图 5.7.6(b)中的 a 和 a' 发出的光线)光程差是 $\frac{\lambda}{2}$,从而使相邻两带在 P 点一定满足干涉相消的条件,所以把每个带叫做一个半波带。如图 5.7.6(b)所示的 1、2、3 就是三个半波带。在第 1 个和第 2 个半波带的任意相对应的点 a 和 a' 发出的到达 P 点的光线光程差是 $\frac{\lambda}{2}$,那么这两条光线将进行相消干涉。

如果波面被分成偶数个半波带,那么,P 点一定是干涉极小点。所以单缝衍射暗纹的条件是
$$a\sin\theta=k\lambda\quad(k=\pm1,\pm2,\cdots)$$
与旋矢法得到的结果相同,说明半波带法很好地解释了暗纹的条件。

如果波面被分成奇数个半波带,则在 P 点应是一个明纹。
$$a\sin\theta=(2k+1)\frac{\lambda}{2}\quad(k=\pm1,\pm2,\cdots)$$
与旋矢法的结果相近,说明半波带法较好地解释了次极大的条件。

k 值愈大,代表分出的半波带愈多,每一个带的强度愈弱,所以级次愈高强度愈低。

菲涅耳半波带法物理思想清晰,方法直观简便。这种定性半定量的方法是解释物理现

象的有效方法。

5.7.3 光栅的夫琅禾费衍射

如图 5.7.7 所示,单色平行光正入射到光栅常数为 d 的光栅表面,在焦距为 f 的透镜焦平面上观察衍射花样。如果不考虑每条缝衍射的影响,我们得到的应是分波面法多光束干涉的花样,相干叠加得到的光强表达式是:

$$I = I_0 \frac{\sin^2\left(\frac{\pi N}{\lambda} d \sin\theta\right)}{\sin^2\left(\frac{\pi}{\lambda} d \sin\theta\right)}, \quad I_0 = A_0^2$$

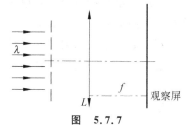

图 5.7.7

式中,A_0 是各缝提供的光矢量的振幅,但在此式中由于还没有考虑单缝衍射的影响,所以 A_0 与衍射角无关,$d\sin\theta$ 是相邻缝中对应光线的光程差。正入射的光栅方程

$$d\sin\theta = m\lambda \quad (m = 0, \pm 1, \pm 2, \cdots)$$

给出了主极大的位置。在不考虑单缝衍射的情况下,各主极大的强度均相等,如图 5.7.8(a) 所示。

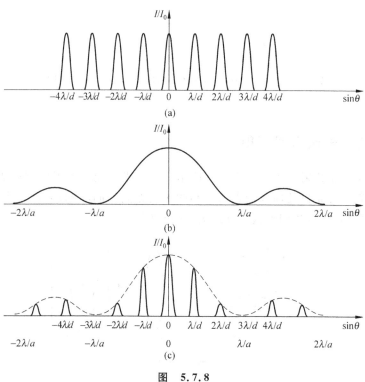

图 5.7.8

如果考虑每个单缝衍射的影响,可以证明多光束干涉的振幅公式中的 A_0 应变成

$$A(\theta) = A_0 \frac{\sin\left(\frac{\pi}{\lambda} a \sin\theta\right)}{\frac{\pi}{\lambda} a \sin\theta}$$

因此整个的观察屏上衍射花样的振幅表达式应是

$$A = A_0 \frac{\sin\left(\frac{\pi}{\lambda}a\sin\theta\right)}{\frac{\pi}{\lambda}a\sin\theta} \frac{\sin\left(\frac{\pi}{\lambda}Nd\sin\theta\right)}{\sin\left(\frac{\pi}{\lambda}d\sin\theta\right)}$$

上式体现了单缝衍射对多光束干涉的调制,参看图 5.7.8(c)。此式中的 A_0 是 $\theta=0$ 时各单缝提供的振幅,图 5.7.8(b) 是单缝衍射的强度分布。

例 如果某一衍射角 θ 同时满足光栅方程和单缝衍射极小的条件,会出现什么现象?

解 如果某一衍射角 θ 既满足

$$d\sin\theta = m\lambda$$

又满足

$$a\sin\theta = k\lambda$$

这样造成的结果是:本应在这个方向上出现的 m 级主极大,却由于单缝衍射在这个方向的振幅为零而消失,这种现象称为缺级现象。造成缺级现象的原因是由于光栅的光栅常数与光栅的透光部分(单缝)的宽度之比

$$\frac{d}{a} = \frac{m}{k}$$

缺级的级次是

$$m = k\frac{d}{a} \quad (k = \pm 1, \pm 2, \cdots)$$

如 $\frac{d}{a} = 3$,则缺级的级次是 $\pm 3, \pm 6, \pm 9, \cdots$。在图 5.7.8(c) 中可以看到这种缺级的情况。

5.7.4 圆孔的夫琅禾费衍射

圆孔的夫琅禾费衍射装置如图 5.7.9 所示。单色平行光正入射到圆孔表面,透镜 L 的焦平面上的衍射花样是以几何成像点为中心的明暗相间的同心圆环,而且中心是占总光能 84% 的近乎均匀的亮斑,我们称这个亮斑为"爱里斑"。

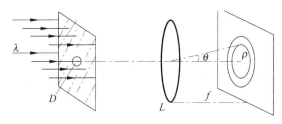

图 5.7.9

理论计算表明,爱里斑的边缘角半径 θ 与入射波长 λ、圆孔直径 D 之间的关系是

$$\sin\theta = 1.22\frac{\lambda}{D}$$

如实验中 $\lambda = 0.55\ \mu m$,圆孔直径 $D = 0.1\ mm$,由上式计算得角半径 $\theta \approx 23'$,在焦距是 $f = 500\ mm$ 的焦平面上,爱里斑的线半径 $\rho = 3.4\ mm$。由于角半径的值通常都很小,故将上

式直接写成
$$\theta = 1.22 \frac{\lambda}{D}$$

圆孔夫琅禾费衍射在近代光学的实验中有很重要的应用。如在全息照相中，让激光束通过微米量级的圆孔衍射而获得线半径是厘米量级的均匀的光斑，在信息光学中通常把这个小孔叫做针孔滤波器。也可以利用圆孔的夫琅禾费衍射做成"星光板"来检验透镜质量。

理想成像系统是消像差的透镜成像系统，或通俗地讲就是透镜理想成像不会带来物的各种变形。从几何光学成像的角度看，"好"透镜就会真实地反映物的情况。若物是一个点，其像也是一个点。但从波动光学的角度看，由于透镜口径的限制，任一物点即使是由"好"透镜成像也只能是一个以几何成像点为中心的圆孔衍射斑。物体的像就是一个个衍射斑的叠加，所以理想成像系统也是一个衍射限制的系统。理想成像情况下，观察两个靠得很近的物点，是否能分出是两个点需要考虑这两个衍射斑的角半径或线半径。

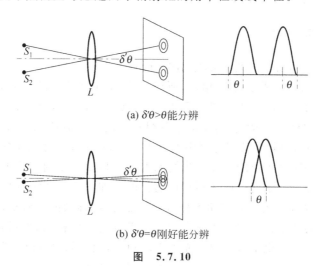

(a) $\delta'\theta > \theta$ 能分辨

(b) $\delta'\theta = \theta$ 刚好能分辨

图 5.7.10

如图 5.7.10 所示，S_1 和 S_2 是两个物点，图 5.7.10(a) 示意了两个像点分得远远的，即 $\delta'\theta > \theta$；图 5.7.10(b) 示意瑞利判据说明的刚好分辨的情况，即 $\delta'\theta = \theta$。$\delta'\theta$ 表示物点对光学系统入射中心的张角，瑞利判据是说这个张角等于爱里斑的角半径时刚能分辨两物点。如果来自无限远处的物点发的光，通过圆形通光孔的光学系统，按瑞利判据得这个光学系统所能分辨的两物点的最小角距离就是 θ，称 θ 为光学系统的最小分辨角。所以，对无限远物点成像的圆通光孔的光学系统最小分辨角是

$$\theta = 1.22 \frac{\lambda}{D}$$

D 是通光孔的线度。通光孔线度愈大，则能分辨的物点的角距离愈小，说明分辨本领愈大；若所用波长愈短，分辨本领也愈大。同样，如果光学系统通光孔是狭缝状，当然对无限远两物点的最小分辨角是

$$\theta = \frac{\lambda}{a}$$

a 是狭缝状通光孔的宽度。

人们用眼睛观察远处的物体时，在视网膜上的像就是各物点的光通过瞳孔而形成的圆

孔的夫琅禾费衍射花样。在正常情况下人眼瞳孔直径约为 2 mm,而对人眼敏感的波长是 550 nm,晶状体的折射率为 $n=1.336$,通过计算得人眼的最小分辨角 $\theta=1.22\dfrac{\lambda}{nD}=0.25$ rad。由于人眼的焦距只有 20 mm 左右,所以即使在明视距离处观察也可用上式估算最小分辨角。实验表明,一般人眼实际的最小分辨角约为 2.9×10^{-4} rad。

望远镜的分辨本领也用式 $\theta=1.22\dfrac{\lambda}{D}$ 来描述。和人眼相比,当然使用望远镜会提高分辨本领。增大望远镜物镜的口径和减小波长都会提高分辨本领。式 $\theta=1.22\dfrac{\lambda}{D}$ 不仅适用于光学望远镜,也适用于其他电磁波望远镜。

减小使用的波长可以提高显微镜的分辨本领。比如使用普通的光学显微镜通常把被观测的物体浸在折射率较大的透明液体中。根据电子的波动性,人们发明了电子显微镜。现在,很容易得到波长是 0.1 Å 的电子。

5.7.5 X 射线的衍射

X 射线在晶体上的衍射是现代晶体结构分析的理论基础,因为 X 射线的波长大约在 10~0.01 Å 之间,和晶体中晶格常数相近,所以 X 射线在晶体上的衍射效应十分明显。所谓晶格常数即晶体内原子的间距。图 5.7.11(a)示意了 NaCl 晶体点阵结构。布拉格成功地解释了 X 射线在晶体上的衍射,他采取了分组相加的方法方便地给出了理论公式。基本方法是:先选一个晶面等效为透射光栅中的一个狭缝,每个原子相当于狭缝中的子波源;然后整个晶体再进行一次多光束的叠加。我们无需去分析整个衍射花样的光强分布,只需把衍射的主极大方位确定下来就可以达到测量的目的。如图 5.7.11(b)所示。一束波长为 λ 的 X 射线以与图示晶面夹角为 φ 的角度掠入射到晶体上,涉及的晶格常数设为 d,这个晶面上的各个原子发出的相干光一定在入射光的反射光方向干涉极大;然后各个晶面的这些极大的光线再进行一次多光束干涉。由多光束干涉知,当相邻晶面的极大之间的光程差满足

$$2d\sin\varphi=m\lambda \quad (m=1,2,3,\cdots)$$

的那些掠射角的方向一定是衍射的主极大的方向,上式称为布拉格公式。

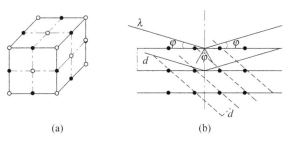

图 5.7.11

由于晶体的晶格常数有多组,如图 5.7.11(b)虚线对应的另一晶格常数的一组晶面。所以在观察衍射花样时可以根据实际测量的需要选择不同的方法,只要 $d,\varphi,m\lambda$ 满足布拉格公式就行。比如,可采取连续波长入射,那么总会有某个波长对应着某个晶面组的晶格常数,在某个合适的角度满足某个合适的级次的布拉格公式,则在这个方向就会出现一个主极大。也可以让观察角度固定,改变入射波长的同时旋转晶体以使合适的晶格常数、波长和观

察角满足一个布拉格公式。在实验中,如果已知晶体的晶格常数,可测量最强反射的掠射角,由布拉格公式可确定 X 射线的波长;反之,如果已知 X 射线的波长,也可通过测量最强反射的掠射角达到测量晶体晶格常数的目的。根据这样的原理可制成 X 射线摄谱仪。利用 X 射线来分析晶体的结构已发展为专门学科,称为 X 射线结构分析。

习 题

5-1 已知一波长 $\lambda=4$ m 的平面简谐波以波速 u 沿 x 轴的正方向传播,坐标原点 $x=0$ 处的谐振表达式为

$$\xi_{x=0}=5\times 10^{-2}\cos\left(\frac{\pi}{4}t+\frac{\pi}{4}\right) \quad (\text{SI})$$

(1)试写出平面谐波的表达式;(2)求波速 u。

5-2 已知某谐波在 $t=0$ 时刻的波形图,(1)试求该波的波长和频率;(2)写出 $x=\dfrac{\lambda}{2}$ 处质点的振动表达式。

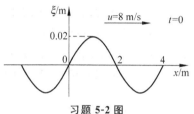

习题 5-2 图

5-3 试述惠更斯原理。

5-4 总结用惠更斯作图法得到折射定律 $n_1\sin i=n_2\sin r$ 的关系时,其入射的波面与入射线、折射线和折射的波面之间具有什么特点?

5-5 平面谐波的波线上相距为 $\Delta l=\dfrac{\lambda}{4}$ 的两点相位差是多少?相差为 $\Delta\varphi=\dfrac{\pi}{3}$ 的两点的距离为多少个波长?

5-6 实现波的干涉现象的诸波必须满足的三个基本条件是什么(即相干条件)?

5-7 在两端封口的细管中充满某种气体。在管端有一振源,发出频率为 $\nu=300$ Hz 的声波。测得细管中驻波的两相邻波腹间距离为 $l=30$ cm,求:波长 λ 和波速 u。(思考:本题中相邻波腹和波节的间距是多少厘米?)

5-8 沿弹性绳传播的简谐波的表达式是 $\xi=A\cos 2\pi\left(10t-\dfrac{x}{2}\right)$ (SI),波在 $x=11$ m 的固定端全反射,设传播中无能量损失。试求:(1)该简谐波的波长和波速;(2)反射波的表达式;(3)在 $0\sim 11$ m 间波节的位置坐标。

5-9 一个自制纸筒哨子一端开口,若在哨子中的基频为 $\nu_0=700$ Hz,设声速为 $u=350$ m/s,求哨子的长度 L。

5-10 相对于空气静止的声源振动频率为 ν_S,某接收器 R 以速率 v_R 远离波源运动,设声波在空气中传播的速度为 u,则接收器 R 收到的声波频率 ν_R 是多少?

5-11 超声波源相对地面静止,发出频率为 100 kHz 的超声波。某汽车迎着超声波源以速率 v 驶来。在超声源处的测速器(接收器)接收到从汽车反射回来的超声波频率为 110 kHz,试计算汽车的行驶速度。设空气中的声速为 $u=330$ m/s。

5-12 当太阳光以某个角度入射到平静的水面上时,用偏振片检验后发现此时反射光是线偏振光,请问,进入到水里的折射光属哪种偏振态?若已知水的折射率为 $n=1.33$,求太阳光线的入射角 i 和它在水中的折射角 r。

5-13 强度是 I_0 的自然光垂直通过偏振片 P_1 后又通过偏振片 P_2,(1)实验发现通过 P_2 后的光强为零(即消光),求 P_1 和 P_2 通光方向的夹角 θ;(2)若实现 P_2 后的光强是 $I=\dfrac{I_0}{4}$,求 P_1 和 P_2 通光方向的夹角 θ。

5-14 如图空气中放置的两同相的相干光源 S_1 和 S_2,两相干光线经过相同的几何路程 $r_1=r_2=r$ 到达场点 P。
(1) 问场点 P 处是干涉加强点还是干涉相消点?
(2) 若在一条光路中放置了折射率为 $n=1.5$ 的厚度为 t 的薄玻璃片,试写出此时两光到 P 点的光程差;
(3) 若放入玻璃片后 P 点的条纹移动了 7 级,试求玻璃片的厚度 t。

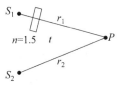

习题 5-14 图

5-15 检验微小滚珠直径的干涉装置如图所示。在两个玻璃平晶下观察单色平行光的等厚干涉条纹,若 A 是标准样本滚珠,直径为 d_0,则从干涉图上可判断,与标准样本 A 的直径比较,待测滚珠 B 和 C 的直径哪个不合格?与标准差多少?

5-16 波长为 λ 的单色平行光正入射到光栅上,如果光栅常数 $d=3\ \mu m$,单缝宽度为 $a=1\ \mu m$,求单缝衍射中央明纹中共有几条主极大谱线?

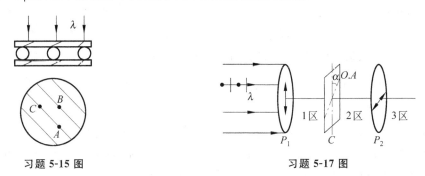

习题 5-15 图　　　　　习题 5-17 图

5-17 在正交的两偏振片 P_1 和 P_2 中间放置一个波晶片 C,三者的平面相互平行,令单色平行自然光正入射,波晶片的光轴与 P_1 通光方向之间夹角为 α,如图所示。这个装置是偏振光干涉的典型装置。
(1) 试说明各区的偏振状态;
(2) 用惠更斯作图法画出光从第 1 区进入波晶片内部 o 光和 e 光的传播状况(设波晶片厚度为 d);
(3) 若波晶片是 $\dfrac{\lambda}{4}$ 波片,$\alpha=45°$,第 2 区属哪种偏振态?若是 $\dfrac{\lambda}{2}$ 波片呢?

5-18 阅读《科学家谈物理》(超声和它的众多应用.应崇福,查济璇著;发光及其应用.徐叙瑢,楼立人著;从太阳到地球.宋礼庭著.长沙:湖南教育出版社,1994)。

5-19 阅读《近代物理与高新技术物理基础》(光学相干断层扫描成像新技术 OCT.陈泽民主编.北京:清华大学出版社,2001)。

电 磁 篇

本篇将通过电磁场来介绍研究场的基本方法。

本教材会涉及五种场,即静电场、稳恒电流的电场和磁场(统称为恒定场),感生电场和感生磁场(统称为感生场)。我们以静电场为例为读者介绍研究场宏观理论的基本思路。不管是哪种原因产生的场,研究的基本路线是相似的。首先从实验现象或实验规律切入,然后引出描述场的物理量(场量)和场的基本性质方程。基本的理论计算是场量的计算。为了使思路更清晰,本教材中先从真空中的场开始给出该场的性质方程,然后再讨论物质存在时对场的影响。本篇的基本计算任务就是计算描述场的物理量及与之相关的物理量。

第6章

恒定电场和恒定磁场

不随时间变化的场叫恒定场,即与时间无关的场。静电场、稳恒电流的电场和磁场均属恒定场。

6.1 真空中的静电场

6.1.1 电荷量守恒定律和库仑定律

电荷分正负两种 同号电荷之间相互排斥,异号电荷之间相互吸引。人们规定,丝绸摩擦过的玻璃带的是正电;皮毛摩擦过的橡胶带的是负电,电子带负电。

电荷电量值量子化 迄今为止的一切实验表明,电荷存在着最小单元,这个单元就是电子的电荷 $e=1.602\times10^{-19}$ C(库[仑]),任何物体带电都是 e 的整数倍。也就是说,电荷量值是分立的,或称"量子化"的。1910 年前后,密立根设计了著名的油滴实验,验证了电荷电量值的分立,并第一次精确测量了电子电量。一般情况下,宏观物体带电时,即使所带电量很小(如 10^{-10} C),也是电子电量的极大倍数,改变几个电荷单位,对所带电量没有什么影响,因而,在宏观上可以认为电荷量是连续的。国际单位制中电荷量的单位是 C(库[仑])。

电荷量是相对论不变量 带电粒子的电荷量与粒子的运动无关,即电荷量是洛伦兹不变量。从理论上说,这一结论与电磁学的基本规律满足相对论不变性相自洽。

电荷量守恒定律 一个宏观的带电孤立系统,在它内部的任一宏观小体积内,电荷量的代数和为一个恒量,可以在内部转移、重新分布,但总量保持不变。

库仑定律 1785 年库仑给出了真空中两静止点电荷之间作用力的实验结果,这就是库仑定律,是静电学中的基本实验规律。

定律指出,真空中,两个点电荷之间的作用力的大小和它们的电量 q_1、q_2 的乘积成正比,和它们之间距离 r 的平方成反比,方向沿两点电荷之间的连线,同号电荷相斥,异号电荷相吸。数学式为

$$f=k\frac{q_1 q_2}{r^2}$$

国际单位制中,实验测定 $k=8.99\times10^9$ N·m²/C² $\approx 9\times10^9$ N·m²/C²,本教材一律采用国际单位制。在静电单位制(也称高斯制,C.G.S.E)中,令 $k=1$,电荷的电量称 1 个静电单位电量(C.G.S.E.Q)。两种单位制中的电量关系为 1 C=3×10⁹ C.G.S.E.Q。

库仑定律的有理化形式 在国际单位制中,为了使理论上的某些表达式形式更为简单,通常令

$$k=\frac{1}{4\pi\varepsilon_0}$$

这样库仑定律的常用形式为
$$f = \frac{1}{4\pi\varepsilon_0} \frac{q_1 q_2}{r^2}$$

引入的常量 ε_0 称为真空的介电常量，或称真空的电容率，其值为

$$\varepsilon_0 = \frac{1}{4\pi k} = 8.85 \times 10^{-12} \text{ C}^2/\text{N} \cdot \text{m}^2$$

点电荷 q_0 受到点电荷 q 施以的库仑力的矢量式为

$$\boldsymbol{f} = \frac{1}{4\pi\varepsilon_0} \frac{q q_0}{r^2} \hat{r}$$

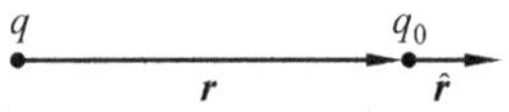

其中 $\hat{r}$ 是从施力电荷 q 指向受力电荷 q_0 的位矢方向的单位矢量。如图 6.1.1 所示。

图 6.1.1　库仑定律　　做这样的规定后，就使得同性电荷的作用力与单位矢量方向相同，体现为斥力；而异性电荷作用相吸，与单位矢量相反。

例 1　处于基态的氢原子内部电子和原子核之间的距离为 0.53×10^{-10} m，求它们之间的库仑力，并与它们之间的万有引力相比较。

解　氢原子的原子核是一个质子，所带电荷为 $+e$，故电子与核之间的库仑力为

$$f_e = k\frac{e^2}{r^2} = 9.0 \times 10^9 \frac{(1.6 \times 10^{-19})^2}{(0.53 \times 10^{-10})^2} = 8.2 \times 10^{-8} \text{ N}$$

与万有引力之比为

$$\frac{f_e}{f_G} = \frac{ke^2}{Gm_e m_p} = \frac{9.0 \times 10^9 \times (1.6 \times 10^{-19})^2}{6.67 \times 10^{-11} \times 9.11 \times 10^{-31} \times 1.67 \times 10^{-27}}$$
$$= 2.2 \times 10^{39}$$

上述比值说明，库仑力远大于万有引力。故一般情况下，带电粒子的受力，通常只需考虑它的电力，而忽略其重力。

电力叠加原理　点电荷 q_0 同时受 n 个点电荷的电力等于每个点电荷单独存在时所受的电力之矢量和，即

$$\boldsymbol{f} = \sum_{i=1}^{n} \boldsymbol{f}_i = \sum_{i=1}^{n} \frac{q_0 q_i}{4\pi\varepsilon_0 r_i^2} \hat{r}_i$$

6.1.2　电场和电场强度

电场的表观性质　第一，电场对处于其中的外来电荷有力的作用。第二，当外来电荷在电场中运动时，电场力将对电荷做功，说明电场具有能量。描述电场这两个表观性质的物理量是电场强度 E 和电势 U。

电场强度　描述电场对电荷有力作用的物理量是电场强度。为了能逐点研究带电体电场的性质，我们需在电场中置入一个电荷量足够小的试验点电荷 q_0。实验发现，在电场中某场点 P，试验点电荷受力与其电荷量成正比，即所受电力与试验电荷的比值一定，方向也确定。由此定义：电场中某点电场强度的大小等于试验电荷在该点所受的电力与试验电荷量的比值，方向与正电荷受力方向相同，即电场强度等于单位正电荷在电场中受力。电场强度的定义式为

$$\boldsymbol{E} = \frac{\boldsymbol{f}_e}{q_0}$$

电场强度的国际单位是 N/C(牛[顿]/库[仑]),这个单位也可写成 V/m(伏[特]/米)。

一般情况下,静电场中各点的电场强度不同,即电场强度是空间位置的函数,以直角坐标表示位置,则电场强度可写为 $E(x,y,z)$。如果静电场中 E 的大小、方向处处相同,则称此电场为均匀电场。

6.1.3 电场强度的计算

点电荷电场的电场强度 设真空中有一点电荷 Q,在相对它的位矢为 r 处放置一试验电荷 q_0,则由库仑定律知,该试验电荷所受的静电力为 $f_e = \dfrac{1}{4\pi\varepsilon_0}\dfrac{Qq_0}{r^2}\hat{r}$,式中 $\hat{r}$ 为试验电荷位矢方向的单位矢量。由电场强度的定义可得,相对点电荷的位矢为 r 处的电场强度为

$$E = \frac{f_e}{q_0} = \frac{1}{4\pi\varepsilon_0}\frac{Q}{r^2}\hat{r}$$

由表达式可以看出,点电荷场的电场强度大小与场点到点电荷的距离平方成反比;在以点电荷为中心的同一球面上,电场强度大小相等;电场强度的方向以点电荷为中心呈射线状,场源电荷 Q 为正电量时,向外辐射,电荷 Q 为负时,指向点电荷。这说明点电荷的电场强度分布是以点电荷为中心的球对称分布。如图 6.1.2 所示。

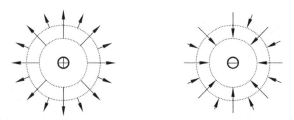

图 6.1.2 点电荷的电场分布

任意带电体电场的电场强度 若求由 n 个点电荷组成的电荷系电场的电场强度,则将试验点电荷 q_0 放入场点 P,其受力为

$$f_e = f_{e1} + f_{e2} + \cdots + f_{en}$$

由电场强度定义,有

$$E = \frac{f_e}{q_0} = \frac{f_{e1}}{q_0} + \frac{f_{e2}}{q_0} + \cdots + \frac{f_{en}}{q_0} = E_1 + E_2 + \cdots + E_n = \sum_{i=1}^{n} E_i$$

式中 E_i 表示第 i 个点电荷单独存在时产生的电场强度,对全部 n 个场源点电荷进行求和,就可得到任意带电体产生的场强,这就是**电场强度的叠加原理**。叠加原理指出,如果空间同时存在若干个点电荷,那么空间任一场点的电场强度等于各个点电荷单独在该点产生的电场强度的矢量和。

将电场强度叠加原理用到电荷连续分布(宏观上)带电体电场的情况,如图 6.1.3 所示。这时需要把整个带电体划分成无限多个电荷元,使每个电荷元 dq 都能够看作点电荷,它产生的电场强度为 dE。由叠加原理,整个带电体在任一点的电场强度为

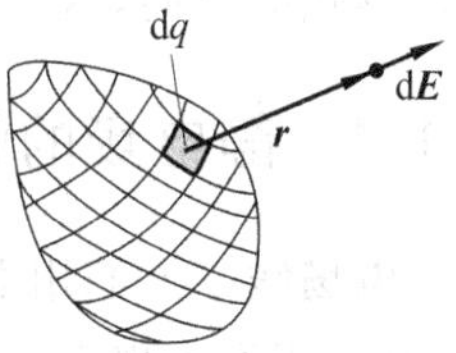

$$E = \int_{(Q)} dE = \int_{(Q)} \frac{1}{4\pi\varepsilon_0}\frac{dq}{r^2}\hat{r}$$

图 6.1.3 电荷元场强叠加

如果电荷分布在一个体积之内,则电荷元 $dq=\rho_e \cdot dV$,式中 ρ_e 为电荷量体密度;如果电荷分布于面上或线上,则分别有电荷元 $dq=\sigma_e \cdot dS$ 和 $dq=\lambda_e \cdot dl$,式中的 σ_e、λ_e 分别称为电荷量的面密度和电荷的线密度。

有了点电荷的电场强度公式和电场强度的叠加原理,原则上可以计算任意带电体产生的电场强度的空间分布。

例 2 求相距为 l 的一对等量异号点电荷 $\pm q$ 在其连线中垂线上任一点 P 的电场强度。

解 如图 6.1.4,由叠加原理

$$\boldsymbol{E}=\boldsymbol{E}_+ + \boldsymbol{E}_-$$

有

$$\boldsymbol{E}=\frac{1}{4\pi\varepsilon_0}\frac{q\boldsymbol{r}_+}{r_+^3}+\frac{1}{4\pi\varepsilon_0}\frac{(-q)\boldsymbol{r}_-}{r_-^3}$$

因为

$$|\boldsymbol{r}_+|=|\boldsymbol{r}_-|$$

所以

$$|\boldsymbol{E}_+|=|\boldsymbol{E}_-|$$

故合成场的方向平行于两点电荷的连线,如图 6.1.4 所示。

若这一对等量异号点电荷之间的距离 l 远小于场点 P 到它们中点的距离 r,则这一对等量异号点电荷系叫电偶极子。

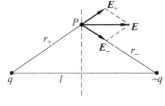

图 6.1.4 例 2 用图

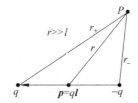

图 6.1.5 电偶极子模型

电偶极子的场用电偶极矩 $\boldsymbol{p}=q\boldsymbol{l}$ 来表示,其方向规定为由负电荷指向正电荷,如图 6.1.5 所示。化简上述结果,有

$$\boldsymbol{E}=\frac{1}{4\pi\varepsilon_0}\frac{q}{r_+^3}(\boldsymbol{r}_+ - \boldsymbol{r}_-)$$

由图 6.1.5 可知 $\boldsymbol{r}_+ - \boldsymbol{r}_- = -\boldsymbol{l}$。当 $l \ll r$ 时,有 $r_+^3 \approx r^3$,因此

$$\boldsymbol{E}=\frac{1}{4\pi\varepsilon_0}\frac{(-q\boldsymbol{l})}{r_+^3}\approx\frac{-\boldsymbol{p}}{4\pi\varepsilon_0 r^3}$$

在研究电介质对电场的影响时,分子将被简化为电偶极子。

不同的电荷分布,对应着不同的电场强度分布。在给定电荷分布时,可以通过点电荷的场强和场强叠加原理来计算场强分布。当电荷分布具有某些对称性时,可以先由定性分析确定场强的方向,这样可以减少计算工作量。

6.1.4 静电场的性质方程之一——高斯定理

电场线 人们用电力线(或称为电场线)来形象地描述电场强度的分布。为了描述的需要,故必须作出规定。第一,这些线是具有方向的线,线上每一点的切线方向应是该场点的电场强度方向;第二,力线分布的疏密应反映该区域电场强度的大小。定量的规定是,在空

间某处垂直于场强方向作一小面积元 $dS_\perp$，通过该小面元的电场线条数为 $d\varphi$，令电场线密度 $\dfrac{d\varphi}{dS_\perp}$ 等于该处电场强度的大小。即

$$E=\frac{d\varphi}{dS_\perp}$$

这样，电力线密度大的区域电场就强，电场线密度小的区域电场就弱，如图 6.1.6 所示。常见的一些电荷的场线分布如图 6.1.7 所示。

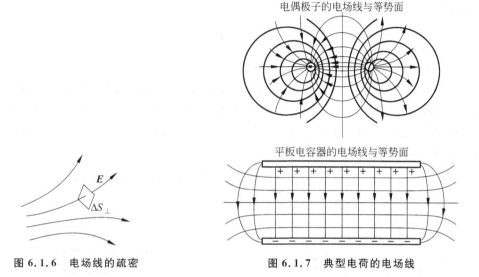

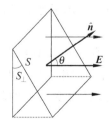

图 6.1.6　电场线的疏密

图 6.1.7　典型电荷的电场线

静电场的电场线起始于正电荷（或无限远处），终止于负电荷（或无限远处），无电荷处不中断；电场线不闭合；任意两条电场线不相交。

电通量　对电场中任一给定曲面，其电通量在数值上等于穿过这个曲面的电场线条数。

对均匀电场中的给定平面，设其法线与场强方向之间夹角为 θ，如图 6.1.8 所示，此平面的电通量为

$$\Phi_e = ES_\perp = ES\cos\theta = \boldsymbol{E}\cdot\boldsymbol{S}$$

其中 $\boldsymbol{S}$ 为面积矢量，其大小就是面积，方向为平面的法线方向。

计算通过非均匀电场中的任意曲面的电通量，可将曲面划分为无穷多个面积元，如图 6.1.9 所示，每一个面积元处的场强认为是常量，故通过每个面积元的电通量为

$$d\Phi_e = \boldsymbol{E}\cdot d\boldsymbol{S}$$

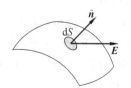

图 6.1.8　匀强电场的电通量

图 6.1.9　非均匀场中的电通量

式中 E 为面积元所在处的场强,因此通过整个曲面的电通量为

$$\Phi_e = \int d\Phi_e = \int_S \boldsymbol{E} \cdot d\boldsymbol{S}$$

电通量是一个代数量,它的正负由场强方向与面积矢量之间的夹角决定。由于对一般的面积矢量,法线的正方向有两种选择,因而电通量的正负就有随意性,只有在对面元法线有统一规定的情况下电通量的计算才有实际意义。在闭合曲面的情况下,面积元的法线方向有共同的约定,规定为由闭合面内指向外部作为法线的正方向,如图 6.1.10 所示。

通过一个闭合曲面的电通量写为

$$\Phi_e = \oint_S \boldsymbol{E} \cdot d\boldsymbol{S}$$

积分符号上的圆圈表示积分的曲面是闭合的。

当某面元处电通量为正时,电力线从该处穿出,而当某处电通量为负时,说明有电力线在该处进入此闭合面。如果一个闭合面穿出的电力线条数等于进入的电力线条数,则该闭合面的电通量为零。例如,在均匀电场中有一个圆柱状的闭合面(如图 6.1.11),圆柱的轴线与电场的方向平行,则此闭合面的电通量为

$$\Phi_e = \oint_S \boldsymbol{E} \cdot d\boldsymbol{S} = \int_{S_1} \boldsymbol{E} \cdot d\boldsymbol{S} + \int_{S_L} \boldsymbol{E} \cdot d\boldsymbol{S} + \int_{S_R} \boldsymbol{E} \cdot d\boldsymbol{S}$$

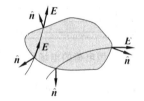

图 6.1.10 闭合面的电通量

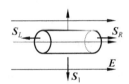

图 6.1.11 电通量计算举例

对于圆柱侧面 S_1 其法线与场强垂直,因此侧面的电通量为零;而左右底面的法线方向相反、面积相等,因而 $\Phi_e = -ES + ES = 0$

高斯定理 高斯定理给出电荷和它的电场之间的普适关系。定理指出,真空中任一闭合面的电通量等于该闭合面所包围的电量代数和除以真空介电常数 ε_0。数学表达式是

$$\oint_S \boldsymbol{E} \cdot d\boldsymbol{S} = \frac{\sum q_i}{\varepsilon_0}$$

静电场的高斯定理说明了电力线始于正电荷而终于负电荷,显示了静电场是有源场,场源于有电荷的地方。

对于高斯定理的理解,应当注意下述几点:(1)定理对真空中任意电荷分布,任意形状的闭合面均成立;(2)闭合面上的场强为空间全部电荷所产生;(3)闭合面的电通量只与闭合面内的电荷有关,面外电荷分布或大小的改变,只改变面上的场强而对总电通量没有影响。

高斯定理虽然可以从库仑定律导出,但它的理论价值却高于库仑定律。它不仅适用于静电场还适合于其他类型的电场。

利用高斯定理求场的分布 当电荷具有某种对称性时,根据对称性原理知,电场强度也具有这种对称性;于是通过高斯面的合理选取,使得面上电通量的计算变成简单的面积积分,从而可由高斯定理方便地求出场强分布。例 3、4、5 分别给出高斯定理对球对称、柱对称和面对称分布场的求解过程。

例 3 求均匀带电球体的电场分布,如图 6.1.12 所示。球体半径为 R,电荷体密度为 ρ。

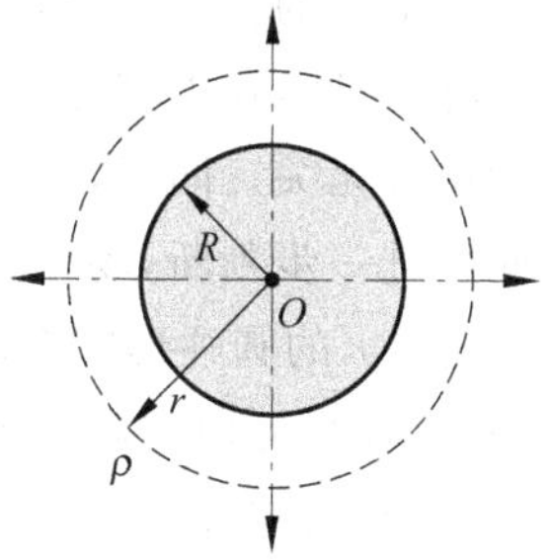

解 第一步,分析对称性 由电荷的球对称分布知,电场强度的空间分布也具有球对称性。

第二步,取合适的高斯面 设场点 P 距球心的矢量半径为 r,过场点作半径为 r 的球面。

在此球面上,电场强度大小处处相等,方向与各面元垂直即与面元法向相同。

第三步,计算电通量
$$\oint_S \boldsymbol{E} \cdot \mathrm{d}\boldsymbol{S} = 4\pi r^2 E$$

第四步,由高斯定理列方程
$$E = \frac{\sum_i q_i}{4\pi\varepsilon_0 r^2}$$

图 6.1.12 例 3 用图

第五步,求解

当 $r > R$ 时,$\sum_i q_i = \frac{4}{3}\pi R^3 \cdot \rho = Q$,所以

$$E = \frac{Q}{4\pi\varepsilon_0 r^2}$$

写成矢量形式为
$$\boldsymbol{E} = \frac{Q\hat{r}}{4\pi\varepsilon_0 r^2}$$

式中,$\hat{r}$ 为径向单位矢量

当 $r < R$ 时,高斯面在球体内部,它所包围的电荷只是带电球体电荷的一部分,故有

$$\sum_i q_i = \frac{4}{3}\pi r^3 \cdot \rho$$

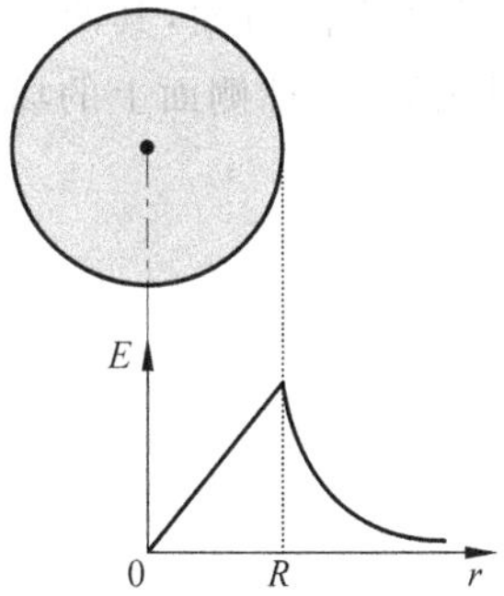

所以
$$E = \frac{\rho r}{3\varepsilon_0}$$

写成矢量形式为
$$\boldsymbol{E} = \frac{\rho \boldsymbol{r}}{3\varepsilon_0}$$

结果表明:均匀带电球体在球外的电场分布与把全部电荷集中在球心的点电荷的电场相同,其大小与场点到球心的距离平方成反比;而球体内部的场强大小则随着场点到球心的距离成正比增加。场强大小随距离变化的曲线如图 6.1.13 所示。

图 6.1.13 E-r 曲线
(例 3 解用图)

若求均匀带电球面的电场的分布,步骤与该例相同,高斯面也取过场点的球面。但结果是由于在球面内无电荷,即 $r < R$ 时有 $q_i = 0$,故带电球面内 $E = 0$;带电球面外的电场与均匀带电

球体外部的电场分布相同。因而在无限接近带电球面的两侧,场强大小会发生突变。

例 4 求无限长均匀带电细棒外部空间的电场分布。设电荷线密度为 λ。

解 均匀带电细棒的电荷分布对细棒的中心线呈旋转轴对称,而细棒无限长,则使电荷分布在细棒的长度方向具有平移对称性,由对称性原理可知,此带电细棒的电场应具有相同的对称性,即,在以细棒中心线为轴的同一圆柱面上,场强大小应相等,而且与场点沿棒长方向的位置无关。同时,若以场点到细棒的垂线为轴将细棒旋转 $180°$,细棒的电荷分布不变。由此可进一步判断,场强方向应沿圆柱的半径方向。因此,我们以细棒中心线为轴,作长为 l,半径为 r 的圆柱形闭合面,圆柱的侧面通过场点 P,如图 6.1.14 所示。此高斯面的左右底面上,场强方向与底面垂直,电通量为零;而圆柱侧面上场强大小处处相等,方向与柱面垂直,故由高斯定理,有

$$\oint_S \boldsymbol{E} \cdot \mathrm{d}\boldsymbol{S} = \int_{侧面} \boldsymbol{E} \cdot \mathrm{d}\boldsymbol{S} = E \cdot 2\pi r l = \frac{\lambda l}{\varepsilon_0}$$

由此求得

$$E = \frac{\lambda}{2\pi\varepsilon_0 r}$$

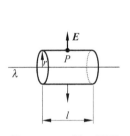

图 6.1.14 例 4 用图

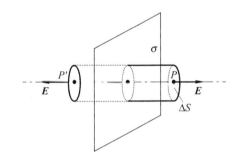

图 6.1.15 例 5 用图

例 5 求无限大均匀带电薄平板外空间的电场强度分布。设电荷面密度为 σ。

解 由于无限大均匀带电平板的电荷分布具有沿该平面方向的平移对称性,对从场点到平板的垂线具有旋转轴对称,由此可判断与平板距离相同的场点的电场强度的大小相同,方向与平板垂直。

在平板两侧,场强的方向相反。由此可作图 6.1.15 所示的正柱面为高斯面,其两个底面位于平板两侧等距处,与板面平行。高斯面的两个底面的电通量相等,而柱侧面上的场强处处与柱面面元垂直,故高斯面侧面的电通量为零。

由高斯定理,有

$$\oint_S \boldsymbol{E} \cdot \mathrm{d}\boldsymbol{S} = 2E\Delta S = \frac{\sigma \cdot \Delta S}{\varepsilon_0}$$

由此求得

$$E = \frac{\sigma}{2\varepsilon_0}$$

结果与场点到平板的距离无关,即无限大均匀带电平板在板外产生的电场为均匀电场。

6.1.5 静电场的性质方程之二——环路定理

静电场力是保守力 当电荷在静电场中运动时,静电力会做功。可以证明,静电力是保守力。如图 6.1.16 所示,在静止点电荷 q 的电场中,置入试验电荷 q_0,q_0 在相对 q 的位矢为 r 处受到的库仑力为 $f = \dfrac{qq_0}{4\pi\varepsilon_0 r^2}\hat{r}$。当 q_0 从位置 a 沿任一路径移动到位置 b,库仑力做的功为

$$A = \int_{r_a}^{r_b} \frac{qq_0}{4\pi\varepsilon_0 r^2}\hat{r} \cdot \mathrm{d}\boldsymbol{l} = \int_{r_a}^{r_b} \frac{qq_0}{4\pi\varepsilon_0 r^2}\mathrm{d}r = \frac{qq_0}{4\pi\varepsilon_0 r_a} - \frac{qq_0}{4\pi\varepsilon_0 r_b}$$

结果只与试验电荷的始末位置有关,而与路径无关。这表明静止点电荷的电场力是保守力。

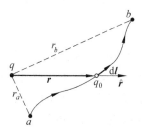

图 6.1.16 静电力的功

当电场为多个静止的点电荷共同形成时,由场强叠加原理,试验电荷 q_0 从电场中的位置 a 沿任一路径移动到位置 b,电场力做功为

$$A = \int_{(a)}^{(b)} q_0 \boldsymbol{E} \cdot \mathrm{d}\boldsymbol{l} = \int_{(a)}^{(b)} q_0 \Big(\sum_i \boldsymbol{E}_i\Big) \cdot \mathrm{d}\boldsymbol{l} = \sum_i \Big(\int_{(a_i)}^{(b_i)} q_0 \boldsymbol{E}_i \cdot \mathrm{d}\boldsymbol{l}_i\Big)$$

式中,$\mathrm{d}\boldsymbol{l}_i$ 为 q_0 相对第 i 个点电荷的位移。求和符号中的每一项都是单个点电荷对 q_0 的功,它们都只与 q_0 的始末相对位置有关,而与路径无关。至此我们证明了任意静电场力是保守力,因而静电场是保守场。

静电场的环路定理 对任一静电场,设其场强为 $\boldsymbol{E}(x,y,z)$,试验电荷 q_0 所受静电力做功与路径无关的性质可表示为

$$\oint_l q_0 \boldsymbol{E} \cdot \mathrm{d}\boldsymbol{l} = 0$$

运动过程中试验电荷 q_0 不变,故由上式可以得出

$$\oint_L \boldsymbol{E} \cdot \mathrm{d}\boldsymbol{l} = 0$$

此式表明,静电场的场强沿任一闭合曲线的线积分恒为零,这称为静电场的环路定理。环路定理是静电场为保守力场的数学表达。

从静电场的环路定理可以说明为什么静电场的电场线不闭合。因为,如果电场线闭合,则使场强沿此闭合的电场线作曲线积分时,由于电场线上各点的场强方向和 $\mathrm{d}\boldsymbol{l}$ 的方向相同,则积分必不为零,这就违背了环路定理,所以假设的前提不能成立,即静电场的电场线不可能闭合。

电势 由保守力做功与路径无关的性质,可以引入势能的概念,因此,对应静电场力是保守力,可引入静电势能的概念,并定义试验电荷 q_0 在静电场中的 a、b 两点的电势能差为

$$W_a - W_b = \int_{(a)}^{(b)} \boldsymbol{f}_c \cdot \mathrm{d}\boldsymbol{l} = \int_{(a)}^{(b)} q_0 \boldsymbol{E} \cdot \mathrm{d}\boldsymbol{l}$$

显然,静电势能差不仅和试验电荷在电场中的始末位置有关,还和试验电荷本身的电量 q_0 有关。为了纯粹描述静电场是保守场的特性,对应静电场强的环路定理,引入电势的概念,定义静电场中 a、b 两点的电势差为

$$U_a - U_b = \frac{W_a}{q_0} - \frac{W_b}{q_0} = \int_{(a)}^{(b)} \boldsymbol{E} \cdot \mathrm{d}\boldsymbol{l}$$

即静电场中 a、b 两点的电势差 U_a-U_b 等于该电场的场强沿从 a 到 b 的任一路径的曲线积分。它在数值上也等于把单位正电荷沿任一路径从 a 点移动到 b 点的过程中电场力做的功。

实际问题中,有意义的是电势差,但是为了叙述的方便,常常讲电场中各处的电势。这时,需要在电场中选定某一参考点(例如 P_0 点),令参考点的电势为零,这个参考点称为电势零点,而电场中某个 a 点的电势就定义为 a 点与 P_0 点的电势差,即

$$U_a = \int_{(a)}^{(P_0)} \boldsymbol{E} \cdot \mathrm{d}\boldsymbol{l}$$

当然,电势零点的选择带有任意性,但通常选择距离场源电荷无限远处或大地为电势零点。以后,若无特殊说明,我们都以无限远为电势零点。电势零点选定以后,电场中各点的电势是场点位置坐标的函数,即 $U=U(x,y,z)$;改变电势零点,同一电场中各点的电势函数,仅仅改变一相同的常数。

在 SI(国际单位制)中,电势的单位为 V。$1\ \text{V} = 1\ \text{J/C}$。

6.1.6 电势的计算

点电荷电场的电势　真空中点电荷 Q 的场中,以距离此点电荷无限远处为电势零点,则在与点电荷相距为 r 的场点的电势为

$$U = \int_r^\infty \frac{Q\hat{\boldsymbol{r}}}{4\pi\varepsilon_0 r^2} \cdot \mathrm{d}\boldsymbol{l} = \int_r^\infty \frac{Q}{4\pi\varepsilon_0 r^2} \mathrm{d}r = \frac{Q}{4\pi\varepsilon_0 r}$$

结果表明,点电荷的电场中的电势 $U \propto \dfrac{1}{r}$。对于正电荷的场 $U>0$,随着距离的增大,电势降低;对于负电荷的场,$U<0$,即场中各点的电势都低于无限远的电势,随着距离的增加,电势升高。

任意带电体电场的电势　n 个点电荷系的电场中,任一场点的电势等于各点电荷单独在该场点电势的代数和。即

$$U = \sum_{i=1}^n U_i = \sum_{i=1}^n \frac{q_i}{4\pi\varepsilon_0 r_i}$$

式中,r_i 为场点到点电荷 q_i 的距离,这就是**电势叠加原理**。

对于电荷连续分布的带电体,可以把带电体分为无限多个电荷元,而每个电荷元可以看作一个点电荷,因而电场中任一点的电势为

$$U = \int \mathrm{d}U = \int_q \frac{\mathrm{d}q}{4\pi\varepsilon_0 r}$$

式中,r 为场点到电荷元 $\mathrm{d}q$ 的距离,积分对全部带电体进行。

例 6　在半径为 R 的球面上分布着净电量是 Q 的电荷,求球心 O 处的电势。

解　按电势叠加原理,在球面上任取电荷元 $\mathrm{d}q$,以无限远为电势零点,则该电荷元在 O 处的电势为

$$\mathrm{d}U = \frac{\mathrm{d}q}{4\pi\varepsilon_0 R}$$

各电荷元距场点 O 的距离均为 R,故总电势为

$$U = \int_{(Q)} \mathrm{d}U = \int_{(Q)} \frac{\mathrm{d}q}{4\pi\varepsilon_0 R} = \frac{1}{4\pi\varepsilon_0 R} \int_{(Q)} \mathrm{d}q = \frac{Q}{4\pi\varepsilon_0 R}$$

例 7　如图 6.1.17 所示,一均匀带电球面,电量为 q,半径为 R,求球面电势分布。

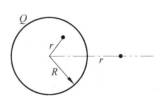

图 6.1.17　例 7 用图

解 本例原则上也可由电势叠加求解，但计算较本例所给的方法复杂。由高斯定理很容易求出均匀带电球面的场强分布

$$E = 0 \quad (r < R)$$

$$E = \frac{Q}{4\pi\varepsilon_0 r^2} \quad (r > R)$$

以无限远为电势零点，选择沿径向的场强积分，对球面外场点，即 $r > R$ 时，有

$$U = \int_r^\infty \frac{Q}{4\pi\varepsilon_0 r^2} \mathrm{d}r = \frac{Q}{4\pi\varepsilon_0 r}$$

而当 $r < R$ 时，有

$$U = \int_r^R 0 \cdot \mathrm{d}r + \int_R^\infty \frac{Q}{4\pi\varepsilon_0 r^2} \mathrm{d}r = \frac{Q}{4\pi\varepsilon_0 R}$$

计算结果表明，均匀带电球面在球面外的电势和全部电荷集中在球心时的点电荷的电势相同；而球面内因为场强为零，是等势区，所以球面内任一点与球面等势。

6.1.7 等势面与电力线

同电场线可形象描述电场强度的分布一样，也可用一族等势面来形象地描述电势和电场的空间分布。

电场中电势相等的点连成的曲面叫等势面，不同电势值的等势面在场中就构成了等势面系列分布。人们希望等势面的疏密能直观反映该区域的场强大小，等势面间距大（即等势面分布比较稀疏）则对应该小区域的场强较小，等势面间距较小（即等势面分布较密），相应该小区域的场强较大。于是就规定，相邻等势面之间的电势差必须相等。

在同一电场中，我们可以画出电力线和等势面。可以证明，电场线处处与等势面垂直；电场线的方向就是电势降低的方向。

点电荷或均匀带电球面外的电场中的等势面为一系列同心球面，随着到球心距离的增大，相邻等势面之间的距离增加；无限长均匀带电圆柱面的场中等势面为一系列同轴圆柱面；无限大均匀带电平面的场中等势面为一系列等距平行平面；等等。一些典型电场的等势面分布如图 6.1.7 所示。

6.2 导体存在时的静电场

物质的电性质 在研究电场时，按物质的导电性能将物质分为导体、绝缘体（也叫电介质）和半导体三大类。具有良好导电性能的物体，叫做导体，如金属、电解液、等离子体以及人体和大地等。几乎不导电的物体叫做电介质（绝缘体），如玻璃、丝绸、橡皮、陶瓷、气体和油类等。导体的特征是其内部存在大量可以自由运动的电荷，金属导体内部的自由电荷是脱离了原子束缚的自由电子；电解质溶液中可自由运动的电荷是离解的正、负离子。通常，这些自由电荷无序运动；而当有电场作用时作宏观定向运动，形成电流，从而表现出良好的导电性。电介质的分子或原子中，原子核对外层电子的吸引力比较强，电子不易脱离原子，所以电介质中的自由电荷极少，绝大多数电荷只能束缚在分子尺度范围内移动，不能产生宏观的定向运动，因而其导电性极差。在研究电介质在电场中的性质时，为了简化问题和突出

其主要特征,我们忽略它的微弱导电性,认为它内部完全没有可自由运动的电荷。

6.2.1 金属导体的静电平衡

如果导体内部和表面没有电荷的定向运动,我们便说导体处于静电平衡状态。**导体处于静电平衡状态的必要条件是,导体内部电场强度处处为零,且表面处场强垂直于表面**,即

$$E_内 = 0, \quad \boldsymbol{E}_{表面} \perp 表面$$

当一个导体被放入外电场中时,导体都要经历一个极其短暂的静电感应过程。例如,把一个不带电的金属球放入场强为 E_0 的均匀外电场中,如图 6.2.1(a)所示,金属球内的自由电子便处于场强为 E_0 的电场中,电子受到方向向左的电场力作用而向金属球的左端移动。这样,金属球左端由于电子积聚而带负电,右端由于缺少电子而带正电,这就是静电感应现象。感应电荷一经出现,它们便在金属球内外产生附加的电场 $\boldsymbol{E}'$,于是金属球内外任一点的总电场强度是 $\boldsymbol{E}_0$ 与 $\boldsymbol{E}'$ 的叠加,即

$$\boldsymbol{E}_总 = \boldsymbol{E}' + \boldsymbol{E}_0$$

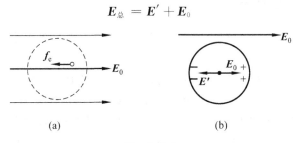

图 6.2.1

在金属球内,$\boldsymbol{E}'$ 的作用是使球内的总场强削弱;只要这个总场强不为零,它就会驱使金属球内的自由电子继续向左端移动,当感应电荷在金属球内各点产生的电场强度 $\boldsymbol{E}'$ 与 $\boldsymbol{E}_0$ 完全抵消时,就会使金属球内总电场强度处处为零,如图 6.2.1(b)所示,这时,自由电子将不再作定向运动,即感应电荷在金属球上的分布不再变化,此时金属球在外电场中达到了静电平衡状态。还可证明,表面处场强垂直于表面,否则场强会有切向矢量而驱使电子沿表面运动。

由导体的静电平衡条件可以得出以下结论:

(1) 导体是等势体,表面导体是等势面。

在导体上任取 a、b 两点,沿导体内任一条连接此两点的路径计算电场强度的曲线积分,因为静电平衡下导体体内场强 $\boldsymbol{E}$ 处处为零,表面处场强垂直于表面,则有

$$U_a - U_b = \int_{(a)}^{(b)} \boldsymbol{E} \cdot d\boldsymbol{l} = 0, \quad 即 \quad U_a = U_b$$

因而导体上各点电势相等,即导体是等势体,导体表面是等势面。通常,也将导体是等势体作为导体静电平衡条件的一种表述。

(2) 导体体内处处不带电,电荷只能分布在导体表面。

设 P 点是导体内任意一点,在导体内作一包围 P 点的很小的闭合面,因导体内场强处处为零,故此闭合面上的电通量为零。由高斯定理可知,该闭合面内所包围的电量为零,即 P 点附近一物理上无限小的体积内没有净电荷,P 点处电荷体密度为零。由于 P 点是任意选取的,这一论证表明,导体内部处处不带电,导体所带电荷只能分布在导体表面。

(3) 导体外紧靠导体表面处的场强大小与导体表面的电荷面密度成正比。

可由高斯定理求出表面处场强的大小。设 P 点是导体外紧靠导体表面的一点，该表面处电荷面密度为 σ_e。

过 P 点作一个与导体表面平行的小面元 ΔS，并以 ΔS 为底面，以导体表面法线为轴作一个很扁的圆柱，圆柱面的另一个底面在导体内，如图 6.2.2 所示。

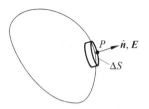

图 6.2.2 导体表面的场强

计算封闭圆柱面的电通量

$$\oint \boldsymbol{E} \cdot \mathrm{d}\boldsymbol{S} = \int_{上底面} \boldsymbol{E} \cdot \mathrm{d}\boldsymbol{S} + \int_{下底面} \boldsymbol{E} \cdot \mathrm{d}\boldsymbol{S} + \int_{侧面} \boldsymbol{E} \cdot \mathrm{d}\boldsymbol{S}$$

因为圆柱面底面面积 ΔS 足够小，所以上底面上各点场强近似相等，则

$$\int_{上底面} \boldsymbol{E} \cdot \mathrm{d}\boldsymbol{S} = E_n \Delta S$$

下底面在导体内，它上面各点场强为零，所以相应的电通量为零；侧面上各点场强方向与侧面平行（即 $\cos\theta = 0$ 或 $E = 0$，故侧面的电通量也为零。于是通过整个圆柱体的总电通量是

$$\oint_S \boldsymbol{E} \cdot \mathrm{d}\boldsymbol{S} = \int_{上底面} \boldsymbol{E} \cdot \mathrm{d}\boldsymbol{S} = E_n \Delta S$$

根据高斯定理可得

$$E_n \Delta S = \frac{1}{\varepsilon_0} \sigma_e \Delta S$$

因此导体表面外侧场强为

$$E_n = \frac{\sigma_e}{\varepsilon_0}$$

因为上底面的法线方向与导体表面的外法线方向 $\hat{n}$ 一致，所以 E_n 就是场强在导体表面的外法线方向上的投影，而该处的场强方向垂直于导体表面，所以 P 点的场强可表示为

$$\boldsymbol{E} = E_n \hat{\boldsymbol{n}} = \frac{\sigma_e}{\varepsilon_0} \hat{\boldsymbol{n}}$$

在上式的导出过程中，对导体周围有无其他带电体或导体本身没有作任何限定，因此上式是决定静电平衡导体表面场强的普遍公式。读者还应该注意到，由上式所确定的场强并非只是圆柱面包围的那部分表面电荷 $\sigma_e \Delta S$ 所产生的，它是全部电荷（包括导体及周围其他带电体）在该点产生的总场强。

应用导体的静电平衡条件和电荷守恒定律以及静电场的基本规律，可以计算某些简单情形下导体表面的电荷分布以及有导体存在时的电场。

例 1 设有一电荷面密度为 σ_0 的均匀带电大平面，在它附近平行地放置一块原来不带电、有一定厚度的无限大金属板，求金属板两面的电荷分布。

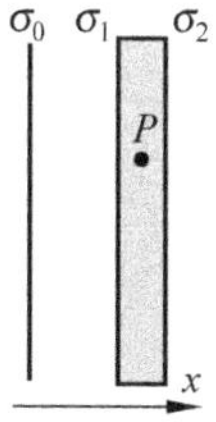

解 由于 σ_0 的场是均匀场，故金属板两侧表面出现相等的感应电荷，设两表面的电荷面密度分别为 σ_1 和 σ_2，如图 6.2.3 所示。

因金属板原来不带电，根据电荷守恒定律可得

$$\sigma_1 + \sigma_2 = 0 \tag{1}$$

设 P 点为厚金属板内任意一点，根据场强叠加原理和静电平衡条件，有

图 6.2.3 例 1 用图

$$\frac{\sigma_0}{2\varepsilon_0} + \frac{\sigma_1}{2\varepsilon_0} - \frac{\sigma_2}{2\varepsilon_0} = 0 \tag{2}$$

联立(1)、(2)两式得

$$\sigma_1 = -\frac{\sigma_0}{2}, \quad \sigma_2 = \frac{\sigma_0}{2}$$

例2 如图6.2.4所示,一半径为R的接地金属球,球外不远处放置一电量为q的点电荷,点电荷与球心相距l,求金属球上感应电荷总量Q'。

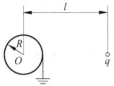

图6.2.4 例2用图

解 金属球达到静电平衡后,感应电荷分布在球面上。由于导体是等势体,故接地金属球上任一点的电势均为零。当然球心O的电势也为零。

球心O的电势由点电荷q和感应电荷Q'共同产生。

感应电荷Q'在球心O处的电势为

$$U'_O = \int \mathrm{d}U'_O = \int_{q'} \frac{\mathrm{d}q'}{4\pi\varepsilon_0 R} = \frac{Q'}{4\pi\varepsilon_0 R}$$

点电荷q在O处产生的电势为

$$U_q = \frac{q}{4\pi\varepsilon_0 l}$$

由叠加原理有

$$U_O = U'_O + U_q = \frac{Q'}{4\pi\varepsilon_0 R} + \frac{q}{4\pi\varepsilon_0 l} = 0$$

故得金属球上的感应电荷总量为

$$Q' = -\frac{R}{l}q$$

孤立导体表面的电荷分布

电荷在导体表面上如何分布是一个比较复杂的问题,分布不仅和导体的形状有关,还和导体周围有无其他带电体等因素有关。如果所研究的导体与其他物体相距很远,以致其它物体在导体所在处产生的电场可以忽略不计,我们便把这个导体叫做孤立导体。实验表明,对于孤立导体,其上电荷的分布大致有以下定性的规律:表面凸出的尖锐部分(曲率是正值且较大)电荷面密度较大,表面比较平坦部分(曲率较小)电荷面密度较小,表面凹入部分电荷面密度最小。根据导体表面附近的场强与表面上电荷面密度的关系可知,孤立带电导体周围的电场分布应是表面凸出的尖锐部分附近的电场最强,相应该处电场线最密集。图6.2.5给出两种孤立导体附近的电场线的示意图。

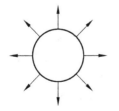 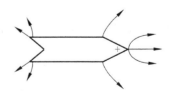

(a) 孤立导体球,球面均匀带电　　(b) 尖端突出处,电荷面密度大

图6.2.5 孤立导体表面的电荷分布示意

当具有尖端的导体带电到一定程度时,尖端附近的强电场将使尖端附近空气中残留的离子在自由程内得到很大的速度,当它们碰撞空气分子时可能使之电离产生新的离子。这

样,在尖端附近便会形成大量离子,和尖端所带电荷异号的离子由于受到吸引力而趋向尖端并与尖端上的电荷中和,导致尖端上的电荷逐渐减少,这就是所谓尖端放电。尖端放电时,其附近往往隐隐约约笼罩着一层光晕,叫做电晕。这是因为尖端附近的离子碰撞气体分子,会使它处于激发状态,当这些分子从激发状态回到低能态的过程中便会发光而形成电晕。有时夜间在高压输电线周围就可看到电晕现象。

尖端放电在生产实践和科学实验中有许多应用,避雷针(接地良好的金属针)就是其中的一个应用。此外,在静电起电机、静电照相、静电复印、静电除尘以及消除静电技术中也都应用到尖端放电。但在某些情形下,尖端放电也会对人们造成伤害。

6.2.2 导体的应用之一——静电屏蔽

带有空腔的导体壳处于静电平衡时,具有特殊的性质和应用价值,下面分两种情况讨论空腔导体壳上的电荷分布及其电场特征。

(1) 导体壳空腔内无带电体时,在静电平衡状态下,导体壳的内表面电荷密度处处为零,腔内空间场强处处为零。

证明:在导体壳的壳体内作一闭合曲面 S(如图 6.2.6 中虚线),由于导体内场强处处为零,故

$$\oint_S \boldsymbol{E} \cdot \mathrm{d}\boldsymbol{S} = 0$$

图 6.2.6 空腔导体性质

由高斯定量可得高斯面 S 内

$$\sum q_i = 0$$

腔内带电只可能在壳的内表面和腔内带电体表面。

但腔内无其他带电体,则导体壳内表面上电量代数和为零,即

$$Q_{内表面} = \sum q_i = 0$$

一般来讲,内表面 $\sum q_i = 0$ 可以有两种带电状况:一种是内表面上电量处处为零,即处处 $\sigma = 0$;另一种可以是在内表面某些地方带正电,而在另外的地方带等量的负电荷,其总和为零。故必须对这两种情况加以甄别。

此例中,利用反证法证明本问题中后一情形不可能存在。如果在腔的内表面某处存在一些正电荷,而在另一处存在一些等量的负电荷,那么,正电荷就会发出电力线,而负电荷会接收电力线,如图 6.2.6 所示。但一条电场线的两端一定存在电势差,这与静电平衡导体是个等势体矛盾,故不可能有任何的净电荷存在。

从而得到,导体壳的内表面上电荷面密度一定处处为零,即

$$\sigma = 0$$

同样,由于空腔中无带电体,空腔中不可能存在任何电场线,空腔中场处处为零,即

$$E = 0$$

上述推导的结论与导体本身是否带电,导体壳外部是否存在带电体无关。故这样的导体壳将"保护"壳所包围的空间(腔内)不受外界电荷(电场)的干扰,这就叫静电屏蔽。"静电屏蔽"并非指外部带电体不能在空腔中激发电场,而是它所激发的电场始终会被导体壳外表面上的感应电荷产生的电场所抵消。高压带电操作的工作人员穿着的工作服就是利用了导

体壳的这一静电屏蔽性质。工作人员穿戴着由金属丝和纤维编织而成的衣、帽、手套和袜子,就好像处在一个金属壳内。尽管高压线周围有很强的电场,但能渗入人体的电场极弱。因此当人接近和接触高压线时外部电场只是使金属工作服上电荷分布不断改变,而不会对人体造成伤害。

(2) 导体壳空腔内有带电体时,则在静电平衡状态下,导体壳的内表面的带电量与腔内带电体的带电量的代数和等值反号,即

$$Q_{内表面} = -\sum q_i$$

一般情况下,导体壳的外表面会带电,壳外空间会存在电场。但若使导体壳接地,同时壳外无带电体,则导体壳的外表面上不带电,壳外空间电场处处为零。图 6.2.7(a)、(b) 分别给出一原电中性的导体球壳内存在一点电荷 q 时,接地前后的情形。

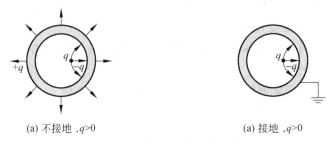

(a) 不接地, $q>0$　　　　　　　　(a) 接地, $q>0$

图 6.2.7　导体壳内外电荷与电场

接地导体壳能够把腔内带电体的影响囿于导体壳所包围的空间之内。这是另一种静电屏蔽。工作中为了使某个带电体,例如高压设备不致影响外部,就给它罩上接地金属壳。

普遍情况下,封闭导体壳内外都有可能存在带电体,这时导体壳的内外表面都会带电,且内外空间的电场都不为零。电动力学的唯一性定理给出,只要导体处于静电平衡状态,则壳外带电体以及导体壳外表面上电荷二者在壳内空腔的合电场恒为零,这就是说,腔内区的电场仅由腔内带电体和腔内的几何因素决定(当然还有介质);同样,腔内带电体及导体壳内表面上感应电荷二者在壳外空间的合场强也恒为零,这也就是说,壳外空间的电场仅由腔外带电体及腔外几何因素决定(当然还有介质)。图 6.2.8 表示了静电屏蔽的电力线状况。

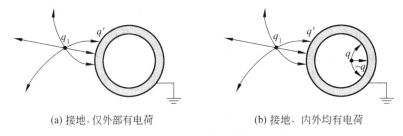

(a) 接地,仅外部有电荷　　　　　　(b) 接地,内外均有电荷

图 6.2.8　接地导体壳的静电屏蔽

6.2.3　导体的应用之二——电容器的电容

孤立导体的电容　令孤立导体带电量为 Q,则导体就有了确定的电势。孤立导体的电

势 U 与其所带电量 Q 成正比,即 $$U \propto Q$$
定义孤立导体的电容为 $$C = \frac{Q}{U}$$

电容只与导体几何因素(当然还有介质)有关,与其是否带电无关。它反映了导体容电的本领,是导体的固有性质。

在 SI 中,电容的单位为 F(法[拉])。

电容的计算过程是:设导体带电 Q,求导体的电势 U,按电容定义 $C = \frac{Q}{U}$ 得到结果。

例 3 试求半径为 R 的孤立导体球的电容。

解 设孤立导体球带电量为 Q,电量均匀分布在球面上,故导体电势为
$$U = \frac{Q}{4\pi\varepsilon_0 R}$$
由电容定义有
$$C = \frac{Q}{U} = 4\pi\varepsilon_0 R$$
只与球的几何因素(半径 R)有关,与介质(ε_0)有关。

设想用孤立导体球制作一个 1 F 的电容,试问球的半径得有多大?

按孤立导体球的电容公式可知,球半径应是 $R = \frac{1}{4\pi\varepsilon_0} = 9 \times 10^9$ m,地球的半径约为 10^6 m,可见 1 F 的单位太大,通常使用 μF 或 pF。

导体组的电容 实用的是多个导体组成的电容。电容反映的是导体组的固有容电本领,故仿照孤立导体电容的定义,必须寻找一个不受外界影响的场空间,静电屏蔽的装置可提供这样的空间,即导体壳 B 包围的空腔内部。为了容电,在空腔内部还需有一个与空腔导体绝缘的一个导体 A,如图 6.2.9 所示的 AB 导体组电容器。

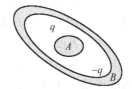

图 6.2.9 导体组的电容

导体组电容的定义式是什么呢?设 A 带上电量 Q,则导体壳内表面必定带 $-Q$,A、B 间的电势差与导体 A、B 相对表面所带电量 Q 成正比。由于导体壳 B 的静电屏幕作用,A、B 之间的电场以及电势差不受壳外其他带电体的影响。

故电容的定义式是 $$C = \frac{Q}{\Delta U}$$

图 6.2.9 所示的电容器的导体 A 和导体 B 叫做电容器的 A 极和 B 极。

电容器的电容 C 只与两极的形状、尺寸以及二者间的电介质性质和分布有关,与是否带电无关,是导体组的固有性质。

在绝大多数实际应用中,并不需严格的静电屏蔽,实际电容器多数是由两块靠得很近的金属平板(或金属箔)中间夹一层均匀电介质(或真空)组成,对于这样的导体系统,若两板间的距离远小于平板的长和宽(或者圆形平板的直径),则两板以外带电体对板间场强分布的影响可忽略不计。

电容器是电路的基本元件之一,它在电路中起着各种作用。例如,隔断直流通交流,与其他元件组成振荡回路、滤波电路、延时电路等,同时也是储存电能的基本元件。

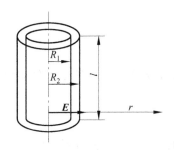

图 6.2.10 例 4 用图

例 4 求柱形电容器单位长度的电容

柱形电容器由两个半径分别为 R_1 和 R_2 的共轴薄壁金属圆筒构成。如图 6.2.10 所示。

解 设单位长度上带电为 λ，则电容器内部场强垂直于柱轴

$$E=\frac{\lambda}{2\pi\varepsilon_0 r}$$

两极电势差为

$$\Delta U = \int_{R_1}^{R_2} \boldsymbol{E} \cdot \mathrm{d}\boldsymbol{r} = \int_{R_1}^{R_2} \frac{\lambda}{2\pi\varepsilon_0 r}\mathrm{d}r = \frac{\lambda}{2\pi\varepsilon_0}\ln\frac{R_2}{R_1}$$

单位长度上的电容是

$$C = \frac{\lambda}{\Delta U} = \frac{2\pi\varepsilon_0}{\ln\dfrac{R_2}{R_1}}$$

球形电容器由两个同心的金属球壳构成，两个球壳的半径分别为 R_1 和 $R_2(>R_1)$，仿照上述思路可求得球形电容器的电容为

$$C = \frac{4\pi\varepsilon_0 R_1 R_2}{R_2 - R_1}$$

平板电容器是由两个靠得很近的平行金属板组成，设板间距离为 d，极板面积为 S，则电容为

$$C = \frac{\varepsilon_0 S}{d}$$

需要指出的是，电容器和电容的概念可以推广到任意两个导体的组合，例如两条输电线，输电线与大地，电子仪器内部任意两条接线，接线与金属机壳，电路元件与仪器金属机壳以及晶体管各极之间都可存在电容，这种电容叫做分布电容（或杂散电容）。这时两个导体所带电量往往不相等；此时，电量 q 应理解为，若用导线把这两个导体连接起来而达到新的静电平衡状态的过程中从一个导体转移到另一导体的电量。分布电容一般很小，而且很易受到其他导体的影响。在静电和直流电的问题中一般不考虑分布电容，但在有高频电流的情况下，分布电容可能起重要作用，这时必须考虑它的存在和影响。

6.3 有电介质时的静电场

电介质是电的绝缘体，理论上认为它内部没有任何的自由电荷。但当它被放入静电场后，仍然会使空间的场强分布发生变化。

6.3.1 电介质的极化可改变场的分布

电介质由中性分子（或中性原子）组成，中性分子内部包含等量的正、负电荷，但它们并不集中于一点，而是分布在线度为 10^{-10} m 数量级的分子体积内。无论其内部结构如何，就中性分子在外面产生电场以及它在外电场中受到的静电作用而言，可以把分子内全部正、负电荷看成各自集中于一点，这个集中点叫做分子的正、负电中心。分子的正、负电中心构成

一个电偶极子,即一个中性分子一般可等效为一个电偶极子。

电介质大致可分为两类。一类电介质分子在没有外电场时,分子的正、负电中心重合,即电偶极矩为零,这类分子叫做无极分子。例如,H_2、O_2、CO_2 等分子。另一类电介质分子,在没有外电场时,它的正、负电中心不重合,即分子本身具有一定的电偶极矩(叫做固有电偶极矩),这类分子叫做有极分子。例如,HCl、CO、NH_3、水、甲醇、硝基苯等分子。

在无外界电场的作用时,由于分子的热运动,有极分子的电偶极矩分布紊乱,故整体对外不产生电场。但当将它们引入电场后,无论是无极分子还是有极分子对外场都会构成影响,这是因为介质在外场中会发生极化。

无极分子的位移极化　无极分子在外电场的作用下,分子内的电子和原子核将沿相反方向发生微小的位移,致使其内部正负电中心分开,形成一定的电偶矩。这种极化的等效电偶矩 p_e 的方向与外电场的方向一致,在图上我们用一小箭头表示分子的等效电偶极子(见图 6.3.1(a))。质量均匀的电介质置入均匀外电场后,各分子的等效电偶极子将沿外电场方向整齐排列,从而在电介质的表面出现净电荷,如图 6.3.1(b)所示。无极分子电介质的极化,是因分子内的电子和原子核在外电场作用下相对位移造成的,所以叫做位移极化。

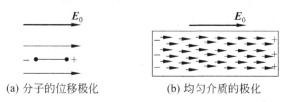

(a) 分子的位移极化　　　　(b) 均匀介质的极化

图 6.3.1　位移极化图像

有极分子的取向极化　由有极分子构成的电介质放入外电场中时,分子的固有电偶极矩受到电场的力矩作用而向外电场方向旋转,从而在电介质表面上也会出现极化电荷。显然,外电场愈强,分子电偶极矩的取向愈整齐,电介质表面上的极化电荷也愈多。因为这种极化是由有极分子的电偶极矩取向所造成,所以叫做取向极化。

电介质因极化而在宏观上表现出带电,这种电荷叫极化电荷。极化电荷被束缚在分子之内,它既不能从电介质表面转移到别的物体上,也不能在电介质内部作宏观位移,因此又称为束缚电荷。均匀电介质极化后,极化电荷只出现在它的表面;如果电介质不均匀,则除了表面的极化电荷外,在电介质内部也可能出现极化电荷。

无论是哪类分子在外电场中都会极化,正是由于极化净电荷的出现使得场的分布发生了变化。

6.3.2　自由电荷和极化电荷共同产生电场

按照场强叠加原理,有电介质存在时的场强 E 应该是原来的场 E_0(即所谓使介质极化的外场,通常是由自由电荷产生的)和极化电荷单独产生的场 E' 的叠加,即
$$E = E_0 + E'$$

求出极化电荷的分布是解决问题的关键。在解决这个问题的过程中遇到了以下基本概念和物理量。

第一，极化强度可反映极化电荷的多少 在极化的电介质内随意取一个小体积元 ΔV，将其内部分子的电偶极矩矢量相加，即求 $\sum p_{分子}$，外电场愈强，分子极化得愈厉害，则各分子的电偶极矩排列愈整齐，故 ΔV 内的 $\sum p_{分子}$ 愈大，因此比值 $\dfrac{\sum p_{分子}}{\Delta V}$ 能够描写电介质内该处极化的强弱程度，于是定义**极化强度矢量**为

$$P = \lim_{\Delta V \to 0} \frac{\sum p_i}{\Delta V}$$

在 SI 中，极化强度的单位为 $C \cdot m^{-2}$，与电荷面密度 σ 同量纲。定义式中将体积取极限就意味着极化强度是坐标点对应的函数。

第二，极化电荷与极化强度的定量关系

在已极化的电介质内部任意作一闭合曲面 S，则 S 将把一些位于 S 附近的电介质分子的电偶极矩截为两部分，一部分在 S 内，一部分在 S 外，如图 6.3.2(a) 所示。只有电偶极矩穿过此闭合面的分子才对 S 内的极化电荷有贡献。为此，我们首先讨论 S 上任一物理上无限小的面元 dS 所截的分子的贡献。在 dS 附近的薄层内，可近似认为极化是均匀的，各分子具有相等的电偶极矩。设该处极化强度为 P，分子电偶极矩 $p_{分子}=q_{分子}l$ 与面元 dS 的外法线单位矢量 $\hat{n}$ 的夹角为 θ，单位体积内的分子数为 n。以 l 为长、底面 dS_1 和 dS_2 作一斜柱体，如图 6.3.2(b)，面元 dS 位于斜柱体中间，斜柱体的体积为

$$dV = dSl|\cos\theta|$$

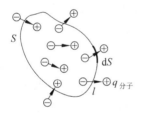
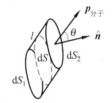

(a) 被 S 截断的分子对 S 内极化电荷有贡献

(b) dS 附近分子极化的贡献

图 6.3.2 介质内闭合面内的极化电荷

只有分子电偶极矩中心落在 dV 内的那些电偶极子的正、负电荷才被 dS 分开。

dV 内的电偶极子数为 $ndV=ndSl|\cos\theta|$，所以被 dS 截在 S 内的电量绝对值为 $|dq'|=q_{分子}ndV=q_{分子}ndSl|\cos\theta|$，式中 $nq_{分子}l=\dfrac{N}{dV}q_{分子}l$ 正是 dS 处的极化强度的大小。注意到当 $\theta<\dfrac{\pi}{2}$ 时，落在 S 内的是负电荷，而当 $\theta>\dfrac{\pi}{2}$ 时，落在 S 内的是正电荷。所以被 dS 所截，而对 S 内贡献的电量可写为

$$dq' = -PdS\cos\theta = -\boldsymbol{P} \cdot d\boldsymbol{S}$$

把上式对曲面 S 积分，即可求得闭合面 S 内的极化电荷为

$$q' = -\oint_S \boldsymbol{P} \cdot d\boldsymbol{S}$$

上式表明，介质中任一闭合面内包围的极化电荷等于极化强度在此闭合面上的通量的负值，

是极化电荷与极化强度的普遍关系。可以证明,对均匀介质(指介质本身的物理性质各处相同),介质体内处处无极化电荷,即极化电荷的体密度为零;而对非均匀介质,体内会出现极化电荷。但无论何种介质,一旦极化其表面层内必定有极化电荷。

在介质外表面电荷
$$dq'_{\text{表面}} = P dS \cos\theta = P_n dS$$
由电荷面密度定义可得介质表面的极化电荷面密度为
$$\sigma' = P_n$$
通常写为
$$\sigma' = \boldsymbol{P} \cdot \hat{\boldsymbol{n}}$$
上式表明电介质表面极化电荷的面密度等于该处极化强度在表面外法线方向的投影。

第三,电介质的极化规律

实验发现,多数电介质,当电场不太强时,介质中任何一点的极化强度的方向和该点电场强度的方向一致,极化强度的大小和该点场强的大小成正比,即有
$$\boldsymbol{P} = \chi_e \varepsilon_0 \boldsymbol{E}$$
式中,χ_e 叫做极化率,是无量纲的常数,其值与介质的相对介电常量 ε_r 的关系是
$$\chi_e = \varepsilon_r - 1$$
所以
$$\boldsymbol{P} = \chi_e \varepsilon_0 \boldsymbol{E} = \varepsilon_0 (\varepsilon_r - 1) \boldsymbol{E}$$
我们把满足上述极化规律的电介质叫做各向同性线性电介质。提醒读者注意的是,上式中的电场 $\boldsymbol{E}$ 已是自由电荷和极化电荷共同贡献的场,即已是合场的场强了。

对于具有晶体结构的电介质(例如石英晶体),其电性质各向异性,即介质内任一点的极化强度的大小不仅和该处的电场强度的大小有关,还和场强 E 与晶轴之间的夹角有关,且极化强度的方向与该处的电场强度的方向也不相同。还有一些固体电介质,在一定温度范围内,极化强度与电场强度之间的关系更复杂,极化强度与电场强度之间甚至没有单值关系,即极化强度的大小不能由电场强度的值唯一地确定,它还和电介质的极化历史有关,这类电介质称为铁电体。

例1 在平行板电容器内充满均匀的各向同性线性电介质,相对介电常数是 ε_r。电容器极板电荷面密度为 σ_0,求介质内场强 E。

解 由于电容器极板上自由电荷的场是均匀场,所以充满电容器两极板间的电介质被均匀极化,在介质两表面(也是无限大的平面)出现极化电荷,设面密度为 $\pm\sigma'$,则在空间就有两对无限大带电平面,一对是自由电荷 $\pm\sigma_0$,一对是极化电荷 $\pm\sigma'$,如图 6.3.3 所示。$\pm\sigma_0$ 和 $\pm\sigma'$ 共同产生场。有

$$E = E_0 - E' = \frac{\sigma_0}{\varepsilon_0} - \frac{\sigma'}{\varepsilon_0} \quad (1)$$

$$\sigma' = P_n = P = \varepsilon_0(\varepsilon_r - 1)E \quad (2)$$

解得
$$E = \frac{\sigma_0}{\varepsilon_0 \varepsilon_r}$$

又知
$$E_0 = \frac{\sigma_0}{\varepsilon_0}$$

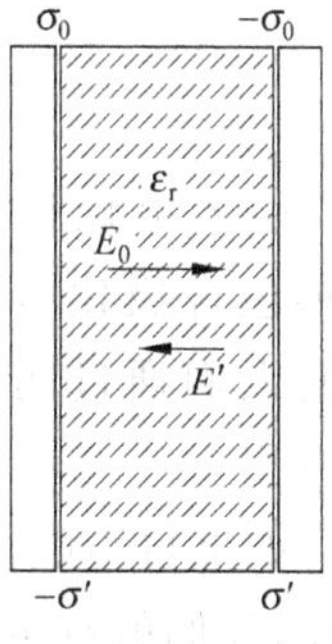

图 6.3.3 例 1 用图

所以，介质中的场和无介质时场的关系是

$$E = \frac{E_0}{\varepsilon_r}$$

解场的一般过程是：求出电荷分布，利用叠加求解。极化电荷必须依靠极化规律和极化电荷与极化强度的关系才能求得。但极化规律又和总场强有关，这种循环说明，一般情况下极化电荷的分布是很难直接得到的。

上述例子是难得的少数按正规思路得到结果的例题。

此例的结果给了我们一个启示：当各向同性线性电介质均匀充满两个等势面中间时，可先求出自由电荷单独产生的场强，然后除以相应介质的 ε_r，就可快捷地得到结果

$$E = \frac{E_0}{\varepsilon_r}$$

6.3.3 电介质存在时的高斯定理

静电场的高斯定理指出，电场中任一封闭曲面（高斯面）有

$$\oint_S \boldsymbol{E} \cdot \mathrm{d}\boldsymbol{S} = \frac{1}{\varepsilon_0}(q_{自由,内} + q'_{内})$$

式中，$q_{自由,内}$ 和 $q'_{内}$ 分别表示封闭面 S 内的自由电荷和极化电荷的代数和，而 $\boldsymbol{E}$ 应是全部电荷产生的总场强。封闭面 S 内的极化电荷为

$$q' = -\oint_S \boldsymbol{P} \cdot \mathrm{d}\boldsymbol{S}$$

代入上式并移项，定理变为

$$\oint_S (\varepsilon_0 \boldsymbol{E} + \boldsymbol{P}) \cdot \mathrm{d}\boldsymbol{S} = q_{自由,内}$$

令
$$\boldsymbol{D} = \varepsilon_0 \boldsymbol{E} + \boldsymbol{P}$$

物理量 $\boldsymbol{D}$ 叫做场的电位移矢量，也称电感应强度矢量。则有

$$\oint_S \boldsymbol{D} \cdot \mathrm{d}\boldsymbol{S} = q_{自由,内}$$

上式表明，任意一闭合曲面 S 的电位移矢量通量等于该闭合面包围的自由电荷的代数和。这就是**有电介质时的高斯定理**，又称 $\boldsymbol{D}$ 的高斯定理。

显然，真空时静电场的高斯定理是有介质时高斯定理的一个特殊情况。因为真空中 $P=0$，那么 $\boldsymbol{D}=\varepsilon_0\boldsymbol{E}$，则有

$$\oint_S \boldsymbol{E} \cdot \mathrm{d}\boldsymbol{S} = \frac{1}{\varepsilon_0} q_{自由,内}$$

引入电位移矢量并导出了有电介质时的高斯定理后，从定理的形式上看，方程中已不再包含极化电荷 q'，即 $\boldsymbol{D}$ 的通量与 q' 无关（注意，这并不意味着 $\boldsymbol{D}$ 与 q' 无关！）。从而可使人们通过闭合面内的自由电荷知晓场的性质，故 $\boldsymbol{D}$ 的高斯定理是有电介质场的性质方程。

如果自由电荷和电介质的分布具有某种特殊的对称性，从而使 $\boldsymbol{D}$ 的分布具有相应的对称性，我们就有可能根据 $\boldsymbol{D}$ 的高斯定理直接求出 $\boldsymbol{D}$ 的分布。如果再进一步知道介质的极化性质，就可以通过 $\boldsymbol{D}$ 而求出 $\boldsymbol{E}$ 了。

对于各向同性线性介质有 $\boldsymbol{P}=\chi_e\varepsilon_0\boldsymbol{E}$

则 $\boldsymbol{D}=\varepsilon_0(1+\chi_e)\boldsymbol{E}=\varepsilon_0\varepsilon_r\boldsymbol{E}=\varepsilon\boldsymbol{E}$

上式是电介质的性能方程,通常叫物质方程。

例 2 一半径为 R、电量为 q 的金属球,埋在相对介电常数为 ε_r 的均匀无限大电介质中。求:(1) 电介质中 $\boldsymbol{D}$ 和 $\boldsymbol{E}$ 的分布;

(2) 电介质与金属球分界面上的极化电荷面密度。

解 (1) 由自由电荷和电介质分布的球对称性可知电介质中 $\boldsymbol{D}$ 的分布具有球对称性。在电介质中作一半径为 r,与金属球同心的球面 S(如图 6.3.4 所示),则 S 上各点 $\boldsymbol{D}$ 的大小相等,方向沿径向,于是通过 S 面的电位移通量为

$$\oint_S \boldsymbol{D}\cdot\mathrm{d}\boldsymbol{S}=\oint_S D_n\mathrm{d}S=D_n 4\pi r^2$$

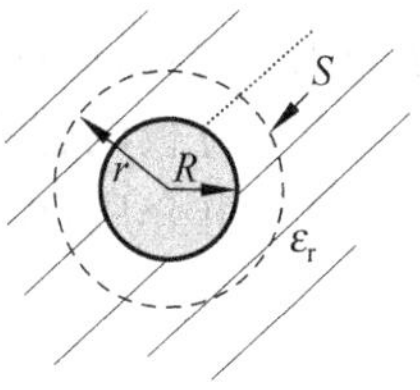

式中,D_n 是 $\boldsymbol{D}$ 在 $\mathrm{d}\boldsymbol{S}$ 面外法线方向的分量。

S 面所包围的自由电荷为 q,根据有介质时的高斯定理可得

$$D_n 4\pi r^2 = q$$

得 $D_n=\dfrac{q}{4\pi r^2}$

图 6.3.4 例 2 用图

因为球面 S 的法线方向即为矢径 r 的方向,故

$$\boldsymbol{D}=\frac{q}{4\pi r^2}\hat{\boldsymbol{r}}$$

再由电介质的性能方程可得介质中的电场强度

$$\boldsymbol{E}=\frac{\boldsymbol{D}}{\varepsilon_0\varepsilon_r}=\frac{q}{4\pi\varepsilon_0\varepsilon_r r^2}\hat{\boldsymbol{r}}$$

与金属球外没有电介质的情况相比较,此时,金属球外部空间的场强减弱为原来的 $1/\varepsilon_r$,即在无限大均匀电介质中任一点的场强是自由电荷在该点产生的场强的 $1/\varepsilon_r$ 倍。

(2) 在电介质与金属球分界面上的极化电荷面密度为 $\sigma'=P_n$,对各向同性线性介质,有

$$P_n=\varepsilon_0(\varepsilon_r-1)E_n$$

由于分界面的介质面外法线方向为 $-\hat{\boldsymbol{r}}$ 方向,故由此可得介质表面

$$\sigma'=\varepsilon_0(\varepsilon_r-1)E_n=-\frac{\varepsilon_r-1}{\varepsilon_r}\frac{q}{4\pi R^2}=-\frac{\varepsilon_r-1}{\varepsilon_r}\sigma_0$$

式中,σ_0 为金属球表面自由电荷的面密度。因为 $\varepsilon_r>1$,结果表明 σ' 与 σ_0 反号。

整个分界面上均匀分布着总量为 $q'=-\dfrac{\varepsilon_r-1}{\varepsilon_r}q$ 的极化电荷。

由此结果可见,介质极化后相当于新增一均匀带电球面,因而在介质中任一点,根据两个同心均匀带电球面在球面外的场强叠加,有

$$\boldsymbol{E}=\boldsymbol{E}_0+\boldsymbol{E}'=\frac{q}{4\pi\varepsilon_0 r^2}\hat{\boldsymbol{r}}+\frac{q'}{4\pi\varepsilon_0 r^2}\hat{\boldsymbol{r}}=\frac{q}{4\pi\varepsilon_0 r^2}\hat{\boldsymbol{r}}+\frac{\left(\dfrac{-\varepsilon_r-1}{\varepsilon_r}\right)q}{4\pi\varepsilon_0 r^2}\hat{\boldsymbol{r}}=\frac{q}{4\pi\varepsilon_0\varepsilon_r r^2}\hat{\boldsymbol{r}}$$

6.3.4 电场能量密度

电容为 C 的电容器的两块极板分别带有电荷 Q 和 $-Q$,则两极板的电势差为

$$\Delta U = \frac{Q}{C}$$

可以证明该电容器储存的电能为

$$W_e = \frac{1}{2}QU_1 - \frac{1}{2}QU_2 = \frac{1}{2}Q\Delta U$$

或

$$W_e = \frac{1}{2}C(\Delta U)^2, \quad W_e = \frac{1}{2}\frac{Q^2}{C}$$

充了电的电容器储有能量,那么这些能量分布在哪里?从电容器储能的公式来看,似乎电能是分布在带有电荷的极板上的。但电磁波存在的事实表明,电磁能是分布在电磁场中的,所以电容器储存的能量是分布在电容器的电场中而不是分布在极板上。

若平行板电容器每块极板的面积为 S,两块极板相距为 d,极板间充满相对介电常数为 ε_r 的均匀电介质,而电容器两块极板的电势差为 ΔU,则电容器储存的能量

$$W_e = \frac{1}{2}C(\Delta U)^2 = \frac{1}{2}\frac{\varepsilon_0\varepsilon_r S}{d}(Ed)^2 = \frac{1}{2}\varepsilon_0\varepsilon_r E^2 Sd$$
$$= \frac{1}{2}(\varepsilon_0\varepsilon_r E)EV = \frac{1}{2}DEV$$

式中,D 为电容器内介质中任一点的电位移矢量;E 为该处的场强;V 为电容器两块极板之间的体积亦即电场分布的体积。因为平行板电容器中的电场是均匀电场,由此可以推断电能在场中也均匀分布。故可得,单位体积的电场中分布的电能为

$$w_e = \frac{W_e}{V} = \frac{1}{2}DE = \frac{1}{2}\boldsymbol{D} \cdot \boldsymbol{E}$$

尽管上式是从平行板电容器这一特例导出,但是可以证明,它是普遍成立的公式。因此,上式就是**电场能量密度**的公式。电能密度是位置坐标的函数,整个电场的能量是能量密度的体积分,即

$$W_e = \int_V w_e \mathrm{d}V = \int_V \frac{1}{2}\boldsymbol{D} \cdot \boldsymbol{E}\mathrm{d}V$$

积分式脚标中的 V 表示积分遍及电场分布的全部空间。

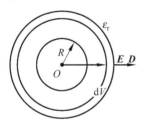

图 6.3.5 例 3 用图

例 3 有一半径为 R 的均匀带电球壳、所带电量为 $-q$。如图 6.3.5 所示,球壳外充满相对介电常数为 ε_r 的均匀电介质,计算带电球壳的电场总电能。

解 均匀带电球壳产生的 $\boldsymbol{D}$、$\boldsymbol{E}$ 的分布如下:

在 $0 \leq r \leq R$ 的区域:$D=0, E=0$

在 $r > R$ 区域:

$$\boldsymbol{D} = \frac{-q}{4\pi r^2}\hat{r}, \quad \boldsymbol{E} = \frac{-q}{4\pi\varepsilon_0\varepsilon_r r^2}\hat{r}$$

所以,与球心 O 点相距 $r(>R)$ 处的电场能量密度为

$$w_e = \frac{1}{2}\boldsymbol{D} \cdot \boldsymbol{E} = \frac{q^2}{32\pi^2\varepsilon_0\varepsilon_r r^4}$$

若以半径 r 和 $r+\mathrm{d}r$ 作两个同心球面,则在这两个球面之间的电场能量密度可近似认为相等。两个球面间的体积为 $\mathrm{d}V = 4\pi r^2 \mathrm{d}r$,所以整个电场中的总能量为

$$W_e = \int_V w_e \mathrm{d}V = \int_R^\infty \frac{q^2}{32\pi^2\varepsilon_0\varepsilon_r r^4}4\pi r^2 \mathrm{d}r = \frac{q^2}{8\pi\varepsilon_0\varepsilon_r R}$$

上面的结果表明,尽管电场是由负电荷产生的,但电场的能量恒为正值。若球壳外为真空($\varepsilon_r = 1$),则电场的总能量为 $W_e = \dfrac{q^2}{8\pi\varepsilon_0 R}$。

6.4 恒定电流的电场

6.4.1 电流　电流的连续性方程

电荷的定向移动形成电流。历史上人们以为金属中的电流是正电荷定向移动形成的,所以把正电荷定向移动方向规定为电流方向。电子被发现后人们才认识到金属中的电流是金属内自由电子定向移动形成的,但由于电子沿某一方向运动引起的电磁效应和等量正电荷沿相反方向运动引起的电磁效应相同,因而至今人们仍沿用历史上的规定,即电流方向仍规定为正电荷定向移动的方向,也即金属中的电流方向和电子定向移动的方向相反。为了定量描述电流的大小,引入电流强度这一物理量。导体中某截面处的电流强度数值上等于单位时间内通过该截面的电量,电流强度是标量,定义式为

$$I = \frac{dq}{dt}$$

在 SI 中电流强度是基本物理量,单位是 A(安[培])。

为了细致地描述导体中的电荷流动,引入电流密度矢量 $\boldsymbol{J}$ 这个物理量。

如图 6.4.1 所示,在导体中任一点,取一与该处电荷定向移动方向垂直的面元 $dS_\perp$,若通过该面元的电流为 dI,定义该处的电流密度矢量 $\boldsymbol{J}$ 的大小为

$$J = \frac{dI}{dS_\perp}$$

将该点处正电荷定向运动的方向定义为 $\boldsymbol{J}$ 的方向,因此,导体中某点的电流密度,数值上等于在与该点电荷定向运动方向垂直的单位面积上的电流强度。一般来说,在通电导体内存在一个 $\boldsymbol{J}$ 场,通常称为电流场。电流场可以用电流线来形象描述。所谓电流线是指一簇有向曲线,其上每点的切线方向即为该点电流密度矢量的方向,而单位垂直面积上的电流线条数则等于该处电流密度的大小。

从电流强度和电流密度的定义不难求出它们之间的关系式。在电流场中某点处取一面元 dS,面元 dS 的法线方向单位矢量 $\hat{\boldsymbol{n}}$ 与该点电流密度矢量 $\boldsymbol{J}$ 之间的夹角为 θ,如图 6.4.2 所示。其中 $dS_\perp$ 是 dS 在与 $\boldsymbol{J}$ 垂直平面上的投影。通过面元 dS 的电流强度为

$$dI = JdS_\perp = JdS\cos\theta = \boldsymbol{J} \cdot d\boldsymbol{S}$$

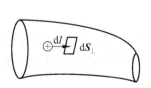

图 6.4.1　电流密度定义

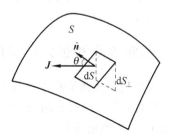

图 6.4.2　I 与 $\boldsymbol{J}$ 的关系

因而，流过电流场中任一曲面的电流强度为

$$I = \int_S \boldsymbol{J} \cdot d\boldsymbol{S}$$

在 SI 中电流密度的单位是 $A \cdot m^{-2}$。

电流场的性质方程　在电流场中，任取一闭合曲面，电流密度对该闭合面的通量满足方程

$$\oint_S \boldsymbol{J} \cdot d\boldsymbol{S} = -\frac{dQ_{in}}{dt}$$

该方程称为**电流的连续性方程**。它表明：单位时间内由闭合面 S 净流出的电量等于单位时间内该闭合曲面内电量的减少量。它实际就是电荷守恒定律在有电荷流动时的数学表述。

如果电流场中每点的 $\boldsymbol{J}$ 不随时间改变，这样的电流叫做恒定电流。因为导体内的电流是导体内自由电荷受电场力驱动定向运动而形成，所以如果电流恒定必须电场分布恒定，这就要求空间电荷分布不随时间改变。这样，如果在电流场中任作一闭合面，则该闭合面内包围的电荷 $Q_{内}$ 应不随时间改变，这样电流连续性方程变为

$$\oint_S \boldsymbol{J} \cdot d\boldsymbol{S} = 0$$

上式是恒定电流必须满足的方程，故称为电流恒定条件，又叫**恒定电流方程**。它意味着恒定电流场的电流线应是没有起点和终点的闭合曲线，这叫做恒定电流的闭合性。恒定电流的闭合性决定了恒定电流的电路必须是闭合电路。

6.4.2　恒定电流的电场性质

分布在导体表面和两种导体的界面处的电荷在导体内产生恒定电场。在电流恒定的情形下，尽管电荷在流动，但电荷的空间分布（电荷面密度和体密度）却不随时间改变，所以完全有理由断定，恒定电场的性质应和静电场相同，同样满足高斯定理和环路定理，即对于恒定电场同样有

$$\oint_S \boldsymbol{D} \cdot d\boldsymbol{S} = q_{内,自由}$$

$$\oint_L \boldsymbol{E} \cdot d\boldsymbol{l} = 0$$

因此恒定电场和静电场一样，也是保守力场，同样可引入电势和电势差（电压）等概念。所以我们把恒定电场对电荷的作用力也叫静电力。与静电场唯一的差别是，导体中存在恒定电场和恒定的电荷流动。

6.4.3　恒定电场和恒定电流的关系

当一段均匀导体两端存在电势差时，导体内便形成电流。德国的物理学家欧姆（Ohm）通过实验发现：若一段材料均匀的导体，温度保持恒定，则导体内的电流强度和导体两端的电势差成正比，即欧姆定律

$$\Delta U = RI$$

式中，R 是比例常量，叫做导体的电阻。导体的电阻与导体的材料、形状和尺寸以及导体的

温度有关。

实验表明,金属导体严格遵守欧姆定律,只有当电流密度大到每平方厘米几百万安培时才观察到与欧姆定律偏差1%。电解质的水溶液也很好地遵守欧姆定律。但对晶体管、电子管以及气体导电管(例如日光灯管),欧姆定律不成立。

在 SI 中,电阻的单位叫欧[姆](简称欧,以希腊字母 Ω 表示)。除欧姆外,电阻的常用单位还有 kΩ(千欧)和 MΩ(兆欧)。

电阻的倒数叫电导,通常用 G 表示;电导的单位叫做 S(西[门子])。

实验发现,对于由一定材料制成的横截面均匀的一段导体,其电阻 R 和长度 l 成正比,和横截面的面积 S 成反比,写成等式为

$$R = \rho \frac{l}{S}$$

式中,ρ 是比例常量,叫做导体的电阻率,它的大小由材料的性质和温度所决定。

由于导体中的电流是电场驱动自由电荷定向移动而形成的,所以导体中任一点的电流密度与该点的场强间应该存在某种确定的关系。根据欧姆定律可以导出 J 与 E 的关系。

设想在导体的电流场中取一长为 Δl、横截面为 ΔS 的小圆柱体,圆柱体的轴线与电流线的切线一致(见图 6.4.3)。若该柱体两端面之间电压为 ΔU,则 $\Delta U \approx E\Delta l$,该圆柱体的电阻 $R = \rho \Delta l/\Delta S$,通过横截面的电流为 $J\Delta S$,对此柱体应用欧姆定律,$E\Delta l = J\Delta S \rho \dfrac{\Delta l}{\Delta S}$,由此可得

$$J = \frac{E}{\rho} = \sigma E$$

考虑到导体中任一点 J 的方向为该点正电荷定向运动的方向,亦即与该点场强方向相同,所以可将上式写成矢量形式
$$\boldsymbol{J} = \sigma \boldsymbol{E}$$
上式叫欧姆定律的微分形式。它表明,导体中任一点的电流密度 $\boldsymbol{J}$ 和该点场强 $\boldsymbol{E}$ 成正比,比例系数 σ 为该点导体的电导率。

对于均匀导体而言,恒定电流密度的分布体现出导体中电场强度的分布。

图 6.4.3 微分形式欧姆定律的导出

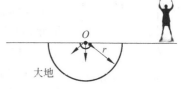

图 6.4.4 例 1 用图

例 设在某次事故中有电流 I_0 沿高压铁塔流入大地,铁塔的接地电极可看作一半球形导体,电流在半球面上均匀分布,如图 6.4.4 所示。土质可认为是均匀的,其电导率为 σ,若这时有一人在铁塔附近,他的右脚与接地电极中心 O 点相距为 r_1,左脚与接地电极中心相距为 r_2,计算此人两脚之间的电压(此电压叫跨步电压)。

解 按题设可以认为地中电流线是辐射状的,且呈中心对称分布。以 O 点为中心作一半径为 r 的半球面,设该球面上电流密度为 J,则半球面上的电流强度为

$$I = \int_S \boldsymbol{J} \cdot \mathrm{d}\boldsymbol{S} = J 2\pi r^2$$

由于是恒定电流,

得
$$J = \frac{I_0}{2\pi r^2}$$

由欧姆定律的微分形式可求得该半球面上任一点的场强大小
$$E = \frac{J}{\sigma} = \frac{I_0}{2\pi \sigma r^2}$$

因此人的两脚间的电压为
$$U_1 - U_2 = \int_{(1)}^{(2)} \boldsymbol{E} \cdot \mathrm{d}\boldsymbol{l} = \int_{r_1}^{r_2} \frac{I_0}{2\pi \sigma r^2} \mathrm{d}r = \frac{I_0}{2\pi \sigma} \frac{r_2 - r_1}{r_1 r_2}$$

由上面的结果可看出，人离铁塔愈近、他的两脚分得愈开，两脚之间的电压就愈大。因此要远离这些危险物。

6.4.4 电动势 电源的作用

由电流的恒定条件可知，恒定电流的电路必须是闭合回路。而恒定电流的闭合回路中不可能只存在静电力。如果单有静电力，正电荷只可能从电势高处运动到电势低处，而不可能沿回路一周重新回到高电势处；另一方面，从能量角度上看，导体内一般都存在电阻，电流流过导体要消耗电能而产生焦耳热，但静电力沿环路一周不做功，整个闭合电路产生的焦耳热不可能依靠静电力提供。因此，恒定电流的闭合回路中至少应有一段电路上存在着能把正电荷从低电势处移到高电势处，并在移动电荷的过程中把其他形式能量转变成电势能的非静电性质的作用，我们把这种作用叫做非静电力。提供非静电力的装置叫做电源。从能量的角度看，电源是一个把其他形式能量转化为电能的换能器。

电源的种类多样，例如有化学电池、发电机、光电池、热电偶等。在各种电源中，非静电力的本质不同，如化学电池中的非静电力是与离子溶解和沉积过程有关的化学作用，发电机中的非静电力则是感应电场作用。无论非静电力本质如何，电源在电路中的作用是共同的。以化学电池为例，在化学作用驱动下，正离子向一个电极处聚集，而负离子向另一个电极聚集，使它们分别带正、负电，从而在两电极之间产生电势差，并在电池中形成反抗上述驱动的静电场。当化学作用与静电作用平衡时，电荷停止聚集。因此，如果在电源的正负电极之间连接具有一定电阻的导体，就有电流由电源正极经外电路流向电源负极，如图6.4.5所示。

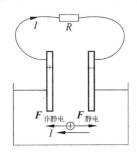

图 6.4.5　电源的作用

描述电源提供电能本领的物理量是**电动势**。电源的电动势数值上等于把单位正电荷经电源内部从负极移到正极的过程中非静电力做的功，亦即单位正电荷经内电路从负极移到正极的过程中其他形式能量转化为电能的数量。

相应于电源的非静电力，引入一非静电场强，定义非静电场强为作用于单位正电荷上的非静电力，即 $\boldsymbol{E}_{非} = \dfrac{\boldsymbol{F}_{非}}{q}$。则将单位正电荷经电源内部从负极移到正极的过程中，非静电力做的功为

$$\varepsilon = \int_{\substack{负极 \\ (电源内部)}}^{正极} \boldsymbol{E}_{非} \cdot \mathrm{d}\boldsymbol{l}$$

有时非静电力并非存在于某段电路中，而是在闭合电路中处处存在，则无法区分电源内部和电源外部，这时，我们把电动势定义为非静电场强沿存在该非静电力的闭合电路的环路积

分,即

$$\varepsilon = \oint_L \boldsymbol{E}_\text{非} \cdot \mathrm{d}\boldsymbol{l}$$

两种定义式是统一的。电动势的大小由电源本身的性质所决定,与通过电源的电流大小和方向无关。

在 SI 中,电动势的单位与电势差的单位相同,也为 V,但必须注意它们是两个完全不同的概念。

按定义可知,电动势是一标量。但为了反映非静电力驱动正电荷运动的趋向,通常在电源处画一指向,习惯上把从负极经电源内指向正极的方向规定为电动势的指向,当正电荷沿电动势指向通过电源内时非静电力做正功。

6.5 真空中的稳恒磁场

6.5.1 基本磁现象 磁性的起源

磁学是电磁学的重要组成部分。早期,人们把磁和电看作是两个毫无关联的现象而独立地加以研究,1820 年丹麦科学家奥斯特(Oersted)首次发现了电流的磁效应,推动了电磁学的迅速发展。

观察到的基本磁现象综述如下:一种含 Fe_3O_4 的矿石能够吸引铁以及钴、镍等金属。若把它制成条形,两端能吸附大量的铁屑,表现出极强的吸力。人们把这种吸铁的性质称为磁性,具有磁性的物体称为磁体,磁体上磁性集中的部位称为磁极。如果把磁铁做成条形小磁针,悬吊或支撑起来使之可以在水平面内自由转动,则它的一端总是指向地球的北方,另一端指向地球的南方,前者称为磁铁的北极,后者称为磁铁的南极。

磁体之间有相互作用。任意二磁体的磁极相互靠近时,同性磁极相互排斥,异性磁极相互吸引。小磁针总是沿地球南北极指向的事实表明,地球本身就是一个巨大的天然磁体,而地磁的南极应在地理北极附近,地磁的北极则在地理南极附近。

1820 年,奥斯特发现当一条沿南北方向放置的直导线中通有电流时,导线正下方附近原先沿南北指向的小磁针会偏转,而电流反向时,小磁针的偏转也反向,即载流导线对磁铁有作用。进一步的实验表明,磁铁对载流导线有作用力,两载流导线(或线圈)之间有作用力,一段载流直螺线管的行为和一根条形磁铁相似,如图 6.5.1 和图 6.5.2 所示。

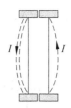

图 6.5.1 载流导线间的磁力

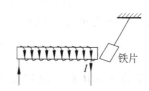

图 6.5.2 载流直螺线管吸铁

分子电流 安培认为一切磁现象都起源于电流。为了解释磁铁的磁效应,他提出了分子电流的假说,认为磁铁内部存在着基本的磁性单元,每一单元是一小的环形电流,称为分子电流,磁铁的磁性是这些分子电流磁性的宏观表现。近代物理的发展支持了这一看法。原子内部有电子的绕核运动,电子本身还存在着自旋,环形分子电流可看作是这些电子运动的经典模型。因此,电子的运动,尤其是电子的自旋运动成为物质磁性的基本起源。这样,无论磁铁之间,磁铁与电流之间,电流与电流之间的作用都可归结为电流(或运动电荷)之间的作用。

6.5.2 磁场 磁感应强度

运动电荷在其周围既产生电场又产生磁场,将一个试验点电荷 q 放入电磁场中,实验发现其受力为

$$f = qE + qv \times B$$

上式就是带电粒子在电磁场中的洛伦兹力公式,该式服从洛伦兹变换,是洛伦兹不变式。第一项 $f = qE$ 与带电粒子的运动状态无关,叫电场力;第二项 $f_m = qv \times B$ 与带电粒子的运动状态有关,即只对运动着的电荷有力的作用,叫磁场力。式中的 E 和 B 分别是电场强度和磁感(应)强度。

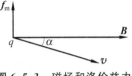

图 6.5.3 磁场和洛伦兹力

磁感应强度是描述磁场基本性质的物理量,由洛伦兹磁力 $f_m = qv \times B$ 关系可知,该力大小是 $f_m = qvB\sin\alpha$,α 是粒子速度和磁感强度之间的夹角,其方向与速度、磁感应强度成右手螺旋关系,如图 6.5.3 所示。当粒子平行于磁感强度方向运动时将不受磁力;当粒子垂直于磁感强度方向运动时受到的磁力最大,为 $f_m = qvB$。

在 SI 中,B 的单位为 T(特[斯拉]),物理上还常采用另一单位 Gs(高斯),$1\,\text{T} = 10^4\,\text{Gs}$。地磁场的 B 大约为零点几高斯,实验室用强磁场的 B 可达 $1\sim2\,\text{T}$,运用超导技术后可获得高达 $20\,\text{T}$ 的超强磁场。

6.5.3 磁感强度的计算

电流元的磁场 毕奥-萨伐尔(Biot-Savart)定律

任意一载流导线可以分割为无限多段线元,每一段载流线元 Idl 称为电流元,其大小等于该线元上流过的电流 I 与线元长度 dl 之积,方向沿该处电流流向。毕奥-萨伐尔定律给出了一段电流元产生磁场的规律,它是作为电流产生磁场的基本规律而提出的。定律内容如下:真空中一段电流元 Idl 在距离它为 r 处的场点所产生的磁感强度为

$$d\boldsymbol{B} = \frac{\mu_0}{4\pi} \frac{Idl \times \hat{r}}{r^2}$$

式中,$\hat{r}$ 为由电流元指向场点的单位矢量,常量 $\mu_0 = 4\pi \times 10^{-7}\,\text{T} \cdot \text{m/A}$,叫真空磁导率,若 $\hat{r}$ 与电流元 Idl 间夹角为 α,则磁感应强度 $d\boldsymbol{B}$ 的大小为

$$|d\boldsymbol{B}| = \frac{\mu_0}{4\pi} \frac{Idl\sin\alpha}{r^2}$$

$d\boldsymbol{B}$ 的方向垂直于 Idl 和 $\hat{r}$ 决定的平面,由右手定则确定指向。即,使右手四指由 Idl 沿夹角小于 π 的方向弯向 $\hat{r}$,则大拇指的指向为 $d\boldsymbol{B}$ 方向,如图 6.5.4 所示。电流元产生的磁场以该电流元为轴线对称分布。至于整个载流导线回路在空间任一点产生的磁感应强度则为各电流元在该点产生的磁感应强度的矢量和,即

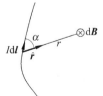

图 6.5.4 电流元的磁场(Idl 与 $\hat{r}$ 在图平面内)

$$\boldsymbol{B} = \int \mathrm{d}\boldsymbol{B} = \int_L \frac{\mu_0}{4\pi} \frac{I \mathrm{d}\boldsymbol{l} \times \hat{\boldsymbol{r}}}{r^2}$$

积分对整个载流导线进行。

电流元的磁场在磁学中的地位与点电荷的场强公式在电学中的地位相当。但实际中不可能获得单独的恒定电流元，不能从实验直接得出结果。它是1820年毕奥和萨伐尔二人对载流长直导线产生的磁场进行实验研究，发现它的强度与场点到导线的距离成反比，随后不久拉普拉斯(Laplace)把整个载流导线的作用看作是各电流元作用的矢量和，根据毕奥-萨伐尔的实验结果从数学上反推得出的。几乎和拉普拉斯同时，安培设计了几组精巧的实验，研究恒定电流回路之间的作用，并按它们是电流元之间相互作用叠加，从理论上也推出了相同的公式。

匀速运动点电荷的磁场 当一点电荷 q 以速度 v 匀速运动时，若速率 v 远小于真空中光速，则点电荷在空间任一点产生的磁感强度为

$$\boldsymbol{B} = \frac{\mu_0}{4\pi} \frac{q\boldsymbol{v} \times \hat{\boldsymbol{r}}}{r^2}$$

其中 r 是该瞬时点电荷位置到场点的距离，$\hat{\boldsymbol{r}}$ 是由点电荷指向场点的单位矢量。电荷 q 为代数量。导体中的电流是其中自由电荷定向运动形成的，因此 $\boldsymbol{B} = \frac{\mu_0}{4\pi} \frac{q\boldsymbol{v} \times \hat{\boldsymbol{r}}}{r^2}$ 和 $\mathrm{d}\boldsymbol{B} = \frac{\mu_0}{4\pi} \frac{I\mathrm{d}\boldsymbol{l} \times \hat{\boldsymbol{r}}}{r^2}$ 是一致的。推导如下：

在导体中取物理无限小的电流元 $I\mathrm{d}\boldsymbol{l}$，该段导线长度 $\mathrm{d}l$，截面 $\mathrm{d}S$ 从宏观上均可看作无限小，但微观上其中包含着大量的载流子。

设 $\mathrm{d}S$ 处电流密度为 $\boldsymbol{J}$，其中载流子电荷为 q，漂移速度为 v，载流子数密度为 n，则电流元 $I\mathrm{d}l = J\mathrm{d}S\mathrm{d}l = nqv\mathrm{d}S\mathrm{d}l$，由于 $\mathrm{d}\boldsymbol{l}$ 的方向与电流密度 $\boldsymbol{J}$ 的方向相同，即与正电荷的漂移速度方向相同，上式改写为：$I\mathrm{d}\boldsymbol{l} = nq\boldsymbol{v}\mathrm{d}S\mathrm{d}l$。式中 $n\mathrm{d}S\mathrm{d}l$ 正是该电流元体积中载流子总数 N，如果把整个电流元在某点产生的磁场看成这 N 个载流子在该点产生的磁场的矢量和，并且注意到这些载流子具有相同的漂移速度，对场点处于同一宏观位置，则电流元的磁感强度公式 $\mathrm{d}\boldsymbol{B} = \frac{\mu_0}{4\pi} \frac{I\mathrm{d}\boldsymbol{l} \times \hat{\boldsymbol{r}}}{r^2}$ 除以载流子总数 N 就得到每一载流子(即运动电荷)所产生的磁感强度，因此有

$$\boldsymbol{B}_q = \frac{\mathrm{d}\boldsymbol{B}_{I\mathrm{d}l}}{n\mathrm{d}S\mathrm{d}l} = \frac{1}{n\mathrm{d}S\mathrm{d}l} \frac{\mu_0}{4\pi} \frac{(nq\boldsymbol{v}\mathrm{d}S\mathrm{d}l) \times \hat{\boldsymbol{r}}}{r^2} = \frac{\mu_0}{4\pi} \frac{q\boldsymbol{v} \times \hat{\boldsymbol{r}}}{r^2}$$

这正是我们预期的结果。事实上匀速运动的点电荷的磁场完全可以利用电磁场的相对论变换从点电荷的电场公式独立地导出，从而从另一侧面证明了毕奥-萨伐尔定律的正确性。

例1 利用毕奥-萨伐尔定律求圆电流中心的磁场。设电流强度为 I，圆电流半径是 R。

解 在圆电流上任取一电流元 $I\mathrm{d}\boldsymbol{l}$，到场点 O 的位矢为 $\boldsymbol{r}$，根据毕奥-萨伐尔定律，该电流元在场点 O 的磁感强度方向是垂直于纸面向外，如图6.5.5所示。

大小是 $\qquad |\mathrm{d}\boldsymbol{B}| = \frac{\mu_0}{4\pi} \frac{I\mathrm{d}l}{R^2}$

各电流元产生的磁场方向相同，故大小直接相加。得

图 6.5.5 例1用图

$$B = \int_{(D)} \frac{\mu_0 I}{4\pi R^2} dl = \frac{\mu_0 I}{4\pi R^2} \cdot 2\pi R = \frac{\mu_0 I}{2R}$$

方向垂直于纸面向外。

6.5.4 稳恒磁场的性质方程

磁力线 与电学中用电场线描述电场相似,对给定磁场,我们也可绘制一系列空间有向曲线来形象地描述磁场的分布。在此,这些有向曲线叫磁力线,或磁场线,简称 **B** 线。绘制时使曲线上任一点的切线方向与该点磁感强度 **B** 的方向相同,并使通过该处单位垂直面积上的磁场线的条数等于该处磁感强度 **B** 的大小。由磁力线的疏密和走向可形象地表示出磁场的强弱及方向的空间分布。某些典型电流磁场的磁力线可参见图 6.5.6。

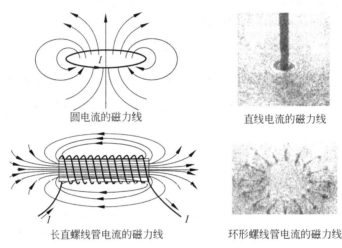

圆电流的磁力线　　　　　直线电流的磁力线

长直螺线管电流的磁力线　　环形螺线管电流的磁力线

图 6.5.6　典型电流的磁力线

由典型电流的磁力线可知,磁力线是无头无尾的闭合线,它不仅与电流线套连而且在方向上与电流成右手螺旋关系。

磁通量 在电学中我们引入电通量研究电场分布的整体规律,与此类似在磁学中引入磁通量来研究磁场分布的整体状况。通过某曲面的磁通量数值上就是通过该面积的磁力线条数,故对任一给定曲面,磁通量 Φ_m 的计算公式就是

$$\Phi_m = \int_S \boldsymbol{B} \cdot d\boldsymbol{S}$$

磁通量是代数量,其正负符号由磁感应强度及相应曲面法线之间的夹角决定。对闭合曲面,规定其上面元的法线指向闭合面外部。按照磁通量的定义,空间某处的磁感强度 **B** 数值上等于该处单位垂直面积上的磁通量。因此,有时又称 B 为磁通量密度,简称磁通密度。在 SI 中,磁通量的单位为 Wb(韦[伯])。

磁场性质方程之一　磁场的高斯定理

研究一切磁场发现,它的磁通量满足下述规律:对任一给定的闭合曲面,其上的磁通量恒为零,即对任一闭合曲面有

$$\oint_S \boldsymbol{B} \cdot d\boldsymbol{S} = 0$$

上式叫磁通连续方程或称磁感强度 **B** 的**高斯定理**。该定理是磁场的性质方程,它表明磁场

的力线性质,力线是无头无尾的闭合线。

该定理可以从毕奥-萨伐尔定律出发给出严格证明。

由毕奥-萨伐尔定律,一段电流元 $I\mathrm{d}l$ 产生的磁场是以 $I\mathrm{d}l$ 为轴对称分布的,如果画出电流元产生的磁场的磁力线,它们应是一系列以 $\mathrm{d}l$ 的延长线为轴线的圆,如图 6.5.7 所示。由于这些 **B** 线是闭合曲线,对这一磁场中任何闭合曲面,穿入的磁力线条数与穿出的条数必然相同,即电流元的磁场对任一闭合曲面的磁通量贡献恒为零。因为空间任意形状载流导线的磁场都可看作是其上诸电流元的磁场的叠加,则场中任一闭合曲面上的磁通量可看作是这些电流元的磁通量的叠加。

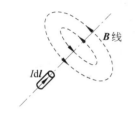

图 6.5.7 电流元的磁力线

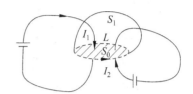

图 6.5.8 环路定理的说明

磁场性质方程之二 安培环路定理

电学中我们曾得到关于静电场的环路定理 $\oint_L \boldsymbol{E} \cdot \mathrm{d}\boldsymbol{l} = 0$,与此对应,磁感应强度 **B** 沿闭合路径的曲线积分也存在某种规律。安培环路定理的内容是:对真空中恒定电流的磁场,磁感应强度沿任一闭合路径的曲线积分(即曲线上任一线元处 **B** 的切向分量与此线元 $\mathrm{d}l$ 之积对整个闭合路径积分)等于穿过此闭合路径的电流的代数和乘以真空磁导率 μ_0,以数学式表示为

$$\oint_L \boldsymbol{B} \cdot \mathrm{d}\boldsymbol{l} = \mu_0 \sum_i I_{i\text{内}}$$

定理中所谓"穿过"闭合路径 L 的电流是指通过以 L 为边界的任一曲面的电流,亦即与环路 L 相互套链的闭合电流。如图 6.5.8 中以 L 为边界的曲面既可以是图中阴影所示的 S_0,也可以是以 L 为边缘的帽形曲面 S_1。由于恒定电流的连续性,从 S_0 面通过的电流与从 S_1 面通过的相同,同为 I_1、I_2;在图中还可清楚地看到 I_1、I_2 两闭合电流都和环路 L 相互套链。在计算电流的代数和时,应先选定环路积分的方向,凡与选定的计算方向成右手关系的电流为正,反之为负。如图 6.5.8 中 $\sum_i I_{i\text{内}} = I_2 - I_1$,若环路积分方向与图示方向相反,则

$$\sum_i I_{\text{内}i} = I_1 - I_2$$

安培环路定理只能用于闭合的恒定电流的磁场,是恒定电流磁场的又一基本性质方程。

6.5.5 应用安培环路定理求典型电流的磁场

在电流分布具有特殊对称性的情况下,根据安培环路定理可以方便地求得磁场分布,反之若已知磁场分布,亦可由此定理求得电流的分布。

例 2 无限长均匀载流直圆柱体(柱形电流)的磁场。

解 设柱形导体半径为 R,其中均匀流有电流 I。

首先分析其磁场分布的对称性。由电流分布具有轴对称性容易判断,在与中心轴相距

r 的各处，磁感强度 B 的大小应相等，B 的方向沿切向，与电流成右手螺旋关系。

具体分析如下：在柱体上沿轴向剖取截面为 dS 的一细窄条，它可看作一无限长载流导线，它在场点 P 产生的磁感强度 dB 方向已知，如图 6.5.9(a) 所示，再在柱体上相对于轴线与 dS 对称的位置上取一等面积元 dS'，它产生的磁感强度 $dB'=dB$，方向亦如图 6.5.9(a) 所示。整个柱体均可分成如此一对对的对称分布电流，由矢量合成可知 P 点的总磁感强度必与 P 点对轴的位矢垂直，即 B 沿以 O 为中心，$OP=r$ 为半径的圆周的切线方向。

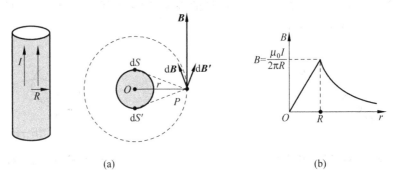

图 6.5.9　柱形电流磁场的分布（例 2 用图）

按照上述磁场分布的特征，过场点 P 作半径为 r 的圆周，以它为积分的环路，可得

$$\oint_L \boldsymbol{B} \cdot d\boldsymbol{l} = B2\pi r$$

由环路定理有

$$B2\pi r = \mu_0 \sum I_i$$

从而

$$B = \frac{\mu_0 \sum I_i}{2\pi r}$$

穿过环路的电流 $\sum I_i$，视所求场点的位置分两种情况：

若场点在圆柱外，即 $\qquad r>R,\quad I_{内}=I$

这时 $\qquad B=\dfrac{\mu_0 I}{2\pi r}\quad (r>R)$

场点在圆柱内，即 $\qquad r<R,\quad I_{内}=\dfrac{r^2}{R^2}I$

这时 $\qquad B=\dfrac{\mu_0 I}{2\pi R^2}r=\dfrac{\mu_0 J}{2}r\quad (r<R)$

式中，J 为圆柱中的电流密度。上述结果还可表示为矢量形式，写为

$$\boldsymbol{B} = \frac{\mu_0}{2}\boldsymbol{J} \times \boldsymbol{r}$$

式中，r 为在过场点的截面内场点相对圆柱电流的轴线的位置矢量。

B 的大小随场点到轴的距离 r 变化的曲线如图 6.5.9(b) 所示。柱体外的磁场相当于把全部电流集中在中心轴上时一条无限长载流直导线的磁场。

例 3　无限长均匀密绕载流直螺线管内部的磁场，设单位长度上的匝数为 n，电流强度

为 I。

解 根据电流相对管的中心轴呈对称分布,而管为无限长可判知,各点 B 的大小相同,方向应与轴线平行。由于是无限长直螺线管,由磁通的连续性可知管外部的场相对于内部场强来说,可认为是零。

过场点 P 作一矩形回路 $abcda$,使其中 ab 边通过场点 P,其对边 cd 在螺线管外部,bc 和 da 垂直于轴线,如图 6.5.10 所示。对此环路求 B 的环流,因 bc、da 和 cd 三段上的线积分分别都是零,则有

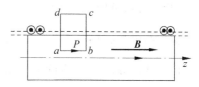

图 6.5.10 无限长载流螺线管的磁场的计算(例 3 用图)

$$\oint_L \boldsymbol{B} \cdot \mathrm{d}\boldsymbol{l} = B\,\overline{ab}$$

由安培环路定理得

$$B\,\overline{ab} = \mu_0 n I\,\overline{ab}$$

故

$$B = \mu_0 n I$$

结果表明管内磁感强度大小与场点到轴的距离无关,为均匀场。$\boldsymbol{B}_内$ 的方向沿轴线,与管上电流成右手螺旋关系。

例 4 无限大均匀载流平面的磁场。

解 设有一大的导体薄平板,其上均匀流有电流(可看作面电流),此面电流密度(即垂直于电流方向的单位长度上流过的电流)为 i,i 处处大小方向相同。

电流在无限大平面上均匀分布,可以判断它在距平板等距离处产生的 B 大小相同。类似前面对无限长载流直圆柱的磁场的分析,将平面电流分成一对对对称的细窄长条电流,如图 6.5.11 所示,它们产生的磁场叠加后方向必然与此平板平行,且与电流方向垂直,而平板两侧 B 方向相反,如图 6.5.11(a)所示。过场点 P 及其对侧对称点 P' 作矩形回路,使回路二对边 ab、cd 与平板平行,如图 6.5.11(b)所示。对此环路写出 B 的环路定理,并注意到 bc 和 da 两段上 B 处处与路径垂直,因而其路径积分为零,我们得到

$$\oint_L \boldsymbol{B} \cdot \mathrm{d}\boldsymbol{l} = 2B\Delta l = \mu_0 i \Delta l$$

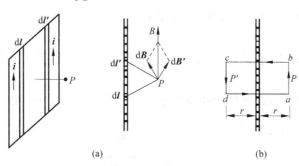

图 6.5.11 例 4 用图

故得

$$B = \frac{\mu_0 i}{2}$$

即无限大均匀平面电流在平面两侧产生方向相反的均匀磁场。

例 5 空间两相距为 a 的平行载流导线,通有大小均为 I 的同向电流,求场点 P 的磁感强度,几何关系见图 6.5.12。

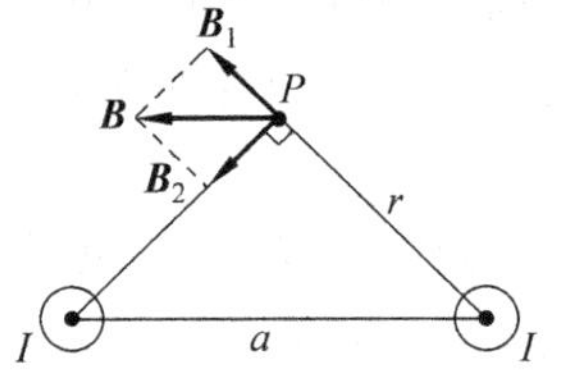

解 两电流距场点为 $r=\dfrac{\sqrt{2}}{2}a$

每一长直载流导线在 P 点的磁感强度

$$B_1 = B_2 = \frac{\mu_0 I}{2\pi r}$$

方向如图 6.5.12。

故合成场强

$$B = \sqrt{2}B_1 = \frac{\mu_0 I}{\pi a}$$

方向平行于两电流的连线向左。

典型电流的场强叠加是求解场分布的有效方法。

图 6.5.12 例 5 用图

6.5.6 洛伦兹(磁)力的应用

带电粒子 q 在磁场 B 中受力是洛伦兹(磁)力

$$\boldsymbol{f} = q\boldsymbol{v} \times \boldsymbol{B}$$

例 6 研究点电荷 q 在均匀磁场 B 中运动的状况。设点电荷运动速度 v 与磁感强度 B 间夹角是 θ,如图 6.5.13 所示。

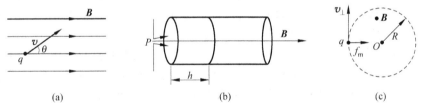

图 6.5.13 电荷在均匀磁场中运动(例 6 用图)

点电荷速度在磁场的分量(平行分量)$v_{/\!/} = v\cos\theta$;垂直于磁场的分量(垂直分量)$v_\perp = v\sin\theta$。

粒子在磁场方向匀速运动 在磁场方向运动电荷不受力,故电荷在磁场方向以 $v_{/\!/} = v\cos\theta$ 匀速运动。

粒子在垂直于磁场方向做匀速圆周运动 在垂直于磁场方向,电荷受力 $f_m = qv_\perp B = qvB\sin\theta$,粒子满足的动力学方程是 $qv_\perp B = m\dfrac{v_\perp^2}{R}$

圆周运动半径

$$R = \frac{mv_\perp}{qB} = \frac{mv\sin\theta}{qB}$$

粒子运动的周期是

$$T = \frac{2\pi R}{v_\perp} = \frac{2\pi m}{qB}$$

与粒子运动速度无关。

综合上述分析可知粒子在磁场中做螺旋运动,螺距是 $h = v_{/\!/}T$,螺旋半径就是

$$R = \frac{mv_\perp}{qB}$$

磁聚焦 如图 6.5.14 所示，令加速的电子束（质量同为 m，同速率 v），经过准直栏 P 进入匀强磁场 $\boldsymbol{B}$ 中。准直即意味着速度与磁感强度的夹角 θ 很小，故 $v_\parallel \approx v$，则各电子的螺距几乎相同，而各电子的周期也相同，即每运动一周期后所有的电子应具有和出射时相同的径向位置（如图 6.5.14 所示）。因此，在距离电子束源为螺距的整数倍处放置屏幕，就可以得到会聚的斑点。这种因磁场的作用使分散的电子束会聚的现象叫磁聚焦。它广泛应用于电真空器件，如显像管和电子显微镜中。

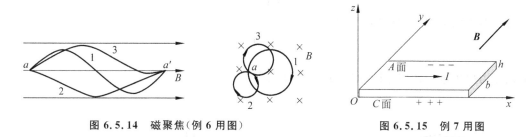

图 6.5.14 磁聚焦（例 6 用图）   图 6.5.15 例 7 用图

例 7 霍耳效应 如图 6.5.15 所示，将一块通电（电流方向为 x 轴正向）的扁平形金属块放置在均匀磁场中，磁感强度沿 y 轴正方向，实验发现在导体的上下表面（即图示的 A 面和 C 面）出现了电荷的积累，这种两侧出现电势差的现象叫霍耳效应。

该电势差称霍耳电势差 V_H。进一步的研究表明，A 面和 C 面上积累的电荷正负与导电体本身的导电电荷的正负有关，导体中定向移动的电荷叫载流子。可以证明，若将电流的流向表示"电流矢量"的方向，则载流子向 $\boldsymbol{I} \times \boldsymbol{B}$ 方向积累。故根据 A 面上的电荷正负就可判断导电体的载流子性质。

金属导体内的载流子是电子，N 型半导体的载流子是电子，而 P 型半导体的载流子就是正电荷。上述现象的出现来源于载流子在磁场中所受到的洛伦兹力。设载流子是正电荷 $q>0$，则电流强度的方向就是正电荷运动的方向，即 $v = v\hat{x}$，洛伦兹力 $\boldsymbol{f} = q\boldsymbol{v} \times \boldsymbol{B}$ 是 z 的正方向，即正电荷向 A 面积累，A 面电势高。若载流子是负电荷 $q<0$，则电荷运动速度方向与电流强度方向相反，即 $v = -v\hat{x}$，$\boldsymbol{v} \times \boldsymbol{B}$ 的方向是负 z 方向，由于电荷 $q<0$，故洛伦兹力 $\boldsymbol{f} = q\boldsymbol{v} \times \boldsymbol{B}$ 的方向就是 z 的正方向，这时载流子仍向 $\boldsymbol{I} \times \boldsymbol{B}$ 的方向积累。

电荷一旦在两侧积累起来，则导体内就会出现一个静电场，电场强度的方向垂直于 A 面和 C 面（即图 6.5.15 的 z 轴方向）。载流子在受到洛伦兹力的同时还受到电场力，当电场力与洛伦兹力相等时，载流子就会停止向两侧运动。设稳定时霍耳电场强度为 E_H，则有 $qvB = qE_H$，即

$$E_H = vB$$

霍耳电势差 $V_H = E_H h$

若载流子的数密度为 n，则电流强度 $I = qnvbh$

进而得 $v = \dfrac{I}{qnbh}$

霍耳电势差 $V_H = E_H h = vBh = \dfrac{BI}{qnb}$

通过霍耳电势差的测量，利用上式就可估计导电体中载流子的浓度 n。

将上述装置做成霍耳元件(尺度极小的装置),可以用来测量未知磁场。

例 8 相对论质量和速率关系验证的基本原理。

基本原理分析:相对论的动力学方程是:

$$a = \frac{F}{m} - \frac{v(v \cdot F)}{mc^2}$$

当电子以速度 v 垂直进入磁场时,其受到的洛伦兹力是

$$F = ev \times B$$

大小为 $F=evB$,方向垂直于 v,即有

$$|v \cdot F| = 0$$

此时相对论的动力学方程形式变为

$$a = \frac{F}{m}$$

洛伦兹力提供电子作匀速圆周运动,加速度大小为

$$a = \frac{evB}{m}$$

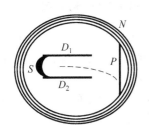

图 6.5.16 布歇恩实验示意
(例 8 用图)

由式

$$\frac{evB}{m} = \frac{v^2}{r}$$

可得到圆周运动的半径是

$$r = \frac{mv}{eB}$$

此时形式上与牛顿力学相同,但注意到式中的质量已是相对论质量了,即 $m = m(v)$

布歇恩(Bucherer, A. H)实验:实验装置如图 6.5.16 所示。在真空的环境下做实验。通电线圈 N 内产生垂直于纸面方向的均匀强磁场,D_1 和 D_2 是平行板电容器的极板,内部产生垂直于 D_1 和 D_2 板方向的均匀电场。S 是放射性镭源,由其发射高速电子。电容器与磁场形成了一个速度选择器,只有速率满足 $evB=eE$ 关系的电子才能从平行板电容器通过进入磁场中,在磁场中将按

$$r = \frac{mv}{eB}$$

关系式给出的半径发生偏转。具有不同速率的电子运动的半径不同,从而可测出质量和速度的关系。

上述实验的完成给人们以启发,即近代的实验并不一定非得用复杂的仪器才能完成。关键是物理思想和巧妙的构思。

6.5.7 载流导线在磁场中受力 安培力

安培定律 若载流导线放置在磁场中,电流将会受到磁场力,该力怎么计算呢?将导线看成由无穷多电流元组成,安培指出处于磁场 B 处的电流元 Idl 受到的磁场力是

$$df = Idl \times B$$

按安培定律和叠加原理可得整个导线电流受力是

$$f = \int_{(D)} df = \int_{(D)} Idl \times B$$

例9 长为 l、电流强度是 I_2 的载流直导线放置在电流为 I_1 的长直电流的场中,令两直电流相互平行,相距为 a,求电流 I_2 受长直电流 I_1 的作用力,如图 6.5.17 所示。

解 电流 I_1 在电流 I_2 所在处的磁感强度方向垂直于纸面向内,大小为

$$B = \frac{\mu_0 I_1}{2\pi a}$$

沿电流 I_2 方向建坐标 x,导线两端的坐标分别是 0 和 l。在坐标 x 处任选电流元

$$I_2 \mathrm{d}\boldsymbol{l} = I_2 \mathrm{d}x \hat{\boldsymbol{x}}$$

则 $$\mathrm{d}\boldsymbol{f} = I_2 \mathrm{d}\boldsymbol{l} \times \boldsymbol{B} = I_2 \mathrm{d}x \hat{\boldsymbol{x}} \times \boldsymbol{B}$$

大小为 $$|\mathrm{d}\boldsymbol{f}| = I_2 B \mathrm{d}x$$

方向垂直于电流向右(如图)。

由于各电流元受力方向相同,故大小直接相加

$$f = \int_{(I_2)} |\mathrm{d}\boldsymbol{f}| = \int_0^l I_2 \frac{\mu_0 I_1}{2\pi a} \mathrm{d}x = \frac{\mu_0 I_1 I_2}{2\pi a} l$$

两电流显示出相互排斥作用。

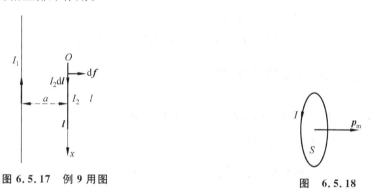

图 6.5.17 例 9 用图   图 6.5.18

载流平面线圈的磁矩 若平面载流线圈所围的面积是 S,电流强度是 I,则定义该载流平面线圈的磁矩为

$$\boldsymbol{p}_\mathrm{m} = I\boldsymbol{S} = IS\hat{\boldsymbol{n}}$$

$\hat{\boldsymbol{n}}$ 是面积的法线方向,规定与电流成右手螺旋关系,如图 6.5.18 所示。

载流平面线圈在均匀磁场中的受力和力矩

可以证明,平面载流线圈在均匀磁场中受的合力为零,力矩为

$$\boldsymbol{M} = \boldsymbol{p}_\mathrm{m} \times \boldsymbol{B}$$

平面载流线圈在磁场中会受到力矩的作用,从而可使线圈旋转,电动机就是基于这个原理而工作的。

6.6 磁介质

研究物质与磁场的作用时,将物质称为磁介质。

6.6.1 磁介质对磁场的影响

磁化 与研究电场中电介质对场的影响时的思路相似,磁介质引进磁场后磁场的分布

也会改变。原因是磁介质会**磁化**（对应于电介质的极化），会出现**磁化电流**（对应于电介质的极化电荷）。

叠加原理 有介质时，传导电流（载流导线中自由电荷的定向运动）和磁化电流共同产生场，即
$$\boldsymbol{B} = \boldsymbol{B}_0 + \boldsymbol{B}'$$
$\boldsymbol{B}'$ 是磁化电流单独产生的场。

磁化强度 磁化电流取决于介质的磁化强弱，于是需定义介质的**磁化强度**，定义式是
$$\boldsymbol{M} = \lim_{\Delta V \to 0} \frac{\sum \boldsymbol{p}_m}{\Delta V} \quad \left(\text{对应于电介质的 } \boldsymbol{P} = \lim_{\Delta V \to 0} \frac{\sum \boldsymbol{p}_e}{\Delta V}\right)$$

式中 $\boldsymbol{p}_m$ 是每一个分子的磁矩。在研究电场时，电介质分子的模型是电偶极子（正负电中心分开），每个分子的电偶极矩是 $\boldsymbol{p}_e$，而在研究磁场时，磁介质分子的模型是**磁偶极子**（分子电流），每个分子的磁偶极矩是 $\boldsymbol{p}_m$。

磁化电流 I' 与磁化强度 $\boldsymbol{M}$ 的关系 通过任意回路内的磁化电流强度是
$$I' = \oint_L \boldsymbol{M} \cdot \mathrm{d}\boldsymbol{l} \quad \left(\text{对应于电场的 } q' = -\oint_S \boldsymbol{p}_e \cdot \mathrm{d}\boldsymbol{S}\right)$$

磁化电流的密度（单位长度的电流强度）
$$\boldsymbol{j}' = \boldsymbol{M} \times \hat{\boldsymbol{n}} \quad (\text{对应于电场的 } \sigma' = \boldsymbol{P} \cdot \hat{\boldsymbol{n}})$$

6.6.2 有介质时的磁场性质方程

性质方程之一 仍是磁通连续原理 $\qquad \oint_S \boldsymbol{B} \cdot \mathrm{d}\boldsymbol{S} = 0$

性质方程之二 由安培环路定律有
$$\oint_L \boldsymbol{B} \cdot \mathrm{d}\boldsymbol{l} = \mu_0 \sum_i I_i = \mu_0 \left(\sum_i I_{0i} + \sum_i I'_i\right)$$

因为
$$\sum_i I'_i = \oint_L \boldsymbol{M} \cdot \mathrm{d}\boldsymbol{l}$$

故
$$\oint_L \left(\frac{\boldsymbol{B}}{\mu_0} - \boldsymbol{M}\right) \cdot \mathrm{d}\boldsymbol{l} = \sum_i I_{0i}$$

定义
$$\boldsymbol{H} = \frac{\boldsymbol{B}}{\mu_0} - \boldsymbol{M}$$

叫**磁场强度**。则
$$\oint_L \boldsymbol{H} \cdot \mathrm{d}\boldsymbol{l} = \sum_i I_{0i}$$

上式叫 $\boldsymbol{H}$ 的环路定理，定理表明，磁场强度 $\boldsymbol{H}$ 沿闭合回路的积分唯一地由穿过环路的传导电流的代数和决定（物理量 $\boldsymbol{H}$ 对应于电场的 $\boldsymbol{D}$）。

在传导电流和介质具有某种对称性时，也可以用 $\boldsymbol{H}$ 的环路定理求解磁场。

磁化规律 在各向同性的线性磁介质中有 $\boldsymbol{M} = \chi_m \boldsymbol{H}$（对应于电介质的极化规律 $\boldsymbol{P} = \varepsilon_0 \chi_e \boldsymbol{E}$），式中 χ_m 叫介质的**磁化率**
$$\chi_m = 1 - \mu_r$$

（上式对应于电介质的$\chi_e = 1 - \varepsilon_r$）$\mu_r$ 叫磁介质的**相对磁导率**。

在各向同性线性磁介质中有如下关系：$\boldsymbol{H} = \dfrac{\boldsymbol{B}}{\mu} = \dfrac{\boldsymbol{B}}{\mu_0 \mu_r}$

称为磁介质的物质方程(对应于电介质的物质方程 $\boldsymbol{D}=\varepsilon\boldsymbol{E}=\varepsilon_0\varepsilon_r\boldsymbol{E}$)。

磁介质的分类 当传导电流单独存在时,某场点的磁感强度大小为 B_0,将均匀磁介质充满在传导电流的场中,则该点的磁感强度大小变为 B,则有

$$\mu_r = \frac{B}{B_0}$$

实验发现,大多数介质的 μ_r 在 1 附近,这说明,多数磁介质对磁场的影响不大。其中有一部分介质的 μ_r 略大于 1,这说明该介质会使磁场略微增加,这类介质叫**顺磁质**;而有一部分介质的 μ_r 略小于 1,这说明该类介质会使磁场略微减小,这类介质叫**抗磁质**。

实验还发现有一类介质,如铁钴镍,它们的 $\mu_r \gg 1$,可达 10^3 以上。这类介质将大大地增强磁场,这类介质叫**铁磁质**。

习　题

6-1　如图,在边长为 a 的正方形的四个顶点处各放置电量均为 q 的正点电荷,求:(1)正方形对角线中点 O 处的电场强度;(2)O 处的电势。

6-2　如图,电量 Q 均匀分布在半径为 R 的球面上,(1)试用点电荷场的叠加求球心 O 处的电场强度;(2)O 处的电势。

6-3　如图,用高斯定理求半径为 R 的均匀带有电量 Q 的球面的电场强度分布。

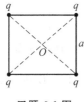

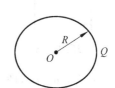

习题 6-1 图　　　　　　　　　　习题 6-2 和习题 6-3 图

6-4　如图,用高斯定理求无限长直带电线的电场强度分布。设电量线密度为 λ。

6-5　如图,用高斯定理求无限大带电平面的电场强度分布。设电荷面密度为 σ。

习题 6-4 图　　　　　　　　　　习题 6-5 图

6-6　如图,两均匀带电球面同心放置,半径分别为 R_1 和 R_2,电量分别为 Q_1 和 Q_2。利用 6-3 题的结果叠加,求:(1)电场强度的分布;(2)电势的分布。

6-7　如图,两无限长直带电线平行放置,间距为 a,电荷线密度分别是 λ 和 $-\lambda$,利用 6-4 题的结果叠加求两带电直线中垂线上一点 P(坐标为 x)处的电场强度。

电磁篇

习题 6-6 图 习题 6-7 图

6-8 如图,两无限大带电平面平行放置,相距为 d,设两平面带电的面密度分别为 σ 和 $-\sigma$,利用 6-5 题的结果叠加求两平面间的电场强度。

6-9 如图,两无限长均匀带电圆柱面同轴放置,轴向半径分别为 R_1 和 R_2,电荷线密度分别为 λ 和 $-\lambda$,试用高斯定理求两柱面间的电场强度分布。

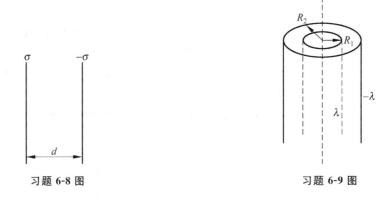

习题 6-8 图 习题 6-9 图

6-10 如图,带电为 q 的导体球 A 绝缘地放置在带电为 Q 的导体壳 B 内,求导体壳 B 的内表面和外表面的带电量 Q_1 和 Q_2。

6-11 如图,接习题 6-10。若导体壳 B 是内、外径分别为 R_1 和 R_2 的球壳,导体球 A 的半径为 R_0,且令 A 球和 B 球壳同心。求:(1)空间电场的分布;(2)空间电势的分布。

习题 6-10 图 习题 6-11 图

6-12 如图,电荷线密度为 $\lambda = 1 \times 10^{-12}$ C/m 的均匀带电细线,被限定在一个半径为 $R = 50$ cm 的平面圆周上,但总长不足以构成一个完整的圆周,留下了一个 $\Delta l = 2$ mm 的缝隙,求:圆心 O 处的(1)电场强度;(2)电势。

6-13 如图,电荷体密度为 ρ、半径为 R_1 的均匀带电球体内距球心 O_1 为 a 处被挖空一个半径为 R_2 的小球体,求被挖空的球体部分的电场强度。

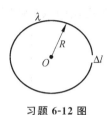

习题 6-12 图

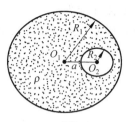

习题 6-13 图

6-14 电荷面密度为 σ、宽为 a 的无限长带电宽带，求与带共面距较近一侧为 b 的场点 P 的电场强度（建议按图示的坐标解题）。

6-15 电量为 $q_1=3\times10^{-8}$ C 的点电荷和电量为 $q_2=-3\times10^{-8}$ C 的点电荷如图放置，相距为 $r=1$ m。今有一电量为 $q_0=6\times10^{-8}$ C 的点电荷从场中的 A 点（A 在 q_1q_2 的中点）被移动到 B 点，A 点和 B 点相距为 $r=1$ m，求电场力做的功。

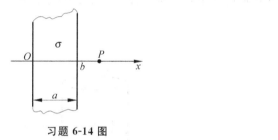

习题 6-14 图

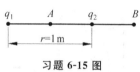

习题 6-15 图

6-16 如图，电矩为 p 的电偶极子放置在电场强度为 E 的均匀电场中，试证电偶极子在均匀电场中受的力矩是 $M=p\times E$。

6-17 在均匀电场 E 中做如图所示一封闭面，该封闭面分为规矩的平面面积 S_1 和不规矩的面积 S_2，其中平面部分的法线与电场强度夹角为 $\theta=\dfrac{\pi}{3}$，封闭面内无电荷，求面积 S_2 的电通量。

习题 6-16 图   习题 6-17 图

6-18 总结电介质存在时定义的各物理量，并给出在均匀的各向同性介质充满在等势面间时，场量的计算方法。

6-19 见习题 6-8。求两板相互作用的静电力。

6-20 已知任意带电导体表面某处的电荷面密度为 σ，求该处单位面积电荷受的电场力。

6-21 求图示电流分布时 O 处的磁感强度。电流 ab 是直电流，其延长线过 O 点；bcd 是半径为 R 的四分之一圆弧；de 是与圆弧在 d 点相切的沿 e 方向延伸到无限远的直电流,电流强度为 I。

6-22 如图,用安培环路定理求电流强度为 I 的无限长直均匀电流的磁感强度。

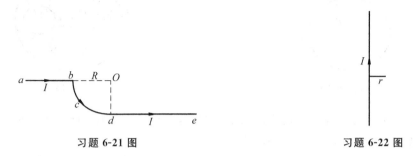

习题 6-21 图　　　　　　　　习题 6-22 图

6-23 如图,用安培环路定理求半径为 R 的无限长直圆柱均匀面电流的磁感强度分布。设电流密度为 i。

6-24 如图,用安培环路定理求半径为 R 的无限长直圆柱体均匀电流的磁感强度分布。设电流密度为 J。

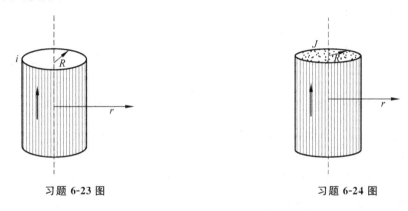

习题 6-23 图　　　　　　　　习题 6-24 图

6-25 如图,用安培环路定理求无限大均匀载流平面的磁感强度分布。设电流密度为 i。

6-26 如图,空间输电线是两平行放置的长直载流导线,电流强度 I 相等,方向相反,假设两线相距为 d,求:(1)两导线连线中点 O 的磁感强度;(2)与导线共面距最近一根导线为 d 的 P 点的磁感强度。

习题 6-25 图　　　　　　　　习题 6-26 图

6-27 如图,电缆传输线的内部为半径为 R_1 的实心导体圆柱线,电流均匀流过,经过负载后电流由与内部圆柱线同轴的圆柱面导体返回,设圆柱面半径为 R_2。求电流强度为 I 时,电缆线内外磁感强度的分布。

6-28 如图,面电流密度为 i 的无限长载流圆柱面由于某种原因留下一条与柱轴平行的极

窄缝隙 Δl 无电流通过，试求柱轴处的磁感强度。

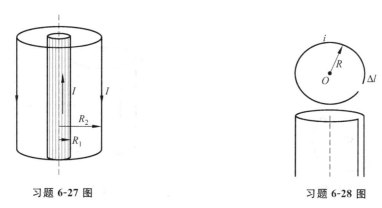

习题 6-27 图   习题 6-28 图

6-29 如图，半径为 R_1 的均匀载流圆柱体，电流密度为 J，在距其轴心 O_1 为 a 远处挖去一个与其同轴的半径为 R_2 的圆柱体，该柱体内无电流通过。求空腔柱体内的磁感强度。

6-30 电流密度为 i 的宽为 a 的无限长载流宽带电流面，求与带共面距较近一侧为 b 的场点 P 的磁感强度（建议按图示的坐标解题）。

习题 6-29 图   习题 6-30 图

6-31 如图，在磁感强度为 $\boldsymbol{B}$ 的均匀磁场中有一个半径为 a 的平面圆导线框，求两种情况下穿过线框的磁通量。(1)线框平面与磁力线垂直；(2)线框平面法线与磁力线夹角为 $30°$。

6-32 在无限长直载流导线的附近有一矩形线框与导线共面，且有两边与导线平行，几何尺度如图。求载流导线通有电流强度为 I 时，穿过线框平面的磁通量（建议按题图设的坐标系解题）。

习题 6-31 图   习题 6-32 图

6-33 如图，用极细的漆包线绕成 $N=100$ 匝的半径为 $R=20$ cm 的平面圆电流，当通过 $I=2$ A 的电流时，求：(1)圆心 O 处的磁感强度；(2)若在圆心 O 处覆盖上一个面积为 $S=4$ mm^2 的平面小线圈，求通过该线圈的磁通量。

6-34 如图,求均匀载流圆柱面单位面电流受的磁场力,设电流密度为 i。

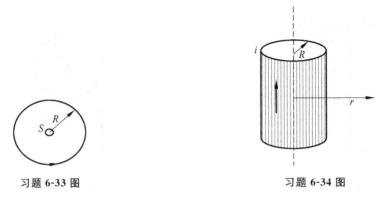

习题 6-33 图　　　　　习题 6-34 图

6-35 将霍耳元件放置到已知磁场 **B** 中,令电流垂直磁感强度,测得其霍耳电势差如图所示,试说明该霍耳元件中的载流子是什么性质的电荷。

6-36 如图,单位长度匝数 $n=100$ 的长直螺线管内充满了相对磁导率 $\mu_r=2000$ 的铁磁质,求当电流强度为 $I=2$ A 时,管内的磁感强度。

习题 6-35 图　　　　　习题 6-36 图

6-37 总结静电场的基本性质、电场强度的计算方法、电荷受力、电容的计算思路、处理电介质问题的基本思路和相应物理量。

6-38 总结稳恒电流磁场的基本性质、磁感强度的计算方法、电荷受力、电流受力、处理磁介质问题的基本思路和相应物理量。

6-39 将典型题目进行对比,如有关电场的习题 6-12、6-13、6-14、6-20 和有关磁场的习题 6-28、6-29、6-30、6-34 对比,是否悟出了一点物理学的美?

第7章

电磁场的统一性和相对性

7.1 感生电场

7.1.1 法拉第电磁感应定律

电磁感应现象 图 7.1.1 所示的是观察电磁感应现象的基本装置。图中与线圈相连的检流计 G 用于检测线圈中是否有感应电流产生。

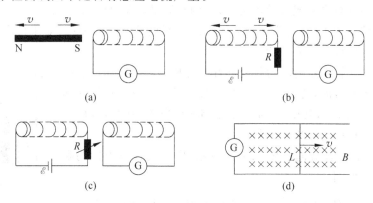

图 7.1.1 电磁感应现象

图(a)中,一根条形磁铁左右运动可使 G 中出现电流,运动愈快电流愈大;

图(b)中,通有稳定电流的线圈左右运动,可出现与(a)相同的现象;

图(c)中,装有滑动变阻器的通电线圈相对右侧有检流计 G 的线圈不动,当移动滑动变阻器的滑动端时,G 中显示有电流通过,滑动愈迅速电流愈大。

图(d)有别于(a)、(b)、(c)。整个实验装置处于均匀磁场中,但导体棒 L 可以始终与导体回路接触良好地滑动。滑动过程中 G 会显示电流的产生,L 滑动愈迅速电流愈大。

在导体回路中电荷能够从静止突然启动而产生电流,说明回路中一定存在着推动电荷运动的电动势(即存在非静电场)。分析上述实验过程发现,产生感应电流的共同原因是由于各种实验操作均使通过线圈回路中的磁通量随时间发生了变化。故得出结论:电动势的产生是由于回路中磁通量随时间发生了改变,改变愈快,电动势愈大,电流也愈大。法拉第给出某回路的电动势与通过该回路的磁通量时间变化率的定量关系式为

$$|\mathscr{E}_i| = \frac{\mathrm{d}\Psi}{\mathrm{d}t}$$

式中，Ψ 是线圈回路的磁通匝链数，简称磁链。磁链等于穿过线圈回路中每匝的磁通 Φ_1，$\Phi_2,\cdots,\Phi_N$ 之和。

楞次给出判断感应电流方向的规律，称之为楞次定律。该定律表述为：闭合导体回路中感应电流的流向总是使得它所产生的效果去阻碍（或反抗）引起感应电流的原因。例如，当线圈中的磁通正在增大时，则感应电流的流向一定是使它的附加磁通去减弱原磁通；而当线圈中的磁通正在减小时，则感应电流的流向一定是使它的附加磁通去增强原磁通。楞次定律是能量守恒定律在电磁感应现象上的体现。如一块磁铁在竖直金属管中下落时，则你会观察到它的下落速度远低于自由落体的下落速度（感应电流对磁铁的磁力会阻碍磁铁的下落）。

法拉第电磁感应定律　如果我们在计算感应电动势时，采用一定的符号规则，则法拉第电磁感应定律可写成如下形式

$$\mathcal{E}_i = -\frac{\mathrm{d}\Psi}{\mathrm{d}t}$$

该式可以同时给出电动势的大小和方向。

具体计算中，先任意设定一个回路方向（通常叫计算方向 L），如果某时刻空间磁感强度的方向与所设的计算方向成右手螺旋关系，则磁通量取正；反之磁通量取负。按上述约定计算出的电动势结果为正值，说明电动势的方向与所设计算方向相同；如果计算值为负，说明电动势的方向与所设计算方向相反。

例1　在磁导率为 μ 的均匀各向同性磁介质中，一长直导线附近放置一个 N 匝的与长直导线共面的矩形线圈，几何尺寸如图 7.1.2 所示。设长直导线通以交流电 $I=I_0\sin\omega t$，其中 I_0,ω 是正值常量，当 $I>0$ 时，方向如图。求此矩形线框中的感应电动势 $\mathcal{E}_i$。

解　设 t 时刻电流方向如图 7.1.2 所示，同时设计算方向为顺时针。建坐标系如图。

在任意坐标 x 处，$B=\dfrac{\mu I}{2\pi x}$，该位置附近矩形线框面元的磁通量为正，大小为 $\mathrm{d}\Phi=B\mathrm{d}S=\dfrac{\mu I}{2\pi x}b\mathrm{d}x$。

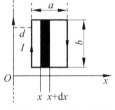

图 7.1.2　例 1 用图

一匝线框的磁通量是

$$\Phi=\int_d^{d+a}\frac{\mu I_0 b\sin\omega t}{2\pi x}\mathrm{d}x=\frac{\mu I_0 b\sin\omega t}{2\pi}\ln\frac{d+a}{d}$$

N 匝线框的磁链是

$$\Psi=N\Phi=\frac{N\mu I_0 b\sin\omega t}{2\pi}\ln\frac{d+a}{d}$$

线框中感应电动势为

$$\mathcal{E}_i=-\frac{\mathrm{d}\Psi}{\mathrm{d}t}=-\frac{N\mu I_0 b\omega\cos\omega t}{2\pi}\ln\frac{d+a}{d}$$

若 $t=\pi/\omega$ 则 $\mathcal{E}_i>0$，说明此时电动势方向如所设计算方向，即顺时针方向；若 $t=2\pi/\omega$ 则 $\mathcal{E}_i<0$，说明此时电动势方向与所设方向相反，即逆时针方向。结果表明，线框中的感应电动势是交变的电动势。

法拉第电磁感应定律是电磁感应现象的归纳和总结,他还没有涉及现象背后深层的物理内涵。透过现象,人们会问,感应电动势所对应的非静电场是什么? 回到图 7.1.1 所示的实验,其中图(a)、(b)、(c)和(d)引起磁通量改变的直接原因是不同的。(a)、(b)、(c)装置中,与检流计串接的线圈的任何一部分的位置均未发生改变,引起该线圈内磁通量改变的原因是所在空间的磁场分布随时间发生了变化,即空间存在着 dB/dt;(d)装置中,空间的磁场未发生变化,而是导体回路的面积因一部分导体在磁场中运动而随时间发生了变化,即存在 dS/dt。单纯由于 dB/dt 的存在而产生的电动势称为感生电动势;单纯由于 dS/dt 而产生的电动势称为动生电动势。动生电动势的产生是发电机的工作原理。

7.1.2 感生电动势和感生电场

感生电场 感生电动势来源于磁场随时间的变化,由法拉第电磁感应定律可以建立回路 L 中的感生电动势与磁感强度变化率之间的关系

$$\mathscr{E}_i = -\frac{d\Psi}{dt} = -\frac{d}{dt}\int_S \boldsymbol{B} \cdot d\boldsymbol{S} = -\int_S \frac{\partial \boldsymbol{B}}{\partial t} \cdot d\boldsymbol{S}$$

式中,S 是以回路 L 为边界的通过磁通量的面积。

麦克斯韦指出,随时间变化的磁场会在其周围空间激起一种非静电作用的电场,这种电场称为感生电场,用 $\boldsymbol{E}_感$ 表示。麦克斯韦假设 $\boldsymbol{E}_感$ 的第一个性质方程是

$$\oint_S \boldsymbol{E}_感 \cdot d\boldsymbol{S} = 0$$

由电动势的定义知 $\boldsymbol{E}_感$ 的第二个性质方程是

$$\oint_L \boldsymbol{E}_感 \cdot d\boldsymbol{l} = -\int_S \frac{\partial \boldsymbol{B}}{\partial t} \cdot d\boldsymbol{S}$$

式中,S 是以 L 为边界的任意曲面。

第一个性质方程表明感生电场对任意闭合面的通量恒为零,即感生电场的电场线是闭合曲线,是一种涡旋场;第二个性质方程说明,感生电场是一种非保守场。从法拉第电磁感应定律到方程 $\oint_L \boldsymbol{E}_感 \cdot d\boldsymbol{l} = -\int_S \frac{\partial \boldsymbol{B}}{\partial t} \cdot d\boldsymbol{S}$,看似仅为数学形式的改写和代换,但其中却包含着思想认识上的飞跃。麦克斯韦已经把在导体回路中的感生电流或感生电动势抽象上升为脱离开电路实体的空间的感生电场,这是麦克斯韦对电磁理论的一个最伟大的贡献。实验证明了麦克斯韦关于感生电场的假说的正确。从原则上说,在已知空间磁场的分布和变化率时,上述性质方程给出计算感生电场强度的理论依据。一般情况下感生电场强度是很难用解析式计算出来的,只有当感生电场强度分布具有特殊对称性时才能解出。

感生电场的应用 电子感应(回旋)加速器是根据感生电场理论设计的现代仪器。其基本构件有两个,其一是电磁铁,提供一轴对称分布的时变磁场,另一个是放置在两磁极之间的共轴环形真空室,如图 7.1.3 所示。轴对称的时变磁场激发共轴的环向感生电场。电子沿圆环的切向射入真空室,在环向电场的作用下被加速。同时,磁场还提供电子在环形真空室内作圆周运动所需的向心力。电子感应加速器的设计与问世是感生电场存在的最

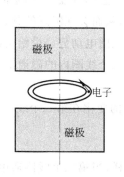

图 7.1.3 电子感应加速器原理示意图

有力的例证。一个 100 MeV 的电子感应加速器可以将电子的速度加速至 $0.999\,986c$。类似的道理,如果在感生电场中放入金属导体,则感生电场会在金属中产生环状感生电流,称为涡电流。"高频感应加热炉"就是利用高频变化的励磁电流所激发导体中的涡电流而实现加热金属的目的。有些情况下涡电流也会带来麻烦,例如涡流会使变压器铁芯发热,为了减少发热,制作变压器铁芯时都是用一片一片彼此绝缘的铁磁片叠制而成,而不采用整体材料制作。

7.1.3 实际电路中的感生电场

自感现象　自感系数　当一个线圈中的电流发生变化时,它激发的磁场变化会在自身的线圈中产生感生电动势,这种现象称为自感现象,相应的电动势叫做自感电动势。在线圈的形状及大小不变以及非铁磁质的环境下,线圈中的电流在自身的磁通链匝数 Ψ 与电流 I 成正比,可写为 $\Psi=LI$。L 叫做线圈的自感系数。

由法拉第电磁感应定律

$$\mathscr{E}_i = -\frac{d\Psi}{dt} = -L\frac{dI}{dt}$$

得

$$L = \left|\frac{\mathscr{E}_i}{\frac{dI}{dt}}\right|$$

上式表明,自感系数 L 数值上等于系统在一个单位电流变化率的情况下所产生的感生电动势。自感系数 L 愈大,单位电流变化率产生的电动势愈大,即系统反抗电流变化的能力愈强。所以,自感系数 L 体现了系统反抗自身电流变化的属性,这种属性被称为电惯性。实验和理论表明,当线圈周围没有铁磁质时,自感系数只与系统的几何因素和介质环境有关,而与电流无关;当系统处在铁磁质的环境下,系统的自感系数还与电流有关。在国际单位制中,自感系数的单位是亨[利],1 H(亨) ＝ 1 Wb(韦[伯]) / 1 A(安[培])。

自感系数的一般计算较为复杂,通常由实验测定。

自感现象在生活实际中有利也有弊。例如,利用线圈具有阻碍电流变化的属性可以稳定电路中的电流;无线电设备中常用自感线圈和电容器组合成共振电路或滤波器。在实际电路的断开或闭合时所产生的大电动势会对电器产生极大的破坏作用,必须采取必要的保护措施。例如在强电输电电路中断开电路时常常会因高感应电动势击穿空气而产生电弧,因此大型电路开关必须配备灭弧装置。

互感现象　互感系数　当一个线圈的电流发生变化时将在其周围空间产生变化的磁场,从而会在附近的其他线圈内激发出感生电动势,这种现象称为互感现象,相应的电动势叫互感电动势。设给定两个线圈和周围环境,如果第一个线圈内有电流 I_1 时,它的磁场在第二个线圈内的磁通链匝数为 Ψ_{21},如果环境为非铁磁介质,则 Ψ_{21} 正比于电流 I_1,即

$$\Psi_{21} = M_{21} I_1$$

I_1 的变化在第二个线圈中激起的互感电动势为

$$\mathscr{E}_{21} = \frac{d\Psi_{21}}{dt} = -M_{21}\frac{dI_1}{dt}$$

同样,当第二个线圈通电流 I_2 时,它在第一个线圈内的磁通链数 Ψ_{12} 正比于电流 I_2,即

$$\Psi_{12} = M_{12} I_2$$

第一个线圈中的互感电动势

$$\mathscr{E}_{12} = \frac{d\Psi_{12}}{dt} = -M_{12}\frac{dI_2}{dt}$$

可以证明，$M_{21} = M_{12} = M$，M 称为系统的互感系数。M 的意义由下面的定义式可以看出：

$$M = \frac{\Psi_{21}}{I_1} = \frac{\Psi_{12}}{I_2}$$

或

$$M = \left|\frac{\mathscr{E}_{21}}{dI_1/dt}\right| = \left|\frac{\mathscr{E}_{12}}{dI_2/dt}\right|$$

由上两式可知，M 既反映两个线圈相互影响的强弱，也反映线圈反抗这种相互影响的能力。

互感系数与两个线圈系统的几何因素以及介质环境有关。非铁磁质环境下，与电流无关，铁磁质环境下还与电流有关。互感系数的一般计算也较复杂，实际中也需实验测定。互感系数的单位与自感系数相同。

互感现象被广泛应用于无线电技术和电磁测量中。通过互感线圈可以使能量和信号由一个线圈传递到另一个线圈。各种变压器、电流互感器都是利用互感现象制成的。但是，电路之间的互感又会使它们之间产生互相干扰，人们可以采取磁屏蔽的方法来减少这种干扰。

7.1.4 磁场能量

自感磁能　如果在电路系统中研究电流从零到稳定值的过程中能量转化的问题，可以认为磁能是存在于电路器件中的，总的磁能应为自感磁能和互感磁能之和。一个载流系统从开始通电到电流稳定的过程是磁场建立到稳定的过程，在此过程中，电源要克服自感电动势做功，电源所做的这部分功将转化为磁能而储存，相应的磁能称为自感磁能。设系统的自感系数是 L。我们可由电源做功的过程推导当电流值达到稳定值 I 时自感磁能公式。

设某时刻，电路中电流瞬时值是 i，系统自感电动势为 $\mathscr{E}_L = -L\frac{di}{dt}$，在 $t \sim t+dt$ 的时间间隔内，电源反抗自感电动势做功

$$dA = -\mathscr{E}_L dq = \left(L\frac{di}{dt}\right)(idt) = Li\,di$$

因此电流从零达到稳定值 I 的过程中，电源反抗自感电动势做的总功为

$$dA = \int_{(0)}^{(I)} dA = \int_0^I Li\,di = \frac{1}{2}LI^2$$

自感磁能

$$W_{Lm} = \frac{1}{2}LI^2$$

互感磁能　如果同时有两个载流线圈存在，则磁场能不仅有自感磁能还有互感磁能。设两个线圈自感系数分别是 L_1 和 L_2，稳定电流值分别是 I_1、I_2，它们的互感系数是 M。由于互感的存在，两线圈的电流从零到稳定值 I_1、I_2 的过程中，各自的电源除反抗其自感电动势外还要反抗互感电动势做功。当某时刻 t 线圈 1 的瞬时电流为 i_1 时，在 dt 时间间隔内，线圈 1 的电源反抗互感电动势做的元功为

$$dA_1 = -\mathscr{E}_{12}i_1 dt = M\frac{di_2}{dt}i_1 dt = Mi_1 di_2$$

与此对应，相应时刻线圈 2 中的瞬时电流为 i_2，在 dt 时间间隔内，线圈 2 的电源反抗互感电

动势做的元功为：$dA_2 = Mi_2 di_1$。因此在 $t\sim t+dt$ 的时间间隔内，两个电源所做元功之和为
$$dA_1 + dA_2 = Mi_1 di_2 + Mi_2 di_1 = M(i_1 di_2 + i_2 di_1) = Md(i_1 i_2)$$

当两个线圈中电流从零分别达到稳定值 I_1、I_2 的过程中，两个电源反抗互感电动势做的总功之和为
$$A = M\int_0^{I_1 I_2} d(i_1 i_2) = MI_1 I_2$$

因此，两载流线圈的互感磁能为 $MI_1 I_2$。互感磁能也称为相互作用能。

应当指出，从自感磁能的表达式可以看出，自感磁能恒为正值；然而互感磁能却可正可负。这是由于两个线圈中通有不同方向的电流，互感磁通可能加强原磁通，也可能削弱原磁通，因而电源反抗互感电动势所做的功可正可负。对于两个载流线圈系统，其总磁能应是各自的自感磁能与互感磁能之和，即
$$W_m = \frac{1}{2}L_1 I_1^2 + \frac{1}{2}L_2 I_2^2 + MI_1 I_2$$

磁场能量密度 按场的观点，能量是储存在场中的。单位体积场空间内的磁场能量称为磁能密度。磁能和磁能密度可以用磁场的场量表示。

可以证明，磁场能量密度与场量的关系是
$$w_m = \frac{1}{2}\boldsymbol{B}\cdot\boldsymbol{H}$$

总磁场能等于磁能密度对整个磁场空间的积分，即
$$W_m = \int_{(V)} w_m dV = \int_{(V)} \frac{1}{2}\boldsymbol{B}\cdot\boldsymbol{H} dV$$

类似于电场能量密度
$$w_e = \frac{1}{2}\boldsymbol{D}\cdot\boldsymbol{E}$$

和电场能量
$$W_m = \int_{(V)} w_m dV = \int_{(V)} \frac{1}{2}\boldsymbol{D}\cdot\boldsymbol{E} dV$$

7.2 感生磁场

麦克斯韦在研究非恒定电流的磁场时，发现如果继续使用安培环路定理，就会出现矛盾。于是推广了"电流"的概念，提出了变化电场可以产生感生磁场的假设。

7.2.1 电流概念的推广　全电流定理

如图 7.2.1 所示的电容器充电电路。某时刻充电电路的电流强度是 i。取围绕导线的一闭合路径 L，讨论磁场强度 $\boldsymbol{H}$ 在此路径的环流。

按安培环路定理，如果取以 L 为边界的曲面 S_1，由图 7.2.1 可看出，通过 S_1 的传导电流值为 i，则 $\oint_L \boldsymbol{H}\cdot d\boldsymbol{l} = i$；但如果取以 L 为边界的另一曲面 S_2 来计算，由图可知，传导电流在电容器极板处中断，穿过该面积的传导电流是零，则 $\oint_L \boldsymbol{H}\cdot d\boldsymbol{l} = 0$。

矛盾是显然的 某时刻空间的磁场分布是确定的，因此磁

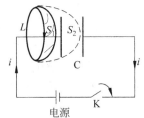

图 7.2.1　电源

场强度沿同一个环路的环流只能是一个值。出现上述矛盾的根源在于这个电路中传导电流不连续,破坏了安培环路定理对电流连续性的要求。如何解决这个矛盾?非稳定情况下如何推广安培环路定理?为此麦克斯韦提出了位移电流的假说。

位移电流　全电流概念　应该注意到,图 7.2.1 中当取 S_2 面进行计算时,传导电流为零,那么是否存在另外一个类似于传导电流的物理量可以使计算结果与用 S_1 面计算得到的结果相同呢?麦克斯韦正是基于这样的考虑,提出位移电流和全电流的概念。

寻找　电容器在充电过程中,极板上的电量会随着时间而变化,继而会引起平行板电容器内部的电场变化。如果我们把 S_1 和 S_2 构成一个闭合面考虑,则根据电流连续性原理,应有

$$\oint_S \boldsymbol{J}_0 \cdot \mathrm{d}\boldsymbol{S} = -\frac{\mathrm{d}q_0}{\mathrm{d}t}$$

式中,q_0 是闭合面 $S = S_1 + S_2$ 内的自由电荷;在我们讨论的问题中,就是分布在电容器极板表面的自由电荷。由高斯定理该闭合面内自由电荷满足 $\oint_S \boldsymbol{D} \cdot \mathrm{d}\boldsymbol{S} = q_0$,则

$$\frac{\mathrm{d}q_0}{\mathrm{d}t} = \frac{\mathrm{d}}{\mathrm{d}t}\oint_S \boldsymbol{D} \cdot \mathrm{d}\boldsymbol{S} = \oint_S \frac{\partial \boldsymbol{D}}{\partial t} \cdot \mathrm{d}\boldsymbol{S}$$

比较上式与电流连续方程,有

$$\oint_S \boldsymbol{J}_0 \cdot \mathrm{d}\boldsymbol{S} = -\oint_S \frac{\partial \boldsymbol{D}}{\partial t} \cdot \mathrm{d}\boldsymbol{S}$$

或

$$\oint_S \left(\boldsymbol{J}_0 + \frac{\partial \boldsymbol{D}}{\partial t}\right) \cdot \mathrm{d}\boldsymbol{S} = 0$$

即

$$\oint_{S_1} \left(\boldsymbol{J}_0 + \frac{\partial \boldsymbol{D}}{\partial t}\right) \cdot \mathrm{d}\boldsymbol{S} = \oint_{S_2} \left(\boldsymbol{J}_0 + \frac{\partial \boldsymbol{D}}{\partial t}\right) \cdot \mathrm{d}\boldsymbol{S}$$

上式表明,在非恒定电路中始终连续的物理量是 $\int_S \left(\boldsymbol{J}_0 + \frac{\partial \boldsymbol{D}}{\partial t}\right) \cdot \mathrm{d}\boldsymbol{S}$,其中 $\int_S \boldsymbol{J}_0 \cdot \mathrm{d}\boldsymbol{S}$ 正是通过任意曲面 S 的传导电流,而式中的 $\frac{\partial \boldsymbol{D}}{\partial t}$ 与 $\boldsymbol{J}_0$ 具有相同的量纲,地位也相当,麦克斯韦令

$$I_\mathrm{d} = \int \boldsymbol{J}_\mathrm{d} \cdot \mathrm{d}\boldsymbol{S} = \int_S \frac{\partial \boldsymbol{D}}{\partial t} \cdot \mathrm{d}\boldsymbol{S}$$

称 I_d 为位移电流,$\boldsymbol{J}_\mathrm{d} = \frac{\partial \boldsymbol{D}}{\partial t}$ 为位移电流密度,而传导电流和位移电流的总和叫做全电流。即

$$I_\text{全} = \int_S \left(\boldsymbol{J}_0 + \frac{\partial \boldsymbol{D}}{\partial t}\right) \cdot \mathrm{d}\boldsymbol{S}$$

全电流定理　在提出位移电流假说的同时,麦克斯韦把安培环路定理推广为对全电流适用,即

$$\oint_L \boldsymbol{H} \cdot \mathrm{d}\boldsymbol{l} = \sum I_\text{全} = \int_S \left(\boldsymbol{J}_0 + \frac{\partial \boldsymbol{D}}{\partial t}\right) \cdot \mathrm{d}\boldsymbol{S}$$

通常将上式称为全电流定理。当只存在稳恒电流时,方程回到最初的安培环路定理。

解释了矛盾　对图 7.2.1 所示的电容器充电电路,当取 S_1 计算时,通过此面的仅为传

导电流,其值为 i,若取 S_2 面计算时,通过此面的仅是位移电流,其值也是 i。全电流的概念圆满解决了矛盾。

7.2.2 感生磁场

全电流概念的引入和安培环路定理的推广,使人们从激发磁场的角度重新认识了"电流"。从全电流定理可知,$\int_S \frac{\partial \boldsymbol{D}}{\partial t} \cdot \mathrm{d}\boldsymbol{S}$ 不仅具有电流的量纲,而且在激发磁场上,其地位与传导电流相当。正因为如此,麦克斯韦才冠以"电流"之称。名称仅仅是一个代号,通过下述分析我们可以看到"位移电流"假说的物理本质。

由电位移矢量定义 $\boldsymbol{D} = \varepsilon_0 \boldsymbol{E} + \boldsymbol{P}$,有

$$\frac{\mathrm{d}\boldsymbol{D}}{\mathrm{d}t} = \varepsilon_0 \frac{\mathrm{d}\boldsymbol{E}}{\mathrm{d}t} + \frac{\mathrm{d}\boldsymbol{P}}{\mathrm{d}t}$$

式中等号右端第二项 $\frac{\mathrm{d}\boldsymbol{P}}{\mathrm{d}t}$ 是介质极化强度矢量的变化,对应着束缚电荷的定向移动所形成的电流密度。右端的第一项 $\varepsilon_0 \frac{\mathrm{d}\boldsymbol{E}}{\mathrm{d}t}$ 中没有任何电荷的流动,该项说明,电场中可以没有任何介质,但只要存在电场随时间的变化 $\frac{\mathrm{d}\boldsymbol{E}}{\mathrm{d}t}$,就存在位移电流,$\frac{\mathrm{d}\boldsymbol{E}}{\mathrm{d}t}$ 可以激发磁场。这种由变化电场激发的磁场叫感生磁场。因此,变化的电场激发磁场是位移电流的本质。麦克斯韦的这一假说是他对电磁理论的另一个伟大贡献。

例1 如图 7.2.2 所示,由半径为 R 的圆形平板组成的平板电容器,其中均匀充满各向同性非铁磁介质,介电常数为 ε,磁导率为 μ。设充电过程中,电容器两板间电场变化率是一恒量,即 $\mathrm{d}E/\mathrm{d}t = c$,忽略边缘效应,求:

(1) 板内的位移电流 I_d;

(2) 板内紧邻板的轴线,距轴距离为 $r(\ll R)$ 的 P 处的磁感强度 B。

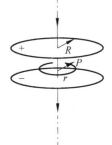

图 7.2.2 例 1 用图

解 (1) 忽略边缘效应,平板电容器的两板间电场均匀。位移电流

$$I_\mathrm{d} = \pi R^2 \frac{\mathrm{d}D}{\mathrm{d}t} = \varepsilon \pi R^2 \frac{\mathrm{d}E}{\mathrm{d}t}$$

若 $\mathrm{d}E/\mathrm{d}t > 0$,充电状态,$I_\mathrm{d}$ 从电容器正极指向负极;若 $\mathrm{d}E/\mathrm{d}t < 0$,放电状态,$I_\mathrm{d}$ 从负极指向正极。

(2) 由于全电流均匀分布,对中心线对称,所以激发的磁场也对中心线对称。过 P 点在垂直中心轴的平面内作以 r 为半径的圆环回路,则磁场强度对此回路的环流是

$$\oint_L \boldsymbol{H} \cdot \mathrm{d}\boldsymbol{l} = H 2\pi r$$

由全电流定理得

$$H 2\pi r = \pi r^2 \varepsilon \frac{\mathrm{d}E}{\mathrm{d}t}$$

求得

$$H = \frac{r}{2}\varepsilon \frac{\mathrm{d}E}{\mathrm{d}t}, \quad B = \mu H = \frac{r}{2}\varepsilon\mu \frac{\mathrm{d}E}{\mathrm{d}t}$$

H,B 沿圆周回路的切向,与电流成右手螺旋关系。

如果考虑真空平板电容器,设 $dE/dt = 10^{13}$ V/m,$R = 0.1$ m,则板内位移电流大小

$$I_d = \pi R^2 \varepsilon_0 \frac{dE}{dt} = 2.78 \text{ A}$$

7.3 麦克斯韦电磁场方程组

19 世纪中叶,麦克斯韦从理论上对电磁学的实验规律进行了总结和归纳,并在自己假说的基础上给出了电磁场的基本方程,建立了完整的电磁场的理论体系。实验证实,麦克斯韦电磁场方程组正确地描述了所有的宏观电磁现象。

7.3.1 麦克斯韦电磁场方程组的积分形式

通过前几章的分析。我们已认识到,有两种基本的电场,即静电场(包括稳恒电场)和感生电场;也有两种基本的磁场,即稳恒磁场和感生磁场。

静电场性质方程的积分形式是

$$\oint_S \boldsymbol{D}_{\text{静}} \cdot d\boldsymbol{S} = \int_V \rho_{\text{自由}} dV, \quad \oint_L \boldsymbol{E}_{\text{静}} \cdot d\boldsymbol{l} = 0$$

上述两个方程说明静电场是有源场和保守场。

感生电场性质方程的积分形式是

$$\oint_S \boldsymbol{D}_{\text{感}} \cdot d\boldsymbol{S} = 0, \quad \oint_L \boldsymbol{E}_{\text{感}} \cdot d\boldsymbol{l} = -\int_S \frac{\partial \boldsymbol{B}}{\partial t} \cdot d\boldsymbol{S}$$

这两个方程说明感生电场是无源场和非保守场。

一般情况下,两种场同时存在,即

$$\boldsymbol{D} = \boldsymbol{D}_{\text{静}} + \boldsymbol{D}_{\text{感}}, \quad \boldsymbol{E} = \boldsymbol{E}_{\text{静}} + \boldsymbol{E}_{\text{感}}$$

综合上述两组方程,得到麦克斯韦电磁场方程组的有关电场性质的积分形式

$$\oint_S \boldsymbol{D} \cdot d\boldsymbol{S} = \int_V \rho_0 dV$$

$$\oint_L \boldsymbol{E} \cdot d\boldsymbol{l} = -\int_S \frac{\partial \boldsymbol{B}}{\partial t} \cdot d\boldsymbol{S}$$

与讨论电场性质方程的思路相同,我们可以得到麦克斯韦方程组中的磁场性质方程的积分形式。一般情况下,磁场可能由传导电流和时变电场共同产生,所以磁场包含稳恒磁场和感生磁场两部分,磁场性质方程的积分形式为

$$\oint_S \boldsymbol{B} \cdot d\boldsymbol{S} = 0$$

$$\oint_L \boldsymbol{H} \cdot d\boldsymbol{l} = \int_S \left(\boldsymbol{J}_0 + \frac{\partial \boldsymbol{D}}{\partial t} \right) \cdot d\boldsymbol{S}$$

故麦克斯韦电磁场方程组的积分形式是

$$\oint_S \boldsymbol{D} \cdot d\boldsymbol{S} = \int_V \rho_0 dV$$

$$\oint_L \boldsymbol{E} \cdot d\boldsymbol{l} = -\int_S \frac{\partial \boldsymbol{B}}{\partial t} \cdot d\boldsymbol{S}$$

$$\oint_S \boldsymbol{B} \cdot \mathrm{d}\boldsymbol{S} = 0$$

$$\oint_L \boldsymbol{H} \cdot \mathrm{d}\boldsymbol{l} = \int_S \left(\boldsymbol{J}_0 + \frac{\partial \boldsymbol{D}}{\partial t}\right) \cdot \mathrm{d}\boldsymbol{S}$$

方程中 ρ_0 是自由电荷密度，J_0 是传导电流密度。

*7.3.2 麦克斯韦电磁场方程组的微分形式

应用矢量分析中的高斯定理和斯托克斯定理，我们可以把上述积分形式写成微分形式。

矢量分析中的高斯定理是：对于任一矢量 $\boldsymbol{A}$，它对任一闭合曲面的通量，等于该矢量的散度对该曲面所包围的体积的体积分，其数学表达式为

$$\oint_S \boldsymbol{A} \cdot \mathrm{d}\boldsymbol{S} = \int_V (\nabla \cdot \boldsymbol{A}) \mathrm{d}V$$

式中，$\nabla \cdot \boldsymbol{A}$ 代表矢量 $\boldsymbol{A}$ 的散度；∇ 是矢量微分算符，它在直角坐标系中的形式为

$$\nabla = \frac{\partial}{\partial x}\hat{\boldsymbol{i}} + \frac{\partial}{\partial y}\hat{\boldsymbol{j}} + \frac{\partial}{\partial z}\hat{\boldsymbol{k}}$$

斯托克斯定理的数学表达式是，对于任一矢量 $\boldsymbol{A}$ 满足方程

$$\oint_L \boldsymbol{A} \cdot \mathrm{d}\boldsymbol{l} = \int_S (\nabla \times \boldsymbol{A}) \cdot \mathrm{d}\boldsymbol{S}$$

式中，$\nabla \times \boldsymbol{A}$ 代表矢量 $\boldsymbol{A}$ 的旋度，S 是以 L 为边界的任意面积。

将麦克斯韦方程组积分形式与两个定理比较，可得出方程组的微分形式为

$$\nabla \cdot \boldsymbol{D} = \rho_0$$

$$\nabla \times \boldsymbol{E} = -\frac{\partial \boldsymbol{B}}{\partial t}$$

$$\nabla \cdot \boldsymbol{B} = 0$$

$$\nabla \times \boldsymbol{H} = \boldsymbol{J}_0 + \frac{\partial \boldsymbol{D}}{\partial t}$$

7.3.3 麦克斯韦方程组与宏观电磁理论

在宏观电磁理论的建立中，麦克斯韦的贡献是卓著的。

第一，麦克斯韦电磁场方程组加上由介质性质决定的场量的关系方程，以及一定的初始值、边界条件，原则上可以解决所有的宏观电磁场问题。

在各向同性线性介质中，由介质性质决定的场量关系是：

$$\boldsymbol{D} = \varepsilon_0 \varepsilon_r \boldsymbol{E}, \quad \boldsymbol{B} = \mu_0 \mu_r \boldsymbol{H}, \quad \boldsymbol{J}_0 = \sigma \boldsymbol{E}$$

通常把上列各式叫做物质方程。

第二，四个电磁场方程概括了宏观电磁场的全部理论，体现出自然界基本规律的简洁和优美。从 1785 年库仑给出静电的规律，到 1865 年由麦克斯韦建立方程组，历时近百年，中间经历了以伏打电池为标记的动电规律的研究；以奥斯特电流磁效应的发现为标记的电流产生磁场的规律的研究；法拉第的电磁感应规律的研究等重大的理论突破。麦克斯韦站在这些巨人的肩膀上，提出了感生电场和感生磁场的假设，使人们认识到电场和磁场是密不可分的统一的整体，最后总结出堪称代表物理学对称美的电磁场方程组。

第三，麦克斯韦的另一个伟大贡献是，预言了电磁波的存在，为无线电技术的发展奠定了理论基础。1886 年德国物理学家赫兹在实验室证实了电磁波的存在。敏感的发明家们将电磁波立即用于无线电通信。1894 年，意大利工程师马可尼制成了金属粉屑检波器，在发射机和接收器上安装了天线和地线，大大提高了接收效率，1901 年他用无线电沟通了英国和加拿大，因此获得 1909 年的诺贝尔物理学奖。与马可尼同时，俄国物理学家波波夫也发明了无线电通信技术，并在俄国政府的支持下首先将无线电技术付诸于实用。直到 1906 年，美国物理学家费森登发明了无线电广播，使无线电进入千家万户，预示了信息时代的开始。在当今信息技术高速发展的今天，麦克斯韦对人类文明的贡献更为世人所称颂。

第四，麦克斯韦在预言电磁波存在的同时，给出了电磁波在物质中的传播速度是 $u=\frac{1}{\sqrt{\mu\varepsilon}}$，若在真空中传播，则波速为 $u=\frac{1}{\sqrt{\mu_0\varepsilon_0}}=3\times10^8\,\mathrm{m/s}=c$，这正是光在真空中的传播速度，从而揭示了光的电磁本质，指出光波属于电磁波。进而人们分析，光在介质中传播的折射率与介质物性的关系是 $n=\frac{c}{u}=\sqrt{\varepsilon_r\mu_r}\approx\sqrt{\varepsilon_r}$。

应该指出，电磁场方程组是从宏观电磁现象中总结出来的，它的地位相当于力学中的牛顿定律。在宏观以外的领域是否适用必须由实践进一步检验。实验已证实，该方程组在高速情况下完全正确，是洛伦兹不变式，即麦克斯韦方程组在任何惯性系中形式相同。

实验也发现，方程组在解决某些微观问题时遇到了不可克服的困难，这说明宏观的电磁场理论在微观领域不能完全适用，必须发展。随着量子力学的发展，科学家建立了更普遍的理论——量子电动力学。而麦克斯韦的电磁场方程组是量子电动力学在宏观情况下的近似。

7.4 电磁场的物质性　统一性　相对性

7.4.1 电磁场的物质性

理论和实验均证明，"场"是物质存在的一种基本形式。所以电磁场是物质的一种形态。表征物质存在的物理量是能量、质量和动量。单位体积中的能量、质量和动量分别称为能量密度 w、质量密度 ρ 和动量密度 g。

$$w=w_e+w_m=\frac{1}{2}\boldsymbol{D}\cdot\boldsymbol{E}+\frac{1}{2}\boldsymbol{B}\cdot\boldsymbol{H}$$

$$\rho=\frac{w}{c^2}=\frac{1}{2c^2}(\boldsymbol{D}\cdot\boldsymbol{E}+\boldsymbol{B}\cdot\boldsymbol{H})$$

$$g=\rho c=\frac{w}{c}=\frac{1}{2c}(\boldsymbol{D}\cdot\boldsymbol{E}+\boldsymbol{B}\cdot\boldsymbol{H})$$

大量实验证实了电磁场的物质性。证实电磁场具有能量的事实是电磁场传播就是能量的传播。此外，如果光具有动量，当它照射到物体表面反射或被吸收时，其动量发生改变，因而将对物体表面产生压力，即所谓光压。俄国科学家列别捷夫用精巧的实验证实了光压的存在，从而直接验证了光具有动量。

7.4.2 电磁场的统一性和相对性

电场和磁场不仅具有物质性,它们又是统一的、相对的。如带电量是 Q 的点电荷在空间产生的电磁场是客观存在的。当在相对其静止的参考系中测量,只有电场(而且是静电场),没有磁场;而在相对其运动的参考系中测量,既有电场(已不是静电场),又有磁场。这个事实说明,电场和磁场本是一个统一体,只不过在不同的参考系中有不同的描述。

人们对电磁场的认识过程反映了认识世界的正常过程。人们首先认识的是事物的那些容易探测和观察的侧面,而后随着理论和技术水平的发展逐步认识事物的全貌。对于"电场"的定量认识是从库仑总结出库仑定律开始的,经过动电的研究认识电流;对"磁场"的认识是从磁石开始的,随后人们又认识了电流的磁效应,第一次把两种场联系起来;法拉第的电磁感应现象的发现使人们进一步认识了两者的联系。麦克斯韦作了关于感生电场、感生磁场的假设以后,在理论上把电场和磁场紧密地联系起来。关于变化的磁场可以产生电场、变化的电场可以产生磁场的认识使人们不得不把它们作为一个统一的整体看待,并把他们统称为电磁场。爱因斯坦的相对论理论使人们进一步认识了电场场量和磁场场量之间的相对关系。电量为 q 的点电荷在电磁场中某点受的电磁场力由以下洛伦兹力公式给出

$$f = qE + qv \times B$$

上式为洛伦兹不变式。

实验和理论还表明,电荷电量 Q,真空中的介电常数 ε_0 和磁导率 μ_0 都是洛伦兹不变量。

7.4.3 电磁场量的相对论变换

电磁场量的相对论变换关系

麦克斯韦电磁场方程组服从狭义相对性原理,即在任何惯性系中形式相同。由于运动描述的相对性,在同一时空点,两个惯性系中测量的电磁场场量之间必然存在一个变换关系。利用洛伦兹-爱因斯坦变换可以得出这一关系。

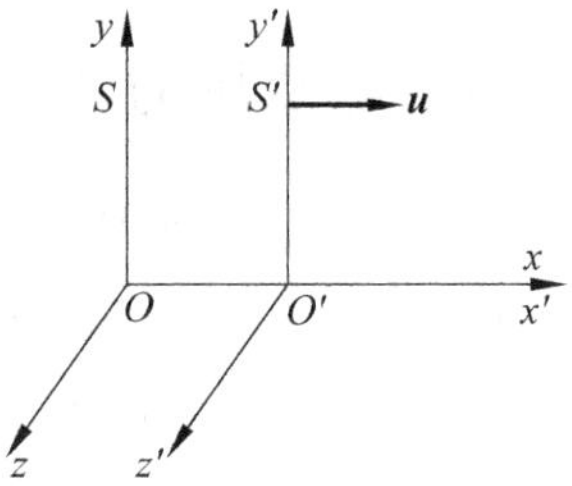

设有惯性系 S 系和 S' 系,其中的直角坐标系的 x、x' 轴重合,另两个相对应的坐标轴平行,运动发生在 x 方向,且当 $t = t' = 0$ 时,两坐标原点重合。如图 7.4.1 所示。由此导出的两个惯性系之间电磁场量的变换关系如下

$$E'_x = E_x, \quad B'_x = B_x$$

$$E'_y = \gamma(E_y - uB_z), \quad B'_y = \gamma\left(B_y + \frac{u}{c^2}E_z\right)$$

$$E'_z = \gamma(E_z + uB_y), \quad B'_z = \gamma\left(B_z - \frac{u}{c^2}E_y\right), \quad \gamma = \frac{1}{\sqrt{1 - \frac{u^2}{c^2}}}$$

图 7.4.1

高速运动的点电荷的电场和磁场

利用电场磁场的相对论变换式可以得到相对于观察者高速运动的带电粒子的电场强度和磁场强度表达式。

某时刻,高速带电粒子 q 的位矢与速度方向的夹角为 θ、运动速度为 v,则电场强度的矢量表达式为

$$E = \frac{qr}{4\pi\varepsilon_0 r^3} \frac{1-\beta^2}{(1-\beta^2\sin^2\theta)^{\frac{3}{2}}}, \quad \beta = \frac{v}{c}$$

此运动点电荷产生的磁感强度为

$$B = \frac{v}{c^2} E_y \hat{z}$$

分析上式可知,当 $\theta=0$ 或 $\theta=\pi$ 时,即点电荷运动的前方和后方电场最弱,而 $\theta=\pi/2$ 或 $3\pi/2$ 时,电场最强。xy 面内电场线分布如图 7.4.2(a)示意。电场线的总条数与电荷静止时相同,仍是 q/ε_0(为什么?请读者思考),只不过分布不再中心对称,而是以运动方向为轴的轴对称,且沿运动方向的电场线疏,垂直于运动方向的电场线密。匀速运动点电荷的磁力线如图 7.4.2(b)所示。

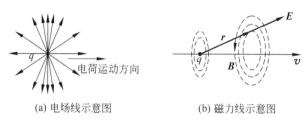

(a) 电场线示意图   (b) 磁力线示意图

图 7.4.2

习 题

7-1 在无限长直载流导线的附近有一矩形线框与导线共面,且两边与导线平行,几何尺度如图。求:(1)当 t 时刻载流导线通有电流强度为 $I(t)$ 时,线框平面内的磁通量(建议按题图设的坐标系解题);(2)若 $I(t)=I_0\sin\omega t$,ω 和 I_0 均为正的恒量,求矩形导线框中的感应电动势。

7-2 用极细的漆包线绕成 N 匝的半径为 R 的平面圆电流,求:(1)当 t 时刻通过电流为 $I(t)$时,(1)求圆心 O 处面积为 S 的平面小线圈(令 $S\ll\pi R^2$)的磁通量;(2)若 $I(t)=I_0(t^2-t)$,I_0 为正的常量,求小面积 S 的边界中的感应电动势大小。

习题 7-1 图   习题 7-2 图

7-3 求密绕的长直螺线管的自感系数 L。已知螺线管的长度为 l、截面积为 S,绕有 N 匝线圈,磁导率为 μ。

7-4 求习题 7-2 题所示线圈装置的互感系数 M。

7-5 麦克斯韦电磁场方程组中哪个方程说明变化的电场会产生磁场？哪个方程说明变化的磁场会产生电场？

7-6 任何具有质量的物体之间均存在引力作用。从场的观点认为物质之间的这种相互作用是因为空间存在引力场。对比静电场，存在静止质量的引力场。您能写出该引力场的性质方程吗？

统计量子篇

第8章

热学基础概念

8.1 概述

8.1.1 热学的研究对象

研究由大量无规运动个体构成系统的宏观规律的学科就是物理学中的热学。自然界中热现象无处不在,不同形式能量的转化通常都通过热能作为中间媒介。按人们日常的习惯认为与冷热有关的现象就是热现象,而科学的定义则认为热学研究的是与温度有关的物理规律。

8.1.2 热力学和统计物理

热力学是通过研究宏观热现象归纳总结而成,如总结能量转换关系的规律归纳成热力学第一定律;总结什么样的热机和制冷机可制成就归纳为热力学第二定律等。以这些热力学规律为基础就形成了热学的宏观理论。热力学的几个基本定律如下。

热力学第零定律:在与外界影响隔绝的情况下,如果处于确定状态下的物体 A 分别与处于确定状态下的物体 B、C 达到热平衡,则物体 B 和物体 C 也相互热平衡。物体相互热平衡就意味着这些物体具有相同的温度。该定律是温度测量的基础,也为不同温标之间的校准和换算提供了准则。

热力学第一定律:热力学系统从外界吸收的热量除了改变自身的内能外,还可对外做功。数学表述为 $dQ = dE + dA$ 或 $Q = \Delta E + A$。

热力学第一定律是能量守恒定律在涉及宏观热现象时的表述。

热力学第二定律:(1)克劳修斯的表述是:热量不会自动地从低温物体传到高温物体;(2)开尔文的表述是:单一热源的热机是不可能制造成的。热力学第二定律揭示了自然界热过程的方向性,是人们在利用热能的过程中总结出来的。与"熵"概念的建立直接相关。

热力学第三定律:绝对零度是不可能达到的。

统计物理是热学的微观理论。它的基本任务就是建立某种理论框架,从而解释宏观的热现象。由于热现象涉及的系统是由大量无规运动的个体组成,每个个体均对宏观热学规律有贡献,所以统计物理认为,热力学中涉及的宏观物理量均是组成系统的大量个体无规则运动的相关微观量的统计平均值;宏观的规律与微观量的统计规律有必然的联系。统计物理的数学基础是概率论。

热力学和统计物理是研究热现象的两支密不可分的理论分支,相辅相成、互为补充。统计物理给出了热力学规律的微观图像和微观解释,热力学为统计物理的建立和检验提供了可靠的实验基础。

8.1.3 系统的理想特征

理论是建立在理想模型基础上的,我们的理论要解决实际问题,就必须将实际问题简化上升至模型,从而写出数学表达式。

理想气体 这是对研究对象的一种理想化。由于热学分宏观理论和微观理论,故理想气体就分宏观定义和微观定义。理想气体的宏观定义就是严格遵守气体三个实验定律的气体。气体的三个实验定律是:①玻意耳定律(R. Boyle):在温度不变的情况下,一定量气体的压强和体积的乘积为一常量。②盖-吕萨克定律(L. J. Gay-Lussac):在压强不变的情况下,一定量气体的体积随温度作线性变化。③查理定律(J. A. C. Charles):在体积不变的情况下,一定量气体的压强随温度作线性变化。

理想气体就是实际气体在温度不太低、压强不太高的情况下的简化。

平衡态 这是对状态的一种理想化。在不受外界影响的条件下,对一个热力学的孤立系统而言,经过足够长的时间后系统的宏观性质不随时间改变,系统的这种状态称为平衡态。当系统达到了平衡态后,就可以用一组宏观物理量来描述系统的状态。如果系统内各处的宏观性质不同,就称为非平衡态。

准静态过程 也称平衡过程,是对热力学过程的一种理想化。我们假定热力学过程的每一时刻系统的状态均是平衡态。当实际过程无限缓慢时就可以认为是一个准静态过程。

本教程的第 8.2 至 8.6 节属统计物理的气体分子动理论部分,将主体阐述平衡态下理想气体(或范氏气体)的宏观状态参量和微观量的关系,初步认识统计物理的基本思想。第 8.7 和 8.8 节将阐述热力学第一定律和第二定律。

8.1.4 理想气体状态方程

由气体的三个实验定律(玻意耳、盖-吕萨克、查理定律)可得平衡状态下,总质量为 M、摩尔质量为 μ 的理想气体的压强 p、活动空间 V(在此,就是容器的容积)、温度 T 等状态参量之间的关系为

$$pV = \nu RT$$

称作理想气体的状态方程。其中 $\nu = \dfrac{M}{\mu}$ 是摩尔数,$R = 8.31 \text{ J/K} \cdot \text{mol}$,是普适气体恒量。

若系统中有 N 个分子,每个气体分子的质量为 m,则 $M = Nm$;$\mu = N_A m$,$N_A = 6.023 \times 10^{23}/\text{mol}$(阿伏加德罗常数),则理想气体的状态方程又可写成常用形式

$$p = nkT$$

式中 $n = \dfrac{N}{V}$ 是平衡态时气体分子的数密度,$k = \dfrac{R}{N_A} = 1.38 \times 10^{-23} \text{ J/K}$,叫玻耳兹曼常数。

例 1 计算标准状况下分子的数密度

解 标准状况下,$T = 273 \text{ K}$,$p = 1 \text{ atm} = 1.013 \times 10^5 \text{ Pa}$

$$n = \frac{p}{kT} = \frac{1.013 \times 10^5}{1.38 \times 10^{-23} \times 273} = 2.69 \times 10^{25}/\text{m}^3$$

例 2 计算 $T=273\text{ K}, p=10^{-13}$ mmHg 时分子的数密度

解
$$n = \frac{p}{kT} = \frac{10^{-13} \times 1.013 \times 10^5}{760 \times 1.38 \times 10^{-23} \times 273} = 3.54 \times 10^9/\text{m}^3$$

由此可见热力学研究的系统的个体数是很大的。

8.2 分子动理论的理想气体压强公式

8.2.1 平衡态下气体分子微观量分布的等概率假设

研究平衡态的运动规律时,必须假设平衡态时气体分子的微观量分布是等概率的。

分子速度分布的等概率假设 平衡态时速度取向的等概率可以使我们得出以下微观量的平均值。

速度的平均值为
$$\overline{\boldsymbol{v}} = 0$$

各方向速率平方的平均值的关系是
$$\overline{v_x^2} = \overline{v_y^2} = \overline{v_z^2}$$

由于,$v^2 = v_x^2 + v_y^2 + v_z^2$,所以就有关系式为
$$\overline{v_x^2} = \overline{v_y^2} = \overline{v_z^2} = \frac{1}{3}\overline{v^2}$$

分子空间分布的等概率假设 当系统处于平衡态时,在没有外力场的作用时,分子在各处出现的机会相同。由此等概率假设必然得出分子的数密度处处相同的结论,即
$$n = \frac{\text{d}N}{\text{d}V} = \frac{N}{V}$$

8.2.2 理想气体的微观图像

由于理想气体是温度不太低、压强不太高的情况下真实气体的理想状况,故实际气体愈稀薄,则愈接近理想气体。这样,理想气体的微观图像可归纳为以下三点。第一,理想气体分子可看作质点;第二,理想气体分子系统,除碰撞瞬间外,分子之间的作用力认为是零;第三,分子之间及分子与器壁的碰撞可以看作是弹性碰撞。本节给出的是经典的统计结论,故每个分子遵从牛顿运动定律,即每个个体是牛顿粒子。

8.2.3 气体分子动理论的压强公式

气体分子动理论认为,气体系统内之所以存在压强(如对器壁的压强),是由于大量气体分子碰撞器壁的结果。压强就是大量分子碰撞单位面积器壁的平均作用力。基于气体分子动理论对压强的认识,我们只需要求出大量分子碰撞单位面积器壁的平均作用力即可。推导方法较多,我们的推导如下。

平衡态时的宏观物理量是:压强 p、温度 T 和容器的容积 V(由于每个理想气体分子均看作质点,故 V 就是理想气体分子的活动空间)。推导中涉及的微观物理量是:分子总数

$N\left(\text{分子数密度 } n = \frac{N}{V}\right)$，每个分子的质量 m，速度为 $\boldsymbol{v}_i$ 的分子数为 N_i $\left(\text{则相应数密度为 } n_i = \frac{N_i}{V}\right)$。设器壁垂直于 x 轴，如图 8.2.1 所示。

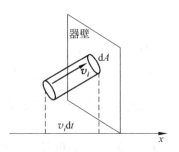

图 8.2.1 压强公式推导用图

首先，我们先求任意一个速度为 $\boldsymbol{v}_i$ 的分子一次碰撞器壁给器壁的冲量。

由于是弹性碰撞，则该分子一次给器壁的冲量大小是 $2mv_{ix}$，方向垂直于器壁（沿 x 轴正向）。

进而考虑 dt 时间内所有速度为 $\boldsymbol{v}_i$ 的分子一起碰撞器壁上小面积元 dA，给面积元 dA 的冲量是

$$dI_i = 2mv_{ix} n_i v_{ix} dt dA = 2mn_i v_{ix}^2 dt dA$$

式中 $n_i v_{ix} dt dA$ 是撞击面积元 dA 的速度为 $\boldsymbol{v}_i$ 的分子数。

然后求出 dt 时间内各种速度的分子一起碰撞器壁上面积元 dA 时给它的冲量

$$dI = \sum_{v_{ix}>0} dI_i = \frac{1}{2}\sum_i dI_i = \sum_i mn_i v_{ix}^2 dt dA$$

最后，由压强的定义得出结果

$$p = \frac{dF}{dA} = \frac{dI}{dA dt} = \sum_i mn_i v_{ix}^2 = \frac{m}{v}\sum_i N_i v_{ix}^2$$

由于

$$\overline{v_x^2} = \frac{\sum_i N_i v_{ix}^2}{N}, \quad n = \frac{N}{V}, \quad \overline{v_x^2} = \frac{1}{3}\overline{v^2}$$

最后得

$$p = \frac{1}{3}mn\overline{v^2}$$

结果表明，宏观量压强与微观量速度平方的平均值有关。压强公式的推导集中体现了微观理论对宏观量的基本认识。

按平均值的定义，我们可得气体分子的平均平动动能为 $\overline{\varepsilon}_t = \frac{1}{2}m\overline{v^2}$，则压强公式还可以写成

$$p = \frac{2}{3}n\overline{\varepsilon}_t$$

该压强公式指出，通过增加分子的数密度 n 和每个分子的平均平动动能 $\overline{\varepsilon}_t$ 这两个途径可以增大宏观压强。

8.2.4 温度的本质

由气体分子动理论公式 $p = \frac{2}{3}n\overline{\varepsilon}_t$ 和理想气体的状态方程 $p = nkT$ 可得

$$\overline{\varepsilon}_t = \frac{3}{2}kT$$

上式说明，气体分子的平均平动动能是温度的单值函数。上式也可写成

$$T = \frac{2\overline{\varepsilon}_t}{3k}$$

温度与分子的平均平动动能有关，表达了分子运动的剧烈程度。温度 T 是大量分子集体行

为的统计结果,当系统只涉及几个分子时就无温度而言。

例 1 计算标准状况下分子的平均平动动能

解
$$\bar{\varepsilon}_t = \frac{3}{2}kT = \frac{3}{2} \times 1.38 \times 10^{-23} \times 273$$
$$= 5.6 \times 10^{-21} \text{ J} = 3.5 \times 10^{-2} \text{ eV}$$

8.2.5 理想气体分子运动的方均根速率

比较 $\bar{\varepsilon}_t = \frac{3}{2}kT$ 和 $\bar{\varepsilon}_t = \frac{1}{2}m\overline{v^2}$

得 $\overline{v^2} = \frac{3kT}{m}$

用宏观量表达成 $\overline{v^2} = \frac{3kN_A T}{mN_A} = \frac{3RT}{\mu}$

故气体分子的方均根速率是 $\sqrt{\overline{v^2}} = \sqrt{\frac{3RT}{\mu}}$

例 2 计算标准状况下氧气分子方均根速率

解
$$\sqrt{\overline{v^2}} = \sqrt{\frac{3RT}{\mu}} = \sqrt{\frac{3 \times 8.31 \times 273}{32 \times 10^{-3}}} = 461 \text{ m/s}$$

在常温下,大多数分子的方均根速率在每秒几百米的量级,方均根速率是表征气体分子运动剧烈程度的一个物理量。计算结果表明了我们研究的热力学系统的粒子运动之剧烈程度。

8.3 能量均分定理 理想气体的内能

8.3.1 能量按自由度均分定理

能量均分定理指出:在温度为 T 的平衡态条件下,物质分子每个自由度具有相同的平均动能,其值为 $\frac{1}{2}kT$。从原理的叙述中读者可以体会到平衡态的物理内涵。用一组宏观物理量来表征某时刻的平衡态,即意味着描述平衡态与盛放系统的容器形状无关。按照微观理论的宏观物理量与微观量的平均值有关的基本认识,保证宏观物理量在无外界影响的情况下不变,就意味着相应的微观量的平均值也不变,这就必然导致平衡态时需要微观量的等概率假设。等概率就是无优势分子,无优势方向。能量按自由度均分定理就是能量分配在自由度上的等概率。从前一节,我们已知分子运动的平均平动动能是 $\bar{\varepsilon}_t = \frac{3}{2}kT$,任何系统都有三个平动自由度,按无优势自由度的思想,则每个自由度的平均动能必须相同,其值应为 $\frac{1}{2}kT$。按此思路自然就得到每一个转动自由度、每一个振动自由度的平均动能也为 $\frac{1}{2}kT$。注意,确定的一个平衡态下,各分子都处在不停的热运动中,就一个分子而言,他们运动的速率可以从零到无限大,但就平均而言,一个分子的平均速率就是每秒几百米的量级,相应的平均平动动能就是 $\frac{3}{2}kT$。正是这些平均值才对应着平衡态时的宏观物理量,如压强和平均平动动能的关系 $p=\frac{2}{3}n\bar{\varepsilon}_t$,温度和平均平动动能的关系 $T=\frac{2}{3k}\bar{\varepsilon}_t$。

8.3.2 分子的平均动能

我们将分子看作是由原子组成的质点系。则单原子分子只有三个平动自由度($t=3$);双原子分子有三个平动自由度($t=3$)、两个转动自由度($r=2$)和一个振动自由度($s=1$);三个以上原子($N\geqslant 3$)组成的分子称为多原子分子,则有三个平动自由度($t=3$)、三个转动自由度($r=3$)和最多 $s=3N-6$ 个振动自由度。

按能均分定理,可以得到一个分子的平均动能为

$$\bar{\varepsilon}_k = \bar{\varepsilon}_t + \bar{\varepsilon}_r + \bar{\varepsilon}_s = \frac{t+r+s}{2}kT$$

实验表明,当温度低于几千 K 时,分子的振动自由度冻结,即 $s=0$,这样的分子称为刚性分子,通常定义分子的平动和转动自由度之和为 $i=t+r$。在以后的章节中如果无特殊说明,均指刚性分子系统。故刚性分子系统的分子平均动能是

$$\bar{\varepsilon}_k = \bar{\varepsilon}_t + \bar{\varepsilon}_r = \frac{i}{2}kT$$

刚性单原子分子的平均动能是 $\bar{\varepsilon}_k = \bar{\varepsilon}_t = \frac{3}{2}kT$;刚性双原子分子的平均动能是 $\bar{\varepsilon}_k = \bar{\varepsilon}_t + \bar{\varepsilon}_r = \frac{5}{2}kT$;刚性多原子分子的平均动能是 $\bar{\varepsilon}_k = \bar{\varepsilon}_t + \bar{\varepsilon}_r = 3kT$。

8.3.3 理想气体的内能

由能量均分定理可以推导出温度为 T 的平衡态下理想气体的内能,这是一个宏观的热运动能量。由 N 个分子组成的气体系统的热运动内能应包括所有分子的平均能量和各分子之间的平均作用势能两部分能量。考虑到理想气体分子除碰撞外作用力为零,故理想气体的内能只包括所有分子的平均能量。每个刚性理想气体的平均能量只包括平均动能,故 1 摩尔(刚性)理想气体的内能是

$$E_0 = \sum_i \bar{\varepsilon}_k = N_A \frac{i}{2}kT = \frac{i}{2}RT$$

ν 摩尔(刚性)理想气体的内能是

$$E = \nu E_0 = \frac{i}{2}\nu RT$$

理想气体的内能是温度的单值函数,一定量的理想气体温度愈高内能就愈大。

例 计算 $T=300$ K 时 1 摩尔氧气的内能。

解 氧气是双原子分子 $i=5$,故 $E_0 = \frac{5}{2}RT = \frac{5}{2} \times 8.31 \times 300 = 6.23 \times 10^3$ J

8.4 分布函数 麦克斯韦速率分布率

8.4.1 分布函数

微观量平均值的计算是统计物理中的重要任务。计算平衡态时系统分子速率平均值的公式是

$$\bar{v} = \frac{\int_0^\infty v \mathrm{d}N_v}{\int_{(0)}^{(\infty)} \mathrm{d}N_v}$$

式中,$\mathrm{d}N_v$ 是系统中任意速率 v 的分子数;$\int_0^\infty v \mathrm{d}N_v$ 就是系统的分子速率之和;$\int_{(0)}^{(\infty)} \mathrm{d}N_v$ 就是系统的总分子数。

为了方便地计算微观量平均值,就必须清楚平衡态时系统内部微观量(如分子速度或速率、能量等)的分布状况。分布函数是计算平均值的不可缺少的重要物理量。下面以速率分布函数为例说明微观物理量分布函数的定义。

速率分布函数 设系统由 N 个分子组成。在平衡态下,每个分子的速率值在 $0\sim\infty$,任意速率 $v\sim v+\mathrm{d}v$ 的分子数是 $\mathrm{d}N_v$,则 $\dfrac{\mathrm{d}N_v}{N}$ 就是速率 $v\sim v+\mathrm{d}v$ 的分子数占总分子数的百分比。$\dfrac{\mathrm{d}N_v}{N}$ 除了与速率 v 有关,还与 $\mathrm{d}v$ 有关,而物理量 $\dfrac{\mathrm{d}N_v}{N\mathrm{d}v}$ 就只与速率 v 有关,于是令

$$f(v) \equiv \frac{\mathrm{d}N_v}{N\mathrm{d}v}$$

称其为速率分布函数,也称为速率的概率密度。其物理含义是:分子速率在 v 附近单位速率间隔内的分子数占总分子数的百分比。

由速率分布函数的定义式可以知道,速率分布函数应具有以下性质:

$$\int_0^\infty f(v)\mathrm{d}v = 1$$

上式称为分布函数的归一性质。如果给出 $f(v)$-v 关系曲线,如图 8.4.1 所示,则 $\int_0^\infty f(v)\mathrm{d}v$ 就是曲线下的面积。由归一性质可知,$f(v)$-v 曲线下的面积恒为 1。

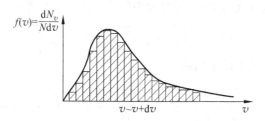

图 8.4.1 曲线下面积恒为 1

由速率分布函数的定义式,分子速率在 $v\sim v+\mathrm{d}v$ 的分子数与速率分布函数的关系就是

$$\mathrm{d}N_v = Nf(v)\mathrm{d}v$$

8.4.2 麦克斯韦速率分布函数

在温度为 T 的平衡态下,理想气体分子系统的速率分布函数由麦克斯韦给出,其表达式如下:

$$f(v) = 4\pi \left(\frac{m}{2\pi kT}\right)^{\frac{3}{2}} v^2 e^{-\frac{mv^2}{2kT}}$$

式中,m 是每个分子的质量,k 是玻耳兹曼常数。上式表明,在理想气体系统中,速率为零的分子数为零,而速率趋于无穷的分子数也趋于零,所以麦克斯韦速率分布函数一定有一个极大值,对应的速率记为 v_P,即速率在 v_P 附近单位速率间隔内的分子数最多,该速率叫做最概然速率(也叫最可几速率)。令 $\dfrac{\mathrm{d}f(v)}{\mathrm{d}v}=0$ 就可解出温度为 T 的平衡态下理想气体的最概然速率为

$$v_P = \sqrt{\frac{2kT}{m}} = \sqrt{\frac{2RT}{\mu}}$$

对同种分子系统,温度愈高则最概然速率值愈大;不同种分子系统,在相同温度下,摩尔质量愈小者最概然速率愈高,如图 8.4.2 所示 $T_1 < T_2$,$\mu_1 < \mu_2$。

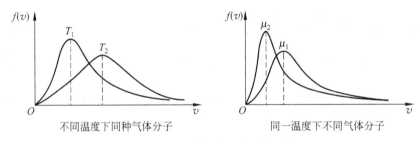

不同温度下同种气体分子　　　同一温度下不同气体分子

图 8.4.2　麦克斯韦速率分布函数

8.4.3 平均速率(速率的算术平均值)和方均根速率

全速率空间的平均速率为

$$\bar{v} = \frac{\int_0^\infty v \mathrm{d}N_v}{\int_{(0)}^{(\infty)} \mathrm{d}N_v} = \frac{\int_0^\infty v N f(v) \mathrm{d}v}{N} = \int_0^\infty v f(v) \mathrm{d}v$$

将麦克斯韦速率分布函数代入上式,可得理想气体平衡态时的平均速率为

$$\bar{v} = \sqrt{\frac{8kT}{\pi m}} = \sqrt{\frac{8RT}{\pi \mu}} = 1.60\sqrt{\frac{RT}{\mu}}$$

计算全速率空间的速率平方的平均值

$$\overline{v^2} = \frac{\int_0^\infty v^2 \mathrm{d}N_v}{\int_{(0)}^{(\infty)} \mathrm{d}N_v} = \frac{\int_0^\infty v^2 N f(v) \mathrm{d}v}{N} = \int_0^\infty v^2 f(v) \mathrm{d}v$$

将麦克斯韦速率分布函数代入上式,可得理想气体平衡态时的方均根速率为

$$\sqrt{\overline{v^2}} = \sqrt{\frac{3kT}{m}} = \sqrt{\frac{3RT}{\mu}}$$

通过上述的计算,可以知道凡是与速率有关的热力学宏观量都可以通过系统的速率分布函数进行计算。

例 1 计算温度在 $T=300$ K 平衡态下氧气的最概然速率、平均速率和方均根速率。

解

由于
$$\sqrt{\frac{RT}{\mu}}=\sqrt{\frac{8.31\times 300}{32\times 10^{-3}}}=279.1 \text{ m/s}$$

所以
$$v_\mathrm{P}=\sqrt{\frac{2RT}{\mu}}=1.41\sqrt{\frac{RT}{\mu}}=394 \text{ m/s}$$

$$\bar{v}=1.60\sqrt{\frac{RT}{\mu}}=447 \text{ m/s}$$

$$\sqrt{\overline{v^2}}=\sqrt{\frac{3RT}{\mu}}=1.73\sqrt{\frac{RT}{\mu}}=483 \text{ m/s}$$

例 2 由 N 个分子组成的某气体系统,其速率分布函数与速率的关系是

$$f(v)=\frac{a}{Nv_0}v \quad (0\leqslant v\leqslant v_0)$$

$$f(v)=\frac{a}{N} \quad (v_0\leqslant v\leqslant 2v_0)$$

$$f(v)=0 \quad (2v_0\leqslant v\leqslant \infty)$$

式中,a 是待定常数。

(1)画出 $f(v)$-v 关系曲线;(2)求出待定常数 a;(3)求该系统的平均速率。

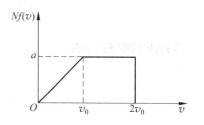

图 8.4.3　例 2 用图

解 (1) $f(v)$-v 关系曲线如图 8.4.3 所示。

(2) 由归一性质 $\int_0^\infty f(v)\mathrm{d}v=1$ 定出常数 a。

$$\int_0^\infty f(v)\mathrm{d}v=\int_0^{v_0}\frac{a}{Nv_0}v\mathrm{d}v+\int_{v_0}^{2v_0}\frac{a}{N}\mathrm{d}v=\frac{av_0}{2N}+\frac{av_0}{N}=\frac{3av_0}{2N}$$

由归一性质 $\frac{3av_0}{2N}=1$,得

$$a=\frac{2N}{3v_0}$$

这样,分布函数为
$$f(v)=\frac{2}{3v_0^2}v \quad (0\leqslant v\leqslant v_0)$$

$$f(v)=\frac{2}{3v_0} \quad (v_0\leqslant v\leqslant 2v_0)$$

$$f(v)=0 \quad (2v_0\leqslant v\leqslant \infty)$$

(3) $\bar{v}=\int_0^\infty vf(v)\mathrm{d}v=\int_0^{v_0}\frac{2v^2}{3v_0^2}\mathrm{d}v+\int_{v_0}^{2v_0}\frac{2v}{3v_0}\mathrm{d}v=\frac{11}{9}v_0$

8.4.4　玻耳兹曼粒子密度分布律

如果温度为 T 的平衡态下的理想气体处在保守场中(如处于重力场中),那么系统内粒

子数将会按势能有一分布。

由麦克斯韦速率分布函数和分析得到,麦克斯韦速度分布函数的速度分布与因子 $e^{-\frac{\varepsilon_k}{kT}}$ (ε_k 为分子的动能)有关,称 $e^{-\frac{\varepsilon_k}{kT}}$ 为速度分布因子,故有 $f(\boldsymbol{v})=C_v e^{-\frac{\varepsilon_k}{kT}}$,式中的 C_v 是其他有关的量(也包括速率)。

玻耳兹曼对比速度分布因子,指出处于保守力场中的粒子数的分布与因子 $e^{-\frac{\varepsilon_p}{kT}}$ (ε_p:分子的势能)有关,称 $e^{-\frac{\varepsilon_p}{kT}}$ 为玻耳兹曼因子。故可以将粒子的玻耳兹曼位置分布函数写成 $F(\boldsymbol{r})=C_r e^{-\frac{\varepsilon_p}{kT}}$,式中的 C_r 是其他有关的量(也包括位置矢量)。

由位置分布函数的定义

$$F(\boldsymbol{r}) = \frac{dN_r}{N dxdydz}$$

在 r 附近单位体积内的分子数(某势能附近处的分子数密度)为

$$n = \frac{dN_r}{dxdydz} = NC_r e^{-\frac{\varepsilon_p}{kT}} = C' e^{-\frac{\varepsilon_p}{kT}}$$

设势能为零处的分子数密度为 n_0,则有

$$n = n_0 e^{-\frac{\varepsilon_p}{kT}}$$

上式称为玻耳兹曼的数密度分布律。如果是重力场,则分子势能为 $\varepsilon_p = mgh$ 因而粒子数按重力势能的分布为 $n = n_0 e^{-\frac{mgh}{kT}}$。

图 8.4.4 离心机示意图

例 3 计算离心试管中粒子按径向 r 的分布。设离心机的转速为 ω,如图 8.4.4 所示。

解 在离心机里任一质点受到惯性离心力,其作用可用离心势能来描述。任意位置处离心势能为

$$\varepsilon_p = \int_r^0 \boldsymbol{f} \cdot d\boldsymbol{r} = -\int_0^r f dr = -\int_0^r m\omega^2 r dr = -\frac{1}{2}m\omega^2 r^2$$

则粒子数的径向分布关系为

$$n = n_0 e^{\frac{m\omega^2 r^2}{2kT}}$$

由上式可知,离转轴愈远粒子数密度愈大,转速愈高分离效果愈好。

通过本节的分析可知,在微观理论中,一个重要的工作是根据研究系统的具体状况给出重要微观物理量的分布函数,从而为解释宏观规律奠定基础。

8.5 平均自由程和平均碰撞次数

分子的平均碰撞频率 $\bar{z}$ (一个分子单位时间内平均被碰撞的次数)和分子的平均自由程 $\bar{\lambda}$ (一个分子在两次碰撞之间的平均路程)两个物理量可以从另一侧面描述热运动系统分子运动的剧烈程度。从而也能解释分子运动的平均速率很大但扩散又很缓慢的实验事实。

两个分子质心相距为 r 时,分子之间的相互作用力如图 8.5.1 所示,在微观上认为分子

之间的碰撞就是分子之间斥力起作用。此时将分子看作是有一定大小的弹性小球,分子的平均直径称为分子的有效直径,一般分子的有效直径为
$$d \approx 10^{-10} \text{ m}$$
在推导平均碰撞频率$\bar{z}$时,可做些合理的简化。第一,以同种分子为系统,分子的有效直径为d;第二,假设碰撞为弹性碰撞;第三,跟踪一个分子A,假设该分子相对其余分子的平均速率为$\bar{u}$。如图8.5.2所示,以有效直径d为半径的圆为底、平均速率$\bar{u}$为高的圆柱内的分子数,就是A分子在单位时间内被碰的次数,设分子数密度为n,则分子的平均碰撞频率
$$\bar{z} = \pi d^2 \bar{u} n$$

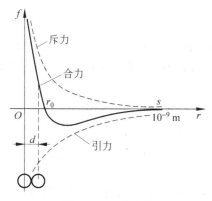

图 8.5.1 分子力

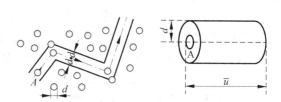

图 8.5.2 分子平均碰撞频率

将相对平均速率$\bar{u}$用分子的平均速率$\bar{v}$代替,得
$$\bar{z} = \sqrt{2}\pi d^2 \bar{v} n$$
进而可得分子平均自由程为
$$\bar{\lambda} = \frac{\bar{v}}{\bar{z}} = \frac{1}{\sqrt{2}\pi d^2 n}$$

例1 估算标准状况下分子平均碰撞频率和平均自由程

解 将$d \approx 10^{-10}$ m,$n \approx 10^{25}$,$\bar{v} = 10^2$ m/s 代入$\bar{\lambda}$和$\bar{z}$的公式,得
$$\bar{\lambda} \approx 10^{-7} \text{ m}$$
$$\bar{z} = \frac{\bar{v}}{\bar{\lambda}} \approx 10^9 /\text{s}$$

例2 直径为 5 cm 的容器内充满氮气,$d = 3.7 \times 10^{-10}$ m,内部真空度为10^{-3} Pa,计算常温下(293 K)系统平均自由程的理论计算值。

解
$$n = \frac{p}{kT} = \frac{10^{-3}}{1.38 \times 10^{-23} \times 293} = 2.47 \times 10^{17}/\text{m}^3$$
平均自由程的理论值为
$$\bar{\lambda} = \frac{1}{\sqrt{2}\pi d^2 n} = \frac{1}{\sqrt{2}\pi (3.7 \times 10^{-10})^2 \times 2.47 \times 10^{17}} = 6.66 \text{ m}$$
但容器的直径为
$$l = 5 \text{ cm} \ll \bar{\lambda} = 6.66 \text{ m}$$

这表明，在真空度极高的情况小，分子与器壁的碰撞远远高于分子之间的碰撞，故这时气体系统内部的分子平均自由程应该用容器的线度来代替。即本题情况下，分子的平均自由程应为

$$\bar{\lambda} = l = 5 \text{ cm}$$

平均碰撞频率为

$$\bar{z} = \frac{\bar{v}}{\bar{\lambda}} = \frac{\bar{v}}{l}$$

8.6 范德瓦耳斯气体方程

在解决实际气体系统的问题时，范德瓦耳斯仔细分析了理想气体模型与实际分子的差别，提出了新的模型，对理想气体的状态方程进行了合理的修正，从而给出了更接近实际气体的方程，称为范德瓦耳斯方程。

范德瓦耳斯看出，在建立理想气体状态方程时忽略了分子之间的作用力，而实际上分子之间的作用力如图 8.5.1 所示。在分子距离较近时表现为斥力作用，较远时表现为引力。故范德瓦耳斯从斥力和引力两个方面对理想气体状态方程做了修正。

1 摩尔理想气体的状态方程是

$$pv = RT$$

式中，p 和 T 均是实际测量的物理量，v 是气体分子的活动空间，由于理想气体分子被看作质点，本身不占体积，故式中的 v 就是容器的容积。

如果考虑了分子之间的斥力作用，也就是考虑了实际气体占有体积，则实际气体分子的活动空间就应比理想气体小，所以必须在 v 上减去一个量 b，这就完成了第一步的修正，方程修正为

$$p(v - b) = RT$$

通过上式得到气体压强的计算式

$$p = \frac{RT}{v - b}$$

进一步再考虑分子之间的引力作用，也就是考虑了实际气体分子之间的引力，那么上式由理想气体计算的压强就比实际压强大了，应在上式计算的压强上减掉内部分子作用的压强 p_i（称内压强），则

$$p = \frac{RT}{v - b} - p_i$$

这就初步完成了第二步的修正。

内压强 p_i 既与碰撞器壁的分子数 n 成正比；也与对碰壁的分子施力的分子数 n 成正比，即 $p_i \propto n^2$，故得

$$p_i \propto \frac{1}{v^2}$$

引入因子 a，将 p_i 写成

$$p_i = \frac{a}{v^2}$$

这就完成了第二步的修正。最终得到 1 摩尔范德瓦耳斯气体的状态方程为

$$\left(p + \frac{a}{v^2}\right)(v - b) = RT$$

范德瓦耳斯方程比较好地解释了真实气体的实验，式中的因子 a 和 b 由实验给出，见下表。

气体	$a/[\text{atm}\cdot(\text{L}\cdot\text{mol}^{-1})^2]$	$b/(\text{L}\cdot\text{mol}^{-1})$
He	0.0341	0.0234
H_2	0.247	0.0265
O_2	1.369	0.0315
N_2	1.361	0.0385
CO_2	3.643	0.0427
H_2O	5.507	0.0304

摘自赵凯华,罗蔚茵.新概念物理学教程 热学表1-5 范德瓦耳斯修正量 a,b 的实验值。

8.7 热力学第一定律

热力学第一定律从能量转换的角度总结了宏观热力学规律。

在平衡态情况下,表征热力学系统的能量是内能。如平衡态时的理想气体内能是 $E=\frac{i}{2}\nu RT$。内能是系统的状态函数,与热力学过程无关。

系统与外界可以通过两种等价的能量交换方式改变其内能。第一,令系统与外界交换热量,即外界与系统交换热量可以改变系统的内能;第二,令外界对系统做功,如汽缸中活塞的运动改变气体体积,可改变系统的内能。传热和做功均是与过程有关的物理量,谈论时必须指出过程的特征。

8.7.1 热力学第一定律

热力学第一定律给出,任一微小过程中,系统从外界吸收的热量 $\mathrm{d}Q$ 和系统内能的增量 $\mathrm{d}E$ 及系统对外界做的功 $\mathrm{d}A$ 三者的关系为

$$\mathrm{d}Q = \mathrm{d}E + \mathrm{d}A$$

如果系统初末状态均是平衡态,则热力学第一定律可表述为

$$Q = \Delta E + A$$

物质的热容量 c 定义为物质在特定过程中温度变化(可升可降)1 K 时,与外界交换(可吸可放)的热量,即

$$c = \frac{\mathrm{d}Q}{\mathrm{d}T}$$

同一物质的热容量在不同的过程中可能是正值也可能是负值,还可能是零。即热容量是过程参量。

摩尔热容量 C 定义为一摩尔的物质在特定的过程中温度变化(可升可降)1 K 时,与外界交换(可吸可放)的热量为

$$C = \frac{\mathrm{d}Q}{\mathrm{d}T}$$

常用的摩尔热容有等压摩尔热容 $C_p = \frac{\mathrm{d}Q_p}{\mathrm{d}T}$ 和等容摩尔热容 $C_V = \frac{\mathrm{d}Q_V}{\mathrm{d}T}$。

在等压或等容过程中热量的计算公式分别为

$$\Delta Q_p = \int_{T_1}^{T_2} \nu C_p dT \quad \text{和} \quad \Delta Q_V = \int_{T_1}^{T_2} \nu C_V dT$$

准静态过程中体积功的计算 若气体的热力学过程是准静态过程,则系统由于体积的变化对外做的功(体积功)为

$$A = \int_{V_1}^{V_2} p dV$$

推导如下。系统由初始的 p_1、V_1、T_1 状态经一准静态过程到达 p_2、V_2、T_2 末态。设系统任意时刻的压强和体积为 p、V,如图 8.7.1 所示。取一小面元 dS,微小过程中向外位移 dl,因微小过程是准静态过程,则系统对外施力为恒力 $\bm{f} = pdS\bm{\hat{n}}$,式中的 $\bm{\hat{n}}$ 是面元的外法线的单位矢量。故气体通过小面元向外做的功为

$$dA = \bm{f} \cdot d\bm{l} = pdS\bm{\hat{n}} \cdot d\bm{l} = pdV$$

平衡态各处压强相同,在系统从初态 p_1、V_1、T_1,经准静态过程到末态 p_2、V_2、T_2 过程中,对外做功为

$$A = \int_{V_1}^{V_2} p dV$$

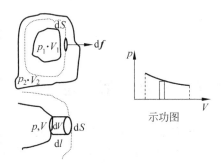

图 8.7.1

8.7.2 热力学第一定律对理想气体准静态过程的应用

理想气体从状态 p_1、V_1、T_1 经准静态过程到状态 p_2、V_2、T_2,热力学第一定律为

$$Q = \frac{i}{2}\nu R\Delta T + \int_{V_1}^{V_2} p dV$$

$$\Delta T = T_2 - T_1, \quad pV = \nu RT$$

等容过程 理想气体等容摩尔热容 C_V

等容过程的特征为 $\qquad dV = 0, \quad dA = 0$

故热力学第一定律的形式是 $\qquad Q_V = \Delta E$

由等容摩尔热容的定义有 $\qquad Q_V = \nu C_V \Delta T$

又理想气体的内能变化为 $\qquad \Delta E = \dfrac{i}{2}\nu R\Delta T$

从而得到理想气体等容摩尔热容为 $\qquad C_V = \dfrac{i}{2}R$

等压过程 理想气体等压摩尔热容 C_p

等压过程的特征为 $\qquad dp = 0$

热力学第一定律的形式为 $\qquad Q_p = \dfrac{i}{2}\nu R\Delta T + \int_{V_1}^{V_2} p dV$

由理想气体的状态方程有 $\qquad dA = pdV = \nu RdT$

故热力学第一定律的具体关系有 $\qquad \nu C_p \Delta T = \dfrac{i}{2}\nu R\Delta T + \nu R\Delta T$

从而得到理想气体的等压摩尔热容为 $\qquad C_p = \dfrac{i}{2}R + R = C_V + R$

绝热过程

绝热过程的特征是
$$dQ=0$$
代入热力学第一定律的表达式,得
$$\nu C_V dT + p dV = 0 \tag{1}$$
对理想气体状态方程两边全微分得
$$p dV + V dp = \nu R dT \tag{2}$$
联立式(1)(2)得
$$pV^\gamma = C$$
上式就是理想气体准静态绝热过程的过程方程。该式说明,在这样的过程中系统的各状态参量的关系,满足
$$p_1 V_1^\gamma = p_2 V_2^\gamma = \cdots = pV^\gamma$$
通过理想气体状态方程,上述过程方程也可写成
$$T_1 V_1^{\gamma-1} = T_2 V_2^{\gamma-1} = \cdots = TV^{\gamma-1}$$
式中,$\gamma = \dfrac{C_p}{C_V}$ 称为比热容(比)。

绝热过程的特点是:系统状态的改变完全由系统对外做功来决定。即
$$\Delta E + A = 0$$
或
$$\Delta E = -A = -\nu C_V \Delta T$$
理想气体绝热过程曲线和等温线的关系如图 8.7.2 所示。

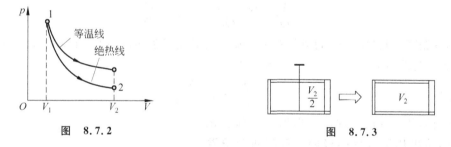

图 8.7.2　　　　　　　　　　图 8.7.3

8.7.3　自由膨胀

如图 8.7.3 所示,气体在汽缸中被活塞隔离在一侧,而活塞的另一侧是真空。如果将活塞迅速拔出,则气体就会迅速冲满整个汽缸,这就是自由膨胀过程。自由膨胀过程可认为是绝热过程,但不是准静态过程。故 $Q=0$,又过程中系统对外做功 $A=0$,由热力学第一定律知
$$\Delta E = 0$$
如果系统内是理想气体,则系统初末状态的温度相同;如果不是理想气体,则初末态的温度就可能改变。

8.7.4　循环过程　卡诺循环

系统从初始状态出发,经过一个过程后又回到初态,这样的过程叫循环过程。如图 8.7.4 所示。从能量的角度看,由于内能是状态参量,所以循环过程中
$$\Delta E = 0$$

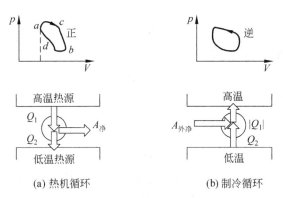

(a) 热机循环　　　　　(b) 制冷循环

图 8.7.4

循环过程分热机循环(正循环)和制冷循环(逆循环)。

热机循环　其目的是使系统从外界吸收热量而对外做功。如图 8.7.4(a)所示，系统在 $a\text{-}c\text{-}b$ 过程从外界吸热 Q_1，对外做功 A_1；在 $b\text{-}d\text{-}a$ 过程外界对系统做功 A_2，同时系统向外界放热 Q_2，由 $\Delta E=0$，得

$$Q_1+Q_2=A_1+A_2$$

即循环过程中系统的净吸热等于净做功。

热机效率为

$$\eta=\frac{A_\text{净}}{Q_1}=\frac{Q_1-|Q_2|}{Q_1}=1-\frac{|Q_2|}{Q_1}$$

制冷循环　其目的是通过外界对系统做功，来降低低温热源温度的循环。如图 8.7.4(b) 所示，能量关系仍是

$$Q_1+Q_2=A_1+A_2$$

制冷系数为

$$w=\frac{Q_2}{A_\text{净}}=\frac{Q_2}{Q_1-|Q_2|}$$

卡诺循环　卡诺从理论上提出一个理想化的循环，给出热机效率的极限。**只与两个恒温热源交换热量的准静态无摩擦的循环是卡诺循环**。在理论上就是由两个等温过程和两个绝热过程构成的循环，如图 8.7.5 所示。我们以理想气体为热机的工作物质，证明卡诺热机的效率。

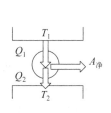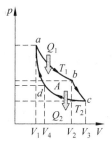

图 8.7.5

$a\to b$ 过程，等温吸热，$Q_1=\nu R T_1\ln\dfrac{V_2}{V_1}$

$c\to d$ 过程，等温放热，$|Q_2|=\nu R T_2\ln\dfrac{V_3}{V_4}$

$b\to c$ 过程，绝热膨胀，过程方程 $T_1V_2^{\gamma-1}=T_2V_3^{\gamma-1}$

$d\to a$ 过程，绝热压缩，过程方程 $T_1V_1^{\gamma-1}=T_2V_4^{\gamma-1}$

由两个绝热过程方程可得循环的闭合条件是

$$\frac{V_3}{V_4}=\frac{V_2}{V_1}$$

卡诺热机效率为

$$\eta_C = \frac{A_净}{Q_1} = 1 - \frac{|Q_2|}{Q_1} = 1 - \frac{T_2}{T_1}$$

卡诺循环的效率与工作物质无关。卡诺给出提高热机效率的两个途径：提高高温热源的温度或降低低温热源的温度。当然提高高温热源温度更加实际。

同样方法可以证明卡诺制冷机的制冷系数为

$$w_C = \frac{Q_2}{A_净} = \frac{Q_2}{Q_1 - |Q_2|} = \frac{T_2}{T_1 - T_2}$$

8.8 热力学第二定律

8.8.1 自然过程的不可逆性

可逆过程与不可逆过程 一个系统经历一个过程 P 从状态 1 变化到状态 2。

如果存在一个过程能使系统从状态 2 还原到状态 1，与此同时也使外界完全复原，那么我们就说原过程 P 是可逆过程；否则原过程 P 就是不可逆过程。

自然过程就是一种不需外界任何帮助的自发过程。如热量可以自动地从高温热源传到低温热源，这是一种自然过程。这个过程可以自发进行，而反过来就不可能自发进行，必须有外界的帮助。这说明热传导过程是一个不可逆过程，或说热传导过程有明显的方向性。

说明自然过程方向性的定律就是热力学第二定律。

8.8.2 热力学第二定律的宏观表述

开尔文表述 单热源的热机是不可能造成的(即第二类永动机是不可能造成的)。开氏表述说明了功变热的不可逆性。

克劳修斯表述 热量不会自动地从低温热源传到高温热源。克氏表述说明了热传导的不可逆性。

8.8.3 热力学第二定律的微观解释

宏观态和微观态 我们先分析一个假想实验。为了简化，假设容器中有四个分子(热力学系统必须是大量分子)，考察四个分子在容器的左右两部分分布的状况。可观察到五种宏观态，第一种是四个分子全在右半部；第二种是左半部有一个分子，右半部有三个分子；第三种是左右各有两个分子；第四种是右半部三个分子，左半部一个分子；第五种是四个分子全在左半部，如图 8.8.1 所示。但微观上必须将四个分子作出标记，记为 $a\,b\,c\,d$，每一个分子的行为都会对宏观态有作用。对应第一种宏观态，当然是 $a\,b\,c\,d$ 四个分子全在右半部，只有一种微观态；对应第二种宏观态，左半部一个分子可以分别是 a，是 b，是 c，也可以是 d，即有四种微观态；对第三种宏观态，左右两部分分子数相同，按排列组合，有六种微观态；同样分析，知第四种宏观态对应四种微观态，第五种宏观态对应一种微观态，如图 8.8.2 所示。

图 8.8.1　　　　　　　　　　　　　　　图 8.8.2

热力学概率　热力学第二定律是一个统计规律　通过上述分析,可以得出结论:(1)一种宏观态可以对应多种微观态。(2)按孤立系中微观态等概率的假设,微观态数目多的宏观态容易出现,所以分子数密度处处相同的宏观态最易出现。将四个分子扩展到大量(N 个),即一系列的宏观态中最容易出现的状态就是平衡态。(3)如果将容器用隔板分成左右两部分,先令右边充满气体,左边是真空(对应第一种宏观态,微观态数目是 1)。然后将隔板抽出,气体就将充满整个空间,最终会达到平衡态(对应第三种宏观态,微观态数目最多)。这是一个自由膨胀的过程,是一个自然过程。从而我们得出的第三个结论是:自然过程是从微观态数目少的宏观态向微观态数目多的宏观态方向进行。我们令每种宏观态对应的微观态数目叫热力学概率 Ω,则知自然过程的方向是从热力学概率小的宏观态向热力学概率大的宏观态方向进行。从而解释了自然过程的不可逆性。热力学第二定律是一个统计规律。

8.8.4　熵增加原理

热力学概率 Ω 是系统某个宏观态时的状态参量,它反映了系统的紊乱程度。反映系统紊乱程度的宏观状态量是熵。玻耳兹曼的熵定义是

$$S = k \ln \Omega$$

按照孤立系中自然过程的方向是从热力学概率小的宏观态向热力学概率大的宏观态方向进行的实验事实,可以得出孤立系中自然过程的初始态熵 S_1 一定小于末态的熵 S_2,故有

$$\Delta S = S_2 - S_1 > 0$$

若将理想的可逆过程包含到上式中,则有

$$\Delta S = S_2 - S_1 \geqslant 0$$

这就是熵增加原理。原理表述为,**在孤立系统中进行的热力学过程熵永不减少**。可以认为熵增加原理是孤立系统中热力学第二定律的数学表述。

8.8.5　克劳修斯熵公式

克劳修斯从热力学温标出发总结出了熵与热量的关系。从而为宏观上熵的计算提供了方法。对于可逆循环,有克劳修斯等式

$$\oint_r \frac{\mathrm{d}Q_r}{T} = 0$$

上式表明,对于任何物质,热温比 $\dfrac{\mathrm{d}Q}{T}$ 沿任意可逆循环的积分为零。这就是说,在微小的过程中系统的熵差 $\mathrm{d}S$ 就等于连接始末状态的任意可逆过程中的热温比 $\dfrac{\mathrm{d}Q_r}{T}$,即

$$dS = \frac{dQ_r}{T}$$

则两状态的熵差

$$\Delta S = S_2 - S_1 = \int_{(1)}^{(2)} dS = \int_{(1)r}^{(2)} \frac{dQ_r}{T}$$

由可逆过程中的热力学第一定律

$$dQ_r = dE + pdV = TdS$$

得到

$$dS = \frac{dE + pdV}{T}$$

上式称为热力学基本方程,是宏观上计算熵变的基本关系式。

如果是理想气体系统,将状态方程 $pV=\nu RT$ 和理想气体内能变化 $dE=\nu C_V dT$ 代入热力学基本方程,就得理想气体熵变的计算公式

$$dS = \frac{dE + pdV}{T} = \frac{\nu C_V dT}{T} + \frac{\nu R dV}{V}$$

$$\Delta S = \int_{T_1}^{T_2} \frac{\nu C_V dT}{T} + \int_{V_1}^{V_2} \frac{\nu R dV}{V} = \nu C_V \ln \frac{T_2}{T_1} + \nu R \ln \frac{V_2}{V_1}$$

如果是理想气体等温可逆过程,则 $T_1 = T_2$,$\Delta S = \nu R \ln \frac{V_2}{V_1}$;

如果是理想气体等容可逆过程,则 $V_1 = V_2$,$\Delta S = \nu C_V \ln \frac{T_2}{T_1}$;

如果是理想气体绝热可逆过程,则 $dQ=0$,$\Delta S=0$ 等熵过程;

如果是理想气体自由膨胀,则设计一个等温可逆过程连接自由膨胀的初末态,则

$$\Delta S = \nu R \ln \frac{V_2}{V_1} > 0$$

故自由膨胀是一个熵增过程,是不可逆过程。

习 题

8-1 计算 $T=300$ K,$p=1$ atm 状况下分子的数密度。

8-2 计算标准状况下氢气的方均根速率。

8-3 若使氢气和氦气的平均平动动能相同,只需要满足什么样的宏观条件?

8-4 计算 $T=300$ K 时 1 摩尔氢气和 1 摩尔氦气的内能。

8-5 分子动理论的理想气体压强公式 $p = \frac{2}{3} n \bar{\varepsilon}_t$ 表明,通过增加分子的数密度和每个分子的平均平动动能这两个途径可以增大宏观压强。试从微观图像上说明这两个因素为什么会增加压强?

8-6 某孤立系统总质量为 M,系统相对地面静止时测量的温度值为 T,求该系统相对地面以速度 V 匀速运动时系统的温度值。

8-7 正确表述下列各式的物理意义。

$$\frac{1}{2}kT, \quad \frac{3}{2}kT, \quad \frac{i}{2}RT, \quad \frac{i}{2}\nu RT$$

8-8 正确表述下列各式的物理含义。

(1) $Nf(v)\mathrm{d}v$;　　　(2) $f(v)\mathrm{d}v$;　　　(3) $\dfrac{\int_{v_1}^{v_2} vf(v)\mathrm{d}v}{\int_{v_1}^{v_2} f(v)\mathrm{d}v}$;

(4) $f(v)=4\pi\left(\dfrac{m}{2\pi kT}\right)^{\frac{3}{2}}v^2 \mathrm{e}^{-\frac{mv^2}{2kT}}$;　　　(5) $f(\boldsymbol{r},\boldsymbol{v})$

8-9 金属自由电子模型给出,金属中的价电子是无相互作用的自由电子。某种条件下,自由电子的速度可表示为速度空间的一个费米球,球的半径为 v_F,称为费米速率(与金属种类有关)。这说明电子速率状态处于费米球外的概率为零,处于球内的概率密度(单位体积概率)是常数 D。(1)写出自由电子速率分布函数;(2)求出系统的平均速率和方均根速率。

8-10 质量为 M 的气体系统,由状态 $1(p_1,V_1,T_1)$ 经等容过程变化到状态 $2(p_2,V_1,2T_1)$,求状态 1 和 2 的平均自由程之比。

8-11 求水蒸气分解为氢气和氧气(设等温过程)后,系统内能增加的百分比。

8-12 1摩尔刚性理想气体的内能公式 $E_0=\dfrac{i}{2}RT$ 是从能量均分原理出发推导出来的。试仿照上述推导过程,推导 1 摩尔一般的理想气体(即不一定是刚性分子)的内能公式。

8-13 一汽缸内储有 10 摩尔的单原子理想气体,在压缩过程中外力做功 209 J,气体温度升高 1 K,求此过程中气体的摩尔热容。

8-14 卡诺热机在 1000 K 和 300 K 的两热源之间工作,求:(1)循环效率;(2)若单独将高温热源温度提高到 1100 K,热机效率提高多少?(3)若单独将低温热源温度降到 200 K,热机效率增加了多少?

8-15 1摩尔双原子理想气体从初状态 $V_1=20$ L, $T_1=300$ K 经热力学过程到达末状态 $V_2=40$ L, $T_2=300$ K,试设计可逆过程求上述过程的熵变。

8-16 温度为 100℃、质量为 180 g 的一杯水置于 27℃ 的空气中冷却,达到平衡。求:(1)水的熵变;(2)空气的熵变;(3)总熵变。

8-17 试画出卡诺热机的温熵图(T-S 关系曲线)。

8-18 (1)试利用温熵图证明卡诺热机的效率是 $\eta_C=1-\dfrac{T_2}{T_1}$,$T_2$ 和 T_1 分别是卡诺热机的低温热源和高温热源的温度。(2)若任意一个可逆热机循环过程中经历的最高热源的温度是 T_1,经历的最低热源的温度是 T_2,最大熵值和最小熵值等于上述卡诺热机的熵值,试在(1)的温熵图上画出此卡诺热机的温熵图。(3)利用温熵图证明(2)中的可逆热机的效率一定小于(1)中的卡诺热机的效率。

8-19 阅读《新概念物理教程:热学》并写读后感(赵凯华等著.北京:高等教育出版社,2005)。

8-20 阅读《科学家谈物理——谈谈熵》(陈宜生,刘书声著.长沙:湖南教育出版社,1994)。

8-21 阅读第一推动力丛书:《细胞生命的礼赞》(刘易斯·托马斯著(美).李绍明译.长沙:湖南科学技术出版社,1995)。

第9章

量子物理基础

诺贝尔物理学奖获得者杨振宁先生说过,20 世纪初发生了三次概念上的革命,他们深刻地改变了人们对物理世界的了解,这就是狭义相对论、广义相对论和量子力学。

相对论给了人们崭新的时空概念,量子物理使人们更加深入地认识了物质世界。

人们在追逐光的本质的过程中逐步建立了量子理论。

9.1 量子概念的形成

9.1.1 黑体辐射 普朗克的能量子假说

由于分子的热运动导致物体辐射电磁波的现象称为热辐射。实验表明,任何物体在任何温度下都会辐射波长连续分布的电磁波。

描述热辐射的主要物理量是单色辐出度和总辐出度。

在单位时间内从物体单位表面向前方半球发出的在波长 λ 附近单位波长间隔内的电磁波的能量,叫做单色辐出度

$$M_\lambda = \frac{dE}{d\lambda}$$

单色辐出度也叫单色辐射本领,它不仅与温度和波长有关,还与物质的种类及物体表面状况有关。

在单位时间内从物体单位表面向前方半球发出的电磁波的总能量,叫做总辐出度,也叫总辐射本领。按照定义知总辐出度和单色辐出度的关系是

$$M(T) = \int_0^\infty M_\lambda d\lambda$$

当物体的温度恒定时,物体所吸收的能量等于在同一时间内辐射的能量,这时的辐射就是平衡热辐射。当然,有意义的是研究平衡热辐射。

如果一个物体能将入射其上的各种波长的电磁波全部吸收而不反射和透射,那么这个物体就称为黑体。基尔霍夫指出,黑体的单色辐出度和总辐出度与辐射物本身无关,所以黑体就是研究热辐射的理想模型。一个密闭的空腔壁上的小孔就是一个黑体,如图 9.1.1 所示。炼钢炉上的小探测孔就可视为黑体。当电磁波射入小孔后,在空腔内壁上经过多次反射,由于小孔的面积远远小于腔内壁的面积,使得入射的电磁波能量几乎全部被腔壁吸收。因此,空腔上的小孔就可看作黑体,而空腔中通过小孔向外的电磁辐

射就是黑体辐射。

在恒定温度下,黑体的单色辐出度按波长分布的实验曲线如图 9.1.2 所示。

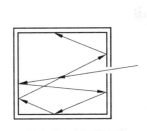

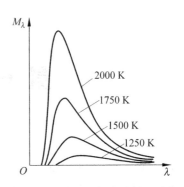

图 9.1.1 空腔小孔　　　　图 9.1.2 黑体单色辐出度的实验曲线

物理学家维恩、斯特藩和玻耳兹曼通过总结实验数据并进行了理论分析,给出了黑体辐射的一些规律。维恩位移定律给出了辐射光谱中辐射最强的波长(称峰值波长)λ_m 与黑体热平衡温度 T 之间的关系是

$$\lambda_m T = b$$
$$b = 2.897756 \times 10^{-3} \text{ m·K}$$

斯特藩-玻耳兹曼定律给出了总辐射本领与平衡温度的关系是

$$M(T) = \sigma T^4, \quad \sigma = 5.67 \times 10^{-8} \text{ W/m}^2 \cdot \text{K}^4$$

上述两个实验规律在遥感和红外探测中有着重要的应用,也可以用来估算高温物体表面的温度,如估算太阳表面的温度,利用维恩位移关系可制作高温比色测温仪。

为了解释上述的实验结果,经典物理学遇到了无法逾越的困难。维恩从经典热力学理论出发,结合实验数据给出了一个维恩公式,但该公式只能解释短波方向的实验数据。瑞利和金斯从经典电动力学和统计物理出发给出了一个瑞利-金斯公式,该公式在长波方向与实验结果符合得很好,但在趋于短波方向时得到了无限大的辐出度,这在物理上是不允许的,故称为"紫外灾难"。紫外灾难揭示了经典物理的局限性,物理学家必须尽快加以解决。

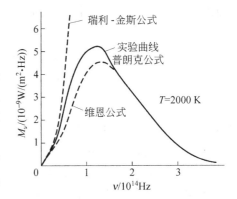

普朗克认真分析了维恩和瑞利-金斯的公式,首先用数学上的内插法将两个公式拟和为一个公式,使其在长波方向可发展为瑞利-金斯的公式,在短波方向可发展到维恩公式,从而使其在全波段完全与实验曲线吻合,很好地解释了实验结果。普朗克不满足于此,一定要不惜任何代价找到一个理论根据。这个代价就是冲破了经典的能量连续的概念,提出了著名的"能量子假说"。他指出,物质发射或吸收电磁波时,交换的能量最小单位

图 9.1.3 理论与实验的比较

是一个"能量子"的能量,其值为 $\varepsilon = h\nu$,从而从理论上给出了黑体辐射公式

$$M_\nu(T) = \frac{2\pi h}{c^2} \frac{\nu^3}{e^{\frac{h\nu}{kT}} - 1}, \quad h = 6.55 \times 10^{-34} \text{ J·s}$$

9.1.2 光电效应 爱因斯坦的光量子假说

光照射某些金属表面时释放出电子的现象叫光电效应。光电效应的实验装置如图 9.1.4 所示。

实验规律可总结为：①在确定的光强照射下，电压增加到某个值时，光电子的数目趋于饱和，即存在饱和电流 i_m，光强愈强饱和电流的值也愈大。②当电压降到零时，光电流却不为零，直至反向电压降到某一值 U_a 时光电流才为零，即存在遏止电压。③发生光电效应存在一个最小频率，无论光多弱，只要入射光的频率超过这个最小频率就会发出光电子；无论光多强，入射光频率低于这个最小频率，就不会发生光电效应。这个最小频率叫截止频率，也叫光电效应的红限频率 ν_0。④光电效应是瞬间发生的，即弛豫时间为零。

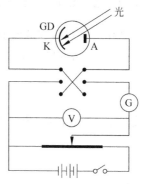

图 9.1.4 光电效应实验装置

在解释光电效应时，经典理论同样遇到了困难。为此爱因斯坦提出了光量子假说，指出电磁辐射是由局限于空间某一小范围的光量子（后称光子）组成，每个光量子的能量是 $\varepsilon = h\nu$。光强就是单位时间打到单位面积上的光子的总能量，即 $I = Nh\nu$，N 叫光子流密度。爱因斯坦指出，一个光子将全部能量 $h\nu$ 交给了物质中的一个电子，电子将克服金属对它的束缚（克服逸出功 A）而从金属中逸出。由能量关系可得光电效应方程

$$\frac{1}{2}mv_m^2 = h\nu - A$$

方程式的左端为电子的最大动能。

该方程解释了光电效应的全部实验规律。由此方程可得物质的红限频率 $\nu_0 = \dfrac{A}{h}$，遏止电压做功等于最大动能

$$eU_a = \frac{1}{2}mv_m^2$$

表 9.1.1 给出了一些金属材料的相关参数。

表 9.1.1 金属材料的相关参数

金属	红限频率/10^{14} Hz	红限波长/Å	逸出功/eV
铯 Cs	4.8	6520	1.9
钛 Ti	9.9	3030	4.1
汞 Ag	10.9	2750	4.5
金 Au	11.6	2580	4.8
钯 Pd	12.1	2480	5.0

光子的假说向我们揭示了光的粒子性质，电磁波的空间传播向我们揭示了光的波动性质。光在与物质的相互作用和发射中表现了明显的粒子性，即能量的完整性；在传播中又表现了明显的波动性，重要的事实说明光的本性既是粒子又是波动，具有波粒二象性。光的能

量是 $\varepsilon = h\nu$,质量是 $m = \dfrac{h\nu}{c}$,动量是 $p = mc = \dfrac{h}{\lambda}$,在运动方向上的角动量 $J = \pm\hbar\left(\hbar = \dfrac{h}{2\pi}\right)$。

物理学家康普顿利用光子假说成功地解释了他完成的康普顿散射的实验结果。

9.1.3 氢光谱 玻尔的量子论

巴耳末将观察到的氢原子线状光谱中的可见光的波长(见图 9.1.5)归纳成一个波长计算公式,即著名的巴耳末公式

$$\lambda = B\frac{n^2}{n^2 - 4} \quad (n = 3, 4, 5, 6)$$

用波数 $\sigma = \dfrac{1}{\lambda}$ 来表示,形式为

$$\sigma = R\left(\frac{1}{2^2} - \frac{1}{n^2}\right) \quad (n = 3, 4, 5, 6)$$

$R = \dfrac{4}{B} = 1.096\,776 \times 10^7 \text{ m}^{-1}$ 称里德伯常量。随后又逐步发现氢光谱的其他谱线,人们就将巴耳末的公式加以推广,可以计算所有的氢光谱谱线的波长。广义的巴耳末公式是

$$\sigma = R\left(\frac{1}{m^2} - \frac{1}{n^2}\right) \quad (m = 1, 2, 3, \cdots; n = m+1, m+2, \cdots)$$

当 $m = 1, n \geqslant 2$ 时,光谱波段在紫外区域,称 Lyman series(赖曼系);

当 $m = 2, n \geqslant 3$ 时,光谱波段在可见区域,称 Balmer series(巴耳末系);

当 $m = 3, n \geqslant 4$ 时,光谱波段在红外区域,称 Paschen series(帕邢系);等等。

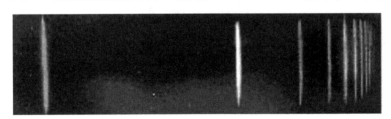

图 9.1.5 巴耳末光谱

理论既要解释为什么原子光谱是线状的,又要解释为什么原子发射了电磁波后仍然是稳定的。经典物理理论又一次无能为力。

玻尔对原子结构提出了三点假设,揭示了巴耳末公式之谜,为量子力学的建立奠定了基础。

第一个假设:**定态假设** 指出,原子系统只能处在一系列的不连续的能量状态,这些状态称为原子系统的稳定状态,简称定态。相应的能量分别记为 $E_1, E_2, E_3, \cdots (E_1 < E_2 < E_3 < \cdots)$。

第二个假设:**跃迁假设** 指出,当原子从一个能量为 E_n 的定态跃迁到另一个能量为 E_m 的定态时发射(或吸收)一个频率为 ν 的光子,频率条件是

$$h\nu = E_n - E_m$$

第三个假设:**角动量量子化假设** 指出,原子处在定态时,角动量取值量子化,量子化条件是

$$L = n\hbar \quad (n=1,2,3,\cdots), \quad \hbar = \frac{h}{2\pi}$$

玻尔根据三条假设求出了氢原子的定态能量公式,即能级公式

$$E_n = -\frac{m_e e^4}{8\varepsilon_0^2 h^2}\frac{1}{n^2} \quad (n=1,2,3,\cdots)$$

进而得到氢原子光谱线的波数公式

$$\sigma = \frac{E_n - E_m}{hc} = R_0\left(\frac{1}{m^2} - \frac{1}{n^2}\right), \quad R_0 = \frac{m_e e^4}{8\varepsilon_0^2 h^3 c} = 1.097\,373\,153\,4 \times 10^7 \text{ m}^{-1}$$

当 $m=1, n\geq 2$ 时,所有高能态的电子跃迁到基态 E_1,构成了赖曼系;

当 $m=2, n\geq 3$ 时,所有高能态的电子跃迁到第一激发态 E_2,构成了巴耳末系;当 $m=3, n\geq 4$ 时,所有高能态的电子跃迁到第二激发态 E_3,则构成了帕邢系;等等,如图 9.1.6 所示。

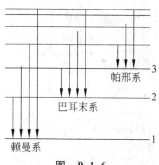

图 9.1.6

夫兰克-赫兹实验利用简洁的物理构思漂亮地验证了玻尔的能级分立的假设(即定态假设)。实验中利用电子碰撞基态水银原子。若原子能量是分立的,那么电子损失能量也应该是分立的。如果电子的能量不足以使基态水银原子跃迁到第一激发态,那么电子碰撞该原子时就不会损失能量;若电子能量等于或大于水银原子的跃迁能量的话,电子就会损失能量而减速。收集电子观察电流的变化就可以显示电子能量的损失。图 9.1.7 是夫兰克-赫兹实验装置简图,实验中调节电压 U_0 使其单调上升,实验发现,电流下降对应的相邻电压值为 4.9 V,如图 9.1.8 所示,说明水银原子的基态和第一激发态的能量差为 $E_2 - E_1 = 4.9$ eV,证明了能级的分立。再检测实验中发光的频率进而可证明玻尔的跃迁假设。

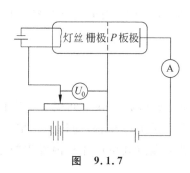

图 9.1.7

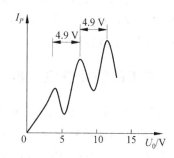

图 9.1.8 夫兰克-赫兹实验结果

9.2 量子力学的基本原理

9.2.1 德布罗意波 实物粒子的波粒二象性

德布罗意从自然界的对称性出发,思考人们认识光的波粒二象性的过程,指出我们首先认识的是光的波动性质,后认识了光的粒子性质;那么以往我们认为电子是粒子,是否电子

也具有波动性呢？于是提出了大胆的假设，指出一个动量为 p 的电子具有波粒二象性，其波长是 $\lambda = \dfrac{h}{p}$，后人将其推广至所有的实物粒子均具有波粒二象性，称为德布罗意波假设。与粒子相连的波叫物质波，或叫德布罗意波，$\lambda = \dfrac{h}{p}$ 叫德布罗意波长。对于非相对论电子，其在 V 伏电压的加速情况下，波长 $\lambda = \dfrac{h}{p} = \dfrac{h}{\sqrt{2mE}} = \dfrac{h}{\sqrt{2meV}} = \dfrac{12.25}{\sqrt{V}}(\text{Å})$。

若 $V = 100$ 伏，则 $\lambda = 1.225$ Å，在 X 射线波段范围内。

图 9.2.1

首次证实电子波动性的实验是戴维孙和革末的镍单晶衍射实验。随着测量技术的不断发展证明实物粒子（原子、分子、质子、中子）波动性的实验举不胜举。如 1961 年约恩孙的电子单缝、双缝和多缝衍射实验。1930 年斯特恩用氟化锂对 H_2 和 He 分子散射实验，发现 He 分子在 290 K 时散射的极大值与 H_2 分子在 580 K 时的极大值出现在同一个角度，这说明在这两种情况下，H_2 和 He 的波长相同。按非相对论情况，粒子动量 $p = \sqrt{2mE}$，由麦克斯韦分布，粒子最大能量概率正比于 kT，于是有 $E = c'kT$，最大能量对应的波长 $\lambda = \dfrac{h}{\sqrt{cmT}}$，因为 $m_{\text{He}} = 2m_{H_2}$，$T_{H_2} = 2T_{\text{He}}$，故有 $\lambda_{\text{He}} = \lambda_{H_2}$。多么完美的结果！

图 9.2.1 是中子波动性的实验结果。

波粒二象性说明实物粒子既具有波动性质，又具有粒子性质。所谓粒子性是指其整体性，但不是经典概念上的粒子，不再有轨道的概念；所谓波动性是指其具有可叠加性，但又不是经典概念的波，不代表实在物理量的波动。有时会凸显波动性，有时会凸显粒子性，两种性质存在于同一个客体中。

9.2.2 玻恩的统计假设　概率波

玻恩假设，物质波不代表实在的物理量的波动，而是刻画粒子在空间概率分布的概率波。描述物质波的波函数 $\Psi(r,t)$ 是粒子在空间概率分布的概率振幅，简称概率幅；概率幅的平方 $|\Psi(r,t)|^2 = \Psi(r,t)\Psi^*(r,t)$ 代表 t 时刻在位置 r 端点处单位体积内发现粒子的概率，称概率密度。

波函数 $\Psi(r,t)$ 必须满足物理的要求，通常被称为波函数的四个标准化条件或四个基本性质。根据波函数的统计性，波函数必须具有有限性、归一性、单值性和连续性。

波函数的有限性：就是要求在空间任何有限的体积元中找到粒子的概率必须是有限的值。

波函数的归一性：根据波函数的统计解释，在空间各点的概率总和必须为 1，即

$$\int_{\Omega\text{-全空间}} |\Psi(r,t)|^2 dV = 1$$

波函数的单值性：要求波函数单值就是保证概率密度在任何时刻都是确定的。

波函数的连续性：在势场有限的条件下，波函数及其一阶导数连续。

自由粒子的波函数　粒子在不受任何形式力的作用下运动，则能量和动量都不会改变。即 $\nu=\dfrac{E}{h},\lambda=\dfrac{h}{p}$ 都不变，故所谓自由粒子就是单色波。类比经典单色波的表达式可以写出沿 x 轴正方向运动的自由粒子的波函数是

$$\Psi(x,t)=\Psi_0 e^{-i2\pi\left(\nu t-\frac{x}{\lambda}\right)}=\Psi_0 e^{-\frac{i}{\hbar}(Et-px)}$$

该波函数反映了粒子的波粒二象性。

波函数既要反映粒子的波动性又要反映其粒子性，可以通过波动方程解出。

9.2.3　不确定关系　力学量的统计不确定性

海森堡（W. Heisenberg）提出了微观粒子运动的基本规律，其中关于动量和坐标的关系是 $\Delta p_x\Delta x\geqslant\dfrac{\hbar}{2},\Delta p_y\Delta y\geqslant\dfrac{\hbar}{2},\Delta p_z\Delta z\geqslant\dfrac{\hbar}{2}$，这说明，粒子在客观上不能同时具有确定的位置坐标和相应的动量，这些关系被称为不确定关系。

比如用波粒二象性概念分析光的单缝衍射实验现象，就可得到上述关系。设有一束动量为 p 的光子通过宽度为 a 的狭缝时，其 x 方向位置范围（x 坐标）的不确定范围 $\Delta x=a$，由于衍射的缘故，光子动量的大小虽未变化，但动量的方向有了改变。由图 9.2.2 可以看到，假设粒子均打在中央明区（75% 的粒子在中央），即认为光子最远打在单缝衍射的第一级极小处，故光子在 x 方向动量的不确定范围为

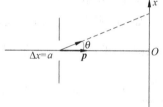

图 9.2.2　光子的单缝衍射

$$\Delta p_x=p\sin\theta_1$$

动量与波长的关系为

$$p=\dfrac{h}{\lambda}$$

且单缝衍射第一级极小

$$\sin\theta_1=\dfrac{\lambda}{a}$$

得

$$\Delta x\Delta p_x=a\cdot p\sin\theta_1=a\cdot\dfrac{h}{\lambda}\cdot\dfrac{\lambda}{a}=h$$

若把衍射图样其余级次的明纹考虑在内，上式应改写成

$$\Delta x\Delta p_x\geqslant h$$

不确定性关系由微观粒子的固有属性决定，是微观粒子具有波粒二象性的表现，与仪器精度和测量方法的缺陷无关。

必须强调的是，作用量子 h 是一个极小的量，其数量级仅为 10^{-34}，所以不确定性关系在宏观领域就不明显了，故只对微观粒子有明显表现。

利用光的波粒二象性概念，我们很容易理解光的相干长度和谱线宽度的关系。设一列沿 x 轴传播的波列，波列长度 Δx 就是相干长度 δ_0，即 $\delta_0=\Delta x=\dfrac{\lambda^2}{\Delta\lambda}$，这就是光子的活动范围；由德布罗意波长关系 $p_x=\dfrac{h}{\lambda}$，可得 $\Delta p_x=\dfrac{h}{\lambda^2}\Delta\lambda$，这说明光波的谱线宽度 $\Delta\lambda$ 对应着光子

动量的变化。进而有
$$\Delta x \Delta p = \frac{\lambda^2}{\Delta \lambda} \cdot \frac{h}{\lambda^2} \Delta \lambda = h$$

若想获得单色光，即要求 $\Delta \lambda = 0$，那就是要求 $\Delta p_x = 0$，由不确定关系就是令 $\Delta x \to \infty$，这只能是理想的波，实际不存在。而实际的波是有限长度的波列，即 Δx 有限，那么 Δp_x 就有限，也就意味着 $\Delta \lambda$ 的存在。这就说明实际的波必然存在谱线宽度。

如 He-Ne 激光器，$\lambda = 0.6328$ μm，谱线宽度 $\Delta \lambda = 10^{-9}$ nm，沿 x 方向传播，由不确定关系就可求出相应的光子的波列长度

$$\Delta x = \frac{\hbar}{2\Delta p_x} = \frac{\lambda^2}{4\pi \Delta \lambda} = \frac{(0.6328 \times 10^3)^2}{4\pi \times 10^{-9}} = 32 \text{ km}$$

即 He-Ne 激光的相干长度是 32 km。

能量和时间也是一对不能同时取确定值的物理量，不确定关系是 $\Delta E \Delta t \geqslant \frac{\hbar}{2}$；力学量的这种不确定关系的一般表达是：$\Delta p \Delta q \geqslant \frac{\hbar}{2}$。

例 1 利用不确定关系可得出轨道概念对微观粒子的行为已失去作用。

如：说明原子中电子的运动不存在"轨道"。设原子的线度 $\Delta r \approx 10^{-10}$ m，这就是电子活动的范围，即坐标的不确定量；由不确定关系得 $\Delta p \geqslant \frac{\hbar}{2\Delta r}$，进而得速度的不确定量 $\Delta v = \frac{\Delta p}{m} \geqslant \frac{\hbar}{2m\Delta r} = 6 \times 10^5$ m/s。若电子的动能是 $E_k = 10$ eV，则其运动的速度是 $v = \sqrt{\frac{2E}{m}} = 10^6$ m/s $\approx \Delta v$。这个结果说明速度物理量本身和其不确定值量级相当，无法说明粒子准确的运动轨迹。故无轨道概念，代之的将是电子云的概念。

此例又告诉我们，由于物理量的不确定量和物理量本身同量级，故可利用不确定关系估算一些物理量的量级，如利用 $p_x x = \frac{\hbar}{2}$，估算最小动量、最小能量。

例 2 已知一维空间活动的质量是 m 的非相对论粒子，活动范围是 $\Delta x = a$，试用不确定关系估算粒子最小能量。

解 由不确定关系 $\Delta x \Delta p_x \geqslant h$ 得最小动量 $p \approx \Delta p = \frac{h}{\Delta x} = \frac{h}{a}$，粒子的最小能量

$$E = \frac{p^2}{2m} = \frac{1}{2m}\left(\frac{h}{a}\right)^2 = \frac{h^2}{2ma^2}$$

9.2.4 薛定谔方程

薛定谔给出非相对论自由粒子波函数满足的波动方程是

$$i\hbar \frac{\partial}{\partial t}\Psi(x,t) = -\frac{\hbar^2}{2m}\frac{\partial^2}{\partial x^2}\Psi(x,t)$$

上述薛定谔方程是量子力学的基本假设之一，地位相当于经典物理中的牛顿定律。

与薛定谔方程相连的另一个重要假设是力学量的算符假设。该假设指出，量子力学中有经典对应的力学量仍可写成坐标和动量的函数，只是动量和坐标必须用算符代替

$$\boldsymbol{p} \to \hat{\boldsymbol{p}} = -i\hbar\left(\frac{\partial}{\partial x}\hat{x} + \frac{\partial}{\partial y}\hat{y} + \frac{\partial}{\partial z}\hat{z}\right) = -i\hbar\nabla$$

坐标用算符表达是
$$\hat{x}=x, \quad \hat{y}=y, \quad \hat{z}=z$$
如经典物理中粒子的能量和角动量可写成
$$E=\frac{p^2}{2m}+U(r) \quad 和 \quad \boldsymbol{L}=\boldsymbol{r}\times\boldsymbol{p}$$
则在量子力学中就有相应的算符关系,写成
$$\hat{E}=\frac{\hat{p}^2}{2m}+U(r) \quad 和 \quad \hat{\boldsymbol{L}}=\hat{\boldsymbol{r}}\times\hat{\boldsymbol{p}}$$
我们经常用到的力学量的算符是
$$\hat{E}=\mathrm{i}\hbar\frac{\partial}{\partial t}, \quad \hat{p}_x=-\mathrm{i}\hbar\frac{\partial}{\partial x}, \quad \hat{p}_x^2=-\hbar^2\frac{\partial^2}{\partial x^2}$$
利用力学量的算符假设,我们可以很顺当地写出非相对论粒子满足的薛定谔方程。

一维自由粒子波函数 $\Psi(x,t)$ 的薛定谔方程

经典物理中,一维非相对论自由粒子满足的关系式是 $E=\frac{p^2}{2m}$,根据力学量的算符假设,在量子力学中,一维非相对论自由粒子的力学量算符关系是 $\hat{E}=\frac{\hat{p}^2}{2m}$,将具体算符关系式代入,并令其作用在波函数 $\Psi(x,t)$ 上,得到
$$\mathrm{i}\hbar\frac{\partial}{\partial t}\Psi(x,t)=-\frac{\hbar^2}{2m}\frac{\partial^2}{\partial x^2}\Psi(x,t)$$
同样可得,在一维势场 $U(x,t)$ 中运动的粒子波函数 $\Psi(x,t)$ 满足的薛定谔方程为
$$\mathrm{i}\hbar\frac{\partial}{\partial t}\Psi(x,t)=\left[-\frac{\hbar^2}{2m}\frac{\partial^2}{\partial x^2}+U(x,t)\right]\Psi(x,t)$$
在三维势场 $U(\boldsymbol{r},t)$ 中运动的粒子波函数 $\Psi(\boldsymbol{r},t)$ 满足的薛定谔方程为
$$\mathrm{i}\hbar\frac{\partial}{\partial t}\Psi(\boldsymbol{r},t)=\left[-\frac{\hbar^2}{2m}\nabla^2+U(\boldsymbol{r},t)\right]\Psi(\boldsymbol{r},t)$$
算符只是一个抽象的数学符号,不像经典物理中相应的量有实在的物理含义,但正是引入了力学量算符的假设,再加上用波函数表达状态,才能理论上解释微观体系的实验结果,而这些实验结果经典力学是无法解释的。

波函数 $\Psi(x,t)$ 或 $\Psi(\boldsymbol{r},t)$ 不能直接测量,也无直接的物理含义,有意义的是波函数模的平方 $|\Psi(x,t)|^2$。所以量子力学的基本任务是,通过解粒子满足的薛定谔方程解出波函数 $\Psi(x,t)$ 和相关的力学量,进而可以与实验比较,解释实验结果。

9.2.5 定态薛定谔方程

当粒子在一个与时间无关的势场中运动时,波函数 $\Psi(\boldsymbol{r},t)$ 就可分离变量,写成
$$\Psi(\boldsymbol{r},t)=\Phi(\boldsymbol{r})T(t)$$
将上述波函数代入薛定谔方程
$$\mathrm{i}\hbar\frac{\partial}{\partial t}\Psi(\boldsymbol{r},t)=\left[-\frac{\hbar^2}{2m}\nabla^2+U(\boldsymbol{r},t)\right]\Psi(\boldsymbol{r},t)$$
则得
$$\mathrm{i}\hbar\frac{\mathrm{d}T(t)}{\mathrm{d}t}\Phi(\boldsymbol{r})=\left\{\left[-\frac{\hbar^2}{2m}\nabla^2+U(\boldsymbol{r})\right]\Phi(\boldsymbol{r})\right\}T(t)$$

两边同除 $\Phi(\boldsymbol{r})T(t)$，得

$$i\hbar\frac{dT(t)}{dt}\frac{1}{T(t)} = \frac{1}{\Phi(\boldsymbol{r})}\left\{\left[-\frac{\hbar^2}{2m}\nabla^2 + U(\boldsymbol{r})\right]\Phi(\boldsymbol{r})\right\}$$

上式左边是时间 t 的函数，右边是坐标 $\boldsymbol{r}$ 的函数，若使上式成立，必须令方程两边同等于一个常量时才能成立。令这个常量为 E，则得到两个独立方程

$$i\hbar\frac{dT(t)}{dt} = ET(t) \tag{1}$$

$$\left[-\frac{\hbar^2}{2m}\nabla^2 + U(\boldsymbol{r})\right]\Phi(\boldsymbol{r}) = E\Phi(\boldsymbol{r}) \tag{2}$$

方程(1)的解是

$$T(t) = Ce^{-\frac{i}{\hbar}Et}$$

分析上式，可知 E 具有能量的量纲，所以 E 代表了粒子的能量。由于方程(1)与粒子的具体势函数无关，所以方程(1)的解是相当多类似问题中的共同解，在类似问题中可作为已知的结果，故物理上的主要任务就是解方程(2)。

方程(2)叫定态薛定谔方程，其解依赖于势函数的具体形式；从数学上看，给定一个常量 E 就有相应的解，但物理上只能是一些特殊的 E 值才能满足物理上对波函数的要求，即 E 的取值必须使相应的波函数满足单值、有限、连续的条件。

这就意味着，E 的取值通常是分立的，当然与 E 有关的物理量的取值也必然分立。特定的 E 值叫能量本征值，各 E 值对应的 $\Phi(\boldsymbol{r})$ 叫能量本征函数。能量取特定值对应的状态叫定态，故定态波函数是 $\Psi(\boldsymbol{r},t) = \Phi(\boldsymbol{r})T(t) = C\Phi e^{-\frac{i}{\hbar}Et}$。

量子力学中唯一可以与实验进行比较的是力学量的平均值，于是就有了一个计算平均值的假设(也是一个基本假设)。该假设指出，在任意状态 $\Psi(x)$ 上的力学量 $\hat{F}$ 的平均值为

$$\bar{F} = \int_{-\infty}^{+\infty}\Psi^*(x)\hat{F}\Psi(x)dx$$

如动量平均值的计算就是

$$\bar{p} = \int_{-\infty}^{+\infty}\Psi^*(x)\hat{p}\Psi(x)dx$$

9.3 量子力学重要结果举例

量子力学解题的一般过程是：第一，根据粒子运动的实际情况，正确地写出势函数；第二，解定态薛定谔方程，得到能量本征值和本征波函数；第三，求出粒子在活动空间的概率分布和一些力学量的平均值。

根据粒子的实际情况写出相应的势函数是解量子问题的关键。适当地将势函数简化和极端化可使解的过程简便些。比如，研究束缚在金属中电子的行为时，实际电子的势函数是近似如图 9.3.1(a)所示的不太规矩的曲线，计算中常将其简化成如图 9.3.1(b)所示方势阱。封闭在箱子里的分子行为，可以认为其势函数是一个三维方势阱。在数学上再简化些就是将方势阱的有限势变成无限势，即无限深方势阱，如图 9.3.2 所示。若研究粒子的散射和隧穿效应时，势函数又有势垒的概念，如图 9.3.3 所示的各种形式的势垒。

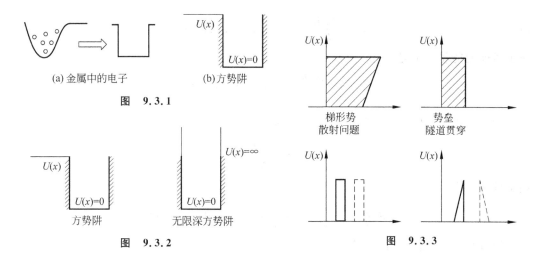

(a) 金属中的电子　　(b) 方势阱

图 9.3.1

方势阱　　无限深方势阱

图 9.3.2

图 9.3.3

9.3.1 体会量子力学解题过程 一维无限深方势阱中的粒子

第一步，建坐标写势函数　　$U(x)=0\quad 0<x<a$　　（在阱内）

$U(x)=\infty\quad x\geqslant a, x\leqslant 0$　（在阱外）

设粒子在阱内阱外的波函数分别是 Φ_1 和 Φ_2。

第二步，写出粒子满足的定态薛定谔方程

在阱内　　$\left[-\dfrac{\hbar^2}{2m}\dfrac{d^2}{dx^2}+0\right]\Phi_1(x)=E\Phi_1(x)$

在阱外　　$\left[-\dfrac{\hbar^2}{2m}\dfrac{d^2}{dx^2}+\infty\right]\Phi_2(x)=E\Phi_2(x)$

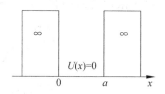

第三步，分区求通解

先看阱外方程，根据能量的有限要求，$\Phi_2(x)=0$，即粒子只能在阱内活动。

阱内方程

$$-\frac{\hbar^2}{2m}\frac{d^2}{dx^2}\Phi(x)=E\Phi(x)\quad（为了方便，将 \Phi_2 的脚标去掉）$$

整理方程为
$$\frac{d^2}{dx^2}\Phi(x)+\frac{2mE}{\hbar^2}\Phi(x)=0$$

令 $k^2=\dfrac{2mE}{\hbar^2}$，方程形式为
$$\frac{d^2}{dx^2}\Phi(x)+k^2\Phi(x)=0$$

方程的通解是：$\Phi(x)=A\cos kx+B\sin kx$，式中 A 和 B 是待定常量，但不能同时为零。

第四步，由波函数的标准条件和边界条件给出特解

由边界连续条件 $x=0$ 处 $\Phi(0)=\Phi_2(0)=0$，即要求 $\Phi(0)=A\cos 0+B\sin 0=0$，得到 $A=0$，解的形式变为

$$\Phi(x)=B\sin kx$$

由另一边界 $x=a$，则有 $B\sin ka=0$，只能令 $\sin ka=0$，即有

$$ka=n\pi\quad(n=1,2,3,\cdots)$$

进一步得
$$k=\frac{n\pi}{a}\quad(n=1,2,3,\cdots)$$

由
$$k^2 = \frac{2mE}{\hbar^2} = \frac{n^2\pi^2}{a^2} \quad (n=1,2,3,\cdots)$$

粒子可能的能量取值是
$$E_n = \frac{\pi^2 \hbar^2}{2ma^2} n^2 \quad (n=1,2,3,\cdots)$$

由归一性质 $\int_0^a \Phi^* \Phi \mathrm{d}x = \int_0^a B^2 \sin^2 ka = 1$，得
$$B = \sqrt{\frac{2}{a}}$$

则本征函数系
$$\Phi_n(x) = \sqrt{\frac{2}{a}} \sin \frac{n\pi}{a} x \quad (n=1,2,3,\cdots)$$

第五步，其他进一步的计算

定态波函数
$$\Psi_n(x,t) = \Phi(x)T(t) = \sqrt{\frac{2}{a}} \sin \frac{n\pi}{a} x \, \mathrm{e}^{-\frac{\mathrm{i}}{\hbar}E_n t} \quad (n=1,2,3,\cdots)$$

概率密度
$$P_n = |\Psi_n(x,t)|^2 = \frac{2}{a} \sin^2 \frac{n\pi}{a} x \quad (n=1,2,3,\cdots)$$

一维无限深势阱中粒子的波函数和概率密度如图 9.3.4 所示。

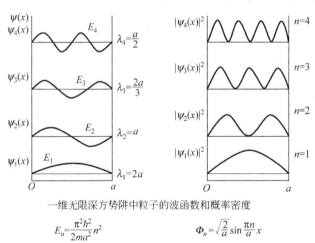

一维无限深方势阱中粒子的波函数和概率密度

$$E_n = \frac{\pi^2 \hbar^2}{2ma^2} n^2 \qquad \Phi_n = \sqrt{\frac{2}{a}} \sin \frac{\pi n}{a} x$$

图 9.3.4

9.3.2 隧道效应　扫描隧道显微镜

我们只讨论入射粒子的能量 E 小于 U_0 的情况。如图 9.3.5 所示，势函数为
$$U(x) = \begin{cases} 0, & x < 0 \\ U_0, & x > 0 \end{cases}$$

设第一区波函数为 $\Phi_1(x)$，定态薛定谔方程

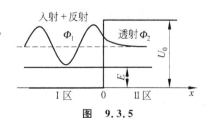

图 9.3.5

$$-\frac{\hbar^2}{2m}\frac{d^2}{dx^2}\Phi_1(x) = E\Phi_1(x)$$

解的形式为

$$\Phi_1(x) = Ae^{ikx} + Be^{-ikx}, \quad k^2 = \frac{2mE}{\hbar^2}$$

波动形式的解。

设第二区的波函数为 $\Phi_2(x)$，定态薛定谔方程

$$\left[-\frac{\hbar^2}{2m}\frac{d^2}{dx^2} + U_0\right]\Phi_2(x) = E\Phi_2(x)$$

整理变形为

$$\frac{d^2\Psi_2(x)}{dx^2} + \frac{2m}{\hbar^2}(E - U_0)\Phi_2(x) = 0$$

因为 $E < U_0$，所以令

$$\frac{2m}{\hbar^2}(E - U_0) = -\beta^2$$

方程写成

$$\frac{d^2\Phi_2(x)}{dx^2} - \beta^2\Phi_2(x) = 0$$

通解是

$$\Phi_2(x) = Ce^{-\beta x} + De^{\beta x}$$

考虑物理上的要求，当 $x \to \infty$ 时 $\Phi_2(x)$ 应有限，故 $D = 0$，于是

$$\Phi_2(x) = Ce^{-\beta x} = Ce^{-\frac{1}{\hbar}\sqrt{2m(U_0-E)}\,x}$$

隧穿效应：在 $x > 0$ 区域，粒子的概率密度是 $|\Phi_2(x)|^2 \propto e^{-\frac{2}{\hbar}\sqrt{2m(U_0-E)}\,x} \neq 0$。

正是由于微观粒子的波粒二象性，使得在垒内出现了概率。从粒子的波动性很容易理解，这就是透射波。如果第二区的坐标范围很窄，则变为有限宽度的势垒（见图 9.3.6），则粒子活动的范围就分成三个区，粒子就可能从第一区穿过第二区而进入第三区，这个现象就是著名的量子隧穿效应，通常叫隧道效应。

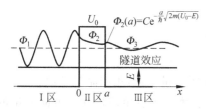

图 9.3.6 势垒穿透或隧道效应

扫描隧道显微镜（STM）就是利用微观粒子的隧道效应制成的显微镜，这项技术是 20 世纪 80 年代的重大发明，实现了人们渴望观察原子、观察物质微观结构的愿望。基于 STM 的工作原理或扫描成像方法而派生的原子力、磁力、分子力显微镜实现了人们操纵原子和分子的愿望，人们可观察到癌细胞表面图像（见图 9.3.7），也可以进行扫描隧道绘画（见图 9.3.8）。

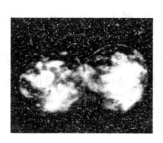

图 9.3.7

图 9.3.8

9.3.3 氢原子的量子力学结果

氢原子的定态薛定谔方程 在氢原子中,一个电子 e 绕一个电量等于电子电量的原子核旋转(我们仍用玻尔的轨道概念),则系统电势能是

$$U = -\frac{e^2}{4\pi\varepsilon_0 r}$$

定态薛定谔方程是

$$\left[-\frac{\hbar^2}{2m}\nabla^2 + U(r)\right]\Psi(\boldsymbol{r}) = E\Psi(\boldsymbol{r})$$

这是一个中心力场,采用球坐标系求解更方便。

球坐标系中薛定谔方程的形式如下:

$$\left\{-\frac{\hbar^2}{2m}\left[\frac{1}{r^2}\right]\frac{\partial}{\partial r}\left(r^2\frac{\partial}{\partial r}\right) - \frac{\hat{L}^2}{r^2\hbar^2} + U(r)\right\}\Psi(r,\theta,\varphi) = E\Psi(r,\theta,\varphi)$$

其中

$$\hat{L}^2 = -\frac{\hbar^2}{\sin\theta}\frac{\partial}{\partial\theta}\left(\sin\theta\frac{\partial}{\partial\theta}\right) + \frac{\hat{L}_z^2}{\sin\theta}, \quad \hat{L}_z^2 = -\hbar^2\frac{\partial^2}{\partial\varphi^2}$$

量子力学给出力学量取值结果如下:

能量量子化 主量子数

$$E_n = \frac{1}{n^2}E_1 \quad (n=1,2,3,\cdots)$$

$$E_1 = -\frac{me^2}{2(4\pi\varepsilon_0)^2\hbar^2} = -13.6 \text{ eV}$$

表征能量量子化的 n 叫主量子数。

角动量量子化 角量子数 轨道角动量的可能取值是

$$L = \sqrt{l(l+1)}\,\hbar, \quad l=0,1,2,\cdots,(n-1)$$

对于确定的能量 E_n,其轨道角动量有 n 种可能的取值,l 叫角量子数,也叫副量子数。

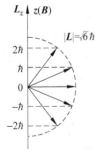

图 9.3.9 角动量空间量子化

角动量的空间量子化 磁量子数 轨道角动量在 z 方向分量的可能取值是

$$L_z = m_l\hbar, \quad m_l = 0, \pm 1, \pm 2, \cdots, \pm l$$

对于确定的轨道角动量(即确定的 l),角动量在 z 方向分量有 $2l+1$ 种取值。这表明,角动量 $\boldsymbol{L}$ 在空间的取向有 $2l+1$ 种可能。如 $l=2$,轨道角动量的大小是 $L=\sqrt{2(2+1)}\,\hbar=\sqrt{6}\,\hbar$,但 z 方向是空间量子化的,体现在其分量值有 5 种可能,即 $L_z = 0, \pm\hbar, \pm 2\hbar$,如图 9.3.9 所示。

氢原子的量子力学解说明,可用 (n,l,m_l) 三个量子数来描述原子中电子的状态,如称电子的状态是 $(3,2,0)$,即说明电子处的能级是 $E_3\left(\text{如氢原子就是}\frac{E_1}{n^2} = \frac{-13.6}{9}\text{ eV}\right)$,角动量的值是 $L=\sqrt{2(2+1)}\,\hbar=\sqrt{6}\,\hbar$,$z$ 方向分量值为 $L_z=0$。

9.3.4 电子自旋角动量 四个量子数

斯特恩-盖拉赫实验是证明角动量的空间量子化的首例实验,令基态原子通过非均匀磁场,由于电子的轨道角动量必对应电子电流的磁矩,而磁矩在非均匀磁场中会受力而发生偏转。若角动量空间量子化,则磁矩也应空间量子化,那么偏转方向也应量子化。实验装置及实验结果示意在图 9.3.10 中。

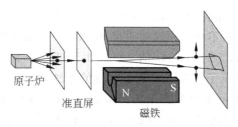

图 9.3.10 斯特恩-盖拉赫实验

实验结果确实看到了两条分立线,说明角动量确实空间量子化。但已有的理论认为,角动量的空间分立应是 $2l+1$ 条,l 取整数,所以预期的实验结果应是奇数条。只有令量子数可取半整数才有可能出现偶数条。实验中使用的是基态原子,$l=0$,按上述理论计算应不出现分立,为什么是 2 条呢?实验结果表明,还有一个角动量物理量没有被我们所认识。

乌伦贝克和古兹米特提出电子具有固有角动量的假设。这个固有角动量叫电子的自旋角动量。相对论量子力学给出电子自旋角动量的量子数只取一个值,即 $s=\dfrac{1}{2}$。

自旋角动量的值是

$$S=\sqrt{s(s+1)}\,\hbar=\dfrac{\sqrt{3}}{2}\hbar$$

相对论量子力学同时给出电子自旋磁量子数的取值是 $m_s=\pm\dfrac{1}{2}$,则自旋角动量在 z 方向分量有两个,即 $S_z=\pm\dfrac{1}{2}\hbar$。

这样,我们就用四个量子数 (n,l,m_l,m_s) 来表征原子中电子的状态。如电子的状态(通常叫电子的组态)写为 $\left(3,2,2,\dfrac{1}{2}\right)$,则表明电子的状态是:电子处于 $n=3$ 的能级上;此时,角动量的值是 $L=\sqrt{3(3+1)}\,\hbar=\sqrt{12}\,\hbar$;角动量在 z 方向的分量值(表示了角动量的方位)是 $L_z=2\hbar$;电子自旋在 z 方向的分量是 $S_z=\dfrac{\hbar}{2}$。

9.3.5 原子核外电子的排布

在原子壳层结构模型中,电子的排列要遵循两个基本原理。第一是遵循泡利不相容原理。该原理指出,一个原子中,不可能有两个或两个以上的电子处于同一个量子态,即原子中不可能存在四个量子数相同的电子。这样,同一个主量子数 n 组成一个壳层,相同的 n,l 组成一个支壳层,一个支壳层内的电子又可能有 $(2l+1)\times 2$ 种量子态,所以主量子数为 n

的壳层内可容纳的电子数是 $Z_n = \sum_{l=0}^{n-1}[(2l+1) \times 2] = 2n^2$ 个。第一层($n=1$)最多有 2 个电子,第二层($n=2$)最多有 8 个电子等。第二个需遵循的基本原理是能量最低原理,即电子优先占据最低能量状态。根据这两条原理,可更加清楚地理解门捷列夫元素周期表。

微观粒子按自旋划分可以有两大类,一类是自旋量子数为半整数的粒子,称为费米子,如电子、质子、中子等自旋量子数为 $s=\frac{1}{2}$,Ω 粒子的自旋量子数 $s=\frac{3}{2}$,费米子都遵循泡利不相容原理(称广义泡利不相容原理),即不能有两个或两个以上的费米子处于相同的量子态。还有一类粒子不受泡利不相容原理的约束,叫玻色子。这类粒子的自旋量子数是 0 或整数,如光子的自旋量子数为 $s=1$,^{4}He 的 $s=0$。由于玻色子不受泡利原理的管束,所以在一个量子态上可以有多个粒子。对于玻色子组成的系统,当温度 T 降低到某一临界值 T_c 以下时,会有宏观数量的粒子从激发态聚集到基态上,这一现象是爱因斯坦在 1925 年从理论上预言的,称为玻色-爱因斯坦凝聚(BEC)。1995 年,科学家们首先在实验上实现了超冷原子的 BEC,实现了宏观数量的原子的凝聚。BEC 实现了原子的相干,在原子干涉测量仪和原子频标等领域有重要应用。

9.4 量子力学仍在发展

虽然量子力学在核物理、固体等近代领域的应用取得了重要的成果,但关于量子力学的基本概念和原理目前仍在争论中,即量子力学还在不断的发展中。物理学界认为这种争论肯定还得继续下去。物理学家费曼指出:目前只能讨论概率,虽然说是目前,但很可能是永远。非常可能无法解决这个问题,很可能自然界就是如此。

习　题

9-1　请选择一本量子力学教材,阅后总结:(1)自己看懂了多少?(2)该教材编写的思路是什么?(3)通过阅读您有什么体会?

9-2　回顾量子力学的发展,哪位或哪些科学家给您的印象最深?最值得您为之讴歌的是些什么?

9-3　总结对实物粒子的波粒二象性的认识,并谈谈你的体会。

9-4　阅读《科学家谈物理——原子和分子的观察和操纵》(白春礼著.长沙:湖南教育出版社,1994)。

9-5　阅读《科学家谈物理》(粒子世界探秘.高崇寿著;应用核物理.杨福家著;物理学家的足迹.郭奕玲,沈慧君著.长沙:湖南教育出版社,1994)。

9-6　阅读第一推动丛书:《皇帝的新脑(有关电脑、人脑及物理规律)》(罗杰·彭罗斯(英)著.许明贤,吴思超译.长沙:湖南科学技术出版社,1995)。

第10章

耗散结构和社会科学

本章介绍的耗散结构知识，实际是以耗散结构为物理模型建立的复杂性系统的自组织知识体系。一个知识体系，不仅仅只是一个知识结构，还应包括它的启示方法，即还应指明该体系以后怎样发展以及怎样应用这些知识体系。但由于这个知识体系刚刚建立，同学们不可能从其他地方得到它的应用启示。我们编写了一些应用例子，重点在于介绍应用启示方法。

虽然自组织知识体系的物理模型是物理的，但对自然科学和社会科学都适用。同自然科学相比较，社会科学更复杂，演化速度更快，以前的研究与现实的不相符更多，所以自组织知识体系的应用突破首先应出现在社会科学之中。另外，由于新自然主义者的一个奋斗目标是将自然科学和社会科学统一起来，所以有关应用启示方法的例子都属于社会科学方面的。

从科学体系上讲，物理学是最基础的，由此得出的结论在物理学的意义上适用于一切科学。由于其他学科研究的对象比物理学研究对象更复杂，故单从物理学的研究是不可能得到的。但宇宙结构有自相似性，很多从低层次研究得到的结论可以类比于高层次研究的一些结构，所以对高层次研究最简单、最直接的应用方法是类比的方法。从科学方法上讲，类比不是严密的逻辑论证。前提正确，类比正确，并不一定保证类比结论正确。我们宁可说类比只是一个启示方法，类比结论仅是一个假设，但类比确是一个非常有用的科学方法。

近代科学始源于西方，这样一个历史事实给近代科学打下了很多西方文化传统的印记。对复杂性系统的研究表明：仅用西方文化传统的方法是不够的，必须引进东方文化传统的思维方法。在学习西方文化传统的同时，我们要发扬东方文化的传统。一个民族，只有在它的文化传统部分被其他民族所承认、所吸取，这个民族才称得上是一个伟大的民族，只有自己的文化传统同先进的科学相结合，自己的文化传统才易于被其他民族所承认、所吸取。

一个人，一个国家，一个民族，不能有丝毫的傲气，但不能没有傲骨。

所谓傲气，是指认为自己在本质上比别人强；

所谓傲骨，是指认为自己在本质上不比别人差。

如有傲气，即使有辉煌的过去，也必将失去灿烂的未来；如没有傲骨，将永远不会有灿烂的未来。

10.1 耗散结构及其意义

10.1.1 自组织现象

一个孤立的热力学系统的自发过程是从有序走向无序，即向熵增的方向进行。但自然界的进化、生物的进化是愈来愈有序，愈来愈复杂，是一个熵减少的过程。这种在外界的条件下，系统内部自发地从无序走向有序的现象叫自组织现象。由于自组织形成的必要条件是必须由外界提供负熵，且耗散外界的能量，故该结构属耗散结构。耗散结构和耗散结构系统是远离热力学平衡态的一种状态。在热力学上，近平衡态是线性非平衡态；而耗散结构和耗散结构系统则属于非线性非平衡态。

10.1.2 开放系统的熵变

开放系统的熵变包括系统内部的熵产生 $d_iS(\geqslant 0)$ 和由于与外界交换能量和物质引起的熵流 d_eS 两部分。由于熵流的取值任意，故开放系统的总熵变 $dS=d_iS+d_eS$ 的取值也任意。如果系统的熵流是负值，并且负熵流的值大于系统本身的熵产生，致使系统总熵减少，故开放系统的熵减小，系统走向有序，从而可实现自组织。若系统的熵流是正，致使系统总熵增加，就不会使系统实现自组织。生命过程就是一个耗散过程，高熵会使生命混乱，要生存就得保持低熵状态。显然，耗散结构系统只有在不断输入负熵的条件下才可以稳定存在。

10.1.3 研究耗散结构的意义

除纯物理学研究的简单对象中存在耗散结构外，耗散结构更广泛地存在于如化学、生物等更复杂的领域中。人体是一个耗散结构，社会科学研究的对象又离不开人，所以社会科学研究的对象必然是耗散结构系统。

研究耗散结构的意义主要体现在两个方面。一是体现在纯物理学意义上的，另一个是体现在类比意义上的。从纯物理学上考虑，当今科学研究中的前沿、纳米科学、生命科学都与耗散结构有关，目前有关耗散结构的内容似乎尚无十分必要作为教学基本要求而进入物理学教科书中。但从类比意义上考虑，任何人都离不开社会科学，故对耗散结构的研究所得到的结论应普及到每一个人。

在社会科学最重要的学科——经济学领域，虽然一些大师，如马克思、马歇尔等人，看到了对演化研究的重要性，但至今经济学的主流仍然是处于对存在状态的研究和寻求一定制约下的均衡。美国哲学家夏平说过下面的话：一个知识体系，它越是客观、无私利性，它用在政治、经济领域就越有价值。耗散结构的结论完全是客观的、无私利的，故耗散结构知识体系对政治和经济更有价值。

本章内容涉及系统论、控制论、非线性动力学、协同论、耗散结构、混沌分形学、超循环、突变论等诸多方面，在社会科学上的应用还将涉及信息论、进化论及有关专业知识。

耗散结构从内容上说是纯物理学的,但它可以看作广泛存在于自然界、社会界复杂系统的一个物理模型。

科学应是统一的科学,自然科学是包括人的科学,社会科学是包括自然的科学。将自然科学和社会科学统一起来将是我们追求的一个目标。

10.1.4 西方和东方文化传统

在研究和应用耗散结构的过程中,我们必须拓展思维方法。由于近代科学产于西方,所以近代科学留下了相当多的西方思维方法的印记,于是我们在学习科学知识的同时,也就学习了一些西方的思维方法。但同科学知识本身相比,科学思维方法更多的是受文化传统的影响。但是,当科学拓展到对演化的研究时,西方传统的科学思维方法就显得不够用了,必须引进东方传统的科学思维方法。

构成论和生成论 生成论和构成论的差异是东西方科学思想差异的总根源。构成论主张变化是不变要素的结合和分离,生成论主张变化是"产生"和"消灭"或者转化。在对存在的研究时,构成论的方法是简单的,但在对演化的研究时,仅用构成论就不够了,应引进生成论。

守恒量和不守恒量 在以往的科学研究中,特别关注守恒量。守恒同对称有关,在操作不变性中,不变的量就是守恒量,操作就是对称操作。在对演化的研究中,既要关注守恒量又要关注不守恒量,既要关注对称操作,又要关注对称破缺。在物理学中,熵是一个不守恒量,在其他领域,信息、利益是不守恒量。

可逆与不可逆 物理学除热力学第二定律外,其他定律都是可逆的。物理学的操作除量子力学的测量操作外都是可逆操作。至今物理学界没有对热力学第二定律、量子力学的测量操作给出合理的解释。但演化是不可逆的,必须跳过追根求源,先承认不可逆的存在及用不可逆的思维方法去考虑有关演化的问题。

线性和非线性 当今物理学与可逆有关的研究都是线性动力学,对非线性的研究仍处于初级阶段。但自然界、社会科学界的相互作用在本质上应是非线性的,线性仅是一种近似。

确定性和不确定性 经典力学是确定性的,线性量子力学给出的结论是统计确定性的,但由于量子力学的测量操作是不可逆的,故总体上讲量子力学是不确定性的。线性量子力学在宏观情况下,可近似为经典力学,就又变成确定的了。由于相互作用在本质上是非线性的,这导致在宏观上事物演化也是不确定的,非常类似于线性量子力学的结论。

链与环 一神论者的思维方式是树状思维方式,认为万能的上帝就是树干,从树的任一枝叶都可以链式地追溯到树干。多神论者的思维方式是网状思维方式,网的简化就是环。古希腊有五元素说,五元素中,以太、火、气、水、土不仅有链式的轻重之分、天然位置的上下之分,而且还有高贵卑贱之分。中国有五行说,金、木、水、火、土相生相克,它们的关系不仅是一个环,而且是两个交叉的环,用现代话说是超循环。链式思维简单、明晰,但环式思维更接近客观真实。

生物学中讲的食物链,经济学中讲的生产链,这都是西方思维方式。但实际中都是环,没有环就没有反馈、正反馈、负反馈的概念;就没有频率特征、有序参量的概念。研究耗散结构,复杂性系统离不开环的思维方式。

东方科学思维方式和西方思维方式的差异还有其他一些方面。当然,人类的思维方式有很多共同点,没有这些共同点,人类就不可能相互理解,相互沟通,也就没有统一的科学。当我们讲差异时,我们不讲优劣,因为同样一种差异,从某一个角度看A优于B,而从另一个角度看则B优于A。将东方文明和西方文明统一成世界文明将是我们奋斗的一个目标。

物理学中有一种简单美。简单美有多种表述,其中一种表述是,科学研究从最简单的未解决的问题开始。学习耗散结构就是要解决演化的问题。

10.2 耗散结构的基元

基元 这是任意一个学科研究的最小对象。基元特征是一种假设,不能给出证明;但它应形象、易于接受。基元特征正确与否是要由实践来检验的,即由假设的基元特征得到的可检验的特征来判断。近代物理学的基元是刚体,在初步研究时将对象简化为刚体,如果认为这种初步研究不够,就把刚体拆开,拆开的部件仍是刚体,这样一直下去。这就是被未来学家托夫勒称作的科学家精心磨炼的拆零技巧。经济学的基元是经济人假设,这个基元也是仿物理学的刚体给出的。

基于刚体为基元的物理学不能解决复杂系统中的自组织问题。如两个原子组成的分子体系,在分子动理论中把分子看作刚体;进一步研究是把两个原子分别看作刚体,而它们之间有相互作用。但研究发现,由两个相互作用的刚体组成的系统不能再简化为刚体。由刚体基元组成的结构不再可以简化为刚体是近代物理学不能解决自组织问题的一个关键问题。故对耗散结构的研究必须修正物理学的基元。

如果抛弃物理学的基元将可能抛弃整个物理学,甚至整个近代科学,其结果是不可想象的,也是不对的。正确的方法是耗散结构的基元可以简化为原来物理学的基元。这样,新的基元就不仅可以解释旧基元不可以解释的现象,而且可以解释旧基元可以正确解释的一切现象。基元的特征虽然只是假设,但不是主观臆造的,它受对耗散结构研究已揭示的一些特征的制约,这种制约也是一种启示。

耗散结构的基元是组成耗散结构的最小研究对象。一个由硬核和周围软结构组成的结构可以作为耗散结构的基元。

基元硬核具有的特征是:当基元处于游离状态,或与其他基元结合成大结构时,基元的硬核不发生变化,即硬核有稳定性、遗传性。基元软结构的特征是:当基元处于游离状态,或与其他基元结合成大结构时,基元的软结构发生了变化,即软结构具有柔性和适应性。仅当基元的软结构发生变化时,我们认为这个基元没有发生本质变化,仍是原来那个基元。

基元没有统一的硬核,也没有统一的软结构外形,即有多种基元。当一个基元同其他基元相结合时有选择性。一个基元只可以与一些特定的基元结合,与其他基元则难以结合。基元代表的实际结构越复杂,这个基元与其他基元结合时选择性就越严格。

耗散结构的基元可以是耗散结构,也可以仅是结构。耗散结构的基元还有以下特征。

基元间的相互作用是非线性的。当a基元对b基元有一作用时,这个作用看作是a对

b 的一种侵犯。此时基元 b 的软结构会发生一定的形变,形变产生一种基元 b 对基元 a 的反作用。基元 b 的形变和基元 a 对基元 b 的作用是非线性的。

基元 a 和基元 b 之间作用的非线性有两层含义:一是适应性。当基元受到一个作用时,基元能通过软结构的形变做出让步,以适应外来的"侵犯",同时通过形变产生一种反作用。二是对硬核有一个保护作用。当外来作用较小时,基元软结构对单位作用做出的形变是较大的;当外来作用较大时,基元软结构对单位作用做出的形变就较小。软结构的这种非线性形变在于使外来作用尽可能不涉及硬核。当外来作用涉及硬核时,基元的反作用就像一个刚体,拒绝做出任何形变,直至硬核解体。

基元间作用的响应具有延时性。如果基元 a、b 结合在一起,基元 b 又同基元 c 结合在一起,如果基元 a 对基元 b 施加一个作用,这个作用就会通过基元 b 传递给基元 c。如果 a 对 b 的作用是周期的,频率为 ω,则用 $\sin\omega t$ 来表示时间的响应特征,那么,基元 b 对基元 c 也有一个作用,频率仍为 ω,但并不与 a 对 b 的作用同相位,而是 $\sin(\omega t+\varphi)$,φ 表示一种相位延迟,时间延迟为 φ/ω,这一特性称为基元间作用传递的延时性。基元间相互作用的非线性以及作用传递的延时性都同基元存在软结构有关。

基元有多种稳定状态。当基元从一个稳态变到另一个稳态时,基元的上述两个特征将发生变化,即基元的特征是可变的。

硬核是耗散结构的灵魂。当耗散结构基元的软结构厚度变为零时,仅有硬核的基元就约化成近代物理学的基元——刚体。此时,基元间的非线性相互作用也就不存在了,而变成了碰撞;响应的时间延迟性也同样不存在了,响应变成了瞬时的,稳定状态的变化约化成仅为转动惯量的改变,这样一种简化为刚体的前提在理论体系中是必要的。因为只有这样才符合现代科学理论发展要求的对应原理。

根据硬核的特征和定义,当一个基元的硬核发生变化时,这个基元就不再是原来的基元了。如果我们把一个解体的基元看作一个系统,并将这个系统封闭起来。如此分析,可得出的结论是:这个基元在解体前后,系统的任何守恒量,如质量、能量、动量……,都没有变化,但这个基元在解体前后的硬核确实发生了变化的事实,使我们得到如下结论:一个基元的硬核一定包含不守恒量,或说包含可创生量,基元不能约化成仅由守恒量组成。

在物理学中,至今还未发现任何不守恒量可以脱离守恒量而独立存在或传播的。

如果基元本身仍是耗散结构时,基元还具有以下一些特征:

基元必须是开放系统。根据热力学第二定律,代表耗散结构的基元必须有负熵输入,否则就不可能稳定。

耗散结构的子结构一定形成环。由于熵是不守恒量,是一个创生量,故它不能单独传播,只能借助于物质或能量等守恒量传播。在基元处于稳态时,物质和能量是不变的。可以想象,一个基元处于稳态时所处的环境必然存在其他的基元向其输入物质和能量,同时还必然存在另外的基元接受其输出的物质和能量。这就是说,耗散结构简化的基元至少同两个不同的基元有强相互作用,即当耗散结构的子结构都是耗散结构时,这个耗散结构系统一定形成环。

10.3 耗散结构的结构特征

10.3.1 结构的层次性和自相似性

考虑一个大耗散结构 Σ 由基元形成的过程。我们把仅由基元结合的耗散结构称作第一代耗散结构。由数目不同、有差异的基元形成了第一代耗散结构 A、B、C、…。由基元和第一代耗散结构仍然可以结合成大的耗散结构,称第二代耗散结构。

层次性 Σ 是一个层次;它的子结构 A、B、C、…还有组成它的基元是另一个层次;而组成子结构的 A、B、C、…各自的基元又是一个层次。

相似性 由于第一代耗散结构 A、B、C、…可以约化为基元,它们也具有基元的特征。进而可知,结构 Σ 也可以看作仅由基元组成,且它也可以约化为基元。这样,各层次的大小耗散结构就具有相似性,整体与局部的相似性称为自相似性。

如果第一代结构 A 可以约化为一个基元,什么是它的硬核,什么是它的软结构呢?

一个合理的解释是组成结构 A 的各基元相互作用强,即结合强;而由 A 组成更大结构时,A 同其他结构的相互作用弱,即结合弱。这样就得到一个结论:耗散结构的层次性是按相互作用、结合的强弱来划分的。对没有结构的热力学系统,它的子系统可以任意划分;对有结构的系统,它的子结构就不可以任意划分了,必须按结合、相互作用的强弱来划分。由于结构具有层次性,相互作用、结合的强弱也有层次性。

如果相互作用、结合的性质不同,则可以按不同性质的相互作用、结合强弱划分一个耗散结构。这样,一个耗散结构的结构划分是多种类的。我们只研究物理学上的耗散结构,它们的相互作用、结合同力学有关。

10.3.2 耗散结构的开放特性

如果耗散结构系统是孤立系统,没有外部向耗散结构输入负熵,耗散结构的熵就要增加,耗散结构就要解体。

当耗散结构处于稳态时,任何表示系统状态的参数 J 都必须满足

$$dJ/dt = 0$$

耗散结构的物质以及能量不仅是状态量,而且是守恒量。对任何系统,守恒量必须具有的特性是

$$dE = dE_入 - dE_出$$

当耗散结构处于稳定状态时,对任何守恒量必有

$$dE_入 = dE_出$$

即任何守恒量的流入必等于其流出。

熵是一个状态量,但不是一个守恒量,是一个可创生量。当系统处于稳定状态时,对可创生量,熵有

$$dS_生 = dS_出 - dS_入$$

即稳态时创生值应等于净的流出值,只有这样才能保持系统的熵是一个常数。

研究表明,至今还没有发现不守恒量(如熵)可以离开守恒量单独存在或传播的,任何不守恒量只有依附于守恒量才能存在和传播。这表明不守恒量是守恒量的一种属性。熵只能借助于能量或物质才可以向耗散结构系统流入或流出,这样,对耗散结构而言,就必须有能量或物质流入和流出,且流出等于流入。

10.3.3 耗散结构基元间的相互作用

由于建立在经典力学基础上的非线性力学给出的结论严格意义上是确定性的、可逆的、不演化的。线性量子力学加上测量原理虽然给出的结论是不确定的、不可逆的,但线性量子力学不可能对量子力学的测量原理给出一个解释,故在理解耗散结构基元间的相互作用时,必须有非线性量子力学的概念。由于非线性量子力学没有建立,所以这里介绍的只是简单结论。另外,本书介绍的耗散结构也不能解决由非结构系统产生结构的自组织问题。只能解决由小结构形成大结构的问题。

耗散结构基元间的相互作用是非线性的。考虑到非线性作用的量子力学概念和物质的波粒二象性,我们用波的线性、非线性作用来理解耗散结构基元间的相互作用。

波在线性介质中是独立传播的,服从波的叠加原理。理论(相当复杂)和实验证明:波与非线性介质发生相互作用,不再是独立传播,故叠加原理也不再适用。两个非线性作用的振荡源,如振荡电路、激光器,甚至挂钟可以产生耦合、频率牵引、模式竞争、锁模等效应。锁模是指两个独立的振荡器如果没有非线性相互作用,频率是不一样的,涨落也是不关联的,但在非线性相互作用条件下,两个独立的振荡器振荡频率变得一致,同时涨落。用协同学的语言就是,耗散结构的两个基元在非线性作用下,产生了协同。协同是一种有序,同无协同相比,变化自由度变少;有了关联,熵减少了。从混沌到有序的原因就是非线性相互作用产生了协同。在物理学中,协同和竞争是同时发生的,是非线性相互作用的两个方面,难以区分。当发生锁模时,你根本没有办法分清是协同变成了一个频率,还是一个模式由于竞争吃掉了另一个模式,两个模式都变了。在经济学中由于非线性效应,同样既有联合又有竞争,当发生协同时,自由度变小,相对涨落变大。在同样的条件下,激光器输出功率的涨落总是大于自发辐射的涨落。从混沌通过涨落走向有序只是对表观现象的描述。

10.3.4 耗散结构和超循环

当基元 a、b、c、… 形成耗散结构的时候,各基元 a、b、c、… 之间的相互作用非常大,大于该结构与其他结构的相互作用。如果暂时忽略与其他结构的相互作用,而仅看耗散结构内部的相互作用,我们可以说:这个相互作用把这些基元结合成一个整体。如果把基元用一个圆来代替,相互作用用一条线来代替,那么耗散结构就是一个整体,形成一个环。

如果耗散结构的每个基元都至少同两个基元有强相互作用,则可以证明在耗散结构中一定有环存在,并且每个基元都至少在一个环中。如果每个基元都是耗散结构,它至少应同两个基元有强相互作用。因为耗散结构的稳定存在必须有能量或物质的输入和输出。这就要求有一个基元供给它能量或物质,另一个基元吸取它吐出的能量或物质。这两个基元不能简化为一个基元,因为一定要有差异。但是,耗散结构的基元允许是结构,上面的说明还不是存在环的证明。

从耗散结构的特性研究中知道,将耗散结构看作环用控制论知识来描述是必要的。要求组成耗散结构的每一个基元至少同两个以上的基元有强相互作用,以致整个耗散结构至少形成一个环。

由于耗散结构的子结构也是耗散结构,所以子结构也应形成环。根据前面每个基元都至少与其他基元有强相互作用的假设,小环应有两处同大环相交。

这里我们只考虑了强的相互作用,没有考虑弱的相互作用。如果考虑弱相互作用,可能基元间还要增加连线,形成更多的环。这样,一个耗散结构中存在很多环,我们称其为超循环。

很明显,环与结构有关,因结构有层次性、自相似性,我们不难得到环也有层次性及自相似性。

10.3.5 耗散结构的时间响应特征

如果从控制论的角度来研究自组织系统,就一定会注意到系统的频率响应特性。哈肯对自组织系统的研究曾提出序参量的概念,他将序参量区分为快参量和慢参量,这种区分就带有时间或频率特征。哈肯提出慢参量统治快参量的观点。根据这一观点,在对自组织系统的处理中有时可以放弃对快参量的关注,仅关注慢参量。但哈肯也发现:当系统处在混沌边缘状态时,忽略快参量的做法失效了,快参量有时也起决定作用。

从物理学的角度看,一个系统的频率响应就像一个挂有一定质量的弹簧那样,同弹性系数和质量有关。质量大的频率响应慢,弹性系数小的频率响应慢。假定耗散结构 M 的基元 a 也是耗散结构,我们发现 M 的质量大于基元 a 的质量,M 的弹性系数应小于基元 a 的弹性系数,所有这些都表明耗散结构 M 的频率响应低于构成它的子结构 a 的频率响应,表示为 $\omega_M < \omega_a$。

有人在数量上对结构的尺度同结构的响应频率进行了研究,结论是:一个结构的尺度乘上它的响应频率大约是一个常数。

由于耗散结构不仅有结构性,而且结构又具有层次性和各层次结构间又有自相似性,再加上结构的频率响应与尺度有关,从而得出耗散结构的频率响应也具有结构性,频率响应的结构也是有层次的,并且层次间也有自相似性。

一个耗散结构,最低频的频率响应属于最大的耗散结构,即耗散结构本身;频率较高一点的频率响应属于这个耗散结构的子结构,更高的频率响应应属于更小的结构。

现在我们看一下,哈肯的快序参量和慢序参量的论述。哈肯慢参量统治快参量的观点,导致他更关注慢参量。这相当于在处理自组织系统时,更关注这个系统的整体,这是很合理的。当大系统处于混沌边缘状态时,高频序参量变得重要,这表明在这时我们不仅要关注大系统,而且要关心这个大结构的子结构。所以子结构在这时就变得重要了,那只有在演化的特性讨论中才可以看清。

哈肯对现象的描述是对的,但是,只有把序参量特征同耗散结构特征联系起来,才可能更好地了解序参量特征。

10.4 耗散结构的状态特征

10.4.1 耗散结构状态分类

如图 10.4.1 所示,讨论一个小球在一维势中的状态(一维势函数)。

我们对势函数 V 求导,结果有两种情况
$$dV/dx = 0, \quad dV/dx \neq 0$$
势能函数的梯度同受力密切联系,即 $dV/dx = -F$。

$dV/dx \neq 0$ 表示在此状态物体受到一个不平衡的力,物体要运动,因而称为不平衡点。

$dV/dx = 0$,表示在此状态物体受力平衡,不存在破坏现有状态的力,因而称为平衡点。图 10.4.1 中 a、c、e 状态为不平衡状态,其余各种状态为平衡状态。

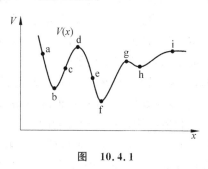

图 10.4.1

对平衡状态,它们也有区别。在物理概念上是按平衡点的稳定性来区分的,在数学上是依据二阶导数来区分的。$d^2V/dx^2 > 0$ 为稳定平衡点,$d^2V/dx^2 < 0$ 为不稳定平衡点,$d^2V/dx^2 = 0$ 为随遇平衡点。

物体在不平衡点受一个外力的作用,很快会离开不平衡点,它的发展趋势是确定的。物体在不稳定平衡点,只要有点偏离就变得不稳定、不平衡,而且不能回到原来的状态,且发展方向是不定的。物体在稳定平衡点,即使有点偏离,也可以靠自身的功能,靠势函数功能,回到原来的状态。

图 10.4.1 中 d、g 为不稳定平衡点,b、f、h 为稳定平衡点,i 为随遇平衡点。对稳定平衡点有一个稳定度高和低的问题,b、f 点的稳定度高,h 点的稳定度低,不稳定平衡状态称为混沌状态,稳定度低的状态称为临界混沌状态或混沌边缘状态。

对耗散结构的状态,同样可以分类如下:

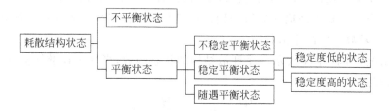

耗散结构在演化的过程中可能处于各种状态,且处在各状态的时间长短也可不同。如果一个耗散结构处于不平衡态,将有一个广义的力推动它的状态改变,此处的时间是很短的。从经典力学考虑,如果没有外界的作用一个球可以稳定在势能最高点很长时间,稳定条件是 Δx 和 Δp_x 都为零。但从量子力学的概念去考虑,Δx 和 Δp_x 都为零是不存在的,所以在混沌状态也不会待很长时间。而随遇平衡很少有,所以一个耗散结构绝大多数时间是处于稳态或近似稳态。

10.4.2 耗散结构稳态的特征

耗散结构处于某种状态时,如果对其施以任意一个微小的作用,使其状态发生了改变,但当这个小作用消除后,该耗散结构会自动回到其初始的状态,我们将这个状态叫稳定状态。

一个耗散结构理想稳定的条件是:第一,它周围的环境必须是稳定的,不随时间变化。第二,组成耗散结构的基元必须是稳定的,不仅不随时间变化,而且均处于稳态。

读者也许注意到,如果满足条件 1 和 2,则要求存在一个稳定的宇宙,一个完全静止的宇宙,但这是根本不可能的。因为稳定的耗散结构要求从外部不停地输入负熵,而环境的熵只能增加,这样就不可能是一个稳定不变的环境。从内部看,量子跃迁是不可避免要发生的,这是一种小的突变。所以,理想的耗散结构稳态是不存在的。但是,绝大多数的耗散结构,在具体处理中,经过近似或忽略某些因素,在绝大多数时间可认为是处于稳定状态。

耗散结构存在多种可能的稳态。根据不确定性非线性动力学的概念,耗散结构存在三种不确定性,或者说多种可能性。第一种,当耗散结构的初始状态($t=0$ 的状态)确定以后,即使在周围环境也确定的条件下,耗散结构在以后演化预期的终态($t>0$)不是唯一的,有多种可能。当然,在 $t>0$ 真正可实现的终态,只能是多种可能实现终态的一种。请注意,这里的初始状态可以是任何状态,并不要求是混沌状态。第二种,当已知耗散结构的终态后,即使在演化过程中的环境是已知的,反溯的耗散结构初始状态也不是唯一的,有多种可能性。当然,真正的初始状态只能是多种可能性中的一种,即耗散结构的演化是不可逆的。第三种,当耗散结构的初始状态、终态都是确定的,即使演化过程中周围环境是已知的,追溯演化的路径也不是唯一的,有多种可能的演化路径。

在线性力学中,通常认为在宏观条件下可以忽略量子效应。但在非线性量子力学中,即使在宏观系统中,我们也发现有很多类似量子力学的现象。

当耗散结构处于稳定状态时,耗散结构有一种自稳定性。在经典力学中,有很多事物处于稳定状态,有自稳定性。如放在地板的桌子处于稳定状态。无论从哪个方向将其抬起一点时,其状态发生了变化,但当撤销这一作用后,桌子则又会自动回到作用前的稳定状态。正是重力势能使桌子在被抬起小角度再放手后自动回到原来的状态。

可以用一个状态函数来描述耗散结构稳定状态的自稳定性。当耗散结构处于稳定状态时,对应的状态函数处于极小值状态。

在一维情况,如果用 H 表示一个耗散结构的状态函数,当这个耗散结构处于稳态时,它的状态函数满足

$$\frac{\partial H}{\partial X} = 0, \quad \frac{\partial^2 H}{\partial X^2} > 0$$

如果这个耗散结构有 n 个子耗散结构,这些子结构也需处于稳定状态,这时大结构的状态函数是 $H(x_1, x_2, \cdots, x_n, X)$,子结构的状态函数是 $h(x_1, x_2, \cdots, x_n, X)$。稳定态的数学表达为

$$\frac{\partial H}{\partial X} = 0, \quad \frac{\partial^2 H}{\partial X^2} > 0; \quad \frac{\partial h_i}{\partial x_i} = 0, \quad \frac{\partial^2 h_i}{\partial x_i^2} = 0$$

如果能写出状态函数 H, h_i,解方程组

$$\begin{cases} \partial H/\partial X = 0 \\ \partial h_i/\partial x_i = 0 \end{cases}$$

就可以求得这个耗散结构稳态的解，这些解还要用 $\begin{cases}\partial^2 H/\partial x^2>0\\ \partial^2 h_i/\partial x_i^2>0\end{cases}$ 来检验。

在一般情况下，方程组有解的条件是：H 是 X 的非线性函数，且 h_i 是 x_i 的非线性函数。如果 H 是 X 的二次函数，且 h_i 是 x_i 的二次函数，解是唯一的。其他情况解不是唯一的。对更多的层次及多维的情况可以用类似的方法去处理。

耗散结构的大小结构是通过非线性的相互作用实现的。在相互作用中各自都做出了调整后实现了耗散结构在小作用撤走后又回到了原来的稳定状态。调整是在软结构层次上进行的，丝毫不侵犯硬核。调整涉及耗散结构所有层次的子结构，否则就不会处于共同意义上的状态函数极小值状态。耗散结构的这一特征被称为和谐，这是自然界向人们显示的一种和谐美，一种深层次的美。

10.4.3 耗散结构的混沌状态特征

虽然绝大多数的状态函数不是一维的，但为了简单我们仍用一维状态函数来讨论耗散结构的状态。在一维的情况下，考虑到耗散结构可能的稳态不是唯一的，有多种可能，这样状态函数就可能有多个极小值点，如果这个状态函数是连续的，那么在两个极小值点之间，必有一个极大值点。这个极大值对应的状态就是混沌状态。

耗散结构的混沌状态定义如下：当耗散结构处于混沌状态时，存在不少于两个非常小的作用，在一个小的作用下，耗散结构的状态迅速改变，即使消除了这个小的作用，系统也不会自动回到作用前的状态，而处于一个稳态。从混沌状态至少可以快速演化到两个差别很大的稳态。

严格来讲，这个定义是按确定性非线性动力学概念给出的，当考虑不确定性非线性动力学概念时，即使没有小的作用，耗散结构处于混沌状态也会靠自身的功能变到一个稳态。

由于一个耗散结构在混沌状态的时间很短，当一个耗散结构处于混沌状态时，它的子结构基本处于稳态。当一个子结构处于混沌状态时，由它及其他子结构组成的大结构也基本处于稳态。在处理问题时一般不考虑两个结构同时处于混沌状态。

即使耗散结构在混沌状态的时间很短，但在这个很短的时间内，混沌状态存在的条件也同理想稳态存在的条件相矛盾。因为理想的稳态要求，它的各子结构以及它的环境都处于稳态，环境包括它所在的大结构等。虽然混沌状态允许稳态的状态，但理想稳态却不允许混沌状态的存在。为了处理这一理论上的不和谐性，可以近似认为理想混沌状态所持续的时间 $\Delta t=0$。

稳态定义和混沌状态的定义对"小作用"的含义是有差异的。稳态的定义是对任意小作用，混沌状态的定义是存在不少于两个小作用。对一维情况只有两个小作用，上述定义实质是一样的。对多维情况问题就复杂了。

定义：如果状态函数 H 的某点 V_1 表示耗散结构的稳定状态，而 $-H_1$ 则表示混沌状态，且如果状态函数 H 的另外的点 V_2 表示混沌状态，而 $-H_2$ 则表示稳定状态。当状态函数 H 满足上述条件时，则称稳定状态和混沌状态的状态函数是对称的，否则称为是不对称的。

不难证明：对一维的状态函数，这个状态函数对耗数结构稳态和混沌状态的描述是对称的。而对二维情况,不难找到一个例子是不对称的。如果 H 是二维状态函数,并且状态函数 H 是鞍形的,鞍点就是一个不对称点。当 $H(x,y)$ 是鞍点时,它描述的是一种混沌状态,而 $-H(x,y)$ 描述的同样是一种混沌状态。

由于一个耗散结构的演化要经历各种状态。如果用变量置换方法将二维函数变成一维函数,对整个过程描述很可能出大问题,二维的混沌状态在一维会变成稳态。鉴于定量评估,如经济学中的只重视 GDP,很多是将多因素变成单因素,在此提醒读者注意这一特征。

10.4.4 位垒和位垒参数

当耗散结构从一个稳态变到另一个稳态时,如果状态函数没有发生变化,系统就必须经过一个混沌状态。通常将状态函数的极大值称作位垒或势垒。位垒所对应的自变量称为位垒参数。

将一定质量的放射性同位素铀放在一起,当质量较小时,这些同位素是安全的,即不会发生自我爆炸。当质量大于某一质量 M 时,放在一起的同位素铀就会自我爆炸,变得非常危险。这两种完全不同状态的自变量区别在于质量的大小,因而称 M 为临界质量。在经济学中也有临界质量的概念。

在纯理论的研究中,用位垒的概念易于理解。但在应用研究中,用位垒参数则比较易于测量。

10.4.5 耗散结构的稳定度

从图 10.4.1 可以发现:从稳态 b 越过混沌状态 d 到达稳态 f,和从状态 f 越过 d 到达状态 b 难易程度是不一样的。它们虽然都是越过同一个位垒,但起点的位势是不一样的。为了表示耗散结构从一个稳态越过位垒变到另一个稳态的难易程度,引进稳定度概念。

当我们企图对耗散结构的稳定度下一较确定的定义时,我们发现有两种选择,一个是用广义势函数的势差,一个是用广义势函数自变量参数间的距离。

从某一稳态越过最小位垒达到另一稳态,其最小位垒和该稳态位势之差值为该稳态的稳定度。差值大,则稳定性好;差值小,稳定性差。

10.4.6 混沌边缘状态

耗散结构处于稳定度非常差的一种稳态叫混沌边缘状态。混沌边缘状态首先是一种稳态,它具有稳态的特性,其次是它的稳定度非常差,由此而产生了某些类似混沌状态的特性。如图 10.4.1 所示 h 点就可以看作混沌边缘状态。混沌边缘状态处于状态函数的极小位势状态,它的内部各层次结构及周围环境是处在稳定状态。混沌边缘状态像前面谈的混沌状态一样,通常只发生在一个层次上。当耗散结构处于混沌边缘状态时,只要一个不大的作用,这个作用可能来自系统外部,也可能来自系统内部,系统的状态就可能越过混沌状态到达另一个稳定状态(如 g 点)。

虽然混沌边缘状态稳定度很差,但它是一个非常值得关注的状态。它仍是一个稳定状态,有一定的自稳定性,可以抵抗一定的内部,外部的作用,可以维持一段时间。虽然这种状态抗作用的能力极差,但也不是任意小的作用都可以使它改变状态的。

在某种意义上，混沌状态只在理论上有意义，在实际中混沌状态的意义不大。因为它的抗作用能力太差，存在时间极短。绝大多数的突变都是从混沌边缘状态开始的。混沌边缘状态是发生突变的先兆。混沌边缘状态的稳定度和作用大小的概率分布决定突变发生的概率。

10.5 耗散结构的演化特性

10.5.1 量子跃迁

耗散结构内部可能发生的一种小突变属量子跃迁。我们以光子发射或吸收引起的量子跃迁为例来说明在耗散结构内小突变发生的特性。这里说的耗散结构内部，是指组成耗散结构物质的各种层次内部，并非仅限于耗散结构的大小层次。

无论是开放系统还是孤立系统的内部，物质的热辐射及热吸收是不可避免的。伴随热辐射和热吸收是光子的发射和吸收。根据量子力学，当物质吸收一个光子时，它从低能态变到高能态；而当它从高能态变到低能态时，它发射一个光子，即伴随光子的发射或吸收是物质结构发生的突变。当然，这种突变作用相当小，只有电子伏特的量级，这种突变的发生不仅是不可避免的，而且发生非常频繁。当然这种量子跃迁也可能是同耗散结构系统外交换光子引起的，因为耗散结构必须是一个开放系统。

请不要小看这些不可避免的、频繁发生的、作用很小的突变。这种小突变可以触发耗散结构的子结构产生一个较大的突变，而较大的突变还会引发更大的突变。

10.5.2 耗散结构的突变

耗散结构的突变是指耗散结构从一个稳定状态越过混沌状态到达另一个稳定状态的过程。我们用状态函数对突变做出描述和解释。

某时刻，处在稳态 b 的耗散结构受到了一个作用，从稳态 b 越过混沌状态 d 到达另一个稳态 f。依据确定性动力学基础，我们认为，只有当作用大于稳定度时，才会发生突变；而作用小于稳定度时，就不会发生突变。

由于我们的概念是建筑在不确定性动力学基础上的，因而发生突变的条件准确的描述应为：对给定的状态，大作用引起突变的概率大于小作用引起突变的概率；对给定的作用，"这个作用"作用于稳定度低的状态引起突变的概率大于作用于稳定度高的状态引起突变的概率。

来自外部的作用有大小之分，有发生频率的高低之分。如说建筑物抗震能力，通常说建筑物能抗几级地震，主要给出一次能抗多大的地震。又如，说水坝防洪能力，通常说可防几十年一遇的洪水，既给出水的大小，又给出发生的概率。来自内部的作用则指这个耗散结构的子结构发生突变引起的对大结构的作用。这种作用大小是可以知道的，是否发生同子结构的状态有关。

稳定度和耗散结构的状态有关。当结构处于临界混沌状态时，稳定度差，小的作用就可能引起结构的突变。

突变的发生取决于作用和系统的稳定状态。作用可能来自系统内部也可能来自外部。对来自外部的作用，我们通常难以预测和控制。为了促进或防止突变的发生，我们应把注意力放在系统内部可能发生的大作用以及系统的稳定度上。

在突变中，位垒或临界质量的概念很重要。某些人希望一个耗散结构从一个状态变到另一个状态，譬如制定的扶贫政策想从给受扶持者输血变到受扶持者本身有造血功能，但如果这个作用不足以越过位垒，结果也将变成了无效作用，造血功能仍然不可能有。

10.5.3　耗散结构的渐变

若对耗散结构 M 施加了一个作用 F，这个作用虽然引起了耗散结构 M 的改变，但由于某些原因，这个作用被消除了，耗散结构又回到了发生作用前的状态。这样的一个作用被称为无效作用。

如果同样大小的作用 F 不是作用在耗散结构 M 上，而是作用在耗散结构的一个子结构上，这个作用 F 则可能引起这个子结构的突变，但不一定引起结构 M 的突变。我们讨论在不引起 M 突变时，耗散结构 M 的变化。

小耗散结构的突变是频繁的，其突变的次数远大于由它们组成大结构的突变。这就是说，不是每一次小结构的突变都可以引起大结构的突变。一个由 a、b、c、… 基元构成的耗散结构 M，如果基元 a 发生了突变，变成 a*，耗散结构的组成由 a、b、c、… 变成了 a*、b、c、…。即便耗散结构 M 没有发生突变，但耗散结构 M 本身也变了，不再是原来的样子，因 a*、b、c、… 的相互作用不同于 a、b、c、… 的相互作用。

当基元 a 发生突变，变成 a* 后，耗散结构 M 变了，最终也只能是一个稳态，这个稳态只能不同于 a 发生突变以前的稳态。现在我们看到：耗散结构 M 从一个稳态变到了另一个稳态，中间没有发生突变。这种从一个稳态变到另一个稳态中间没有经历混沌状态的变化叫渐变。

我们用稳定度的增加或减少来表示渐变引起耗散结构特征的变化。

小的突变会引起耗散结构的渐变，而耗散结构将会改变状态函数做出调整，我们将这种调整称作耗散结构的自调节功能。自调节功能和自稳定功能并不相同。在自稳定功能进行过程中，确实也有自调节，但最终的结果是回到了施加作用前的状态；在进行过程中状态函数也发生了变化，但最终又回到原来的状态函数。而自调节功能则不同，施加作用前的状态和最终状态是状态函数不同的两个稳态。

渐变对大结构来讲是稳定度的增减，仅是数量上的，没有质的变化。但对这个结构的内部子结构而言，则必定有某处发生了质的变化。耗散结构有记忆功能，局部的突变被记忆了，渐变是带有记忆的演化。

而无效作用，不仅没有引起大结构的突变，也没有引起任何结构内部的突变，这个作用是无记忆的。当耗散结构最终回到作用前的状态时，这个作用是否施加过？在这个耗散结构上没有留下任何历史的印记。

10.5.4　小结构突变对结构的影响

小结构的突变对由该小结构组成的大结构的变化的影响有两种情况：一种是引起大结

构的突变,一种是引起大结构的渐变。我们通常把由于小结构的突变而引起的大结构的突变称为链式反应。

讨论由基元 a、b、c 组成的耗散结构 M,以及 M 和其他基元、耗散结构组成大的耗散结构 Σ 的变化。如果基元 a 发生了一次突变,由于基元 a 是耗散结构 M 的组成部分,基元 a 的突变必然对耗散结构 M 产生一个作用,如果这个作用大于突变发生前耗散结构 M 的稳定度,这个作用则引起耗散结构 M 产生突变。耗散结构 M 的突变,对耗散结构 Σ 又会产生一个作用,也可能引起 Σ 的突变。

这样一连串突变发生并放大的条件是:

(1) a 的突变对耗散结构 M 的作用 L_1 大于耗散结构 M 当时的稳定度 K_1。
(2) 耗散结构 M 突变对耗散结构 Σ 产生一个作用 L_2。
(3) 作用 L_2 大于耗散结构 Σ 当时的稳定度 K_2。

$L_2 > L_1$,使耗散结构突变的层次性放大。

如果 a 的突变没有引起 M 的突变,a 突变对更大结构 Σ 的影响就非常小。

10.5.5 耗散结构突变对内部结构和环境的影响

A 结构和 B 结构可能存在三种结构关系。第一种是,A 结构是 B 结构的子结构或 B 结构是 A 结构的子结构,这种关系称为直接关系;第二种是,A 结构是大结构 M 的子结构,B 结构也是 M 的子结构,这种关系叫并行关系;第三种是,A 结构和 B 结构在同一个大结构 M 中的其他关系叫隔结构关系。

对直接关系,A 结构的突变对 B 结构的影响可直接用突变产生的作用和 B 结构的稳定度分析。

分析并行关系就比较复杂。它并不仅取决于 A 突变产生的作用及 B 结构的稳定度,还而且与大结构 M 的状态有关。如果 A 的突变引起 M 的突变,B 受到的影响就大;如果 A 的突变没有影响 M 的突变,而只引起 M 的渐变,则 B 受到的影响就小。

对隔结构关系,情况则又变得简单。A 突变对 B 突变的影响主要取决于中间隔结构的变化。如 B 结构是 C 结构的子结构,C 结构又是 A 结构的子结构,A 结构突变对 B 结构的影响则主要来自 A 结构突变引起的 C 结构变化对 B 结构的影响。反之也如此。如隔的结构更多,则主要结论也是如此。由于结构是按结合的强弱划分的,A 结构和 B 结构虽是隔结构关系,但它们之间有直接的弱相互作用,也有直接影响的成分。

如果把并行关系也看作是一种隔结构关系,对耗散结构的结构影响有放大作用和屏蔽作用。如果隔结构发生了突变,影响则被放大了;如果隔结构仅发生了渐变,则影响被减弱或屏蔽了。

当我们关注一个结构的状态时,我们也关注其他结构变化对它的影响,主要精力将集中在它的直接上层次和下层次结构的状态。如果上层次和下层次结构的状态均处于稳定度较高的状态,对隔层次结构的状态则不必花更多的精力去关注。如果直接上层次和下层次的状态处于临界混沌状态,那就要把关注的面放得大一些。

当一个耗散结构处于游离状态时,环境的变化对它产生的影响最大,当这个大结构处于稳定度很高的状态时,环境对组成它的大小子结构影响是比较小的。同样,环境关注的也是这个处于游离态的大结构,当这个大结构处于稳定度很高的状态时,对组成这个结构的各层次子结构的关注也不必花太多的精力。

对一个热力学系统,当处于线性非平衡态时,各种参数的影响有倒易原理。耗散结构是非线性非平衡态,定量的倒易原理可能不存在。

10.5.6 渐变的积累导致突变的发生

现在考虑大耗散结构 Σ,它由基元 M、N、R、… 组成,耗散结构有一定的稳定度,如果它的子结构 M、N、R、… 发生一次突变,每次都引起稳定度的变化。为了方便,我们假定子结构每次突变引起大结构的稳定度改变 3%,稳定度是增加还是减少则是随机的。经过这样一个假设,我们就可以对子结构发生突变大结构稳定度的变化有一个了解。

对上述问题读者编一个简单的计算机程序可以计算一下,当子结构 M、N、R、… 共发生 30 次突变时,耗散结构绝不会发生突变。当子结构 M、N、R 等共发生 100 次突变时,耗散结构 Σ 发生突变的概率出现了,但仍很小。随着子结构发生突变次数的增加,耗散结构 Σ 发生突变的概率也在不断地增加,当子结构发生突变达到 1000 次时,耗散结构 Σ 发生突变的概率已非常大,如子结构发生突变的次数达到 10 000 次,耗散结构 Σ 不发生突变的概率将变得很小。

当然,上述的考虑是非常简单的。在上述自组织过程中,可能发生的任何事件都可能成为现实,如果有多种可能的稳态,也可能变到概率较小的稳态。

前面介绍了,大结构的渐变包含有小结构的突变,没有小结构的突变,也没有大结构的可记忆的渐变。在这里我们看到:对大结构来讲,渐变的积累可能导致稳定度的降低,稳定度的降低则可能在小的作用下引起突变。这就是今天理解的量变质变的关系。

上面介绍的仅是一种完全随机的简单现象。在生物领域,小的突变也是经常发生的,这种小的突变会引起大结构的渐变。通常认为这种渐变引起向更适应环境方向变化的概率并不大,但周围环境对各种不同渐变态生存概率的不同,造成了一种自然界的定向选择。不同的环境定向选择的方向是不一样的,这就产生了物种的多样性。

人类的祖先早就懂得了除了自然选择外的人工选择,种植植物对品种的选择及改良、饲养动物对品种的选择和改良都是人工选择。人工选择加快了物种向需要方向演化的速度。人工选择并没有破坏自组织规律,而是利用了这一规律。科学研究的目的一是认识自然和社会,另一个目的是在人类的生活中遵守这一规律,发挥主观能动性,更好地利用自然,管理社会。

10.5.7 耗散结构演化的结构性、层次性、自相似性

设想有一个耗散结构 Σ,它由子耗散结构 M、N、R、… 构成,各子结构又由更小的耗散基元构成。我们设想经过相当长的期间,耗散结构 Σ 经历了几次突变。我们讨论的耗散结构 Σ 演化的历程,主要包括耗散结构 Σ,组成 Σ 的子结构,以及子结构的基元的突变。按发生的先后排一个序列,看一下这个序列是什么样子。

我们首先粗线条地看,仅看耗散结构 Σ 的两次突变这段期间,在大小层次上仅看子结构的突变,不看子结构的基元的突变。这样一个图像是很简单的,在 Σ 的突变期间,有很多构成结构 Σ 的各种子结构的突变,并且突变不只一次。

如果在上述很多子结构的突变中，找到两个相邻的同一子结构的突变，并且仅注意构成这个子结构的基元的突变，并不关注中间其他大小突变。我们会发现这个子结构演化的结构，同结构Σ演化的结构有相似性，这是一种不完全的相似性。

所有Σ子结构的演化经历都同Σ的演化经历相类似。在我们的序列中，这些本来清楚的共有的相似性的结构因有重叠变得复杂了。

我们也可以将耗散结构演化的大小突变时间序列作一个傅里叶变换。傅里叶变换以后得到的频谱，同样有结构性、层次性以及自相似性。

我们再考虑这种不同层次的突变的强弱，这个强弱可以用突变发生时发生突变耗散结构的状态函数，从混沌状态变到新的稳态的势差来表示。因为这个势差的变化是在短期进行的。一般来讲，小层次的耗散结构突变弱，大层次的耗散结构突变强。这样，耗散结构的突变在强弱上也就有结构性和层次性。不严格地讲，这个强弱上的结构性和层次性是同耗散结构结构上的结构性和层次性相对应的。当然，这种对应不一定是完全的。耗散结构Σ的子结构在大小上也可能差别很大。

10.5.8　耗散结构演化的可预测性

基于确定性非线性动力学研究，系统的演化虽然是复杂的，但也是确定的。人们原则上可以确定地预测未来。基于不确定性非线性动力学的研究，系统的演化不仅是复杂的，而且是不确定的，所以人们原则上不确定地预测未来。规律的统计特性决定了对未来的预测只能是概率的。预测的概率特性并不像某些人想象的那样无用。

当混沌状态发现以后，人们习惯于称对近期预测准确性好，对远期预测准确性差。这种看法有一定道理，但并不确切。我们从前面耗散结构的介绍，加上某些随机的特征就可以对系统的特征做出预测。

如分析在一定状态下，在一定时期内系统靠自组织功能从现有状态越过位垒达到另一状态的可能性有多大呢？这个问题同突变有关，突变同系统的稳定度和对系统的作用有关。稳定度通常由状态函数得到，一般是用确定性近似的，对系统的作用就应该用概率表示。定性的结论是：

对一定的外部作用，(1)在任何确定的状态下，对近期的预测都比对远期的预测更准确，这并不表明预期同状态无关。(2)在较短的时间段，对稳定性大的系统的预期准确性大于对稳定性小的系统的预期。(3)由(2)可以得到，对稳定性大的系统，其至在较长的时间段内的预期是准确的，对临界混沌状态的预期即使在短期也未必准确，对混沌状态根本无法预期。(4)对上述情况，如果外部作用的确定性(指大小和频率)越好，则越易于预测。

我们看到，对耗散结构演化的预期，其准确性同目前现状有关，同作用的确定性有关，同预期时间的长短有关。

上节对耗散结构状态特性的介绍，以及本节对演化特性的介绍可以更多地使用控制论的概念和语言，控制论概念和语言的应用有利于对复杂性系统的管理。

10.6　耗散结构的生成、变异和解体

一个耗散结构的硬核具有稳定性、遗传性。如果硬核变了，这个耗散结构就不是原来的耗散结构了。硬核虽然具有稳定性，但也不是不可以变异的。在科学体系及人类的生活中，

某些耗散结构的硬核虽然发生了一些变异,但我们有时仍称它是原来的耗散结构。

当我们考虑一个耗散结构的生成和解体时,我们必须承认当生成和解体发生时,硬核创生了,或不存在了,或者说变了。这样,硬核最主要的要素就不应仅是物理上的守恒量。因为守恒量在耗散结构生成和解体的时刻前后并没发生本质的变化。由此,我们必须把硬核理解为包括某种可创生量、不守恒量。

至今物理学上还没有发现某一不守恒量可以离开守恒量而存在或传播。耗散结构的硬核包括:由物质的东西所表现的一种秩序,一种物质间的关系。这些关系是可以创生的,是不守恒的,但它们绝对不可能离开物质而存在,它们是物质的一种属性。

10.6.1 耗散结构形成的过程

设一个结构由 A、B、C 组成,在相同的条件下,通过随机组合构成结构 ABC 至少有四种方式:A、B、C 一下子组合在一起,形成 ABC;A、B 先组合,再和 C 组合形成 ABC;B、C 先组合,再和 A 组合形成 ABC;A、C 先组合,再和 B 组成形成 ABC。计算表明,后三种方式比第一种方式效率要高很多。

在形成大耗散结构的过程中,通过形成小结构、中结构……这种带有层次性的方式效率要高。

我们看一个由基元 a、b、c、…、m 组成的耗散结构 M 形成的过程。排除 a、b、c、…、m 一下子组成耗散结构 M 的可能性,因为这种可能性太小。如应用前面三个单元一下子结合在一起的效率远小于分两次结合的效率,我们可以从形成结构 M 的最后一次组合倒着向前分析,我们的耗散结构在某种意义上必须是个环。最后一步可能是这个环在某处断开的链结合成环,即最后一步组合前可能是一个链。最后第二步可能是这个链在某处断开的两个链,或一个链和一个基元的结合。即耗散结构在最后两步组合前可能是两个链或一个链和一个基元。我们还可以再一步步向前推,到此基本就可以了。

我们看到形成一个耗散结构有很多种可能的方式,我们不能认为某种方式是唯一的,其他方式不可能。

10.6.2 耗散结构生成过程的结构性、层次性、自相似性

简单耗散结构通过自组织过程形成的条件之一是:在没有形成组成这个耗散结构的所有基元之前,这个耗散结构是不可能形成的。如果我们把宇宙拆开,再拆开,得到非常小的实体基元,把仅由基元组成的耗散结构称为第一代耗散结构。

现在考虑仅由基元和第一代耗散结构组成的耗散结构,并称其为第二代耗散结构。由于第一代耗散结构可以约化为基元,这样我们得到另一个结论:第二代耗散结构形成的时间晚于组成此结构的所有第一代耗散结构和基元形成的时间。

我们可以一直这样分析下去,一直到最复杂的耗散结构,对任何由自组织形成的耗散结构,它的形成时间晚于组成它的所有子结构、孙结构、曾孙结构……形成的时间。

在这里我们看到了由通过自组织过程形成耗散结构,这个耗散结构形成过程的结构、层次性及自相似性。

我们这里强调了自组织过程,因为就事物演化过程而言,除了自组织过程还有他组织过

程。由于他组织过程行为的主体只能由自组织产生,否则就需要一个超自然的力量,所以他组织过程只能产生于自组织过程产物的环境之中,他组织的对象也必须利用自组织的生成物。

由于设计者是有目的的,纯自组织是没有目的的,而最好的设计又是仿自组织的,因为自组织生成物是经历千百万年淘汰筛选出来的。所以仿自组织过程设计是优秀的。由于目的的差异,这里存在一个逆向原理。

仿自组织他组织逆向原理：一、自组织过程是先形成子结构,再形成总体结构；仿自组织设计是先设计总体结构再设计子结构。仿自组织设计也是有结构的,结构是分层次的,层次间有自相似性。二、在自组织耗散结构中,是结构决定功能。功能是指一个子结构在总体结构中的作用,并非目的,一个结构对它自身并没有作用,也没有功能。仿自组织设计是功能决定结构,先设计总体功能,再设计总体结构,决定子结构功能、子结构的结构。

10.6.3 涌现性及耗散结构特征的结构性、层次性、自相似性

一个耗散结构不仅具有组成它的各子结构的特性,而且具有组成它的各子结构所没有的特征。这个组成它的所有子结构都没有的特征,是在结构形成后产生的。这种形成新结构、产生新特征被称为涌现性,它不能从原来的各子结构特征得到,好像是突然冒出来的。

在介绍耗散结构的稳态特征时,我们给出了自稳定性数学描述。现在就以这个描述为例说明涌现性。当组成耗散结构的各子结构没有形成大结构而处于稳态时,它们的特征有 $\begin{cases}\partial h_i/\partial x_i=0\\\partial^2 h/\partial x^2>0\end{cases}$,当这些子结构组成大结构处于稳态时,仍然有 $\begin{cases}\partial h_i/\partial x_i=0\\\partial^2 h/\partial x^2>0\end{cases}$,但产生了新特征,总体结构的自稳定特征是 $\begin{cases}\partial H/\partial X=0\\\partial^2 H/\partial X^2>0\end{cases}$。

这个新特征在形成总体结构前是没有的。这个新特征不可以从前面的特征给出。

如果一个耗散结构的特征群用 T 表示,它的子结构的特征群用 C_S 表示,则一个耗散结构的特征群

$$T \varepsilon \Sigma C_S + t$$

其中 ε 表示左边的特征群由右边的特征群组成,t 表示在形成结构时由涌现效应产生的新特征。

很明显,上式对任何耗散结构都是适用的。由于耗散结构有结构性、层次性及自相似性,所以耗散结构的特征也有结构性、层次性及自相似性。

10.6.4 耗散结构的变异

耗散结构的变异是指组成耗散结构的各大小层次耗散结构由一个新的耗散结构所取代,这个新的耗散结构与被取代的耗散结构在物质上有区别,并不是指在状态上不同。

如果一个耗散结构 Σ 由 A、B、C 等大结构和 a、b、c 等小结构组成,我们暂时不区分这些大小结构在哪一个层次上。

假定它们可能被 A^*、B^*、C^*、$\cdots$、a^*、b^*、c^*、$\cdots$ 所取代。我们讨论它们被取代的条件。

首先考虑取代的结构和被取代结构的特征。取代的结构处在被取代结构的位置,这一特点要求取代的结构和被取代的结构在对外结合的特征上要尽可能相同或相似。如果两个结构都很复杂,它们对外结合的特征的差异就越多,就越难取代。相反,结构简单的易于取代。另外考虑这两个结构在大结构中的作用,它们在大结构中的作用差异越大则越难取代,差异应该相同或相似。再考虑被取代的结构在整结构中的结合强弱,如果它在原来结构中相互作用强,则越难以取代。

10.6.5 耗散结构的解体

耗散结构发生解体在某种意义上可以看作一个耗散结构生成的逆过程,但事情可能要复杂很多:一个新形成的耗散结构往往在刚形成后是处于游离状态,但一个解体的耗散结构解体前则很可能处于某一个大耗散结构之中。这样,一个耗散结构的解体很可能比一个新结构形成产生更大的影响。

一个耗散结构解体了,不一定引起组成这个大耗散结构其他结构的解体。由于结构是分层次的,而层次是按相互作用、结合的强弱划分的。由于小结构内部有更强的相互作用和结合,所以小结构并不一定解体。就像用砖、瓦、木料建的一个房子一样,房子倒了,砖、瓦、木料还可以再用来建新的房子。自然界选择这样的方法来构建结构,可能是一种演化最快的方式,否则一切都必须从原始开始。大结构解体了,它的部分子结构也会解体。如人是一个耗散结构,人死了很多部件虽然还完好,但人死后很快也解体了。但也有部分部件没有解体,即使死人腐烂,原子也没有解体。

一个大结构的部件解体了或失去功能了,是否这个耗散结构就一定解体呢?回答也不是肯定的。我们人体经常有细胞死亡,人体照样健康地活着。新陈代谢经常发生。某些生物对大部件的解体有再生功能。对某些大部件的解体,人可能没有再生功能,但也有替代功能。盲人的眼睛虽难以复明,但听力的功能特别好。这些特征可以简单总结为耗散结构有自修复功能。

在工程管理上有个六西格玛管理,这种管理的思路是:为了保证总体质量,尽可能控制、提高单个部件的质量。据说质量控制在百万分之一的不合格率。在机械论思想指导下,这一思路并不错。如果引进总体设计的自修复功能设计思想,可能对部件的质量控制并不要求如此高。

一个耗散结构解体了,如果解体前它处于另一个大耗散结构之中,它的解体也可能引起大结构的解体。由于耗散结构生成后一般处于游离状态,所以耗散结构解体一般会比耗散结构生成对外界带来更大的影响。

一个大结构的解体了,但一些小结构并没有解体,这些小结构因大结构的解体处于一种游离状态。因而,结构的解体会伴随一些新结构的生成。

在生物学中有渐变说和灾变说之争,灾变说强调在大灾难发生时,有大量物种绝迹,大量物种生成;渐变说则强调在漫长的非灾难时期的物种的演化、绝迹及生成。渐变和灾变在进化中都发挥作用。由基元组合成大结构,在当时的条件下,应该是组合成的大结构更适合环境;由于耗散结构内部的相互作用必然小于组成它各基元内部的相互作用,在另外的环境下,这个结构又会解体,在解体时基元将不解体。这样大耗散结构又对另外的环境表现了不适应。但是有一点是绝对的:任何一个耗散结构,都是先形成这个耗散结构的基元再生成这个耗散结构的。在这个意义上，先生成简单耗散结构，再生成复杂耗散结构是绝对的。但是，当复杂耗散结构生成后，还会有新的简单耗散结构的生成。在这个更广泛的意义上，先生成简单耗散结构再生成复杂耗散结构又有相对性。

为什么结构要有层次性，原因很简单，因为有层次性，生成复杂耗散结构的效率高，易于存在。耗散结构的生成也是一个竞争的过程，选择的过程，是一种自然选择。我们不必设想某种结构不可能生成，只要考虑是否易于生成以及生成后是否能长期生存。

现实留下了历史演化的印记，但它并没完全逼真地保留下历史，它只保留下历史演化的概况，这就是我们看到的现状。

不确定非线性动力学告诉我们：不仅在初始条件和环境都确定的条件下，耗散结构演化的结果不是唯一的，而且如果终态是确定的，周围环境是确定的，追溯初始条件也不是唯一的。其至当初始条件、周围环境、终态都是确定的时候，耗散结构演化的历程也不是唯一的，真实的历史是不可能精确推测的。

10.6.6 创生的宇宙、创生的规律、没有终极意义的科学探索

宇宙不仅在演化着，而且在创生着。这种创生不仅是创生新的事物，而且也在创生着事物之间的相互作用、协同和竞争……创生着事物之间的关系，创生是宇宙的本质，没有开始，也没有终结。所谓宇宙大爆炸也不是真实宇宙的起点，而只是真实宇宙演化中发生的一次突变。

科学规律存在于客观事物之中，存在于客观事物的演化过程之中。如果事物是在创生着，那科学规律也只能是在不停地创生着。

科学研究是人类对客观宇宙的一种探索，一种认识，一种描述。在历史上有一些科学家将客观宇宙同科学家所描述的宇宙等同起来，宣布有一天科学探索的终极目的将会达到。人们已经知道了宇宙的全部秘密，这种思想与某些宗教信仰有关，某些宗教信仰认为教义是对宇宙的真实描述，教义是绝对正确的。由此产生了对科学知识同样的崇拜，认为现有的科学知识像教义那样，是对宇宙真实的描述。从相对论和量子力学产生以后，人们对科学知识的看法有了转变，很多人持这样的观点：存在两个宇宙，一个是客观真实的宇宙，一个是科学知识描述的宇宙。客观宇宙要比我们人类描述的宇宙复杂得多，或者说人类科学知识描述的宇宙是客观真实宇宙的近似，随着科学的进步，这个近似会进一步逼近真实宇宙，但不能达到科学知识的描述完全等同于真实宇宙。人们相信："今天的科学是没有终极意义的"这句话对人类总是正确的。

人们对客观宇宙和科学知识的关系有一个更进一步的认识，不再希望找到终极的原因，一劳永逸。但近代科学思维留下了西方宇宙构成论的印记，构成论主张变化要素的结合和分离，这种思维主张探索永恒不变的规律。

自组织理论指出：宇宙是不断创生的，有些规律是在宇宙的演化中产生的，也会在宇宙的演化中消灭。当然，并非没有永恒不变的规律，但仅用这些永恒不变的规律并不能描述今天的宇宙。我们对"今天的科学是没有终极意义的"这句话又有了新的认识。

10.7 类比分析当今经济学

10.7.1 经济学基元分析

物理学是自然科学的基础,经济学是社会科学的基础。而经济学是按物理学的方法构建的。这样物理学也就成了一切科学的基础。

可以将耗散结构的研究成果应用于经济学,广义帕累托均衡的提出就是一个例子。也可以用我们构建自组织知识体系的方法重新构建经济学。这里只能介绍一些重新构建经济学的一些启示方法,更多的工作还需广大读者的努力。

旧的经济学是按基元方法构建的,仿照物理学的刚体构建了基元——经济人。

经济学的研究对象同物理学研究的对象有很大的差别。一是经济学研究的对象复杂,二是演化过程快。复杂性系统内部因弱相互作用通常演化也快。经济学大师马克思、马歇尔早就注意到了经济系统的演化,只是处于当时的科学水平,马克思对经济系统演化的研究还很初步,马歇尔则更重视对非演化的研究。经济学家早就对仿刚体的经济学基元提出过质疑,而物理学家则很少对物理学的刚体提出质疑,其原因是:由于研究对象的差别,物理学由基元的近似得到的结论,很多是逼近真实的结论;而经济学由基元的近似得到的结论,很多是脱离实际的,这一点人们早就认识到了。

经济学作为一种科学,要求研究者置身于研究系统之外。但由于经济同人们的切身利益直接有关,真正置身于研究系统之外的经济学家是非常少的,很多经济学家成了利益集团的雇佣人,这种雇佣人的地位阻碍了对真理的认识。

爱因斯坦说过,判断一个理论体系是否正确,一是理论内部的无矛盾性,二是理论外部的检验性。

经济学门派很多,我们对西方主流经济学新古典经济学进行分析。首先分析它的基元——经济人假设。

经济学家张五常称经济人假设对经济学是不可或缺的,这说明经济人假设在新古典经济学中的重要性。张五常简单地将经济人假设为:每个人的任何行为都是追求自身的最大利益。这种假设虽不够完全,但确实反应了经济人假设的实质。从理论内部的和谐性出发,经济人的每一个行为要达到自身利益的最大化,则要求事物的发展必须是决定论的,这一点与经典力学的概念一致。为了找到最大值,必须在所有涉及的领域知道全部的信息,以及具有完全的理性,包括知道全部规律。这一点遭到很多人的质疑,全部的信息和完全的理性只有西方的上帝才可能做到,东方多神论的一个神也办不到。这样一个经济人是无差别的,这一点比物理学中的刚体还强。由于刚体不能组成结构,经济人也不能组成结构,所以新古典经济学派提倡自由市场经济,这些都是内部理论无矛盾的地方。

但并不是新古典经济学派的理论内部就全部是和谐的。在刚性条件下的自由市场经济在物理上类似于一个盒子中装的自由分子,这样的热力学系统在物理学上是平衡态,或"热寂"态、热死态,是最没有活力的。而新古典经济学派称为是最有活力的。马歇尔提倡均衡,经济学的均衡是帕累托均衡。由于从耗散结构的稳态特性不仅可以推出帕累托均衡,而且可以得到广义帕累托均衡。耗散结构是纯物理的,没有信息,也没有理性,所以帕累托均衡同经济人假设在理论上是冲突的。从实践上检验,经济人假设把人性同一的这种简化离实际也太远了,更不必说这种假设"使最冷酷的自私自利成为一种法则"了。完全的信息,完全的理性看来是提倡理性,实际是"理性白痴"。将完全不可能的假定为现实。再看一下经济系统是否无结构,当你走到任何一个企业内部,你都会看到结构,看到的不是商品交换,在企业外部各种大小结构在不断地形成和经济系统的演化。

科学发展的动力有两种:一种是科学内部的拉动力,一种是应用科学外部的推动力。拉动力主要体现在当某一科学领域取得突破时,对整个科学领域的拉动,特别是基础科学的突破。物理学对复杂性研究的突破必将拉动经济学研究的突破,而这个突破首先是从经济学的基元开始。

暂且我们将新经济学的基元称为契约人,由于我们建立新经济学的基础是仿耗散结构的,契约人的特征必须具有耗散结构基元的一切类似特征,也应该有新的特征。具有耗散结构基元的一切类似特征可以保证用类比方法从耗散结构结论得到的新经济学的特殊结论的可靠性。

耗散结构的基元有一个硬核和围绕这硬核的软结构,基元间的相互作用是非线性的。契约人也应有一个硬核和围绕这个硬核的软结构,契约人之间的相互作用也应是非线性的。

耗散结构基元特征是刚性的硬核,是核心,若硬核解体了,这个基元也就不存在了。与此类似,对自然人这个契约人来说,它的硬核就是人的生存权所需要的一切,软结构就是有弹性的、向往好生活的追求。这个追求只能是满意即可,不可以是最大化的。耗散结构的基元是纯物理的,没有信息,也没有理性。契约人新的特征应包括信息和理性,但也只能是有限的。

在耗散结构研究中,为了解释自组织耗散结构的特征应能简化为基元,自然契约人结合成团体的特征也应能简化为契约人。这样,我们就有自然契约人和团体契约人两种有区别的契约人,团体契约人代表集团的利益。

团体契约人的硬核是团体的生存,这个硬核解体了,团体也就解体了。但作为组成这个团体的自然人还存在,所以团体契约人不具有人权的特征。

读者会说:不论自然契约人还是团体契约人,在这里仍然是利己的,只不过有了些弹性,同经济人也没多大差别。而且关于信息、理性也只从完全的改为有限的。在现实生活中我们到处看到利他行为、集体主义,甚至忘我行为,能否从"有限的利己"动机推导出利他行为、集体主义,甚至忘我行为呢?

任何利他行为、集体行为、忘我行为都只有在人与人结成关系中才可以表现出来。对单个的人,无善恶而言。怎样从契约人的特征得出其他特征不是仅考虑基元就可以解决的。

也许我们对经济学基元的分析、改变还不够、不准确。但这些分析、改变就足以改变整个经济学。

10.7.2 广义帕累托均衡

经济学追求某种均衡,主要是指帕累托均衡。我们通过类比给出广义帕累托均衡。但必须指出,类比应用仅是一种启示,不是证明;类比结论的正确性不能由此逻辑保证,应谨慎使用。

帕累托均衡是指经济系统的一种状态。在这个系统中,每个参与竞争者都处于这样一种状态:每个人微小改变自己的行为,不论别人的利益是否受损,他自己的利益是受损的,这样每个人都失去了改变自己的行为的动力,系统也就均衡了。如果有一个人可以从改变自己的行为中取利,不论他人利益是否受损,这种状态就不是帕累托均衡状态。如果有 n 个竞争者,每个人的行为用 x_i 表示,对应的利益用 v_i 表示,v_i 是所有竞争者的函数。帕累托均衡用数学表示则为:

$$\frac{\partial v_i}{\partial x_i} = 0, \quad \frac{\partial^2 v_i}{\partial x_i^2} < 0 \tag{1}$$

在一般情况下,只有 v_i 是 x_i 的非线性函数,方程(1)才有解,但解不唯一;只有 v_i 是 x_i 的二次函数时,才有唯一解。帕累托均衡有时称帕累托最优,实际上应该称帕累托极优。下面讨论由 n 个子耗散结构组成的大耗散结构处于稳态的数学表示。同样的行为改变用 x 表示,状态函数用 s 表示,由于不仅有大结构,还有小结构,所以 v 是所有结构的函数。

$$\frac{\partial s_i(x_1, x_2, \cdots, x_n, X)}{\partial v_i} = 0, \quad \frac{\partial^2 s_i}{\partial x_i^2} > 0 \tag{2}$$

$$\frac{\partial S(x_1, x_2, \cdots, x_n, X)}{\partial X} = 0, \quad \frac{\partial^2 S}{\partial X^2} > 0 \tag{3}$$

耗散结构稳态有方程(3),但帕累托均衡没有类似的方程。原因是耗散结构的 n 个子结构形成了结构,而帕累托均衡则是没有形成集团的均衡。如果这 n 个竞争者组成集团,并且达到均衡,也仍有类似方程(3)的情况。

帕累托均衡所描写的竞争者可以形成集团吗?经济学中的经济人不是不可以形成结构吗?答案是可以形成集团或结构,因为帕累托均衡中的竞争者同经济人的特征不同。帕累托均衡中行为和利益的关系是非线性的。

如果这些竞争者组成集团,则变成了一个有结构的 n 个竞争者的均衡,称广义帕累托均衡,用数学表示则为

$$\frac{\partial v_i(x_1, x_2, \cdots, x_n, X)}{\partial x_i} = 0, \quad \frac{\partial^2 v_i}{\partial x_i^2} < 0 \tag{4}$$

$$\frac{\partial V(x_1, x_2, \cdots, x_n, X)}{\partial X} = 0, \quad \frac{\partial^2 V}{\partial X^2} < 0 \tag{5}$$

广义帕累托均衡既实现了集团利益的极大化,又实现了每个竞争者利益的极大化,我们称为一种和谐。

比较没有形成集团前的竞争,那时只实现了每个竞争者利益的极大化,并没有实现总体利益极大化,或者可以说当竞争形成集团时,产生了新的利益。因为实现总体利益极大化总比没实现总体利益极大化时的总体利益多。如果新产生的利益分配合理,则每个竞争者都可以从中获利,形成集团相当于一种联合、协同、合作。

在生活中"双赢"这个词早已被利用,也经常被人们所提倡,合作的结果是双赢要有一个条件:与不合作相比,合作产生新的利益。没有这一条件,谈双赢就没有基础。至今没有看到有关对这一条件的论证。

合作比不合作产生新的利益,这一结论可以解释为什么社会产生合作,结成集团。

耗散结构中的基元是纯物理的,在用耗散结构为物理模型得到自组织知识体系的过程中,我们排除了信息论的知识。由于没有信息,也就谈不上理性,最多仅是一种对作用的反作用。这就是说,得到方程(2)和方程(3)是不需要信息和理性条件的。这就产生了一个问

题：广义帕累托均衡是有信息、有理性，还是无信息、无理性的？

虽然据说帕累托均衡可以从博弈论的纳什均衡导出，但帕累托均衡的使用是有条件的，即每个竞争者的行为改变都必须是微小的。如果改变大，就称非帕累托调整。我们认为帕累托均衡是无信息、无理性的。如果果真如此，是否存在一个理性均衡呢？

由于类比只是启示，不是论证，为了验证结论的正确性，我们以双人不等资源哈丁公地问题对上述结论进行验证。由于这里仅介绍应用自组织知识体系的启示方法，因此只给出验证的一些结论，不给出具体过程。

该问题数据取自谢林的《微观动机与宏观行为》一书，比书中复杂一点，增加了放牧成本，且甲、乙两家成本是不一样的。竞争者人性的假设是追求个人利益的极大化，非最大化。

自由无理性竞争的结果是帕累托均衡。由于利益函数是行为函数的二次方程（同具体问题有关），这里的极大值也是最大值。结果是总体效益不高，而每个竞争者的收益也不令人满意，牧地因过度放牧遭到破坏。

增加一定的信息和理性，每个竞争者在采取行动前由信息和理性可以预测：如果自己的利己行为损害了另一方的利益，另一方将采取相应的报复行为，调整仍然是小步的。可以理性地分析：如果对方对自己的行为实施了报复，但我仍获利，那就采取这一行动；如果在对方的报复下我不获利，那么即使无报复可获利，也不采取这一行动。

上述假设存在一个理性平衡点。同帕累托均衡相比，总体效益提高了，每个竞争者的收益也提高了，此点是劣势资源占有者效益极大点，但不是优势资源占有者效益极大点，但优势资源占有者却获得了更多的利益。优势资源占有者可以从某个方向用理性调整逼近理性平衡点，劣势资源占有者的行为是主动的，优势资源占有者的行为是被动的。也可以两个人共同调整逼近平衡点，即两人共同行动是主动的，任何一个人都不愿主动行动，这里就存在既有竞争也有合作。如果两人达成契约，存在一个契约点，总体收益可极大。但并不是甲、乙各自放牧收益的极大点。同理性平衡点相比，优势资源者的放牧收益增加，劣势资源者放牧收益减少；为了使契约能达成，优势资源占有者必须从自己的放牧收益中补一些给劣势资源占有者，补偿最少应不低于理性平衡点劣势资源占有者的放牧收入；最多应使优势资源占有者的收益不低于理性平衡点收益，中间仍有一个讨价的空间，既合作又竞争。

如果参与竞争者是多人，则难以达成契约，即使不计契约成本，最好的办法是全体村民将部分权利委托给一个管理者，管理者为全体村民负责，考虑总收益极大，给自由竞争一定约束，如收税。这时可以达到广义帕累托均衡。即总体收益极大，参与竞争者放牧收益极大。这里的均衡却是无理性的，问题是税收如何分配。对具体问题的研究证实了类比分析得出的结论。

10.7.3 新的人性

科学家彭伽勒说，如果世界不是美的，生命也就失去了意义。科学追求一种美，但不是表观的美，而是一种内在的美。科学追求的终极目标是宇宙的真，真的也一定是美的。现在我们提出：科学追求善吗？真善美是统一的吗？如果世界不是善的，那生命的意义又在哪里？能否说科学追求的不是表观的善而是一种内在的善呢？下面从契约人的利己动机，根据契约人特征和广义帕累托均衡给出新的人性。

人性通常是指在人与人的关系中表现出来的一种人的本性。离开了人与人的关系谈人性只能是形而上学的假设。孤岛上的鲁滨孙虽然有人神关系,但神不是自然主义者需要的。也许有人要说,单个的人虽然不存在人与人的关系,但单个的人有人与自然的关系,人与自然的关系也反应了人性,我们接受这种挑战,也谈新自然主义者对自然的主张。

人是一个耗散结构,这个结构要稳定存在就必须从外界不断地输入负熵,人从自然界取得生存必需品符合人性。人为了生存吃植物、吃动物,在我们看来是合理的。为了生存得好,追求利润利用自然的合理性应有弹性,为了贪心破坏自然就是不合理的。因为人类为了自身的生存必须同自然界保持一种均衡,或同自然保持和谐。破坏了这种和谐,人类就要受到自然的惩罚和反作用。

新自然主义者把人类看作自然的一部分,主张同自然和谐相处。自然规律在一定意义上讲是可认识的,我们主张遵从自然规律,但自然是没有什么可畏惧的;正如我们在一个集体之中,我们遵从一些集体的法规,但集体是没有什么可畏惧的;我们遵从法规是自觉的,不是被强迫的。只有那些不希望遵从法规的人才会畏惧法规。

人与人的关系最简单的是两个人之间的关系,在契约人的人性假设下,对哈丁公地问题的研究揭示:双人自由竞争的结果并不令人满意,人的有限理性和信息使两个竞争者走向合作。合作可以产生新的利益,利益的合理分配可以增加每个竞争者的收益。在既有合作又有竞争的过程中,不论是理性平衡或契约平衡,劣势资源占有者都得到了他可能得到的利益,优势资源占有者却得到更多的合作带来的新的利益。从利益考虑,每一方都对合作、契约的稳定负有责任,优势资源占有者对合作负有更多的责任,因为合作给他带来更多的利益。所有这些在既有竞争又有合作的二人关系中,难道双方没有表现出利他行为吗?

对集体主义的探讨需要形成一个集体,有一个集体的代表人。哈丁问题是双人竞争还没形成集体。即使有契约,但没有一个集体利益极大的代表者。

假设多人竞争,由于理性均衡情况不理想,多人契约又难以达成,时间成本太高,自然趋向于形成集团。参与竞争者将一部分权力、资源赋予一个管理者。首先是集团同集团管理者的契约问题,此后才是管理的问题。

集团同集团管理者的关系可以看作双人契约关系,这个契约应能产生新的利益,并且在利益分配中,集团是优势资源占有者应分得更多的新产生利益,而管理者应得到尽可能多的利益。集团对契约的稳定负主要责任,管理者对契约的稳定也应有一定责任。这种契约可以看作是一种委托契约,集团是委托人,管理者是受委托人。

在管理者处理受委托事务时,他仅是集团总利益的代表者,不是集团某个人利益的代表者,也不是自身利益的代表者,这就是一种忘我行为。

在委托契约中,受委托人是政府官员或私人企业的管理者没有什么区别。政府官员同样应该领高薪,但不是为了养廉,而是他应该得到。私人企业管理者同样不允许背叛受委托人的利益。

各行各业从业人员都有成文的或不成文的承诺。委托人应该为承诺付出一定的代价,受委托人在需要兑现承诺时应兑现自己的承诺,承诺类似于受委托人的一种保证。

在人类社会中,任何集团的运转方式都是内外有别的。如果内外无别,这个集团就没有存在的必要。一个集团的约束只对集团内才起作用,同样,一个集团取得的新利益也只能给集团内部。集团内的各成员在集团内的功能、资源取得的方式同在集团外是不一样的。这样,任何小集团,即大结构中的一个子结构必须关心整个集团的利益。因为大结构的状态、演化、生存对子结构的生存状态构成直接的影响。下层关注上层，对上层发挥一定作用，这就是我们提倡的集体主义。同样，集团状态的好坏也同各子结构有关，上层关注下层，合理分配下层资源，这就是我们说的群众利益。

在一个集团中，如果一个子结构出了问题，必将影响到整个集团的利益。反之，由于集团利益受到影响，也必然影响组成这个集团各子结构的利益。仅各子结构从自身利益考虑，也应关心集团内其他子结构的利益，这就是我们提倡的另一种利他行为。

下面谈谈契约人的硬核——生存权。任何契约人，当侵犯到它的生存权时，它都会拼命反抗，直至自己的死亡。我们总是说，侵略者的失败是因为高估了自己的力量，低估了人民的力量。在我们看来，侵略者是为自己的利益而战，被侵略者是为了自己的生存而战，对力量的估计当然不一样。当侵略者临近死亡时，它的反抗同样是疯狂的。新自然主义者提倡和谐，不主张在竞争中侵害对手的硬核。

再谈谈自然契约人的硬核，生存权中的人权，这是我们单独赋予自然契约人的。没有任何一个自然人在正常情况下希望自己不能生存而去死，任何人也必须考虑到其他自然人同样不希望自己在正常情况下去死。因此我们应该把人权放在一切权力之上。有人主张"私人财产神圣不可侵犯"，我们则主张以法保护私人财产，但当你的私人财产侵犯他人的人权时，不仅私有财产是可侵犯的，而且侵犯是有理的。我们主张爱惜自己的生命，同时也关心他人的生命。如果对他人的生命都采取漠视的态度，这种人恐怕是最危险的。对临近死亡人的小代价救助几乎是不附加任何条件的。不分国家、种族、宗教信仰、过去的表现……，唯一的条件是受救者在受救助后不能马上杀死救助者，否则我们会指责其不仁道，这就是中国人说的仁，外国人讲的博爱。

有个记者假扮行乞者到行乞人群中调查，其报道说，行乞者人群中多数人不靠行乞也能生存，给行乞者钱财会产生一个副作用，呼吁不要给行乞者钱物。我们认为，你可以不给行乞者一个铜板，但你没有权力号召大家都像你一样。即使你的调查是真实的，十个行乞者中有九个是骗子，只有一个人不靠行乞不能生存，这一个人的生存权远大于给九个骗子钱产生的副作用。

粮食生产关系国家公民的生存。在正常条件下，粮食生产总是供过于求，从市场看，粮食生产效益是不高的，各国都对粮食生产采取补贴政策。因为在非正常情况下，如果缺少了粮食，只有死亡。一位中国经济学家主张从效益出发，中国少种粮食，土地用于其他产生更高效益的产业，粮食依靠进口。并称如果打起仗来不能保证粮食进口，那是外交搞得不好。对此经济学家和我们的回答是：玩命之徒把脑袋系在自己的腰带上，你鼓吹把中国人民的脑袋系在外国人的腰带上，我们不干！

自身的生存，对任何契约人来说都是最重要的问题。虽然最重要的问题并非是经常要讲、要处理的问题，但它是绝对不可忽视的问题，而且是第一问题。

自然契约人关心自己，由近及远；集团契约人关心的自己是指整个集团，由近及远是指自己的上下层次。

这使我想到中国四书中大学的主张：修身、齐家、治国、平天下，由近及远。而怎样修身的主张也很好：格物、致知、诚意、正心。

10.7.4 有形手无形手

自组织系统操控问题,即现实中人们经常说的管理问题。研究复杂性系统的目的有两个:一个是要揭示复杂性系统的规律,一个是要操控复杂性系统。这两者有严格的区别:为了揭示复杂性系统的规律,我们必须置身于系统之外,系统的状况与自身利益毫无关系;而为了操控复杂性系统,我们又必须在系统之中,系统的状态同自己的利益有关。这就是人们所说的纯科学研究,研究者只当观众不当演员;科学应用研究,研究者既是观众又是演员。

复杂系统是自组织系统。有人提出,对自组织系统的操控会破坏自组织系统的规律。其实这种担心是不必要的。对一个物体的运动施加一个力,改变了这个物体的运动规律了吗?没有,改变的仅是物体的运动状态。对自组织系统的操控也肯定会改变系统的状态、演化历程,但根本不会改变演化规律。自然科学对一个物体操控是按其规律进行的。

自组织知识体系是建立在不确定性非线性概念基础上的,在讨论中,我们把状态函数考虑成确定性非线性的,同时加进不确定的外来扰动。

我们讨论这样一个问题:我们希望(倡导)在学校组织一个学术沙龙,这对学术开展有益。我们需考虑怎样使其组织起来,并使其能很好地运转下去。

我们首先要做一番调查,看有多少人愿意参加。有的人可能是无条件参加,有的人可能是无条件不参加,但多数人是有条件的参加。条件如沙龙的时间、沙龙后的交通……还有很多人的条件可能取决于上次出席人数的多少,随大流。去的人少,他也不去,去的人多于某个值,他下次也会去。这样,预期下次出席沙龙人数的多少,就取决于这次的出席人数。

$$x_{m+1} = M(x_m)$$

x_m 表示出席第 m 次沙龙的人数,x_{m+1} 表示预期出席第 $m+1$ 次的人数,x_{m+1} 和 x_m 的关系函数 $M(x_m)$ 是非线性的,暂假设是确定的。

将 $M(x_m)$ 画在 x_m、x_{m+1} 坐标图上,再作一个 45 度线 $C(m_x)$。C 和 M 的交点为平衡点,稳定平衡点和不稳定平衡相同。

作曲线 $S(x_m) = \int [C(x_m) - M(x_m)] dx_m$ 就可以得到沙龙系统的状态函数。经济学中有很多两个曲线的交点为均衡点的例子,可用类似的方法得到状态函数,可能差一个负号。如哈丁公地问题,由于函数 $M(x_m)$ 和 $S(x_m)$ 在信息上是等价的,为了方便,我们在不考虑外来扰动分析时用 $S(x_m)$,这样直观;在考虑外来扰动时用 $M(x_m)$,这样方便。

沙龙状态函数如图 10.7.1 所示,图中有一个均衡点,且是稳定的。

但这个稳定并不是管理者所希望的。因为沙龙稳定出席人数太少,可能只有几个无条件参加者。管理者必须有一定的可控资源,否则无法管理。可控资源分两种,一种是一次投入的,可以看作给系统一个作用;另一种是长期投入的,可以看作给系统加一约束。本例中,前者如命令大家出席,后者如改变沙龙时间,开完沙龙开班车等,后者实际是改变了 $M(x_m)$ 和 $S(x_m)$ 曲线。

对图 10.7.1 的情况,如前一章所介绍,投入是无效的,因为不论 x_m 为何值,最终靠自身功能要回到均衡点 a。若加了约束,沙龙状态函数就如图 10.7.2 所示。

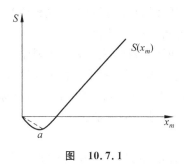
图 10.7.1

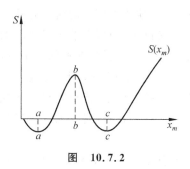
图 10.7.2

图中有两个稳态均衡点 a 和 c。由于目前的现状是没有沙龙处于 $x_m=0$ 处,仅靠系统自身功能可以稳定在 a 点,但不能到达 c 点。而 a 点并不能令管理者满意,管理者就要考虑如何操作使系统从 a 点越过混沌点 b 到达稳态 c。

这时只要给系统一个大的作用就够了。只要作用越过混沌点 b,就会自动演化到稳定点 c。作用不够大是没有效果的作用,系统还会回到不希望的稳定点 a。如果实在没有足够大的一次可投入资源,也可以考虑再改变约束条件。

如果系统处在稳定点 c,这时管理者就不必再操控了,既不要一次性的投入干涉,也不必加新的约束,可以实行无为而治了。

如果系统是完全确定的,管理者真的无事可做了。既不必做任何操控,也不必对系统进行监视,但自组织系统从内部和外部都是不确定的,它可能是:

（1）因某种随机因素使得对预期下次出席人数 x_m 有一个随机波动。

（2）由于外部条件的变化,非线性函数 $M(x_m)$ 和 $S(x_m)$ 会发生变化。

所以管理者需要对系统的运转进行监视,分析监视情况可以实现修正函数 $M(x_m)$。下面讨论怎样考虑随机因素下的预测。此时 $x_m=M(x)+x_b$,x_b 是一个随机量。但为了简单起见,我们设它是一个已知的随机量,大小是 x 的概率 $f(x)$,由此可以求出 $x_m < M(x)+x_b$ 的概率是 $\int_{-\infty}^{x} f(x)\mathrm{d}x$,进而就可以知道系统越过混沌点 b 到达不满意稳定态 a 的概率。如果这个概率较大,则需要考虑预防措施。

从上面的讨论可以给出利用自组织规律管理的一些方法和原则:

（1）对系统的监视是必要的;

（2）管理者应有一次性投入资源和长期性投入资源;

（3）一次性投入资源主要用于克服位垒和预防措施;

（4）长期性投入资源主要用于改变约束条件;

（5）预防性投入比克服位垒投入小得多。

10.7.5 做事方法,做人道理

今天的科学家在某种意义上讲是古希腊泰勒斯自然主义的追随者。在泰勒斯以前,古希腊是荷马的神话时代,用神的力量,或者用超自然的力量来解释自然。泰勒斯企图用自然的力量解释自然,拒绝用超自然的力量解释自然。近代科学的成果证实了自然主义者的成功。但近代科学研究的内容主要集中于对客观世界存在的研究。达尔文开创了对演化研究的先河,但对演化更深层的研究是从20世纪开始的。耗散结构的创始人称这种研究是向新的自然主义进军,向新自然主义进军的这个群体被称为新自然主义者。

新自然主义者科学探索的一个目标是将自然科学和社会科学统一为一个科学。我们这里给出一个尝试,即用类比的方法,将对耗散结构研究给出的结论用于指导科学研究的选题。在相同的道理下,指出当科学研究取得成果后,应当感谢社会。科学追求的目标是真,真的不仅是美的,而且是善的。世界是真善美的统一。世界如果不是这样,生命也就失去了意义。

西方科学哲学家对科学发展的历程提出过各种各样的模式,几乎所有的哲学家都承认科学是发展的,是演化的。既然是演化的,就可用演化的模式分析其发展。科学体系就可看作是耗散结构,就可以利用前面介绍耗散结构的知识来分析科学发展史,来指导我们的科学研究。

科学史的研究表明:在科学发展的历程中,"牛耕田,马吃料"的事是经常发生的,所谓"牛耕田",是指某一个科学家的工作,费了很大的努力,也取得了一些成就,但没有取得大的成就,离更大的突破就差一步,或就差临门一蹴。所谓"马吃料",是指另外一个科学家做了临门一蹴的工作,费力并不一定很大,但产生的效果却很大,取得了较大的突破,下面就谈谈这种现象。

研究生在选题报告中,总要分析自己选题的意义及完成的可能性。一般是没有意义的课题不选,不能完成的课题不选。在懂得了自组织知识体系后,我们对选题还有什么新的改进吗?首先让我们用类比的方法将对耗散结构的研究应用到科学体系上来,我们可以得出以下的启示结论(类比得到的结论不是逻辑证明得到的,还需检验):

科学体系是有结构的,结构是分层次的,不同层次有相似性。科学体系中的一个结构,不论其大小,可以处于稳态、混沌态和稳态中稳定性差的临界混沌态。科学体系中的一个结构的演化有突变,也有渐变。科学发现是一种突变。大结构的突变是指对科学体系适用范围的科学发现。小结构的突变会引起大结构的渐变,大结构渐变的积累又可以改变耗散状态的稳定性,使其到达一个临界混沌边缘状态。在混沌边缘状态,小的作用就可以引起突变;小作用引起的突变,对更大结构有一个作用,这个作用比引起小突变的作用还大,即突变有把作用放大的功能。小结构的突变可以引起大结构的突变,这称作链式反应。

科学家的科学研究工作,可以看作是对科学系统的一种作用,这种作用有大有小,作用在不同层次的结构上。作用效果的大小主要指引起突变的大小。科学研究工作对科学体系的效果可以分为以下三类。

(1) 无效作用。这是指科学研究工作在科学发展的历程中没有留下任何印记,即没有引起任何科学结构的突变。发生无效作用的原因经常是低层次的重复,另一种是将有限的作用施加在稳定度很高的大结构上,俗话说是自不量力,结果由于结构的自稳定性没有产生任何留下印记的影响。

(2) 有效作用,但效果不大。将有限的作用施加在合适的结构上,使其发生了突变。但小结构的突变只引起了较大结构的渐变,没有引起较大结构的突变。

(3) 作用不仅有效,而且效果很大。这种作用发生有两种情况:一种是作用在较小结构上,使较小结构发生突变,小结构的突变又触发了较大结构的突变。另一种情况是作用直接加在处于临界混沌态的较大结构上,使其发生了突变。两种作用有一个共同条件:即较大结构处于临界混沌状态。

无效作用中的低层次重复是应该避免的,但所谓的自不量力是不可能完全避免的。因为如果科学家的研究完全不接触大结构,就不可能知道它的状态,也就对它根本不了解。但科学研究不应陷入自不量力的研究。一个人要勇于承认自己试探性研究的失败。有志者并非事必成。从科学的角度讲,科学探索失败远多于成功,承认失败是科学家不可缺少的素质。

在有效作用中,每一个科学研究者都希望自己的研究工作取得大的效果。但小作用产生大的效果是有条件的:即科学系统的某一个层次结构处于临界混沌状态,小的作用施在这个层次结构上,或作用在它的子结构上,就可以发生突变,这种状态是可遇不可求的。我们可以认识科学发展的规律,但不可以改变这个规律。在没有机遇时,我们只能做产生小效果的工作。

作用和效果的关系是非线性的,并非一分汗水一分收获,小的努力可以产生大的效果,但要有时机。怎样看准时机,选择努力方向是科研工作出大成果的"必要"条件。这样说并非指历史上没有偶然运气,用小的努力产生大成果的事例。要把握时机就必须开阔眼界,并让自己经常了解高层次的状况。

看准时机并非一定可以把握时机,原因是自己的作用太小。研究表明:两倍作用产生大效果的概率远大于两个单独作用产生大效果的概率和。自组织知识体系也表明:联合成一个整体的作用大于两个小作用之和。这说明,联合起来产生大效果的可能性远大于单独奋斗。

下面讨论怎样看待科学研究中取得的大突破。首先分析怎样看待取得大成果者。由于科研取得大的成果有两个条件:一个是机遇,一个是作用,机遇不是取得大成果者创造的,而是其他人创造的。取得大成果者看准了机遇,抓住了机遇。由于大作用比小作用取得大成果的概率大得多,我们就应该承认取得大成果者有较高的能力,即科学研究的能力,特别是认识机遇,抓住机遇的能力。我们承认他们的能力,并不等于我们否认暂时没有取得大成果者的能力,对他们来说可能是时机没有到来。

取得大成果者又应怎样看待自己的成功呢?实事求是地讲,不应否认自己的能力和努力,但也要看到他人的能力和努力。他人包括资助者、领导者、参加的同事、自己的家人等,还有机遇的创造者。我们把机遇的创造者归于社会,归于群众。重大成果的取得者类似工作在一个较大层次上取得的突破,但对科学体系这个大结构来讲,还有更高的层次,这种在大层次上的突变对更大层次而言也只引起了渐变。所以所谓英雄也是群众。

群众创造了机遇,英雄把握了机遇,英雄也是群众。这就是新自然主义者的英雄群众史观。

还需特别指出的是怎样对待合作者。自组织知识体系指出:联合的作用效果远大于单个人的作用效果之和。当取得成果后,认为从总体作用效果中减去他人作用效果就是自己作用效果的看法,在某种程度上讲是对非线性作用的一种无知。但正是这种无知造成了一些人在取得成果后发生争执的根源。当然还有另一种人,他们不承认事实,把别人的作用也否定了。

在我们新自然主义者看来,当取得成果后感谢社会并不是一种美德,而是一种道德,是一种懂得道理者应有的表现。

本章论述自然科学和社会科学的统一是一种尝试,也是论证科学是真善美的统一上的一种尝试。如果有成功之处,作者衷心感谢社会为我们创造的一切条件,包括读者的关心。

习　题

10-1　用耗散结构的物理模型,通过类比方法分析经济学中的例子是否合理。谈谈你的看法和体会。

10-2　阅读第一推动力丛书:《上帝与新物理学》(保罗·戴维斯(英)著.徐培译.长沙:湖南科学技术出版社,1995)。

附录 I

数 值 表

物理学量表

名　称	符号	计算用值	2006 年最佳值[①]
真空中的光速	c	3.00×10^8 m/s	2.997 924 58（精确）
普朗克常量	h	6.63×10^{-34} J·s	6.626 068 96(33)
	$\hbar$	$= h/2\pi$	
		$= 1.05 \times 10^{-34}$ J·s	1.054 571 628(53)
玻耳兹曼常量	k	1.38×10^{-23} J/K	1.380 650 4(24)
真空磁导率	μ_0	$4\pi \times 10^{-7}$ N/A^2	（精确）
		$= 1.26 \times 10^{-6}$ N/A^2	1.256 637 061…
真空介电常量	ε_0	$= 1/\mu_0 c^2$	（精确）
		$= 8.85 \times 10^{-12}$ F/m	8.854 187 817
引力常量	G	6.67×10^{-11} N·m^2/kg^2	6.674 28(67)
阿伏加德罗常量	N_A	6.02×10^{23} mol^{-1}	6.022 141 79(30)
元电荷	e	1.60×10^{-19} C	1.602 176 487(40)
电子静质量	m_e	9.11×10^{-31} kg	9.109 382 15(45)
		5.49×10^{-4} u	5.485 799 094 3(23)
		0.5110 MeV/c^2	0.510 998 910(13)
质子静质量	m_p	1.67×10^{-27} kg	1.672 621 637(83)
		1.0073 u	1.007 276 466 77(10)
		938.3 MeV/c^2	938.272 013(23)
中子静质量	m_n	1.67×10^{-27} kg	1.674 927 211(84)
		1.0087 u	1.008 664 915 97(43)
		939.6 MeV/c^2	939.565 346(23)
α 粒子静质量	m_α	4.0026 u	4.001 506 179 127(62)
玻尔磁子	μ_B	9.27×10^{-24} J/T	9.274 009 15(23)
电子磁矩	μ_e	-9.28×10^{-24} J/T	-9.284 763 77(23)
核磁子	μ_N	5.05×10^{-27} J/T	5.050 783 24(13)
质子磁矩	μ_p	1.41×10^{-26} J/T	1.410 606 662(37)
中子磁矩	μ_n	-0.966×10^{-26} J/T	-0.966 236 41(23)
里德伯常量	R	1.10×10^7 m^{-1}	1.097 373 156 852 7(73)
玻尔半径	a_0	5.29×10^{-11} m	5.291 772 085 9(36)
经典电子半径	r_e	2.82×10^{-15} m	2.817 940 289 4(58)
电子康普顿波长	$\lambda_{C,e}$	2.43×10^{-12} m	2.426 310 217 5(33)
斯特潘-玻耳兹曼常量	σ	5.67×10^{-8} W·m^{-2}·K^{-4}	5.670 400(40)

---

① 所列最佳值摘自《2006 CODATA INTERNATIONALLY RECOMMEDED VALUES OF THE FUNDAMENTAL PHYSICAL CONSTANTS》(www.physics.nist.gov)。

一些天体数据

名　　称	计算用值
我们的银河系	
质量	10^{42} kg
半径	10^5 l. y.
恒星数	1.6×10^{11}
太阳	
质量	1.99×10^{30} kg
半径	6.96×10^8 m
平均密度	1.41×10^3 kg/m^3
表面重力加速度	274 m/s^2
自转周期	25 d(赤道),37 d(靠近极地)
对银河系中心的公转周期	2.5×10^8 a
总辐射功率	4×10^{26} W
地球	
质量	5.98×10^{24} kg
赤道半径	6.378×10^6 m
极半径	6.357×10^6 m
平均密度	5.52×10^3 kg/m^3
表面重力加速度	9.81 m/s^2
自转周期	1 恒星日 $= 8.616 \times 10^4$ s
对自转轴的转动惯量	8.05×10^{37} kg·m^2
到太阳的平均距离	1.50×10^{11} m
公转周期	1 a $= 3.16 \times 10^7$ s
公转速率	29.8 m/s
月球	
质量	7.35×10^{22} kg
半径	1.74×10^6 m
平均密度	3.34×10^3 kg/m^3
表面重力加速度	1.62 m/s^2
自转周期	27.3 d
到地球的平均距离	3.82×10^8 m
绕地球运行周期	1 恒星月 $= 27.3$ d

几个换算关系

名　　称	符号	计算用值	1998 最佳值
1[标准]大气压	atm	1 atm $= 1.013 \times 10^5$ Pa	$1.013\ 250 \times 10^5$
1 埃	Å	1 Å $= 1 \times 10^{-10}$ m	(精确)
1 光年	l. y.	1 l. y. $= 9.46 \times 10^{15}$ m	
1 电子伏	eV	1 eV $= 1.602 \times 10^{-19}$ J	$1.602\ 176\ 462(63)$
1 特[斯拉]	T	1 T $= 1 \times 10^4$ G	(精确)
1 原子质量单位	u	1 u $= 1.66 \times 10^{-27}$ kg $= 931.5$ MeV/c^2	$1.660\ 538\ 73(13)$ $931.494\ 013(37)$
1 居里	Ci	1 Ci $= 3.70 \times 10^{10}$ Bq	(精确)

附录 II

部分题解

1-1 解:（1）已知 $x=3t, y=2-2t^2$ (SI)

则有 $v_x = \dfrac{\mathrm{d}x}{\mathrm{d}t}=3$, $v_y = \dfrac{\mathrm{d}y}{\mathrm{d}t}=-4t$

$a_x = \dfrac{\mathrm{d}v_x}{\mathrm{d}t}=0$, $a_y = \dfrac{\mathrm{d}v_y}{\mathrm{d}t}=-4$

得: $\boldsymbol{r} = x\,\hat{\boldsymbol{x}} + y\,\hat{\boldsymbol{y}} = 3t\,\hat{\boldsymbol{x}} + (2-2t^2)\,\hat{\boldsymbol{y}}$ (SI)

$\boldsymbol{v} = v_x\,\hat{\boldsymbol{x}} + v_y\,\hat{\boldsymbol{y}} = 3\,\hat{\boldsymbol{x}} - 4t\,\hat{\boldsymbol{y}}$ (SI)

$\bar{\boldsymbol{a}} = a_x\,\hat{\boldsymbol{x}} + a_y\,\hat{\boldsymbol{y}} = -4\,\hat{\boldsymbol{y}}$ (SI)

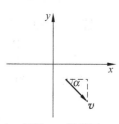

习题 1-1 解用图

（2）$t=1$ s 时: $v_x = 3$ m/s, $v_y = -4$ m/s, 速度的大小为 $v = \sqrt{v_x^2 + v_y^2} = \sqrt{9+16} = 5$ m/s。

与 x 正方向夹角 $\alpha = \arctan\left(\dfrac{4}{3}\right)$, 如图所示。

1-2 解: 由 $y = A\cos\left(\sqrt{\dfrac{k}{m}}\,t + \dfrac{\pi}{2}\right)$, 得振动的速度和加速度分别为

$$v_y = \dfrac{\mathrm{d}y}{\mathrm{d}t} = -A\sqrt{\dfrac{k}{m}}\sin\left(\sqrt{\dfrac{k}{m}}\,t + \dfrac{\pi}{2}\right) \quad \text{(SI)}$$

或 $$v_y = A\sqrt{\dfrac{k}{m}}\cos\left(\sqrt{\dfrac{k}{m}}\,t + \pi\right) \quad \text{(SI)}$$

$$a_y = \dfrac{\mathrm{d}v_y}{\mathrm{d}t} = -A\cdot\dfrac{k}{m}\cos\left(\sqrt{\dfrac{k}{m}}\,t + \dfrac{\pi}{2}\right) \quad \text{(SI)}$$

或 $$a_y = A\cdot\dfrac{k}{m}\cos\left(\sqrt{\dfrac{k}{m}}\,t + \dfrac{3\pi}{2}\right) \quad \text{(SI)}$$

1-3 解: 由 $s = 3 + 3t^3$ (SI), 得

$$v = \dfrac{\mathrm{d}s}{\mathrm{d}t} = 9t^2, \quad a_t = \dfrac{\mathrm{d}^2s}{\mathrm{d}t^2} = \dfrac{\mathrm{d}v}{\mathrm{d}t} = 18t, \quad a_n = \dfrac{v^2}{R} = \dfrac{81t^4}{R}$$

将 $t=1$ s 和 $R=1.5$ m 代入 $s=3+3t^3$ 等以上诸式得

$$s = 6 \text{ m}, \quad a_t = 18 \text{ m/s}^2, \quad a_n = 54 \text{ m/s}^2$$

1-4 解: 由 $\theta = t^2 + 4t - 8$ (SI)

得 $\omega = \dfrac{\mathrm{d}\theta}{\mathrm{d}t} = 2t + 4, \quad \alpha = \dfrac{\mathrm{d}\omega}{\mathrm{d}t} = 2$

（1）$t=2$ s 时: $\omega = 8$ rad/s, $\alpha = 2$ rad/s^2

（2）$R = 0.2$ m, $t = 2$ s 时:

$$v = \omega R = 8 \times 0.2 = 1.6 \text{ m/s}$$
$$a_n = \omega^2 R = 64 \times 0.2 = 12.8 \text{ m/s}^2$$
$$a_t = \alpha R = 2 \times 0.2 = 0.4 \text{ m/s}^2$$

1-5 解：$v_x = \dfrac{\mathrm{d}x}{\mathrm{d}t} = -R\omega\sin\omega t \quad v_y = \dfrac{\mathrm{d}y}{\mathrm{d}t} = R\omega\cos\omega t$

$$a_x = \dfrac{\mathrm{d}v_x}{\mathrm{d}t} = -R\omega^2\cos\omega t \quad a_y = \dfrac{\mathrm{d}v_y}{\mathrm{d}t} = -R\omega^2\sin\omega t$$

$$\boldsymbol{r} = x\hat{\boldsymbol{x}} + y\hat{\boldsymbol{y}} = R\cos\omega t\,\hat{\boldsymbol{x}} + R\sin\omega t\,\hat{\boldsymbol{y}}$$

$$\boldsymbol{v} = v_x\hat{\boldsymbol{x}} + v_y\hat{\boldsymbol{y}} = -R\omega\sin\omega t\,\hat{\boldsymbol{x}} + R\omega\cos\omega t\,\hat{\boldsymbol{y}}$$

$$\boldsymbol{a} = a_x\hat{\boldsymbol{x}} + a_y\hat{\boldsymbol{y}} = -R\omega^2\cos\omega t\,\hat{\boldsymbol{x}} - R\omega^2\sin\omega t\,\hat{\boldsymbol{y}} = -\omega^2\boldsymbol{r}$$

1-6 解：在 x 和 y 方向的运动函数分别为：$y = h \quad x = \sqrt{l^2 - h^2}$

已知 $v_0 = -\dfrac{\mathrm{d}l}{\mathrm{d}t}$

（说明：因为绳长变化 $\mathrm{d}l$ 是负值，而收绳速率 v_0 是正值，故出现负号）

$$v_x = \dfrac{\mathrm{d}x}{\mathrm{d}t} = \dfrac{\mathrm{d}}{\mathrm{d}t}(\sqrt{l^2 - h^2}) = \dfrac{1}{2}\dfrac{2l\dfrac{\mathrm{d}l}{\mathrm{d}t}}{\sqrt{l^2 - h^2}} = \dfrac{-\sqrt{x^2 + h^2}}{x}v_0$$

$$v_y = \dfrac{\mathrm{d}y}{\mathrm{d}t} = \dfrac{\mathrm{d}h}{\mathrm{d}t} = 0$$

$$a_x = \dfrac{\mathrm{d}v_x}{\mathrm{d}t} = \dfrac{\mathrm{d}}{\mathrm{d}t}\left[\dfrac{-\sqrt{x^2 + h^2}}{x}v_0\right] = v_0\dfrac{h^2}{x^2\sqrt{x^2 + h^2}}\dfrac{\mathrm{d}x}{\mathrm{d}t} = -\dfrac{v_0^2 h^2}{x^3}$$

结论：小船沿水面向岸边运动，速度随位置的变化为 $\boldsymbol{v} = \dfrac{-v_0\sqrt{x^2 + h^2}}{x}\hat{\boldsymbol{x}}$

加速度随位置的变化为 $\boldsymbol{a} = -\dfrac{v_0^2 h^2}{x^3}\hat{\boldsymbol{x}}$

1-7 解：该时刻汽车的法向加速度为

$$a_n = \dfrac{v^2}{R} = \dfrac{12^2}{480} = 0.3 \text{ m/s}^2$$

总加速度的大小为

$$a = \sqrt{a_t^2 + a_n^2} = \sqrt{(-0.3)^2 + 0.3^2} \approx 0.42 \text{ m/s}^2$$

加速度的方向如图所示。α 为 a 和 a_n 之间的夹角，$\alpha = 45°$。

习题 1-7 解用图

1-8 解：(1) 以整列车为研究对象，画隔离体受力图如图，总质量为 $13m$，由牛顿第二定律有方程

$$F - f = 13ma \tag{1}$$

又

$$f = \mu N = 13\mu mg \tag{2}$$

联立式(1)和式(2)得 $a = \dfrac{F}{13m} - \mu g$

(2) 以第 8 到 13 节车厢为研究对象，总质量为 $6m$，画隔离体受力，如图，由牛顿定律有

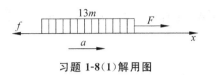

习题 1-8(1)解用图

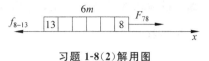

习题 1-8(2)解用图

$$F_{78} - f_{8-13} = 6ma$$
$$f_{8-13} = \mu \cdot 6mg$$

得 $$F_{78} = 6ma + \mu \cdot 6mg = 6m\left(\frac{F}{13m} - \mu g\right) + 6\mu mg = \frac{6F}{13}$$

1-9 **解**：以质点 m 为原点 O，沿棒长方向建立 Ox 坐标轴。在距 O 点为 x 处的棒上取一质元 dx，其质量为

$$dM = \frac{M}{l}dx$$

dM 对质点 m 的引力为

$$dF = G\frac{mdM}{x^2} = G\frac{mM}{lx^2}dx$$

习题 1-9 解用图

由于各质量元对 m 的引力方向一致，所以大小直接相加，故整个棒对质点的引力为

$$F = \int_l dF = G\frac{mM}{l}\int_a^{a+l}\frac{dx}{x^2} = G\frac{mM}{a(a+l)}$$

2-1 **解**：由洛伦兹变换 $$\Delta t' = \frac{\Delta t - \frac{u}{c^2}\Delta x}{\sqrt{1-\frac{u^2}{c^2}}}$$

将 $\Delta x = 0$，$\Delta t = 2$ s，$u = \frac{3}{5}c$ 代入上式，得

$$\Delta t' = \frac{2}{\sqrt{1-\left(\frac{3}{5}\right)^2}} = 2 \times 1.25 = 2.5 \text{ s}$$

2-2 **解**：由洛伦兹变换 $$\Delta x' = \frac{\Delta x - u\Delta t}{\sqrt{1-\frac{u^2}{c^2}}}$$

将 $\Delta x = 0$，$\Delta t = 2$ s，$u = \frac{3}{5}c$ 代入上式，得

$$\Delta x' = \frac{-0.6c \times 2}{\sqrt{1-\left(\frac{3}{5}\right)^2}} = -\frac{3}{2}c \text{ m}$$

2-3 **解**：设飞船参考系为 S' 系，地面参考系为 S 系，S 系中两事件同时发生，即 $\Delta t = 0$，且 $\Delta x = 20$ m，根据洛伦兹变换 $$\Delta x' = \frac{\Delta x - u\Delta t}{\sqrt{1-\frac{u^2}{c^2}}}$$

得 $$\Delta x' = \frac{\Delta x}{\sqrt{1-\frac{u^2}{c^2}}} = \frac{20}{\sqrt{1-\left(\frac{4}{5}\right)^2}} = \frac{100}{3} \text{ m}$$

2-4 **解**：设地球参考系为 S 系，宇宙飞船 A 为 S' 系，坐标系如图，$u=\dfrac{4}{5}c$，$v_x=-\dfrac{3}{5}c$，由速度变换式：

$$v_x'=\dfrac{v_x-u}{1-\dfrac{uv_x}{c^2}}=\dfrac{-\dfrac{3}{5}c-\dfrac{4}{5}c}{1+\left(\dfrac{3}{5}c\cdot\dfrac{4}{5}c\right)\Big/c^2}=-\dfrac{35}{37}c$$

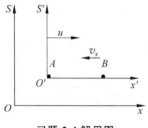
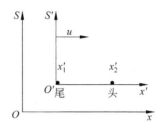

习题 2-4 解用图　　　　　　习题 2-5 解用图

2-5 **解**：设飞船参考系为 S' 系，地面为 S 系，事件 1 为物在飞船尾，相应坐标为 (x_1',t_1')，(x_1,t_1)；事件 2 为物在飞船头，相应坐标为 (x_2',t_2')，(x_2,t_2)。

(1) $\Delta x'=x_2'-x_1'=L_0$，故 $\Delta t'=L_0/v'$

(2) 由洛伦兹变换 $\Delta t=\dfrac{\Delta t'+\dfrac{u}{c^2}\Delta x'}{\sqrt{1-\dfrac{u^2}{c^2}}}=\dfrac{\dfrac{L_0}{v'}+\dfrac{u}{c^2}L_0}{\sqrt{1-\dfrac{u^2}{c^2}}}$

(3) 由速度变换式得 $v=\dfrac{v'+u}{1+\dfrac{uv'}{c^2}}$

(4) $\Delta x=\dfrac{\Delta x'+u\Delta t'}{\sqrt{1-\dfrac{u^2}{c^2}}}=\dfrac{L_0+u\dfrac{L_0}{v'}}{\sqrt{1-\dfrac{u^2}{c^2}}}$

2-6 **解**：设飞船参考系为 S' 系，地面为 S 系

(1) 根据光速不变原理，有 $v'=c$

(2) $\Delta t'=L_0/c$

(3) 根据光速不变原理，有 $v=c$

(4) 由洛伦兹变换得 $\Delta x=\dfrac{\Delta x'+u\Delta t'}{\sqrt{1-\dfrac{u^2}{c^2}}}=\dfrac{L_0+u\dfrac{L_0}{c}}{\sqrt{1-\dfrac{u^2}{c^2}}}$

(5) 由洛伦兹变换得 $\Delta t=\dfrac{\Delta t'+\dfrac{u}{c^2}\Delta x'}{\sqrt{1-\dfrac{u^2}{c^2}}}$，其中 $\Delta t'=L_0/c$，$\Delta x'=L_0$

得 $$\Delta t = \frac{\dfrac{L_0}{c} + \dfrac{u}{c^2}L_0}{\sqrt{1-\dfrac{u^2}{c^2}}}$$

或 $$\Delta t = \frac{\Delta x}{c} = \frac{L_0 + u\dfrac{L_0}{c}}{c\sqrt{1-\dfrac{u^2}{c^2}}}$$

2-7 **解**：当高速运动时，$m = \dfrac{m_0}{\sqrt{1-\dfrac{u^2}{c^2}}}$

沿运动方向 Ox 的棱边的长度为 $a = a_0\sqrt{1-\dfrac{u^2}{c^2}}$

故体积为 $V = a_0^3\sqrt{1-\dfrac{u^2}{c^2}}$

从而质量密度变为

$$\rho = \frac{m}{V} = \frac{m_0}{\sqrt{1-\dfrac{u^2}{c^2}}} \cdot \frac{1}{a_0^3\sqrt{1-\dfrac{u^2}{c^2}}} = \frac{m_0}{a_0^3\left(1-\dfrac{u^2}{c^2}\right)}$$

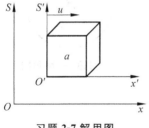

习题 2-7 解用图

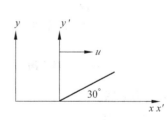

习题 2-8 解用图

2-8 **解**：S' 系中，米尺在 x' 方向长度为 $x' = l'\cos 30° = \dfrac{\sqrt{3}}{2}$ m；

y' 方向长度为 $y' = l'\sin 30° = \dfrac{1}{2}$ m。

由于运动发生在 x 方向，所以在 S 系中测得，

米尺在 x 方向长度为 $x = \sqrt{1-\dfrac{u^2}{c^2}}\,x' = \sqrt{1-\dfrac{4^2}{5^2}} \cdot \dfrac{\sqrt{3}}{2} = \dfrac{3}{5} \cdot \dfrac{\sqrt{3}}{2}$ m；

米尺在 y 方向长度不变，仍为 $y = \dfrac{1}{2}$ m；

则整个米尺的长度是：$l = \sqrt{x^2 + y^2} = \dfrac{\sqrt{52}}{10}$ m。

2-9 **解**：$E_k = mc^2 - m_0 c^2 = m_0 c^2\left(\dfrac{1}{\sqrt{1-\dfrac{v^2}{c^2}}} - 1\right) = \dfrac{2}{3}m_0 c^2$

2-10 **解**：$E=h\nu$ $m=\dfrac{E}{c^2}=\dfrac{h\nu}{c^2}$ $p=mc=\dfrac{h\nu}{c}$

3-1 **解**：(1) 外力和时间是线性关系，如图所示。
$$I=\int_{t=0}^{t=6}F(t)\mathrm{d}t=\int_{t=0}^{t=6}(1+2t)\mathrm{d}t=(t+t^2)\Big|_{t=0}^{t=6}=42\ \mathrm{N\cdot s}$$

(2) $t=6$ s 时，
$$a=\dfrac{F}{m}=\dfrac{(1+2t)}{m}=\dfrac{1+2\times 6}{10\times 10^{-3}}=1.3\times 10^3\ \mathrm{m/s^2}$$

由冲量定理 $I=mv-0$，得
$$v=\dfrac{I}{m}=\dfrac{42}{10\times 10^{-3}}=4.2\times 10^3\ \mathrm{m/s}$$

(3) 由于初始速度为零，水平面光滑，忽略摩擦，外力做的功为动能的增量
$$A=\Delta E_\mathrm{k}=\dfrac{1}{2}mv^2-0=\dfrac{1}{2}\times 10^{-2}\times(4.2\times 10^3)^2=8.82\times 10^4\ \mathrm{J}$$

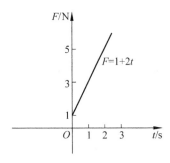

习题 3-1 解用图

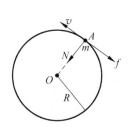

习题 3-2 解用图

3-2 **解**：受力如图所示。

由牛顿定律有

法向方向 $\qquad\qquad\qquad N=m\dfrac{v^2}{R} \qquad\qquad\qquad$ (1)

而 $\qquad\qquad\qquad f=-\mu N \qquad\qquad\qquad$ (2)

切向方向 $\qquad\qquad\qquad -f=m\dfrac{\mathrm{d}v}{\mathrm{d}t} \qquad\qquad\qquad$ (3)

由此得
$$\dfrac{\mathrm{d}v}{\mathrm{d}t}=-\mu\dfrac{v^2}{R}$$
$$\int_{v_0}^{v}\dfrac{\mathrm{d}v}{v^2}=\int_0^t-\dfrac{\mu}{R}\mathrm{d}t$$
$$\dfrac{1}{v}=\dfrac{1}{v_0}+\dfrac{\mu}{R}t$$

得 $\qquad\qquad\qquad v=\dfrac{v_0 R}{R+\mu R t}$

3-3 **解**：由角动量的定义 $\boldsymbol{L}=\boldsymbol{r}\times\boldsymbol{p}$，得

(1) $|\boldsymbol{L}|=|\boldsymbol{r}\times\boldsymbol{p}|=Rmv\sin 90°=Rmv$

(2) $|\boldsymbol{L}'|=|\boldsymbol{r}'\times\boldsymbol{p}|=\sqrt{2}Rmv\sin 90°=\sqrt{2}Rmv$

3-5 **解**：冲量等于动量的增量，见图。

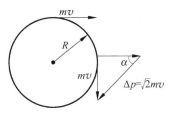

习题 3-5 解用图

过程中向心力的冲量大小为
$$|I| = |\Delta p| = \sqrt{2}mv$$
$$= \sqrt{2} \times 50 \times 10^{-3} \times 20$$
$$= 1.41 \text{ N} \cdot \text{s}$$
和初始的动量方向夹角为 $\alpha = 45°$

3-6 **解**：由冲量定理有 $I = F\Delta t$

得每分钟的冲力为：$F = \dfrac{I}{\Delta t} = \dfrac{\Delta p}{\Delta t} = \dfrac{10 \times 10^{-3} \times 700 \times 120}{1} = 840 \text{ N}$

3-8 **解**：(1) 由转动惯量的定义有
$$J = J_1 + J_2 = MR^2 + \frac{1}{12}m(2R)^2 \cdot 20 = MR^2 + \frac{20}{3}mR^2$$

(2) 由于轴过轮子边缘,轴和过轮心的轴平行,由平行轴定理得
$$J' = J_c + (M + 20m)R^2 = 2MR^2 + \frac{80}{3}mR^2$$

4-1 **解**：谐振动的余弦表达式为 $\xi = A\cos(\omega t + \varphi_0)$,从题图直接可以得出
$$T = 4 \text{ s}, \quad A = 0.02 \text{ m}$$
进而得
$$\omega = \frac{2\pi}{T} = \frac{\pi}{2}$$
当 $t = 0$ 时,$\xi = 0, v > 0$,所以 $\varphi_0 = -\dfrac{\pi}{2}$。

故振动表达式为
$$\xi = 0.02\cos\left(\frac{\pi}{2}t - \frac{\pi}{2}\right) \quad \text{(SI)}$$

4-2 **解**：(1) 由 $\xi = 1.5 \times 10^{-2}\cos\left(\dfrac{\pi}{2}t + \dfrac{\pi}{4}\right)$(SI)

可得
$$A = 1.5 \times 10^{-2} \text{ m}, \quad \omega = \frac{\pi}{2} \text{ s}^{-1}, \quad \varphi_0 = \frac{\pi}{4}$$

(2) $v = \dfrac{d\xi}{dt} = -\dfrac{\pi}{2} \times 1.5 \times 10^{-2}\sin\left(\dfrac{\pi}{2}t + \dfrac{\pi}{4}\right)$(SI)

或 $v = 1.5 \times 10^{-2} \times \dfrac{\pi}{2}\cos\left(\dfrac{\pi}{2}t + \dfrac{3\pi}{4}\right)$(SI)

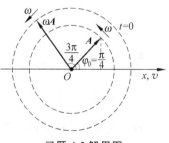

习题 4-2 解用图

(3) 如图所示。

4-3 **解**：已知速度表达式 $v = 5 \times 10^{-2}\cos\left(2\pi t - \dfrac{\pi}{4}\right)$(SI)

由关系式 $\xi = A\cos(\omega t + \varphi_0)$ 可得
$$v = A\omega\cos\left(\omega t + \varphi_0 + \frac{\pi}{2}\right)$$
$$a = A\omega^2\cos(\omega t + \varphi_0 + \pi)$$

由 $v_m = A\omega$,得 $A = \dfrac{5 \times 10^{-2}}{2\pi}$,且位移落后速度相位 $\dfrac{\pi}{2}$

所以
$$\xi = \frac{5\times10^{-2}}{2\pi}\cos\left(2\pi t - \frac{\pi}{4} - \frac{\pi}{2}\right) \quad \text{(SI)}$$

同样得
$$a = 2\pi \times 5\times10^{-2}\cos\left(2\pi t - \frac{\pi}{4} + \frac{\pi}{2}\right) \quad \text{(SI)}$$

4-4 **解**：(1)
$$i = \frac{dQ}{dt} = -\frac{Q_0}{\sqrt{LC}}\sin\left(\frac{1}{\sqrt{LC}}t + \varphi\right) = \frac{Q_0}{\sqrt{LC}}\cos\left(\frac{1}{\sqrt{LC}}t + \varphi + \frac{\pi}{2}\right) \quad \text{(SI)}$$

(2) 圆频率 $\omega = \dfrac{1}{\sqrt{LC}}$

4-5 **解**：(1) $x = A\cos(\omega t + \varphi)$，由题意知 $A = 12\times10^{-2}$ m

$\omega = \dfrac{2\pi}{T} = \pi\ \dfrac{1}{\text{s}}$

$$\varphi = -\frac{\pi}{3}$$

得 $\quad x = 12\times10^{-2}\cos\left(\pi t - \dfrac{\pi}{3}\right) \quad$ (SI)

(2) $x = 6$ cm 对应的旋矢如图 1、2 所示，到平衡位置的最短时间应从 2 开始。旋过的角度为

$$\Delta\theta = \frac{\pi}{2} - \frac{\pi}{3} = \frac{\pi}{6}$$

由匀速圆周运动有

$$\Delta\theta = \omega\Delta t$$

得 $\quad \Delta t = \dfrac{\Delta\theta}{\omega} = \dfrac{\pi}{6\times\pi} = \dfrac{1}{6}\text{s}$

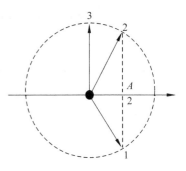

习题 4-5 解用图

4-6 **解**：振子的振幅是：$A = 10$ cm，$\omega = \sqrt{\dfrac{k}{m}}$，初相为 $\varphi = -\dfrac{\pi}{2}$

振动表达：$x = 10\times10^{-2}\cos\left(\sqrt{\dfrac{k}{m}}t - \dfrac{\pi}{2}\right) \quad$ (SI)

4-7 **解**：两分振动的相位差为 $\pi/3$，合振动的振幅为

$$A = \sqrt{A_1^2 + A_2^2 + 2A_1 A_2 \cos(\varphi_2 - \varphi_1)}$$

$$= 10^{-2} \times \sqrt{4^2 + 6^2 + 2\times4\times6\cos\frac{\pi}{3}} = 2\sqrt{19}\ \text{cm 或 } 8.7\ \text{cm}$$

4-8 **解**：已知两同方向的谐振动表达式分别为

$$x_1 = A_0\cos\left(\pi t + \frac{\pi}{2}\right) \quad \text{(SI)}$$

$$x_2 = A_0\cos\left(\pi t - \frac{\pi}{2}\right) \quad \text{(SI)}$$

两分振动的相位差为 π，又因为两分振动振幅相等，则合振幅为 0。

4-9 解：合振动振幅为零,如图所示。

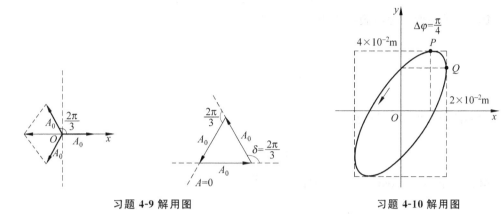

习题 4-9 解用图　　　　习题 4-10 解用图

4-10 解：已知两垂直方向的振动为

$$x = 2 \times 10^{-2} \cos \omega t \quad (\text{SI})$$

$$y = 4 \times 10^{-2} \cos\left(\omega t - \frac{\pi}{4}\right) \quad (\text{SI})$$

画出两垂直方向振动的合成如图所示。

5-1 解：(1) 沿 x 正方向传播的谐波的表达式为

$$\xi = A\cos\left(\omega t - \frac{2\pi}{\lambda}x + \varphi_0\right) \quad (\text{SI})$$

从原点的谐振动表达式可以得到 $A = 5 \times 10^{-2}$ m,$\omega = \frac{\pi}{4}$ s^{-1},$\varphi_0 = \frac{\pi}{4}$,所以得平面谐波的表达式为

$$\xi = 5 \times 10^{-2} \cos\left(\frac{\pi}{4}t + \frac{\pi}{4} - \frac{\pi}{2}x\right) \quad (\text{SI})$$

(2) $\nu = \frac{\omega}{2\pi} = \frac{1}{8}$ Hz,波速 $u = \lambda\nu = 4 \times \frac{1}{8} = 0.5$ m/s

5-2 解：由题中波形图可知,谐波的波长 $\lambda = 4$ m,波速 $u = 8$ m/s,$A = 0.02$ m。
(1) 波的频率

$$\nu = \frac{u}{\lambda} = \frac{8}{4} = 2(\text{Hz})$$

圆频率为

$$\omega = 2\pi\nu = 4\pi(\text{s}^{-1})$$

(2) 由图可知,$x = \frac{\lambda}{2}$ 处,$t = 0$ 时,$\xi = 0$,$v > 0$,所以 $\varphi_0 = -\frac{\pi}{2}$
故

$$\xi_{x=\frac{\lambda}{2}} = 0.02\cos\left(4\pi t - \frac{\pi}{2}\right) \quad (\text{SI})$$

5-5 解：

$$\Delta\varphi = \frac{2\pi}{\lambda} \cdot \Delta l = \frac{2\pi}{\lambda} \cdot \frac{\lambda}{4} = \frac{\pi}{2}$$

$$\Delta l = \frac{\lambda}{2\pi} \cdot \Delta\varphi = \frac{\lambda}{2\pi} \cdot \frac{\pi}{3} = \frac{\lambda}{6}$$

5-7 解：驻波中两相邻波腹间距为半波长,因此有

$$l = \frac{\lambda}{2}$$
$$\lambda = 2l = 2 \times 30 = 60 \text{ cm}$$
$$u = \lambda\nu = 0.6 \times 300 = 180 \text{ m/s}$$

相邻波腹和波节间距为

$$\frac{\lambda}{4} = 15 \text{ cm}$$

5-8 解：(1) 由 $\xi = A\cos(20\pi t - \pi x)$ 知 $k = \frac{2\pi}{\lambda} = \pi$ 得 $\lambda = 2\text{m}$

又知 $\omega = 20\pi$ 得 $\nu = \frac{\omega}{2\pi} = \frac{20\pi}{2\pi} = 10 \text{Hz}$

故 $u = \nu\lambda = 10 \times 2 = 20 \text{m/s}$

(2) 入射波在反射点的振动为 $\xi_{入射} = A\cos(20\pi t - 11\pi)$

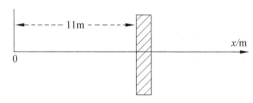

图 5-8 解用图

反射点反射时有相位的突变,故反射点的振动为

$$\xi_{反射} = A\cos(20\pi t - 11\pi + \pi)$$

则反射波的表达式：

$$\xi_{反射} = A\cos\left[20\pi t - 10\pi - \frac{2\pi}{\lambda}(11-x)\right] = A\cos[20\pi t - 21\pi + \pi x] \quad \text{(SI)}$$

(3) 解法一,入射波和反射波相干叠加,相位差为

$$\Delta\varphi = 20\pi t - 21\pi + \pi x - 20\pi t + \pi x = 2\pi x - 21\pi$$

由 $\Delta\varphi = 2\pi x - 21\pi = \pi(2m+1)$ 为相干最小(即波节)

得 $x = 11 + m \ (m = 0, 1, 2, 3, 4, \cdots 11)$

即在 0—11m 之间,驻波波节坐标为 $x = 0, 1, 2, \cdots, 11\text{m}$

解法二,知在 0—11m 之间形成驻波,而在反射点是驻波的波节,所以 $x = 11\text{m}$ 处是一个波节。又知,相邻波节间距离是 $\frac{\lambda}{2} = 1\text{m}$,故驻波波节坐标是：11, 10, 9, 8, ……0m

5-9 解：

$$\lambda = \frac{u}{\nu_0} = \frac{350}{700} = 0.5 \text{ cm}$$

哨子开口端为波腹,闭口端为波节,基频的 $\frac{\lambda}{4}$ 就是哨子的长度 L

$$L = \frac{\lambda}{4} = \frac{0.5}{4} = 0.125 \text{ m}$$

5-10 **解**：波源相对介质静止，接收器相对介质远离波源运动，则单位时间内 R 接收的完整波的个数与静止时相比将减少 v_R/λ 个。故接收的频率为

$$\nu_R = \frac{u - v_R}{u}\nu_S$$

5-11 **解**：汽车作为接收者相对于介质迎着波源运动，故接收的频率 $\nu' = \frac{u+v}{u}\nu_s$ ①

汽车作为波源迎着测速器运动，测速器接收的频率 $\nu'' = \frac{u}{u-v}\nu'$ ②

由①②得 $\nu'' = \frac{u}{u-v} \cdot \frac{u+v}{u}\nu_s = \frac{u+v}{u-v}\nu_s$

已知 $\nu_s = 100\text{kHz}$, $\nu'' = 110\text{kHz}$

得 $v = 16\text{m/s}$

5-12 **解**：因为反射光为线偏振光，所以光线以布儒斯特角入射。折射光仍为平行入射面的振动占优的部分偏振光。入射角和两介质折射率 n_1 和 n_2 满足下述关系

$$\tan i = \frac{n_2}{n_1} = \frac{1.33}{1} = 1.33$$

得入射角 $i = 53.06° \approx 53°4'$。因为反射光线和折射光线相互垂直

即 $i + r = \frac{\pi}{2}$

故折射角为 $r = 90° - 53°4' \approx 36°56'$。

5-13 **解**：(1) 自然光通过偏振片 P_1 后，变成线偏振光，光强变为 $\frac{I_0}{2}$，当通过偏振片 P_2 后光强变为

$$I_2 = \frac{I_0}{2}\cos^2\theta$$

其中 θ 为两偏振片间的夹角。

出现消光情况时，$\theta = \frac{\pi}{2}, \frac{3\pi}{2}$，因此两偏振片通光方向垂直。

(2) 若通过 P_2 后，光强变为 $\frac{I_0}{4}$，则有

$$I_2 = \frac{I_0}{2}\cos^2\theta = \frac{I_0}{4}$$

习题 5-13 解用图

$$\cos^2\theta = \frac{1}{2}, \quad \theta = \frac{\pi}{4}$$

所以两偏振片夹角为 $45°$。

6-1 **解**：(1) 如图所示，因为对应顶点的两点电荷在 O 点产生的场强大小相等，方向相反，故四个电荷合场强为零，即

$$E_0 = 0$$

(2) 由点电荷系的电势公式得 O 点的电势为

$$U_O = 4 \times \frac{q}{4\pi\varepsilon_0 r} = \frac{q}{\pi\varepsilon_0 \frac{\sqrt{2}}{2}a} = \frac{\sqrt{2}q}{\pi\varepsilon_0 a}$$

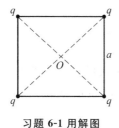

习题 6-1 用解图　　　　　　　习题 6-2 解用图

6-2 **解**：(1) 过球心 O 画出两个小圆锥底面上对应的两个点电荷，这一对点电荷在球心 O 处产生的电场强度大小相等，方向相反，所以合场强为零。整个球面可以分成无限多个相对的点电荷，故 $E_0 = 0$。

(2) 球面上任一点电荷 $\mathrm{d}q$ 在球心 O 处产生的电势为

$$\mathrm{d}U = \frac{\mathrm{d}q}{4\pi\varepsilon_0 R}$$

由叠加原理得

$$U = \int \mathrm{d}U = \int \frac{\mathrm{d}q}{4\pi\varepsilon_0 R} = \frac{1}{4\pi\varepsilon_0 R}\int \mathrm{d}q = \frac{Q}{4\pi\varepsilon_0 R}$$

6-3 **解**：因电场分布具有球对称性，所以取以球心 O 为心，以过场点的 r 为半径的球面为高斯面，得

$$\oint_S \boldsymbol{E} \cdot \mathrm{d}\boldsymbol{S} = \oint_S E \mathrm{d}S = E\oint_S \mathrm{d}S = E \cdot 4\pi r^2$$

由高斯定理有 $E \cdot 4\pi r^2 = \dfrac{\sum q_{i\text{内}}}{\varepsilon_0} \Rightarrow E = \dfrac{\sum q_{i\text{内}}}{4\pi\varepsilon_0}$

在 $r < R$ 处，由 $\sum q_{i\text{内}} = 0$，得 $E = 0$；在 $r > R$ 处，由 $\sum q_{i\text{内}} = Q$，得 $E(r) = \dfrac{Q}{4\pi\varepsilon_0 r^2}$。

6-6 **解**：(1) 由场强叠加原理可得

$$r < R_1, \quad E = 0$$

$$R_1 < r < R_2, \quad E = \frac{Q_1}{4\pi\varepsilon_0 r^2}$$

$$r > R_2, \quad E = \frac{Q_1 + Q_2}{4\pi\varepsilon_0 r^2}$$

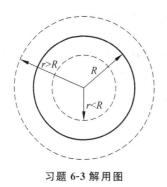

习题 6-3 解用图

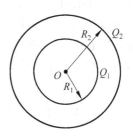

习题 6-6 解用图

（2）由电势叠加原理可得

$$r < R_1, \quad U = \frac{Q_1}{4\pi\varepsilon_0 R_1} + \frac{Q_2}{4\pi\varepsilon_0 R_2}$$

$$R_1 < r < R_2, \quad U = \frac{Q_1}{4\pi\varepsilon_0 r} + \frac{Q_2}{4\pi\varepsilon_0 R_2}$$

$$r > R_2, \quad U = \frac{Q_1 + Q_2}{4\pi\varepsilon_0 r}$$

6-7 解：电荷线密度分别为 λ 和 $-\lambda$ 的无限长带电直线，在其中垂线上 P 点产生的场强大小相等，为 $E_{+\lambda} = E_{-\lambda} = \dfrac{\lambda}{2\pi\varepsilon_0 r}$，方向如图所示。其中 r 为 P 距离带电直线的距离。

$$r = \left[\left(\frac{a}{2}\right)^2 + x^2\right]^{1/2}$$

将 $E_\lambda, E_{-\lambda}$ 矢量合成得

$$E_P = E_\lambda \cos\theta + E_{-\lambda} \cos\theta = \frac{2\lambda}{2\pi\varepsilon_0 r} \cdot \frac{a/2}{r} = \frac{\lambda a}{2\pi\varepsilon_0 \left(x^2 + \dfrac{a^2}{4}\right)}$$

方向垂直于 Ox 轴，水平向左。

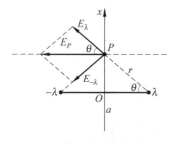

习题 6-7 解用图

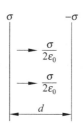

习题 6-8 解用图

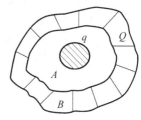

习题 6-10 解用图

6-8 解：根据场强叠加原理，可得两平面间的电场强度为

$$E = \frac{\sigma}{2\varepsilon_0} + \frac{\sigma}{2\varepsilon_0} = \frac{\sigma}{\varepsilon_0} \quad \text{方向由正板垂直指向负板}$$

6-10 解：在导体 B 内紧邻内表面做高斯面。由于导体内场强处处为零，所以 $\oint_S \boldsymbol{E} \cdot \mathrm{d}\boldsymbol{S} = 0$，即 B 的内表面带的电量和 A 的带电量之和为零。所以 $Q_{B内} = -q$，又由电量守恒，导体 B 的外表面带电量为 $Q_{B外} = Q + q$。

6-11 **解**:由高斯定理可证明,导体球壳 B 的内表面带电量为 $Q_{B内表}=-q$
再由电量守恒得,导体球壳 B 的外表面带电量为 $Q_{B外表}=Q+q$
由于导体球 A 和球壳 B 同心放置,则导体球 A 表面和 B 的内表面带电均匀;而球壳 B 外无带电体,认为球壳 B 外表面为孤立带电表面,所以带电也均匀。
空间的场就是三个同心的均匀带电球面场的叠加。

(1) $r<R_0$ $E=0$

$R_0<r<R_1$ $\boldsymbol{E}=\dfrac{q}{4\pi\varepsilon_0 r^2}\hat{\boldsymbol{r}}$

$R_1<r<R_2$ $E=0$

$r>R_2$ $\boldsymbol{E}=\dfrac{q+Q}{4\pi\varepsilon_0 r^2}\hat{\boldsymbol{r}}$

(2) $r\leqslant R_0$ $U=\dfrac{q}{4\pi\varepsilon_0 R_0}+\dfrac{-q}{4\pi\varepsilon_0 R_1}+\dfrac{Q+q}{4\pi\varepsilon_0 R_2}$

$R_0<r<R_1$ $U=\dfrac{q}{4\pi\varepsilon_0 r}+\dfrac{-q}{4\pi\varepsilon_0 R_1}+\dfrac{Q+q}{4\pi\varepsilon_0 R_2}$

$R_1<r<R_2$ $U=\dfrac{q+Q}{4\pi\varepsilon_0 R_2}$

$r>R_2$ $U=\dfrac{q+Q}{4\pi\varepsilon_0 r}$

6-12 **解**:设带电圆弧的电荷线密度为 $\lambda=10^{-12}$ C/m,空隙的长度为 Δl,可将其视为电荷线密度为 λ 的完整圆环与在空隙处放上电荷线密度为 $-\lambda$、长度为 Δl 的小圆弧的叠套。圆心处的场强为这两个带电体各自激发场强的矢量和。由对称性,完整圆环在圆心处产生的场强为零;而 Δl 远小于圆弧半径,对圆心处,可视为点电荷。问题最终归结为点电荷的场强问题。

(1) 由以上分析,圆心处的场强相当于由空隙处的负点电荷产生的,其场强值为

$$E=\dfrac{q'}{4\pi\varepsilon_0 R^2}=\dfrac{\lambda\cdot\Delta l}{4\pi\varepsilon_0 R^2}=\dfrac{9\times 10^9\times 10^{-12}\times 2\times 10^{-2}}{0.25}=7.20\times 10^{-4}\,\text{V/m}$$

方向:由圆心指向空隙处。

(2) 圆心处电势

$$U=\dfrac{\lambda(2\pi R-\Delta l)}{4\pi\varepsilon_0 R}\approx\dfrac{\lambda\cdot 2\pi R}{4\pi\varepsilon_0 R}=\dfrac{10^{-12}}{2\times 8.85\times 10^{-12}}=5.65\times 10^{-2}\,\text{V}$$

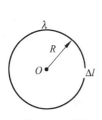

习题 6-12 解用图

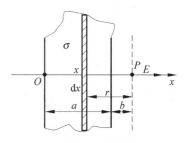

习题 6-14 解用图

6-14 **解**:坐标系如图,在坐标 x 处取一宽度为 dx 条带,这相当于一个无限长均匀的带电导线,整个无限长带电宽带可以看成由许多这样的带电导线构成。每一无限长均匀

带电线在 P 点的电场强度为

$$dE = \frac{\lambda}{2\pi\varepsilon_0 r} = \frac{\sigma \cdot dx}{2\pi\varepsilon_0 (a+b-x)}$$

由于每一条在 P 点的电场强度方向相同，所以整个无限长带电宽带在 P 点产生的电场强度大小为

$$E_P = \int_0^a \frac{\sigma \cdot dx}{2\pi\varepsilon_0 (a+b-x)} = \frac{\sigma}{2\pi\varepsilon_0} \ln \frac{a+b}{b}$$

方向沿 x 轴。

6-15 解：点电荷 q_0 在 q_1 和 q_2 的场中被移动，电场对该点电荷做功为

$$A = q_0 \Delta U = q_0 (U_A - U_B)$$

$$U_A = \frac{q_1}{4\pi\varepsilon_0 r_1} + \frac{q_2}{4\pi\varepsilon_0 r_2} = 0$$

$$U_B = \frac{q_1}{4\pi\varepsilon_0 r_1} + \frac{q_2}{4\pi\varepsilon_0 r_2} = \frac{1}{4\pi\varepsilon_0}\left(\frac{3\times 10^{-8}}{1.5} - \frac{3\times 10^{-8}}{0.5}\right) = -360 \text{ V}$$

得 $A = q_0(U_A - U_B) = q_0 \cdot (-U_B) = 6.0 \times 10^{-8} \times 360 = 2.16 \times 10^{-5}$ J

6-21 解：O 点在水平导线 ab 的延长线上，水平导线 ab 在 O 点的磁场为 $B_1 = 0$。cd 半圆形导线在 O 点产生的磁场方向是垂直于纸面向外，大小为

$$B_2 = \frac{1}{4} \frac{\mu_0 I}{2R} = \frac{\mu_0 I}{8R}$$

de 半无限长的长直导线在 O 点产生的磁场方向也是垂直于纸面向外，大小为

习题 6-21 解用图

$$B_3 = \frac{\mu_0 I}{4\pi R}$$

$$B = B_1 + B_2 + B_3 = \frac{\mu_0 I}{8R} + \frac{\mu_0 I}{4\pi R} = \frac{\mu_0 I}{4R}\left(\frac{1}{2} + \frac{1}{\pi}\right)$$

方向垂直于纸面向外。

6-26 解：(1) 两导线分别在 O 点产生的磁场方向都是垂直于纸面向里。大小相等为

$$B_1 = B_2 = \frac{\mu_0 I}{2\pi \frac{d}{2}} = \frac{\mu_0 I}{\pi d}$$

故总磁场强度为

$$B = 2B_1 = \frac{2\mu_0 I}{\pi d}$$

方向垂直于纸面向里。

(2) P 点距离一导线为 d，距离另一导线为 $2d$，靠近 P 的导线在 P 点产生的磁场方向垂直于纸面向外，远离 P 的导线在 P 点产生的磁场方向垂直于纸面向里，故合场强为

$$B = B_1 - B_2 = \frac{\mu_0 I}{2\pi d} - \frac{\mu_0 I}{4\pi d} = \frac{\mu_0 I}{4\pi d}$$

方向垂直于纸面向外。

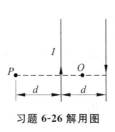

习题 6-26 解用图

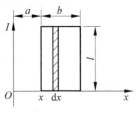

习题 6-32 解用图

6-32 解：建立如图所示坐标。在距 I 为 x 处取宽度为 dx 的面微元 $dS = l\,dx$，在距 I 为 x 处的磁感应强度大小为

$$B = \frac{\mu_0 I}{2\pi x}$$

微元 dS 上的磁通量为

$$d\Phi = B\,dS = \frac{\mu_0 I}{2\pi x} l\,dx$$

整个线框平面内的磁通量为

$$\Phi = \int d\Phi = \int_a^{a+b} \frac{\mu_0 I l}{2\pi x} dx = \frac{\mu_0 I l}{2\pi} \ln \frac{a+b}{a}$$

6-36 解：长直螺线管内充满了相对磁导率为 μ_r 的铁磁质，管内的磁感应强度为

$$B = \frac{\mu_0 \mu_r N I}{l} = \mu_0 \mu_r n I = 100 \times 2000 \times 2 \times 4\pi \times 10^{-7} = 0.502 \text{ T}$$

7-1 解：(1) 设计算方向为 L，如图所示。

$$\Phi = \int d\Phi = \int_a^{a+b} B l\,dx$$
$$= \int_a^{a+b} \frac{\mu_0 I l}{2\pi x} dx = \frac{\mu_0 I l}{2\pi} \ln \frac{a+b}{a}$$

(2) 当 $I(t) = I_0 \sin \omega t$ 为变化电流时，由 $\mathscr{E} = -\dfrac{d\Psi}{dt}$ 得

$$\mathscr{E} = -\frac{d\Psi}{dt} = -\frac{d}{dt}\left(\frac{\mu_0 l I_0 \sin \omega t}{2\pi} \ln \frac{a+b}{a}\right) = -\frac{\mu_0 l I_0 \omega}{2\pi} \ln \frac{a+b}{a} \cos \omega t$$

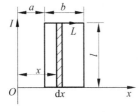

习题 7-1 解用图

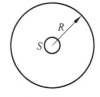

习题 7-2 解用图

7-2 解：(1) 如图所示，由于 $S \ll \pi R^2$，可以认为 S 内的 B 近似相同，大小为

$$B = N \cdot \frac{\mu_0 I}{2R}$$

$$\Phi = BS = N\frac{\mu_0 I}{2R} S$$

(2) 对于变化的电流，$I=I_0(t^2-t)$，I_0 为正常量。由 $\mathscr{E}=-\dfrac{\mathrm{d}\Psi}{\mathrm{d}t}$ 得感应电动势大小为

$$\mathscr{E}=\left|-\dfrac{\mathrm{d}\Psi}{\mathrm{d}t}\right|=\dfrac{\mu_0 N I_0}{2R}S(2t-1)$$

7-3 解：设螺线管中有电流 I 流过

$$\Psi=NBS=N\mu_0\dfrac{N}{l}IS=\dfrac{\mu_0 N^2 IS}{l}$$

可得

$$L=\dfrac{\Psi}{I}=\dfrac{\mu_0 N^2 S}{l}$$

7-4 解：由题 7-2 知，当大线圈通有电流 I 时，通过平面小线圈 S 的磁通量为

$$\Psi=\dfrac{N\mu_0 IS}{2R}$$

故

$$M=\dfrac{\Psi}{I}=\dfrac{N\mu_0 S}{2R}$$

8-1 解：由 $p=nkT$ 有

$$n=\dfrac{p}{kT}=\dfrac{1.013\times 10^5}{1.38\times 10^{-23}\times 300}=2.45\times 10^{25}\ \mathrm{m}^{-3}$$

8-2 解：氢气的摩尔质量为 $\mu=2\times 10^{-3}\ \mathrm{kg/mol}$

$$\sqrt{\overline{v^2}}=\sqrt{\dfrac{3RT}{\mu}}=\sqrt{\dfrac{3\times 8.31\times 273}{2\times 10^{-3}}}=1.84\times 10^3\ \mathrm{m/s}$$

8-3 解：由能均分原理知，要使氢气和氦气的平均平动动能相同，只需满足温度相同这个宏观条件。

8-4 解：氢气是双原子分子，所以 $E_0=\dfrac{5}{2}RT=\dfrac{5}{2}\times 8.31\times 300=6.23\times 10^3\ \mathrm{J}$

氦气是单原子分子，所以 $E_0=\dfrac{3}{2}RT=\dfrac{3}{2}\times 8.31\times 300=3.9\times 10^3\ \mathrm{J}$

8-7 解：

$\dfrac{1}{2}kT$：在温度为 T 的平衡态下，物质分子任一自由度的平均动能；

$\dfrac{3}{2}kT$：在温度为 T 的平衡态下，分子的平均平动动能；

$\dfrac{i}{2}RT$：自由度为 i 的 1 摩尔刚性理想气体分子的内能；

$\dfrac{i}{2}\nu RT$：自由度为 i 的 ν 摩尔刚性理想气体分子的内能。

8-8 解：(1) $Nf(v)\mathrm{d}v$ 表示速率介于 v 到 $v+\mathrm{d}v$ 间的分子数。

(2) $f(v)\mathrm{d}v$ 表示速率介于 v 到 $v+\mathrm{d}v$ 间的分子数占总分子数的比例，也可以说是分子速率介于 v 到 $v+\mathrm{d}v$ 间的概率。

(3) $\dfrac{\int_{v_1}^{v_2} vf(v)\mathrm{d}v}{\int_{v_1}^{v_2} f(v)\mathrm{d}v}$ 表示速率从 v_1 到 v_2 之间分子的平均速率。

(4) $f(v)=4\pi\left(\dfrac{m}{2\pi kT}\right)^{\frac{3}{2}}v^2\mathrm{e}^{-\frac{mv^2}{2kT}}$ 为麦克斯韦速率分布函数,它表示温度为 T 的平衡态下,在速率 v 附近单位速率间隔内的理想气体分子数占总分子数的比例;对单个分子来说,它表示分子具有的速率在该单位速率间隔内的概率。

(5) $f(r,v)$ 表示分子坐标在 r 附近、速率在 v 附近,单位空间间隔、单位速率间隔内分子数占总分子数的比例。

8-10 解:等容过程中其分子数密度 n 不变

由
$$\bar{\lambda}=\dfrac{1}{\sqrt{2}\pi d^2 n}$$

得 $\bar{\lambda_1}=\bar{\lambda_2}$, $\bar{\lambda_1}/\bar{\lambda_2}=1$

8-13 解:由热力学第一定律有 $Q=\Delta E+A=\nu C_V \Delta T+A$

气体摩尔热容量
$$C=\dfrac{\mathrm{d}Q}{\mathrm{d}T}=\dfrac{\nu C_V \Delta T+A}{\nu \Delta T}=C_V+\dfrac{A}{\nu \Delta T}$$

单原子理想气体等容摩尔热容 $C_V=\dfrac{3}{2}R=12.5\ \mathrm{J/mol \cdot K}$

故 $C=12.5+\dfrac{-209}{10\times 1}=-8.4\ \mathrm{J/(mol \cdot K)}$

8-14 解:(1) 已知 $T_1=1000\ \mathrm{K}$, $T_2=300\ \mathrm{K}$

卡诺热机循环效率
$$\eta=1-\dfrac{T_2}{T_1}=0.7=70\%$$

(2) 已知 $T_1=1100\ \mathrm{K}, T_2=300\ \mathrm{K}$
$$\eta_1=1-\dfrac{T_2}{T_1}\approx 0.73=73\%$$

热机效率提高了 $\Delta \eta=\eta_1-\eta=3\%$。

(3) 已知 $T_1=1000\ \mathrm{K}, T_2=200\ \mathrm{K}$
$$\eta_2=1-\dfrac{T_2}{T_1}=0.8=80\%$$

热机效率提高了 $\Delta \eta=\eta_2-\eta=10\%$。

比较(2)和(3)可知,提高高温热源或降低低温热源相同的温度值时,降低低温热源温度可使得热机效率获得较大的提升。但在实际中,采用提高高温热源温度的方法来提升热机效率更经济。

8-15 解:系统初、末状态的温度相同,故设计连接初、末状态的可逆等温膨胀过程用于计算其熵变,如图所示。

这一可逆等温膨胀过程系统的熵变为
$$\Delta S=\int \dfrac{\mathrm{d}Q}{T}=\dfrac{1}{T}\int_{V_1}^{V_2} p\mathrm{d}V=\nu R\int_{V_1}^{V_2}\dfrac{\mathrm{d}V}{V}=\nu R\ln\dfrac{V_2}{V_1}$$

已知 $\nu=1\ \mathrm{mol}$, $V_1=20\ \mathrm{L}$, $V_2=40\ \mathrm{L}$,代入有
$$\Delta S=\nu R\ln\dfrac{V_2}{V_1}=R\ln\dfrac{40}{20}=R\ln 2\ \mathrm{(J/K)}$$

习题 8-15 解用图